面向新工科普通高等教育系列教材

数字电子技术实验

主　编　　卢　娟
副主编　　许凤慧　龚　晶
参　编　　王金明　娄朴根

机 械 工 业 出 版 社

本书共5章，第1章是数字电路实验基础知识，主要介绍数字集成器件相关知识和数字电路实验相关知识等；第2章是数字电路基础实验，共安排了12个实验内容；第3章是数字电路综合设计实验，安排了6个经典的综合设计实验项目；第4章是数字电路 Multisim 仿真实验，安排了7个 Multisim 仿真实验；第5章是基于 FPGA 的数字电路实验，包含 FPGA 实验平台概述、6个基于 Verilog 的 FPGA 设计和5个基于原理图的 FPGA 设计。

本书的特点是从基础验证性实验到综合设计性实验，由浅入深、循序渐进、层次分明。基础验证性实验配合理论教学，帮助学生建立对理论知识的感性认识，促进理论学习；综合设计性实验引导学生学习数字电路系统的设计思路和设计方法，检验和培养学生综合运用所学知识来分析、解决工程实际问题的能力，提高学生的工程素养，激发其创新思维。

本书可作为高等学校电子信息类、计算机类专业“数字电子技术实验”“数字电子电路实验”等课程的教材，也可供相关工程技术人员、教师和学生参考。

图书在版编目（CIP）数据

数字电子技术实验/卢娟主编．—北京：机械工业出版社，2023.5（2025.1重印）

面向新工科普通高等教育系列教材

ISBN 978-7-111-72489-6

Ⅰ．①数…　Ⅱ．①卢…　Ⅲ．①数字电路-电子技术-实验-高等学校-教材　Ⅳ．①TN79-33

中国国家版本馆 CIP 数据核字（2023）第026445号

机械工业出版社（北京市百万庄大街22号　邮政编码100037）
策划编辑：秦　菲　　　　责任编辑：秦　菲
责任校对：肖　琳　解　芳　　责任印制：郜　敏
北京富资园科技发展有限公司印刷
2025年1月第1版第3次印刷
184mm×260mm · 15.75印张 · 387千字
标准书号：ISBN 978-7-111-72489-6
定价：65.00元

电话服务　　　　　　网络服务
客服电话：010-88361066　　机　工　官　网：www.cmpbook.com
　　　　　010-88379833　　机　工　官　博：weibo.com/cmp1952
　　　　　010-68326294　　金　　书　　网：www.golden-book.com
封底无防伪标均为盗版　　机工教育服务网：www.cmpedu.com

前　　言

“数字电子技术实验”是一门实践性很强的技术基础课，实验教学在该课程中有极其重要的地位。通过实验教学，学生可以进一步掌握基础知识、基本实验方法及基本实验技能，培养独立解决问题的能力、实事求是的科学态度和踏实细致的工作作风，为毕业后走上社会，从事各项工作打下良好的基础。本书是编者在总结多年实践教学改革经验的基础上，综合考虑了理论课程特点和技术发展趋势，为适应当前创新型人才培养目标要求而编写的。

在实验内容上，包含了数字电路实验基本知识、数字电路基础实验、数字电路综合设计实验、数字电路 Multisim 仿真实验和基于 FPGA 的数字电路实验 5 章。

在层次结构上，本着循序渐进的原则，内容由易到难，包含门电路的功能测试、数字电路的功能验证与设计、小型数字系统的功能验证与设计、中等难度数字系统的设计等，每个实验既有验证性实验部分，也有设计性实验部分，层次清晰，针对不同专业、不同基础的学生可根据情况安排相应的教学内容。

在实验方法上，本书在保留经典的传统设计方法的基础上，增加了仿真技术的应用与基于 FPGA 的设计方法。事实证明，不同的实验方法有各自的优缺点，互相是不可取代的。从数字设计的角度来看，将不同的实验方法有机地结合起来能达到事半功倍的效果。一般情况下，对于简单的数字电路，采用传统的设计方法较为方便，省去了对源文件的编译、下载等过程；而对于复杂的数字电路或系统，借助 EDA 软件仿真，可以判断出电路工作的情况，修改设计相对于传统设计方法要方便得多，同时也能缩短设计周期、降低成本。

感谢机械工业出版社在本书出版过程中给予的大力支持。由于编者水平有限，书中不妥之处在所难免，恳请读者批评指正。

编　者

目　　录

第1章　数字电路实验基本知识

数字集成电路是存储、传送、变换和处理数字信息的一类电子电路的总称。随着科学技术的发展和工艺水平的提高，数字集成电路目前正向着大规模、低功耗、高速度、可编程、可测试和多值化方向发展，其应用领域也越来越广泛。

“数字电路与逻辑设计”作为实施数字电子技术基础教学的一门重要课程，具有很强的实践性，实验是该课程的一个重要的教学环节。通过实验不仅能巩固和加深理解所学的数字电子技术知识，更重要的是在建立科学实证思维方面（如掌握基本的设计、调试和测试手段和方法，以及电平检测、波形测绘和数据处理方面），对培养学生理论联系实际和解决实际问题的能力、树立科学的工作作风，可以发挥很重要的作用。

1.1　关于数字集成器件

1.1.1　数字集成器件的发展和分类

当今，数字电子电路几乎已完全集成化了。数字集成电路按集成度可分为小规模、中规模、大规模和超大规模等。小规模集成电路（Small Scale Integration，SSI）是在一块硅片上制成1～10个门，通常为逻辑单元电路，如逻辑门、触发器等。中规模集成电路（Medium Scale Integration，MSI）的集成度为10～100门/片，通常是逻辑功能电路，如译码器、数据选择器、计数器、寄存器等。大规模集成电路（Large Scale Integration，LSI）的集成度为100门/片以上，超大规模（Very Large Scale Intergration，VLSI）为1000门/片以上，通常是一个小的数字逻辑系统。现已制成规模更大的极大规模集成电路。

数字集成电路还可分为双极型电路和单极型电路两种。双极型电路中有代表性的是TTL（Transistor-Transistor Logic）电路，单极型电路中有代表性的是CMOS电路。国产TTL集成电路的标准系列为CT54/74系列或CT0000系列，其功能和外引线排列与国际54/74系列相同。国产CMOS集成电路主要为CC（CH）4000系列，其功能和外引线排列与国际CD4000系列相对应。高速CMOS系列中，74HC和74HCT系列与TTL74系列相对应，74HC4000系列与CC4000系列相对应。

与双极型集成电路相比，CMOS集成电路具有制造工艺简单、便于大规模集成、抗干扰能力强、功耗低、带负载能力强等优点，但也有工作速度偏低、驱动能力偏弱和易引入干扰等弱点。随着科技的发展，近年来，CMOS集成电路工艺有了飞速的发展，使得CMOS集成电路在驱动能力和速度等方面大大提高，出现了许多新的系列，如ACT系列（具有与TTL相一致的输入特性）、HCT系列（与TTL电平兼容）、低压电路系列等。当前，CMOS逻辑电路在大规模、超大规模集成电路方面已经超过了双极型逻辑电路的发展势头。

在实验室内，由于使用者主要是学生，除了价格以外，应多考虑配置不易被损坏、兼容性好且常用的器件；另外，考虑到 CMOS 集成电路的使用越来越广泛，和 TTL 集成电路的兼容性也越来越好，实验室内建议配置 TTL 和 CMOS 两类集成电路。

1.1.2 TTL 集成电路的特点

TTL 集成电路具有以下特点。

1）输入端一般有钳位二极管，减少了反射干扰的影响。

2）输出阻抗低，带容性负载的能力较强。

3）有较大的噪声容限。

4）采用 +5V 的电源供电。

为了正常发挥集成电路的功能，应使其在推荐的条件下工作，对 CT0000 系列（74LS 系列）集成电路，要求有以下几点。

1）电源电压应在 4.75 ~5.25V 的范围内。

2）环境温度在 0 ~70℃。

3）高电平输入电压 $U_{IH}>2V$，低电平输入电压 $U_{IL}<0.8V$。

4）输出电流应小于最大推荐值（查手册）。

5）工作频率不能高，一般的门电路和触发器的最高工作频率约 30MHz。

1.1.3 CMOS 集成电路的特点

CMOS 集成电路具有以下特点。

1）静态功耗低：漏极电源电压 $V_{DD}=5V$ 的中规模电路的静态功耗小于 100μW，从而有利于提高集成度和封装密度，降低成本，减小电源功耗。

2）电源电压范围宽：4000 系列 CMOS 集成电路的电源电压范围为 3 ~18V，从而使电源的选择余地大，电源设计要求低。

3）输入阻抗高：正常工作的 CMOS 集成电路，其输入端保护二极管处于反偏状态，直流输入阻抗可大于 100MΩ，在工作频率较高时，应考虑输入电容的影响。

4）扇出能力强：在低频工作时，一个输出端可驱动 50 个以上的 CMOS 集成电路的输入端，这主要是因为 CMOS 集成电路的输入阻抗高。

5）抗干扰能力强：CMOS 集成电路的电压噪声容限可达电源电压的 45%，而且高电平和低电平的噪声容限值基本相等。

6）逻辑摆幅大：空载时，输出高电平 $U_{OH}>(V_{DD}-0.05V)$，低电平 $U_{OL}<(V_{SS}+0.05V)$，其中 V_{SS} 为源极电源电压。

CMOS 集成电路还有较好的温度稳定性和较强的抗辐射能力。不足之处是，一般 CMOS 器件的工作速度比 TTL 集成电路低，功耗随工作频率的升高而显著增大。

CMOS 集成电路的输入端和 V_{SS} 之间接有保护二极管，除了电平变换器等一些接口电路外，输入端和正电源 V_{DD} 之间也接有保护二极管，因此，在正常运输和焊接 CMOS 集成电路时，一般不会因感应电荷而损坏器件。但是，在使用 CMOS 集成电路时，输入信号的低电平不能低于（$V_{SS}-0.5V$），除某些接口电路外，输入信号的高电平不得高于（$V_{DD}+0.5V$），否则可能引起保护二极管导通，甚至损坏，进而可能使输入级损坏。

1.1.4　TTL 与 CMOS 混用时应注意的问题

1. TTL 集成电路输入、输出电路的性质

当输入端处于高电平时，输入电流是反向二极管的漏电流，电流极小，其方向是从外部流入输入端。

当输入端处于低电平时，电流由电源 V_{CC}经内部电路流出输入端，电流较大，当与上一级电路衔接时，将决定上级电路的负载能力。高电平输出电压在负载不大时为 3.5V 左右。低电平输出时，允许后级电路灌入电流，随着灌入电流的增加，输出低电平将升高，一般 LS 系列 TTL 集成电路允许灌入 8mA 电流，即可吸收后级 20 个 LS 系列标准门的灌入电流。最大允许低电平输出电压为 0.4V。

2. CMOS 集成电路输入、输出电路性质

一般 CC 系列的输入阻抗可高达 $10^{10}\Omega$，输入电容在 5pF 以下，输入高电平通常要求在 3.5V 以上，输入低电平通常为 1.5V 以下。因 CMOS 集成电路的输出结构具有对称性，故对高、低电平具有相同的输出能力。当输出端负载很小时，输出高电平时将十分接近电源电压，输出低电平时将十分接近地电位。

高速 CMOS 集成电路 54/74HC 系列中的一个子系列 54/74HCT，其输入电平与 TTL 集成电路完全相同，因此在相互替换时，不需要考虑电平的匹配问题。

3. 使用集成电路应注意的问题

（1）使用 TTL 集成电路应注意的问题

1）电源均采用 +5V，使用时不能将电源和地颠倒接错，也不能接高于 5.5V 的电源，否则会损坏集成电路。

2）输入端不能直接与高于 +5.5V 或低于 -0.5V 的低内阻电源连接，否则会因为低内阻电源供给较大电流而烧坏集成电路。

3）输出端不允许与电源或地短接，必须通过电阻与电源连接，以提高输出电平。

4）插入或拔出集成电路时，务必切断电源，否则会因电源冲击而造成永久损坏。

5）多余输入端不允许悬空，处理方法如图 1-1、图 1-2 所示。

对于图 1-2b 中接地电阻的阻值要求为

$$R \leqslant \frac{U_1}{I_{IS}} \approx \frac{0.7\text{V}}{1.4\times10^{-3}\text{A}} = 500\Omega$$

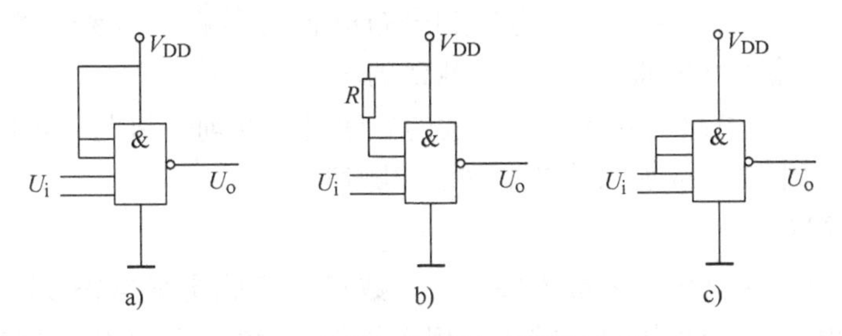

图 1-1　与非门多余输入端的处理

a）接 V_{DD}　b）通过 R 接 V_{DD}　c）与输入端并联

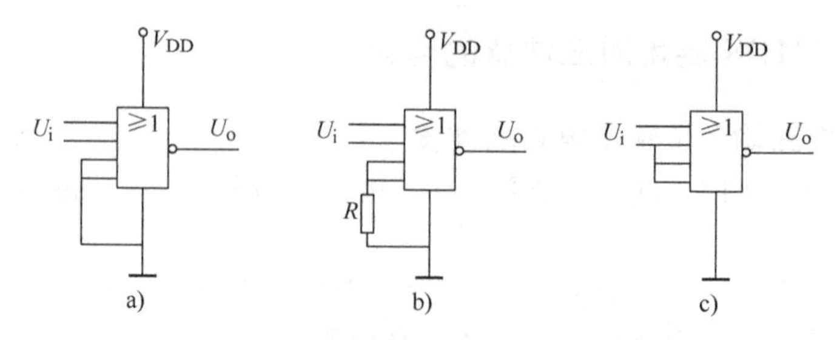

图 1-2　或非门多余输入端的处理

a）接地　b）通过 R 接地　c）与输入端并联

（2）使用 CMOS 集成电路应注意的问题

CMOS 集成电路由于输入阻抗很高，故极易受外界干扰、冲击和静电击穿。尽管生产时在输入端加入了标准保护电路，但为了防止静电击穿，在使用 CMOS 集成电路时必须采用以下安全措施。

1）存放 CMOS 集成电路时要进行屏蔽，一般放在金属容器中，或用导电材料将引脚短路，不要放在易产生静电、高压的化工材料或化纤织物中。

2）焊接 CMOS 集成电路时，一般用 20W 内热式电烙铁，而且电烙铁要有良好的接地，或用电烙铁断电后的余热快速焊接。

3）为了防止输入端保护二极管反向击穿，输入电压必须处在 V_{DD} 与 V_{SS} 之间，即 $V_{DD} \geqslant U_1 \geqslant V_{SS}$。

4）测试 CMOS 集成电路时，如果信号电源和电路供电采用两组电源，则在开机时应先接通电路供电电源，再开启信号电源；关机时，应先关断信号电源，再关断电路供电电源，即在 CMOS 集成电路本身没有接通供电电源的情况下，不允许输入端有信号输入。

5）多余输入端绝对不能悬空，否则容易受到外界干扰，破坏正常的逻辑关系，甚至损坏集成电路。对于与门、与非门的多余输入端应接 V_{DD} 或高电平，或与使用的输入端并联，如图 1-1 所示。对于或门、或非门多余的输入端应接地或低电平，或与使用的输入端并联，如图 1-2 所示。

6）在印制电路板（PCB）上安装 CMOS 集成电路时，必须在其他元器件安装就绪后再安装 CMOS 集成电路，以避免 CMOS 集成电路输入端悬空。CMOS 集成电路从 PCB 上拔出时，务必先切断 PCB 上的电源。

7）输入端连线较长时，由于分布电容和分布电感的影响，容易构成 LC 振荡或损坏保护二极管，故必须在输入端串联 1 个 10～20kΩ 的电阻。

8）防止 CMOS 集成电路输入端噪声干扰的方法是，在前一级与 CMOS 集成电路之间接入施密特触发器整形电路，或加入滤波电容滤掉噪声。

4. 集成电路的连接

在实际的数字电路系统中，一般需要将一定数量的集成逻辑电路按需要前后连接起来。这时，前级电路的输出将与后级电路的输入相连并驱动后级电路工作。这就存在着电平的配合和带负载能力这两个需要妥善解决的问题。

可用下列几个表达式来说明连接时所要满足的条件。

$$U_{OH}(\text{前级}) \geqslant U_{IH}(\text{后级})$$
$$U_{OL}(\text{前级}) \geqslant U_{IL}(\text{后级})$$
$$I_{OH}(\text{前级}) \geqslant n \times I_{IH}(\text{后级})$$
$$I_{OL}(\text{前级}) \geqslant n \times I_{IL}(\text{后级})$$

式中，n 为后级门的数目。

一般情况下，在同一数字系统内，应选用同一系列的集成器件，即都用 TTL 集成器件或都用 CMOS 集成器件，避免器件之间的不匹配问题。如不同系列的集成器件混用，应注意器件之间的匹配问题。

（1）TTL 集成电路与 TTL 集成电路的连接

TTL 集成电路的所有系列，由于电路结构形式相同，电平配合比较方便，不需要外接元件可直接连接，不足之处是受低电平时负载能力的限制。

（2）TTL 集成电路驱动 CMOS 集成电路

TTL 集成电路驱动 CMOS 集成电路时，由于 CMOS 集成电路的输入阻抗高，故此驱动电流一般不会受到限制，但在电平配合问题上，低电平是可以的，高电平时有困难，所以 TTL 集成电路驱动 CMOS 集成电路要解决的主要问题是逻辑电平的匹配。TTL 集成电路在满载时，输出高电平通常低于 CMOS 集成电路对输入高电平的要求，因为 TTL 集成电路输出高电平的下限值为 2.4V，而 CMOS 集成电路的输入高电平与工作的电源电压有关，即 $U_{IH}=0.7V_{DD}$，当 $V_{DD}=5V$ 时，$U_{IH}=3.5V$，由此造成逻辑电平不匹配。因此为保证 TTL 集成电路输出高电平时，后级的 CMOS 集成电路能可靠工作，通常要外接一个上拉电阻 R，如图 1-3 所示，使输出高电平达到 3.5V 以上，R 的取值为 2～6.2kΩ 较合适（在本书中统一取 4.7kΩ），这时 TTL 集成电路后级的 CMOS 集成电路的数目实际上是没有什么限制的。

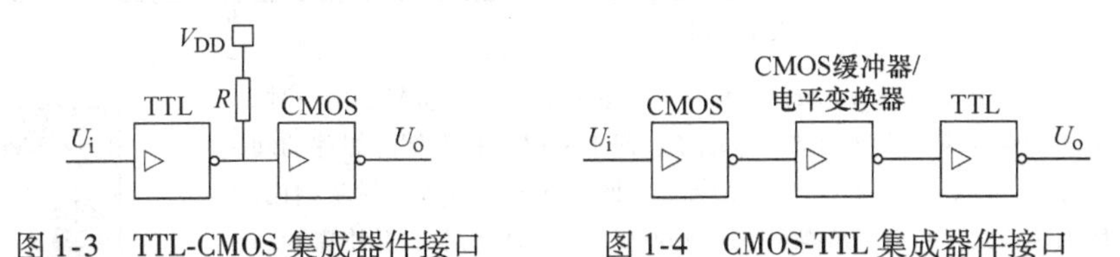

图 1-3　TTL-CMOS 集成器件接口　　图 1-4　CMOS-TTL 集成器件接口

（3）CMOS 集成电路驱动 TTL 集成电路（见图 1-4）

CMOS 集成电路的输出电平能满足 TTL 集成电路对输入电平的要求，而输出电流的驱动能力将受限制，特别是输出低电平时。除了 74HC 系列，其他 CMOS 集成电路驱动 TTL 集成电路的能力都较弱。要提高这些 CMOS 集成电路的驱动能力，可采用以下两种方法。

1）采用 CMOS 驱动器，如 CC4049、CC4050 是专为给出较大驱动能力而设计的 CMOS 集成电路。

2）几个同功能的 CMOS 集成电路并联使用，即将其输入端并联，输出端并联（TTL 集成电路是不允许并联的）。

一般情况下，为提高 CMOS 集成电路的驱动能力，可以加一个接口电路，如图 1-4 所示。CMOS 集成电路缓冲/电平变换器起缓冲驱动或逻辑电平变换的作用，具有较强的吸收电流的能力，可直接驱动 TTL 集成电路。

（4）CMOS 集成电路与 CMOS 集成电路的连接

CMOS集成电路之间的连接十分方便，不需另加外接元件。对直流参数来讲，一个CMOS集成电路可带动的CMOS集成电路数量是不受限制的，但在实际使用时，应考虑后级门输入电容对前级门的传输速度的影响，电容太大时，传输速度要下降。因此，在高速使用时要从负载电容的角度加以考虑，例如CC4000T系列CMOS集成电路在10MHz以上速度运用时应限制在20个门以下。

1.1.5 数字集成电路的数据手册

每一个型号的数字集成逻辑器件都有自己的数据手册（Datasheet），查阅数据手册可以获得诸如生产者、功能说明、设计原理、电特性（包括DC和AC）、机械特性（封装和包装）、原理图和PCB设计指南等信息。其中有些信息是在使用时必须关注的，有些信息是根本不需要考虑的，而且设计要求不同时需要关注的信息也会不同。所以，为了正确使用数字集成电路，必须学会阅读集成电路数据手册，基本要求如下。

1）要理解集成电路各种参数的意义。

2）要清楚为了达到设计指标，应该关心集成电路的哪些参数。

3）在手册中查找自己关心的参数，看是否满足自己的要求，这时可能会得到很多种在功能和性能上都满足设计要求的集成电路的型号。

4）在满足功能和性能要求的前提下，综合考虑供货、性价比等情况做出最后选择，确定一个型号。

下面仅就集成电路的封装（见表1-1）和引脚标识做简单说明，其他信息请查阅相关资料。

表1-1 集成电路的封装形式

序号	类型及其说明	外观
1	球栅触点阵列（Ball Grid Array，BGA）封装：表面贴装型封装的一种，在PCB的背面布置二维阵列的球形端子，而不采用针脚引脚。焊球的间距通常为1.5mm、1.0mm、0.8mm，与插针网络阵列（PGA）封装相比，不会出现针脚变形问题。具体有增强型BGA（EBGA）封装、低轮廓BGA（LBGA）封装、塑料BGA（PBGA）封装、细间距BGA（FBGA）封装、带状超级BGA（TSBGA）封装等	
2	双列直插式封装（Dual Inline Package，DIP）：引脚在芯片两侧排列，是插入式封装中最常见的一种，引脚间距为2.54 mm，电气性能优良，又有利于散热，可制成大功率器件，具体有塑料DIP（PDIP）封装、陶瓷DIP（PCDIP）封装等	
3	带引脚的陶瓷芯片载体（Ceramic Leaded Chip Carrier，CLCC）封装：表面贴装型封装之一，引脚从封装的四个侧面引出，呈J字形。带有窗口的用于封装紫外线擦除型EPROM以及带有EPROM的微机电路等。也称J形引脚芯片载体（JLCC）封装、四侧J形引脚扁平（QFJ）封装	 

（续）

序号	类型及其说明	外观
4	无引线陶瓷封装载体（Leadless Ceramic Chip Carrier，LCCC）封装：芯片封装在陶瓷载体中，无引脚的电极焊端排列在底面的四边。引脚中心距为 1.27mm，引脚数为 18～156。其高频特性好，造价高，一般用于军品	
5	矩栅（岸面栅格）阵列（Land Grid Array，LGA）封装：是一种没有焊球的重要封装形式，它可直接安装到印制电路板（PCB）上，比其他 BGA 封装在与基板或衬底的互连形式要方便得多，被广泛应用于微处理器和其他高端芯片封装上	LGA
6	四方扁平封装（Quad Flat Package，QFP）：表面贴装型封装的一种，引脚端子从封装的两个侧面引出，呈 L 字形，引脚间距为 1.0mm、0.8mm、0.65mm、0.5mm、0.4mm、0.3mm，引脚数可达300 以上。具体有薄（四方形）QFP（TQFP）、塑料 QFP（PQFP）、小引脚中心 QFP（FQFP）、薄型 QFP（LQFP）等	
7	插针网格阵列封装（Pin Grid Array Package，PGA）：芯片内外有多个方阵形的插针，每个方阵形插针沿芯片的四周间隔一定距离排列，根据引脚数目的多少，可以围成 2～5 圈。安装时，将芯片插入专门的 PGA 插座。具体有 PPGA、OPGA、CPGA 等	
8	单列直插式封装（Single In-line Package，SIP）：引脚中心距通常为 2.54mm，引脚数为 2～23，多数为定制产品。其造价低且安装方便，广泛用于民品	
9	小外型封装（Small Outline Package，SOP）：引脚有 J 形和 L 形两种形式，中心距一般分 1.27mm 和 0.8mm 两种。SOP 封装技术由飞利浦公司 1968～1969 年开发成功，之后逐渐派生出 J 型 SOJ（JSOP）、薄 SOJ（TSOP）、甚小 SOJ（VSOP）、缩小型 SOP（SSOP）、薄的缩小型 SOP（TSSOP）及小外形晶体管（SOT）、小外形集成电路（SOIC）封装等	

不管哪种封装形式，外壳上都有供识别引脚排序定位（或称第 1 脚）的标记，如管键、弧形凹口、圆形凹坑、小圆圈、色条标记、斜切角标记等。识别数字集成电路引脚的方法是：将集成电路正面的字母、代号对着自己，使定位标记朝左下方，则处于最左下方的引脚是第 1 脚，再按逆时针方向依次数引脚，即第 2 脚、第 3 脚等。个别进口集成电路引脚排列顺序是反的，这类集成电路的型号后面一般带有字母“R”。除了掌握这些一般规律外，要

养成查阅数据手册的习惯，通过阅读数据手册，可以准确无误地识别集成电路的引脚号。

实验中常用的数字集成电路芯片多为双列直插式封装（DIP），其引脚数有14、16、20、24等多种。在标准型TTL/CMOS集成电路中，电源端V_{CC}/V_{DD}一般排在左上端，接地端GND/V_{SS}一般排在右下端。芯片引脚图中字母A、B、C、D、I为电路的输入端，EN、G为电路的使能端，NC为空脚。Y、Q为电路的输出端，V_{CC}/V_{DD}为电源，GND/V_{SS}为地，字母上的非号表示低电平有效。

1.1.6 逻辑电平

1. 常用的逻辑电平

逻辑电平有TTL、CMOS、LVTTL、ECL、PECL、GTL；RS-232、RS-422、LVDS等。其中TTL和CMOS的逻辑电平按典型电压可分为四类：5V系列（5V TTL和5V CMOS）、3.3V系列、2.5V系列和1.8V系列。5V TTL和5V CMOS逻辑电平是通用的逻辑电平；3.3V及以下的逻辑电平被称为低电压逻辑电平，常用的为LVTTL电平；低电压的逻辑电平还有2.5V和1.8V两种；ECL/PECL和LVDS是差分输入/输出；RS-422/RS-485和RS-232是串口的接口标准，RS-422/RS-485是差分输入/输出，RS-232是单端输入/输出。

2. TTL和CMOS的逻辑电平关系

图1-5为5V TTL逻辑电平、5V CMOS逻辑电平、LVTTL逻辑电平和LVCMOS逻辑电平的示意图。

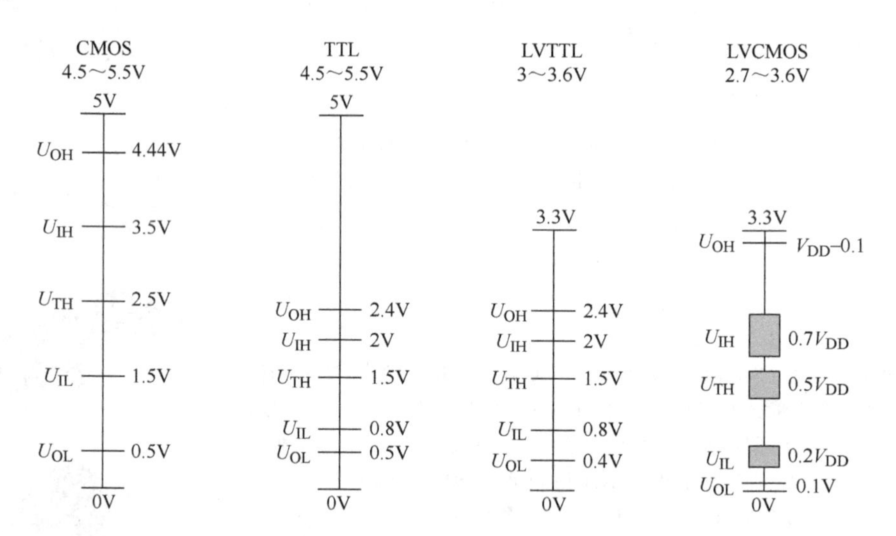

图1-5 TTL和CMOS逻辑电平

5V TTL逻辑电平和5V CMOS逻辑电平是通用的逻辑电平，它们的输入、输出电平差别较大，在互连时要特别注意。另外，5V CMOS器件的逻辑电平参数与供电电压有一定关系，一般情况下，$U_{OH} \geqslant V_{DD}-0.2V$，$U_{IH} \geqslant 0.7V_{DD}$；$U_{OL} \leqslant 0.1V$，$U_{IL} \leqslant 0.3V_{DD}$；噪声容限比TTL电平高。

电子器件工程联合委员会（Joint Electron Device Engineering Council，JEDEC）在定义3.3V的逻辑电平标准时，定义了LVTTL和LVCMOS逻辑电平标准。LVTTL逻辑电平标准的输入输出电平与5V TTL逻辑电平标准的输入输出电平很接近，从而给它们之间的互连带来了方便。LVTTL 逻辑电平定义的工作电压范围是 3.0 ~3.6V。

LVCMOS 逻辑电平标准是从 5V CMOS 逻辑电平标准移植过来的，所以它的 U_{IH}、U_{IL}和 U_{OH}、U_{OL}与工作电压有关，其值如图 1-5 所示。LVCMOS 逻辑电平定义的工作电压范围是 2.7 ~3.6V。

5V 的 CMOS 逻辑器件工作于 3.3V 时，其输入输出逻辑电平即为 LVCMOS 逻辑电平，它的 $U_{IH} \approx 0.7\ V_{DD} = 2.31V$，由于此电平与 LVTTL 的 U_{OH} （2.4V）之间的电压差太小，使逻辑器件工作不稳定性增加，所以一般不推荐使用 5V CMOS 器件工作于 3.3V 电压的工作方式。由于相同的原因，使用 LVCMOS 输入电平参数的 3.3V 逻辑器件也很少。

JEDEC 组织为了加强在 3.3V 上各种逻辑器件的互连和 3.3V 与 5V 逻辑器件的互连，在参考 LVCMOS 和 LVTTL 逻辑电平标准的基础上，又定义了一种标准，其名称即为 3.3V 逻辑电平标准，其参数如图 1-6 所示。

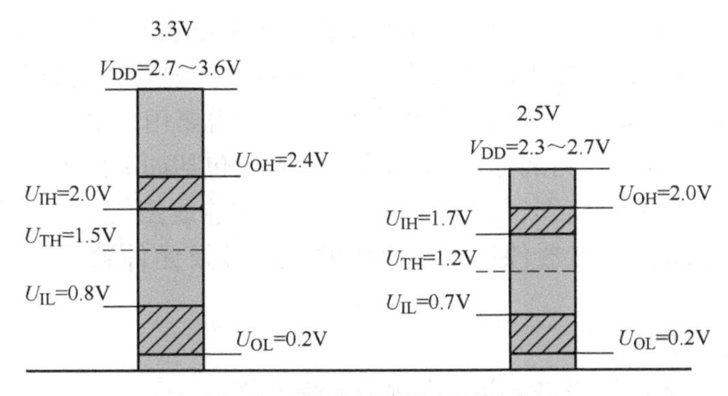

图 1-6　低电压逻辑电平标准

从图 1-6 可以看出，3.3V 逻辑电平标准的参数其实与 LVTTL 逻辑电平标准的参数差别不大，只是它定义的 U_{OL}可以很低（0.2V），另外，它还定义了其 U_{OH}最高可以到 V_{DD} - 0.2V，所以 3.3V 逻辑电平标准可以包容 LVCMOS 的输出电平。在实际使用中，对 LVTTL 标准和 3.3V 逻辑电平标准并不太区分，一般来说可以用 LVTTL 电平标准来替代 3.3V 逻辑电平标准。

JEDEC 组织还定义了 2.5V 逻辑电平标准，如图 1-6 所示。另外，还有一种 2.5V CMOS 逻辑电平标准，它与图 1-6 的 2.5V 逻辑电平标准差别不大，可兼容。

低电压的逻辑电平还有 1.8V、1.5V、1.2V 等。

1.2　关于数字电路实验

开设数字电路实验课程的目的是：通过功能测试类实验，进一步巩固“数字电路与逻辑设计”课程的基本理论，增加对数字逻辑理论的感性认识；通过设计性实验，锻炼基本技能（包括如焊接、器件手册的查阅、资料检索、读图、仿真软件使用、原理图和 PCB 设计软件的使用、仪器仪表的使用等能力）、了解新产品的基本设计流程，以期能够根据指标要求，顺利地设计、仿真、制作、调试和测试一些简单实用的电路；通过综合性实验，满足部分授课对象进一步提高设计水平的需求。

总之，数字电路实验课的开设，可以使授课对象在不断发现问题、分析问题和解决问题的过程中培养面对问题的冷静心态，自觉加强各相关知识点的联系，从而达到提高心智、扩大知识面和提高实践能力的目的。

1.2.1 数字电路实验的基本过程

数字电路实验的基本过程，应包括：确定实验内容、预习（设计性和综合性实验要求事先设计好电路，包括设计原理图和 PCB）、选定最佳的实验方法（是否需要仿真等）、拟出较好的实验步骤、合理选择仪器设备和元器件、进行连接安装和调试，最后写出完整的实验报告。

1. 实验预习

认真预习是做好实验的关键。在每次实验前首先要认真复习有关实验的基本原理（对于验证性实验，要熟悉相关电路的工作原理；对于设计性实验，要设计出符合题目要求的原理图，并进一步画出电路接线图，为进入实验室做好充分准备），撰写预习报告，有疑问的地方要主动通过查资料、讨论或咨询他人等方式解决掉，不要等到实验课开始后再处理。另外，实验前对如何着手实验一定要做到心中有数（是否需要用仿真软件对所预习的实验内容进行仿真验证、如何调试和测试等）。预习报告内容应包括如下内容。

1）绘出设计好的实验电路图，该图应该是逻辑图和连线图的混合，既便于连接线，又反映电路原理，并在图上标出器件型号、使用的引脚号及元件数值，必要时还要用文字说明。

2）拟定实验方法和步骤。

3）拟好记录实验数据的表格，并记录预习的理论值。

4）列出元器件清单。

2. 实验记录

到了实验室，可以先大致判断一下，所有的工具及设备是否符合要求，如没有问题，可考虑整体电路的布局问题，通常情况，我们主张把电路进行分模块搭接、调试，大致分成三部分：信号输入部分、数据处理部分、信号输出部分。

电路开始工作后，要认真进行实验数据的记录，并与理论值进行比较。若有出入要认真分析原因；若不正确，则要认真进行调试和测试，分析原因并力争最终解决掉。实验记录应包括如下内容。

1）实验任务、名称及内容。

2）实验数据以及实验中出现的有意义的现象。

3）记录波形时，应注意输入、输出波形的时间相位关系，在坐标中上下对齐。

4）实验中实际使用的仪器型号和编号以及元器件使用情况。

3. 实验报告

实验报告是培养学生科学实验的总结能力和分析思维能力的有效手段，也是一项重要的基本功训练，它能很好地巩固实验成果，加深对基本理论的认识和理解，从而进一步提高心智、扩大知识面。实验报告基本要求是：文字简洁，内容清楚，图表工整。

报告内容应包括实验目的、实验内容和结果、实验使用仪器和元器件以及分析讨论等，其中实验内容和结果是报告的主要部分，它应包括实际完成的全部实验，并且要按实验任务逐个书写，每个实验任务应有如下内容。

1）实验课题的框图、逻辑图（或测试电路）、状态图、真值表以及文字说明等，对于设计性课题，还应有整个设计过程和关键的设计技巧说明。

2）实验记录和经过整理的数据、表格、曲线和波形图，其中曲线和波形图应利用三角板、曲线板等工具尽可能准确地描绘在坐标纸上。

3）实验结果分析、讨论及结论。对讨论的范围，没有严格要求，一般应对重要的实验现象、结论加以讨论，以便进一步加深理解，此外，对实验中的异常现象，可做一些简要说明，实验中有何收获，讨论一下电路的功能是否可以进行改进，存在哪些问题等。

1.2.2　数字电路的安装与调试

数字电路实物实验通常基于实验箱或者面包板实施，本书介绍以面包板为基础的电子电路的装配方法，以及调试和故障检测方法，掌握了基于面包板的安装与调试，基于实验箱的安装与调试就更简单了。

1. 电路的安装

（1）面包板结构

实验底板由许多小方孔的塑料板组合而成，专为电子电路的无焊接实验设计制造，常称之为面包板（Bread Board）。由于各种电子元器件可根据需要随意插拔，免去了焊接，节省了电路的组装时间，而且元器件可以重复使用，非常适合电子电路的组装、调试和训练。实验用的面包板，一般每块板子上面有 3 ~ 4 个插板单元，装配在一个硬质塑胶底板上，如图 1-7 所示。

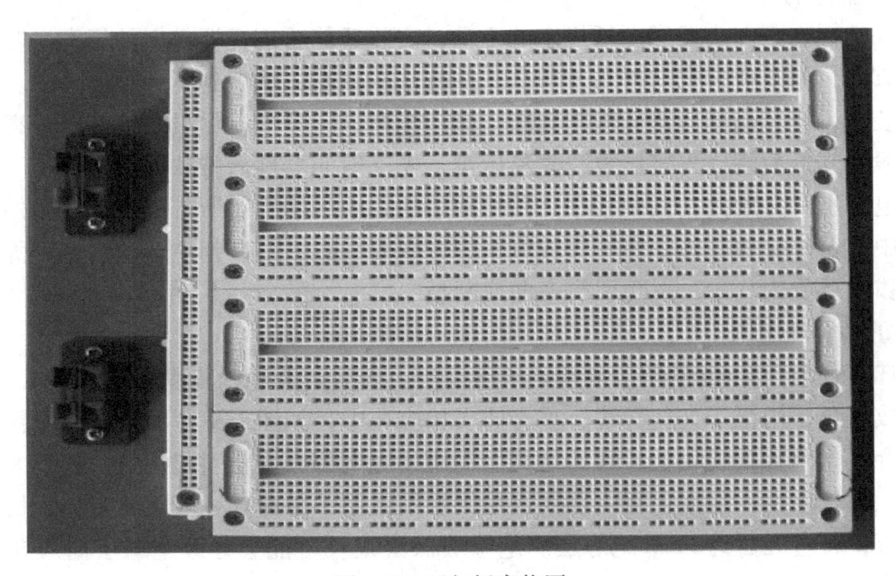

图 1-7　面包板实物图

每个插板单元的结构如图 1-8 所示。插板单元中央有一个长凹槽，凹槽两边各有 60 × 5 个插孔。纵向的每 5 个插孔为一组，5 个孔中有金属簧片连通，相邻的纵向两组插孔之间互相不通。面包板的上、下各有一条 10 × 5 的小插孔，每 5 个孔为一组，每组内紧邻的 5 个孔是相通的，一条里面的 10 组孔可能是全部接通的，也可能是按“3 组–4 组–3 组”或者“5

组-5组”的排布方式部分接通的，使用的时候需要测试确定，才能保证连线正确。上、下这两条10×5的小插孔可用作电源线和地线的插孔。

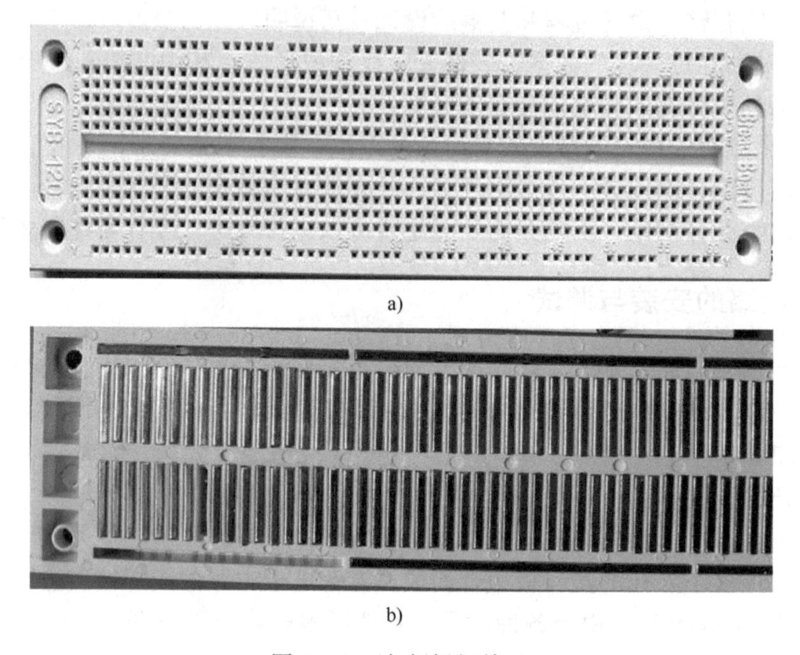

a)

b)

图1-8　面包板插板单元

a）正面实物照片　b）背面实物照片

（2）元器件的安装

元器件的标志方向应按照图纸规定的要求，安装后能看清元器件上的标志，若装配图上没有指明方向，则应使标记向外易于辨认，并按从左到右、从上到下的顺序读出。元器件的极性不得装错，安装高度应符合规定要求，同一规格的元器件应尽量安装在同一高度上。安装顺序一般为先低后高，先轻后重，先易后难，先一般元器件后特殊元器件。

集成电路引脚必须插在面包板中央凹槽两边的孔中，插入时所有引脚应稍向外偏，使引脚与插孔中的簧片接触良好。所有集成电路的方向要一致，缺口朝左，如图1-9所示。集成电路在插拔时要受力均匀，以免引脚弯曲或断裂。

（3）正确合理布线

一般选直径为0.6mm的单股导线，长度适当。先将两头绝缘皮剥去7~8mm，然后把导线两头弯成直角，用镊子夹住导线，垂直插入相应孔中，如图1-9所示。接头处剥出的铜线长度必须合适，因为铜线太长，容易与其他铜线或导电部分接触引起短路；铜线太短，也会因插入插孔部分太少，与面包板内部铜簧片接触不良而不导通。一般导线剥头的长度比面包板厚度略短，转弯处留约1mm绝缘层。绝缘层保留太长可能会导致绝缘层插入导电孔而使电路无法导通。

在面包板上完成电路，必须注意以下几个基本原则和技巧。

1）为避免或减少故障，面包板上的电路布局和布线必须合理、美观。通常要求布局尽量紧凑，信号流向尽量合理，布局尽可能与原理图近似。集成块和晶体管的布局，一般按主电路信号流向的顺序在一小块面包板上直线排列，各级元器件围绕各级的集成块或晶体管布

图 1-9　集成电路的安装与周围布线

置，各元器件之间的距离应视周围元器件多少而定。第一级的输入线与末级的输出线、高频线与低频线要远离，以免形成空间交叉耦合，尤其在高频电路中，元器件插脚和连线应尽量短而直，以免分布参数影响电路性能。电源区使用尽量清晰，在搭接电路之前，先将电源区划分成正电源、地 2 个区域，或者正电源、地、负电源 3 个区域，一般正电源线用红色，负电源线用蓝色，地线用黑色，信号线用其他颜色，要求连线紧贴面包板，注意尽量在元器件周围走线，通常一个孔只准插一根线。为避免各级电流通过地线时互相产生干扰，特别要避免末级电流通过地线对某一级形成正反馈而产生自激，应将各级单独接地，然后分别接公共地线。

2）连接点越少越好。每增加一个连接点，实际上就人为地增加了故障概率。面包板孔内不通、导线松动、导线内部断裂等都是常见故障。

3）尽量避免立交桥。所谓的“立交桥”就是元器件或导线骑跨在集成块、别的元器件或者其他导线上方。初学者最容易犯这样的错误，这样不仅会给后期更换元器件带来麻烦，出故障时凌乱的导线也会使排查故障变得非常困难，很容易使人失去信心。

4）尽量牢靠。集成电路很容易松动，对于集成电路要用力下压，一旦不牢靠，需要换位置，元器件的引脚如果松动，不牢靠，也需要换位置。

5）方便测试。5 孔孤岛一般不要占满，至少留出一孔用于测试。

图 1-10 是一个在面包板上完成的 60s 计时电路图。

2. 电路的调试

实践表明，一个电子装置，即使按照设计的电路参数进行安装，往往也难以达到预期的效果。这是因为人们在设计时，不可能周全地考虑各种复杂的客观因素（如元件值的误差、器件参数的分散性、分布参数的影响等），必须通过安装后的测试和调整，来发现和纠正设计方案的不足，然后采取措施加以改进，使装置达到预定的技术指标。因此，掌握调试电子电路的技能，对于每个从事电子技术设计及相关领域工作的人员来说，都是非常重要的。调试电路需要具备以下基本素质。

1）扎实的理论功底，这是能够发现问题的前提。

2）冷静的心态，面对问题不发慌。

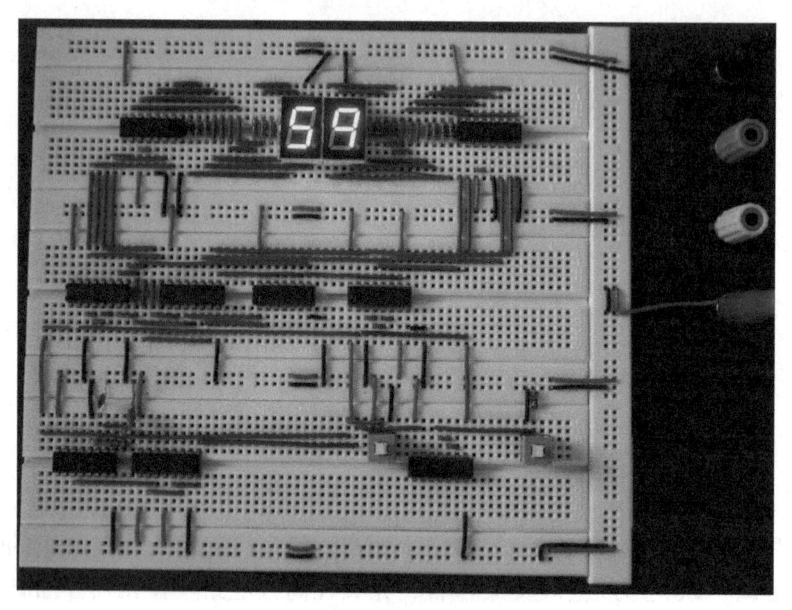

图 1-10　60s 计时电路图

3）调试意识，也就是要能想到调试。有了调试意识，遇到问题自然就会去找调试工具。

4）调试能力，包括是否有扎实的理论功底和能否熟练使用仪器仪表两个方面。

实验和调试常用仪器仪表有万用表、稳压电源、信号发生器、示波器、逻辑笔和逻辑分析仪等。

下面介绍一般的调试方法和注意事项。

（1）调试前的直观检查

电路安装完毕，通常不宜急于通电，先要认真检查一下。主要检查下列内容。

1）检查电路连线是否正确，包括错线（连线一端正确，另一端错误）、少线（安装时完全漏掉的线）和多线（连线的两端在电路图上都是不存在的）。

2）检查元器件引脚之间有无短路；连接处有无接触不良；二极管、晶体管、集成件和电解电容极性等是否连接有误。

3）检查电源供电（包括极性）、信号源连线是否正确。

4）检查电源端对地是否存在短路。

（2）调试方法

调试包括测试和调整两个方面。所谓电子电路的调试，是以达到电路设计指标为目的而进行的一系列的“测量-判断-调整-再测量”的反复过程。调试电路的基本步骤如下。

1）划分功能模块，一个模块一个模块地检查。任何复杂电路都是由一些基本单元电路组成的，因此，调试时可以循着信号的流向，逐级调整各单元电路，使其参数基本符合设计指标。这种调试方法的核心是，把组成电路的各功能块（或基本单元电路）先调试好，并在此基础上逐步扩大调试范围，最后完成整机调试。采用先分调后联调的优点是，能及时发现问题和解决问题。

2）对于每一个模块，先检查电源，再从输入到输出或从输出到输入一步一步进行检查。

3）确定故障模块，进而确定故障点。

4）整机联调前，先调试各个功能模块之间的接口，再联通好全部电路进行整机测试。

如果是组合电路，重点检查电路是否按功能表描述的方式工作；如果是时序电路，检查电路的工作时序是否符合要求。

（3）调试中的注意事项

调试结果是否正确，很大程度受到测量正确与否和测量精度的影响。为了保证调试的效果，必须减小测量误差，提高测量精度。为此，需注意以下几点。

1）正确使用测量仪器的接地端。凡是使用地端接机壳的电子仪器进行测量，仪器的接地端应和放大器的接地端连接在一起，否则仪器机壳引入的干扰不仅会使放大器的工作状态发生变化，而且将使测量结果出现误差。根据这一原则，调试发射极偏置电路时，若需测量，不应把仪器的两端之间接在集电极和发射极上，而应分别对地测出 U_C、U_E，然后将二者相减得到 U_{CE}。若使用干电池供电的万用表进行测量，由于电表的两个输入端是浮动的，所以允许直接跨接到测量点之间。

2）在信号比较弱的输入端，尽可能用屏蔽线连线。屏蔽线的外屏蔽层要接到公共地线上。在频率比较高时要设法隔离连接线分布电容的影响，例如用示波器测量时应该使用有探头的测量线，以减少分布电容的影响。

3）测量电压所用仪器的输入阻抗必须远大于被测处的等效电阻。因为若测量仪器输入阻抗小，则在测量时会引起分流，给测量结果带来很大的误差。

4）测量仪器的带宽必须大于被测电路的带宽。例如，MF－20 型万用表的工作频率为 20～20000Hz。如果放大器的 $f_H = 100\text{kHz}$，就不能用 MF－20 来测试放大器的幅频特性，否则，测试结果就不能反映放大器的真实情况。

5）要正确选择测量点。用同一台测量仪器进行测量时，测量点不同，仪器内阻引入的误差大小也将不同。例如，对于图 1-11 所示的电路，测 c_1 点电压 U_{C1} 时，若选择 e_2 为测量点，测得 U_{E2}，根据 $U_{C1} = U_{E2} + U_{BE2}$ 求得的结果，可能比直接测 c_1 点得到的 U_{C1} 的误差要小得多。之所以出现这种情况，是因为 R_{E2} 较小，仪器内阻引入的测量误差小。

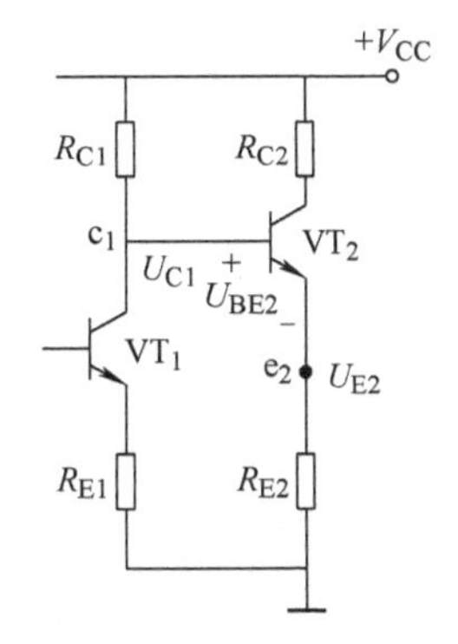

图 1-11　被测电路

6）测量方法要方便可行。需要测量某电路的电流时，一般尽可能测电压而不测电流，因为测电流需要把电路断开，把仪表串入被测支路才能测量，测电压不需要断电路。若需测量某一支路的电流值，可以通过测该支路上电阻两端的电压值，然后除以电阻值即可。

7）在调试过程中，不但要认真观察和测量，还要善于记录。记录的内容包括实验条件，观察的现象，测量的数据、波形和相位关系等。只有有了大量可靠的实验记录并与理论值加以比较，才能发现设计上的问题，完善设计方案。

8）若调试时出现故障，要认真查找故障原因。切不可一遇到故障解决不了就拆掉线路重新安装。因为重新安装的线路仍可能存在各种问题，如果是原理上的问题，即使重新安装也解决不了。应当把查找故障及分析故障原因看成是一次很好的学习机会，通过它来不断提高自己分析问题和解决问题的能力。

1.2.3 数字电路实验的方法

随着科技的进步，实验的方法和手段也在发展。20 世纪 80 年代，主要是采用传统的设计电路的方法，电路图设计出来之后，拿着图纸到实验室内，在面包板或实验箱上搭接硬件电路。本书中第 2 章基础实验部分和第 3 章综合设计型实验部分均为基于面包板或实验箱完成的实物实验，其难度循序渐进，直观形象，符合学生的认知梯度，是数字电路实验基本技能训练的首选。20 世纪 90 年代以后，计算机辅助设计开始逐步进入本科生的实验课程中。目前，在实验教学中，EDA 已被广泛使用。本书选用 Multisim 作为电路仿真软件，安排了 7 个 Multisim 仿真实验，旨在引导学生学习基本仿真工具，进而开展高阶数字电路的设计。随着计算机技术和半导体技术的发展，特别是随着 FPGA（现场可编程逻辑门阵列）及其硬件描述语言的使用频率不断提高，数字电路自动化设计技术的优点与趋势逐渐凸显，本书采用基于 Xilinx Artix7 系列芯片的 EGo1 开发板为 FPGA 实验硬件平台，以 Xilinx 公司的 Vivado 软件为计算机辅助设计工具，安排了一些简单的电路设计实验，用原理图或硬件描述语言方式均可完成电路的设计。

第 2 章　数字电路基础实验

2.1　基本门电路

2.1.1　实验目的

（1）熟悉数字系统综合实验箱和各种仪器仪表的使用方法。
（2）验证基本门电路逻辑功能，增加对数字电路的感性认识。
（3）掌握数字电路的动态测试法和静态测试法。
（4）了解门电路的设计原理，学会基本特性的分析和特性参数测试方法。

2.1.2　实验设备

万用表	1 块
直流稳压电源	1 台
低频信号发生器	1 台
示波器	1 台
数字系统综合实验箱	1 台
集成电路 74LS00、74LS04、74LS86、CD4001、CC4066 等	各 1 片

2.1.3　实验原理

1. 组合逻辑电路的测试

（1）功能测试

组合逻辑电路功能测试的目的是验证其输出与输入关系是否与真值表相符，测试方法有静态测试和动态测试两种。

1）静态测试：静态测试就是给定数字电路若干组静态输入值，测试数字电路的输出值是否正确。实验时，可将输入端分别接到逻辑电平开关上，按真值表将输入信号一组一组地依次送入被测电路，用电平显示灯分别显示各输入和输出端的状态，观察输入和输出之间的关系是否符合设计要求，从而判断此电路静态工作是否正常。

2）动态测试：在静态测试基础上，按设计要求在输入端加动态脉冲信号，用示波器或逻辑分析仪观测各输出波形，并与输入波形对比，画出时序波形图，从而分析输入和输出之间的逻辑关系，这就是动态测试。

（2）电路参数和电气性能测试

在系统电路设计时，往往要用到一些门电路，而门电路的一些特性参数的好坏在很大程度上影响整机工作的可靠性。

门电路的参数通常分为静态参数和动态参数两种。TTL 逻辑门的主要参数有扇入系数 N_I和扇出系数 N_O、输出高电平 U_{OH}、输出低电平 U_{OL}、电压传输特性曲线、开门电平 U_{on}和关门电平 U_{off}、输入短路电流 I_{SE}、空载导通功耗 P_{on}、空载截止功耗 P_{off}、抗干扰噪声容限、平均传输延迟时间、输入漏电流 I_{IH}等。

测试组合逻辑电路参数和特性的主要工具为直流稳压电源、逻辑分析仪、信号发生器、示波器、万用表等。一般来说，除了要求使用有效的测试方法进行测试外，测试过程对仪器仪表的性能也有较高要求。

2. 时序逻辑电路的测试

时序逻辑电路测试的目的是验证其状态的转换是否与状态图或时序图相符合。可用电平显示灯、数码管或示波器等观察输出状态的变化。常用的测试方法有两种：一种是单拍工作方式，以单脉冲源作为时钟脉冲，逐拍进行观测，来判断状态的转换是否与状态图相符；另一种是连续工作方式，以连续脉冲源作为时钟脉冲，用示波器观察波形，来判断输入、输出波形是否与时序图相符。

3. 集成门电路设计原理

了解集成电路的内部设计原理，对于分析和解决集成电路使用过程中遇到的问题非常重要。对于数字集成电路，需要着重了解门电路的工作原理（特别是输入、输出部分的电路结构和设计原理）、动态特性、静态特性、主要参数和开关特性。

（1）TTL 与非门电路

如图 2-1 所示为集成电路芯片 74LS00 的外形和引脚排列图。

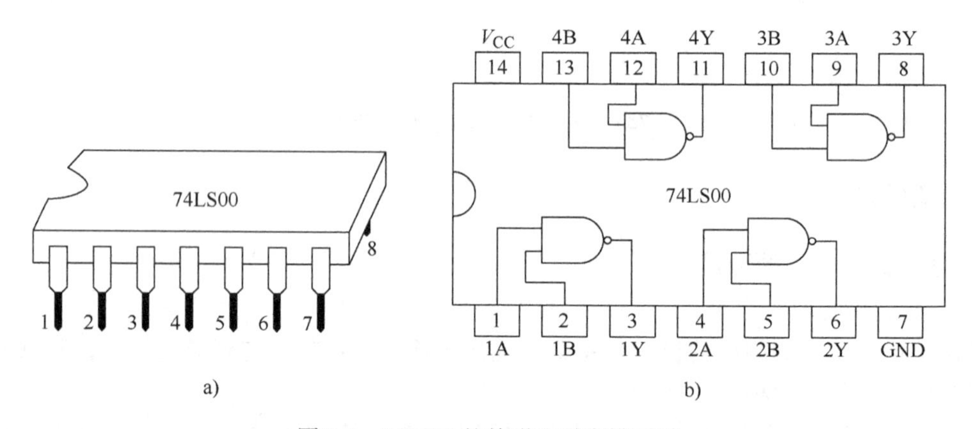

图 2-1　74LS00 的外形和引脚排列图

a）外形　b）引脚排列

图 2-2、图 2-3 分为 TTL 与非门、TTL 或非门内部设计原理。

1）TTL 门电路的输入级电路

在 TTL 电路中，与门、与非门的输入电路结构形式和或门、或非门的输入电路结构形式是不同的。由图 2-2 可见，从与非门输入端看进去是一个多发射极晶体管，每个发射极是一个输入端。而在或非门电路（见图 2-3）中，从每个输入端看进去都是一个单独的晶体管，而且它们相互间在电路上没有直接的联系。

对于图 2-2 的与非门电路，当输入为低电平时，由于晶体管 VT_2处于截止状态，所以无论有几个输入端并联，总的输入电流都等于 I_{b1}，而且发射结的导通电压降仍为 0.7V。因此，总的低电平输入电流和只有一个输入端接低电平时的输入电流 I_{IL} 相同。当输入端接高电平时，$e'-b_1-c_1$ 和 $e''-b_1-c_1$ 分别构成两个倒置状态的晶体管，所以总的输入电流是单个输入端高电平输入电流 I_{IH} 的两倍，也就是 I_{IH} 乘以并联输入端的数目。

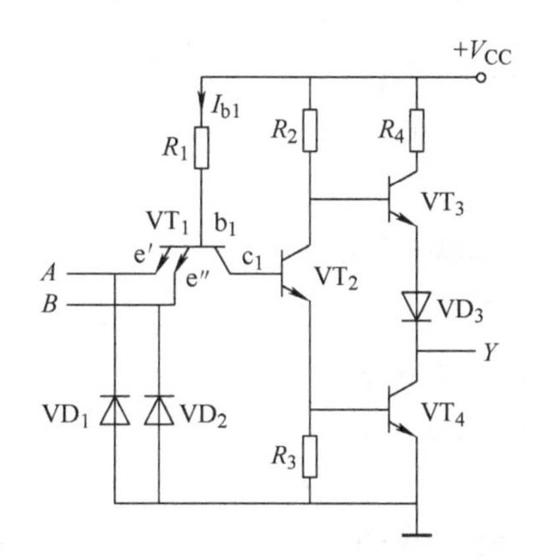

图 2-2　TTL 与非门（内部）设计原理

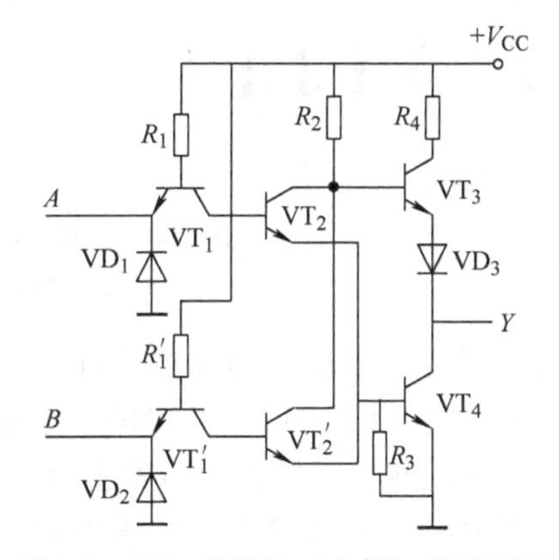

图 2-3　TTL 或非门（内部）设计原理

对于图 2-3 的或非门电路，从每个输入端看进去都是一个独立的晶体管，因此在将 n 个输入端并联后，无论总的高电平输入电流 $\sum I_{IH}$ 还是总的低电平输入电流 $\sum I_{IL}$ 都是单个输入端输入电流的 n 倍。

2）TTL 门电路的推拉式输出级

在 TTL 电路中，与门、与非门、或门、或非门等的输出电路结构形式是相同的，采用的都是推拉式输出电路结构（见图 2-2、图 2-3）。下面以图 2-2 为例进行分析。当输出低电平时，VT_3 截止，而 VT_4 饱和导通。双极型晶体管饱和导通状态下具有很低的输出电阻。在 74 系列的 TTL 电路中，这个电阻通常只有几欧姆，所以若外接的串联电阻在几百欧姆以上，在分析计算时可以将它忽略不计。

当输出为高电平时，VT_4 截止而 VT_3 导通。VT_3 工作在射极输出状态。已知射极输出器的最主要特点就是具有高输入电阻和低输出电阻。在模拟电子技术基础教材中，对这一特性都有详细的说明。根据理论推导，高电平输出电阻为

$$r_0=\frac{R_2}{1+\beta_3}+r_{be3}(1+\beta_3)+r_{VD}$$

式中，r_{be3} 是 VT_3 发射结的导通电阻；β_3 是 VT_3 的电流放大系数；r_{VD} 是二极管 VD_3 的导通电阻。

74 系列 TTL 门电路的高电平输出电阻在几十欧至一百欧之间。显然，这个数值比低电平输出电阻大得多。正因为如此，我们总是用输出低电平去驱动输出负载。

（2）CMOS 或非门电路

如图 2-4 所示为集成电路芯片 CD4001 的外形和引脚排列图。

图 2-5 为 CMOS 或非门内部设计原理。

CMOS 门电路的系列产品包括或非门、与非门、或门、与门、与或非门、异或门等，它

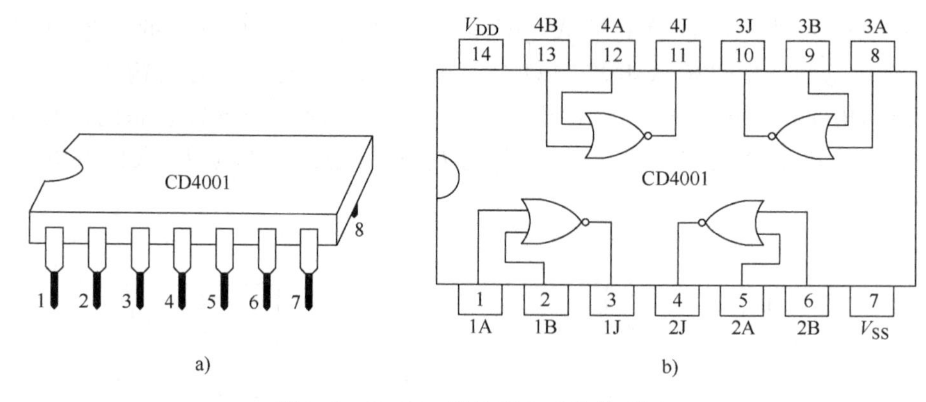

图 2-4　CD4001 的外形和引脚排列图
a）外形　b）引脚排列

们都是以反相器为基本单元构成的，在结构上保持了 CMOS 反相器的互补特性，即 NMOS 和 PMOS 总是成对出现的，因而具有和 CMOS 反相器同样良好的静态和动态性能。

图 2-5 所示电路将两只 NMOS 管并联、PMOS 管串联构成了 CMOS 或非门，其中 VF_3、VF_2 是两个互补对称的 P、N 沟道对管。

关于 CMOS 或非门在这里仅做以上提示，有兴趣的同学可以查阅相关资料获得更具体的分析，在这里不再赘述。

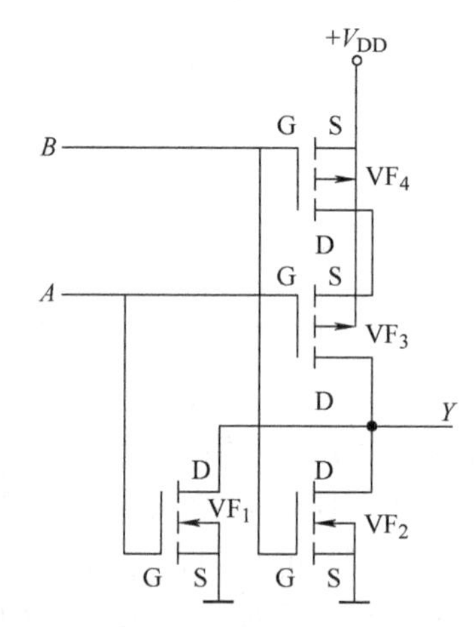

图 2-5　CMOS 或非门设计原理

4. 集成门电路主要参数和特性测试

下面以 74LS00 四 2 输入与非门为例进行说明。74LS00 的主要电参数规范见表 2-1。

表 2-1　74LS00 的主要电参数规范

参数名称和符号		规范值	单位	测试条件
直流参数	导通电源电流 I_{CCL}	<14	mA	$V_{CC}=5V$，输入端悬空，输出端空载
	截止电源电流 I_{CCH}	<7	mA	$V_{CC}=5V$，输入端接地，输出端空载
	低电平输入电流 I_{IL}	≤1.4	mA	$V_{CC}=5V$，被测输入端接地，其他输入端悬空，输出端空载
	高电平输入电流 I_{IH}	<50	μA	$V_{CC}=5V$，被测输入端 $U_I=2.4V$，其他输入端接地，输出端空载
		<1	mA	$V_{CC}=5V$，被测输入端 $U_I=5V$，其他输入端接地，输出端空载
	输出高电平 U_{OH}	≥3.4	V	$V_{CC}=5V$，被测输入端 $U_I=0.8V$，其他输入端悬空，$I_{OH}=400μA$
	输出低电平 U_{OL}	<0.3	V	$V_{CC}=5V$，输入端 $U_I=2.0V$，$I_{OL}=12.8mA$
	扇出系数 N_O	4~8	V	同 U_{OH} 和 U_{OL}
交流参数	平均传输延迟时间 t_{pd}	≤20	ns	$V_{CC}=5V$，被测输入端 $U_I=3.0V$，$f=2MHz$

（1）电源特性

1）低电平输出电源电流 I_{CCL} 和高电平输出电源电流 I_{CCH}

与非门处于不同的工作状态，电源提供的电流是不同的。I_{CCL}是指所有输入端悬空、输出端空载时，电源提供给器件的电流；I_{CCH}是指输出端空载、每个门各有 1 个以上的输入端接地、其余输入端悬空时，电源提供给器件的电流。通常 $I_{CCL} > I_{CCH}$，它们的大小标志着器件静态功耗的大小。器件的最大功耗为 $P_{CCL} = V_{CC}I_{CCL}$。手册中提供的电源电流和功耗值是指整个器件总的电源电流和总的功耗。I_{CCL}和 I_{CCH}测试电路如图 2-6a、b 所示。

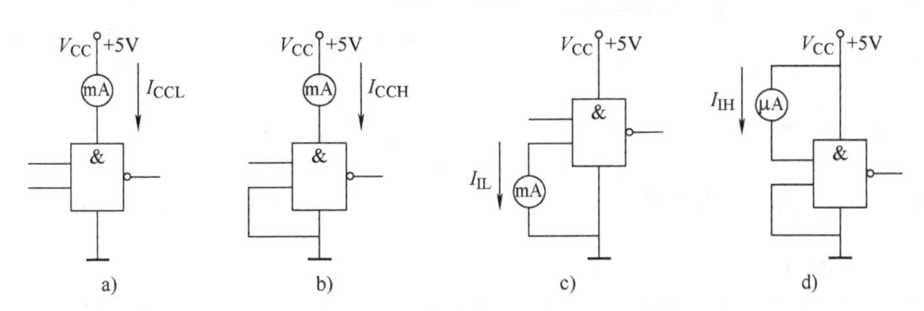

图 2-6　TTL 与非门静态参数测试电路

注意：TTL 电路对电源电压要求较严，电源电压 V_{CC}只允许在（5 ±0.5）V 的范围内工作，超过 5.5V 将损坏器件；低于 4.5V 时器件的逻辑功能将不正常。

2）低电平输入电源电流 I_{IL}和高电平输入电源电流 I_{IH}

I_{IL}是指被测输入端接地，其余输入端悬空、输出端空载时，由被测输入端流出的电流值。在多级门电路中，I_{IL}相当于前级门输出低电平时，后级向前级门灌入的电流，因此它关系到前级门的灌电流负载能力，即直接影响前级门电路带负载的个数，因此希望 I_{IL}小些。

I_{IH}是指被测输入端接高电平，其余输入端接地、输出端空载时，流入被测输入端的电流值。在多级门电路中，它相当于前级门输出高电平时，前级门的拉电流，其大小关系到前级门的拉电流负载能力，因此希望 I_{IH}小些。由于 I_{IH}较小，难以测量，一般免于测试。

I_{IL}与 I_{IH}的测试电路如图 2-6c、d 所示。

3）$I_{CC} \sim U_I$特性测试

在实际工作中，输入电压由低电平上升为高电平，或由高电平下降为低电平的过程中，有一段时间门的负载管和驱动管同时导通，这时电源电流瞬时加大，即会产生浪涌电流。当电路工作频率增高时，随着输入电压 U_I的上升时间 t_r和下降时间 t_f的加大，尖峰电流的幅度、宽度也随着增大，从而使动态平均电流增大，功耗增加。

测试 $I_{CC} \sim U_I$特性的电路如图 2-7 所示。按图 2-7 接好电路，其输入信号为具有一定上升时间的矩形波，且矩形波的低电平 $U_L = 0V$，高电平 $U_H = 3V$（对于 CMOS 门，$U_H = V_{DD}$）。此时，示波器屏幕上的图形即为 $I_{CC} \sim U_I$特性曲线。

注意：$I_{CC} = U_R/R$；测试时应将所测芯片的所有门的输入端接到一起再接输入脉冲信号，随着 U_I的上升时间 t_r或下降时间 t_f的不同，尖峰脉冲电路 I_{CC}的幅度、宽度和随输入电压 U_I变化的曲线的形状都不同，如图 2-8 所示。

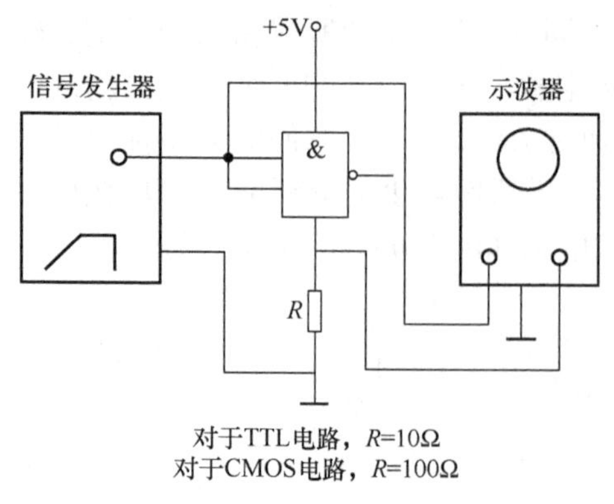

图 2-7　$I_{CC} \sim U_I$特性测试电路

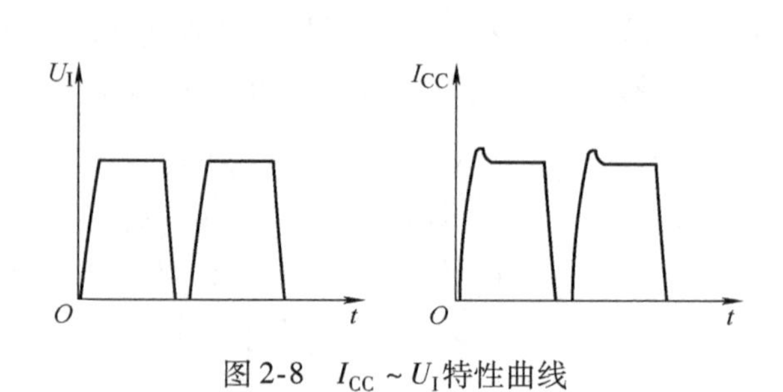

图 2-8　$I_{CC} \sim U_I$特性曲线

（2）扇出系数 N_O

扇出系数 N_O是指门电路能驱动同类门的个数，它是衡量门电路负载能力的一个参数。TTL 与非门有两种不同性质的负载，即灌电流负载和拉电流负载，因此有两种扇出系数，即低电平扇出系数 N_{OL}和高电平扇出系数 N_{OH}。通常 $I_{IH} < I_{IL}$，则 $N_{OH} > N_{OL}$，故常以 N_{OL}作为门的扇出系数。

N_{OL}的测试电路如图 2-9 所示。门的输入端全部悬空，输出端接灌电流负载 R_L，调节 R_L使 I_{OL}增大，U_{OL}随之升高，当 U_{OL}达到 U_{OLm}（手册中规定低电平规范值为 0.4V）时的 I_{OL}就是允许灌入的最大负载电路，则 $N_{OL} = I_{OL}/I_{IL}$，通常 $N_O \geqslant 8$。

（3）电压传输特性

门的输出电压 U_O随输入电压 U_I而变化的曲线 $U_O = f(U_I)$ 称为门的电压传输特性，通过它可读得门电路的一些重要参数，如输出高电平 U_{OH}、输出低电平 U_{OL}、逻辑摆幅 ΔU、关门电平 U_{off}、开门电平 U_{on}、阈值电平 U_T及抗干扰容限 U_{NL}、U_{NH}等。

测试电路如图 2-10 所示，采用逐点测试法，即调节 R_W，逐点测得 U_I及 U_O，然后绘成曲线。

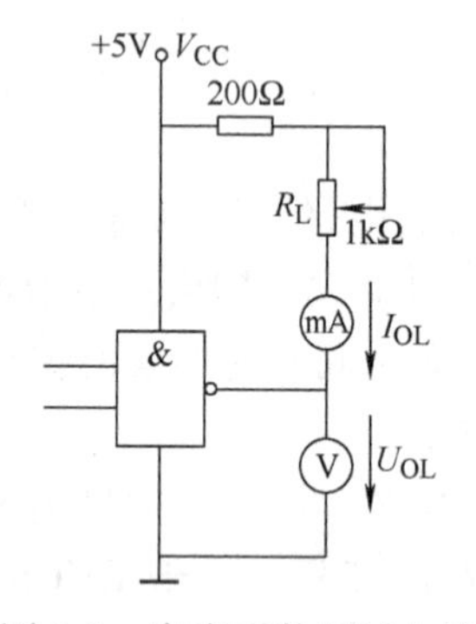

图 2-9　扇出系数测试电路

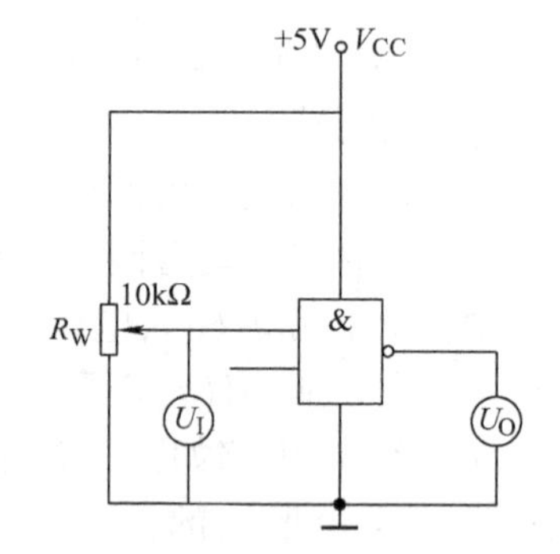

图 2-10　传输特性测试电路

（4）传输时延

在 TTL 电路中，由于二极管和晶体管从导通变为截止或从截止变为导通都需要一定的时间，而且还有二极管、晶体管以及电阻、连接线等的寄生电容存在，所以把理想的矩形电压信号加到 TTL 反相器的输入端时，输出电压的波形不仅要比输入信号滞后，而且波形的上升沿和下降沿也将变坏。如图 2-11 所示，将输出电压波形滞后于输入电压波形的时间叫作传输延迟时间。通常将输出电压由低电平跳变为高电平时的传输延迟时间记作 t_{pLH}，把输出电压由高电平跳变为低电平时的传输延迟时间记作 t_{pHL}。t_{pLH}和 t_{pHL}的定义方法如图2-11a所示。平均传输延迟时间 t_{pd}定义为

$$t_{pd}=\frac{t_{pHL}+t_{pLH}}{2}$$

TTL门电路的传输延迟时间一般为几十纳秒，延迟时间越长，说明门的开关速度越慢。

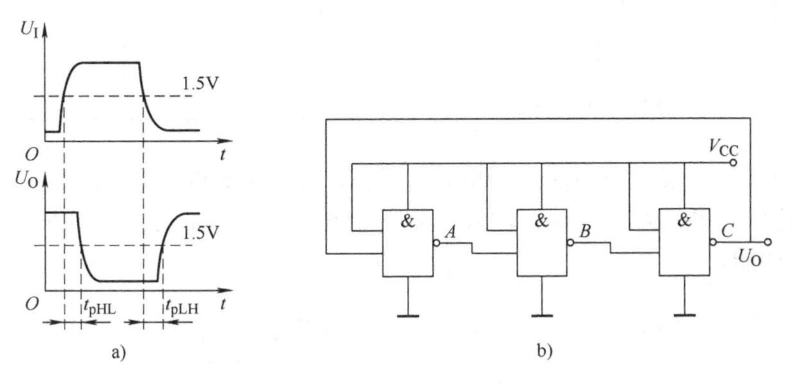

图2-11　TTL门电路传输时延

a）传输延迟特性　b）t_{pd}测试电路

因为传输延迟时间和电路的许多分布参数有关，不易准确计算，所以 t_{pLH}和 t_{pHL}的数值最后都是通过实验方法测定的。这些参数可以从产品手册上查到。

t_{pd}的测试电路如图2-11b所示。由于TTL门电路的延迟时间较小，直接测量时对信号发生器和示波器的性能要求较高，所以实验中通过测量由奇数个与非门组成的环形振荡器的振荡周期 T 来求得。其工作原理是：假设电路在接通电源后某一瞬间，电路中的 A 点为逻辑“1”，经过三级门的延迟后，使 A 点由原来的逻辑“1”变为“0”；再经过三级门的延迟后，A 点电平又重新回到逻辑“1”。电路中其他各点电平也跟随变化。这说明使 A 点发生一个周期的振荡，必须经过6级门的延迟时间。因此，平均传输延迟时间为 $t_{pd}=T/6$。

一般情况下，低速组件的 t_{pd}为40～160ns，中速组件为15～40ns，高速组件为8～15ns，超高速组件小于8ns。TTL电路的 t_{pd}一般在10～40ns之间。

（5）功耗

功耗是指逻辑门消耗的电源功率，常用空载功耗来表征。

当输出端空载、逻辑门输出低电平时的功耗 $P_{on}=V_{CC}I_{CCL}$称为空载导通功耗（I_{CCL}为低电平输出电源电流），当输出端空载、逻辑门输出高电平时的功耗 $P_{off}=V_{CC}I_{CCH}$称为空载截止功耗（I_{CCH}为高电平输出电源电流）。一般 $P_{on}>P_{off}$，而 P_{on}一般不超过50mW。P_{on}和 P_{off}的测试方法如图2-12所示。

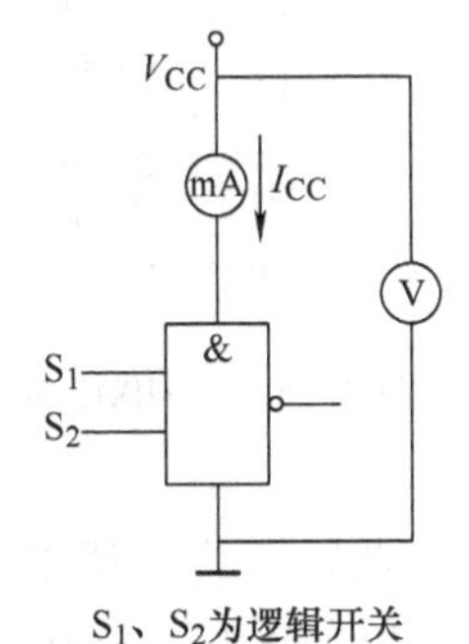

S_1、S_2为逻辑开关

图2-12　P_{on}和 P_{off}的测试电路

2.1.4　实验内容

（1）测试74LS00功能

1）静态测试：选74LS00中任意一组逻辑门进行静态测试。按图2-13接线，在与非门

的两个输入端 A、B 上分别加入相应的逻辑电平，观察并记录与非门对应输出逻辑电平 Y 和电压，测试结果填入表 2-2 中，判断该器件是否正常工作。

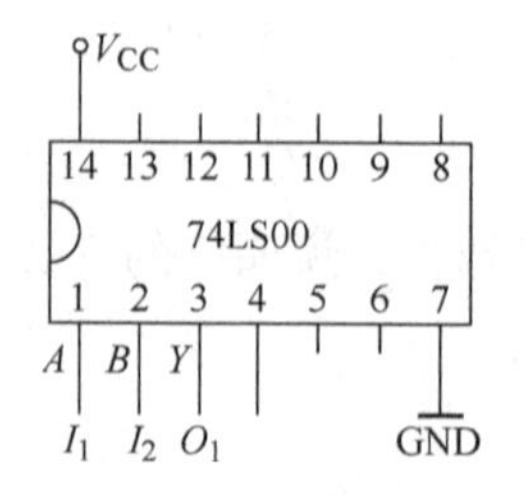

图 2-13　74LS00 静态测试接线图

表 2-2　74LS00 与非门静态测试结果

输入		输出	
A	B	电压/V	Y（逻辑值）
0	0		
0	1		
1	0		
1	1		

2）动态测试：观察与非门对脉冲的控制作用。在 74LS00 中任选一组与非门，分别按图 2-14a和 b 连线，并用示波器观察输入、输出端波形，绘出波形图。分析与非门如何完成对脉冲的控制功能。

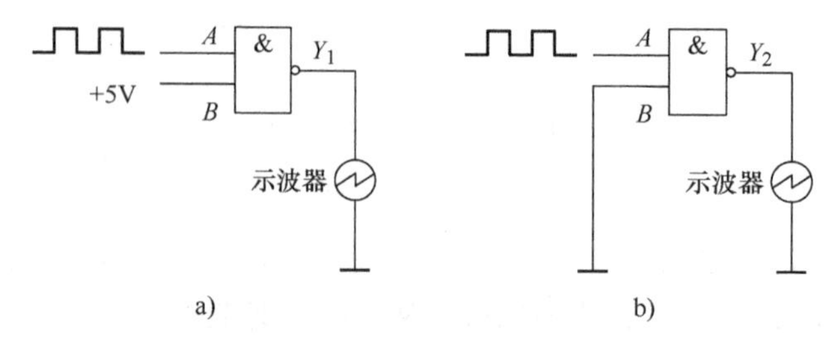

图 2-14　74LS00 动态测试接线图

（2）测试 CD4001 功能

1）静态测试：选择 CD4001 中任意一组逻辑门进行静态测试。按图 2-15 接线，在或非门输入端 A、B 上分别加上相应的逻辑电平，测试、观察并记录或非门对应输出端 J 的逻辑输出和电压，测试结果填入表 2-3 中，判断该器件是否正常工作。

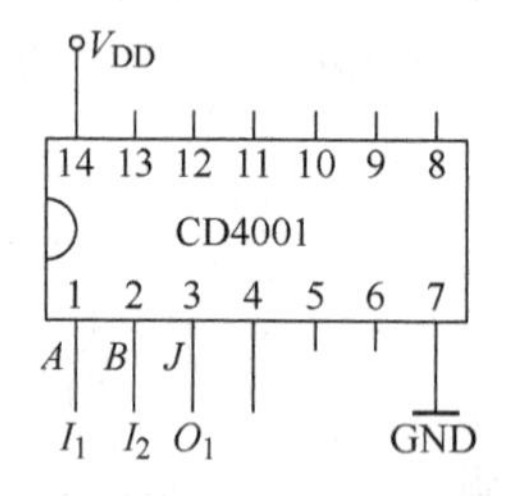

图 2-15　CD4001 静态测试接线图

表 2-3　CD4001 或非门静态测试结果

输入		输出	
A	B	电压/V	J（逻辑值）
0	0		
0	1		
1	0		
1	1		

2）动态测试：观察或非门对脉冲控制作用。在 CD4001 中任选一组或非门，分别按图 2-16a和 b 连线，并用示波器观察输入、输出端波形，绘出波形图。分析或非门如何完成对脉冲的控制功能。

（3）测试 74LS04 功能

按图 2-17 接线，将测试结果填入表 2-4 中，判断该器件工作是否正常。

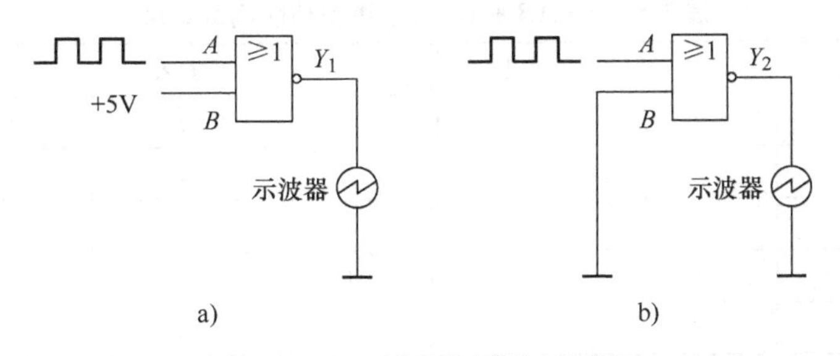

图 2-16　CD4001 动态测试接线图

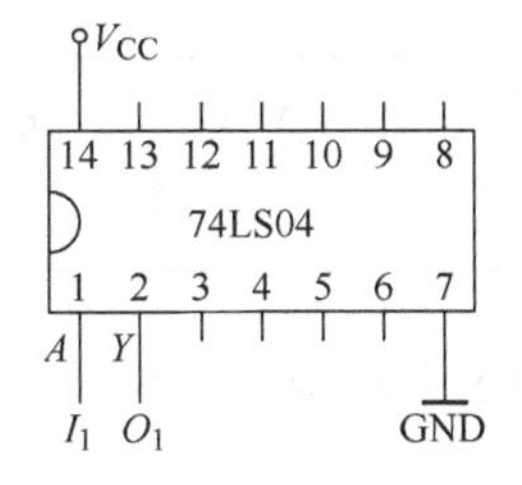

图 2-17　74LS04 静态测试接线图

表 2-4　74LS04 反相器静态测试结果

输入	输出	
A	电压/V	Y（逻辑值）
0		
1		

（4）测试 74LS86 功能

按图 2-18 接线，将测试结果填入表 2-5 中，判断该器件工作是否正常。

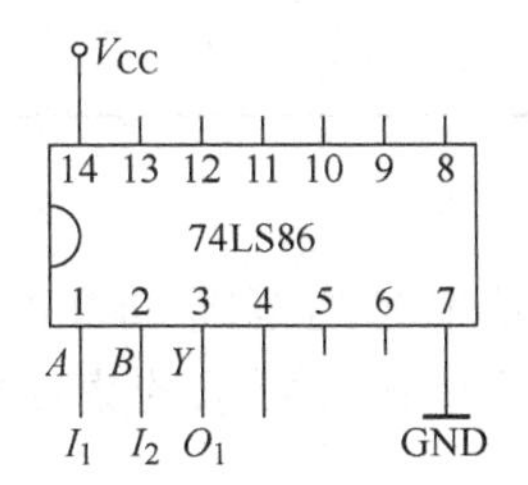

图 2-18　74LS86 静态测试接线图

表 2-5　74LS86 异或门静态测试结果

输入		输出	
A	B	电压/V	Y（逻辑值）
0	0		
0	1		
1	0		
1	1		

（5）用与非门实现其他逻辑门电路

数字电路中常需要用与非-与非门实现与逻辑、或逻辑、与或逻辑等电路。如与或的逻辑表达式 $Y=AB+AC$。根据摩根定理：

$$Y=AB+AC=\overline{\overline{AB+AC}}=\overline{\overline{AB}\cdot\overline{AC}}$$

因此，可以用与非-与非门实现与或门的逻辑功能。

1）画出用与非门实现的 $Y=AB+AC$ 与或逻辑的逻辑电路图。

2）用 74LS00（四 2 输入与非门）实现上述电路。要求在输入端 A、B 和 C 分别加上相应的逻辑电平，用示波器观察输出端 Y 的状态，并将结果填入表 2-6 中，验证电路的等效关系。

（6）门电路参数测试

1）分别按照图 2-6、图 2-9、图 2-11b 接线并进行测试，将测试结果填入表 2-7 中。

表 2-6　$Y=AB+AC$ 与或逻辑功能测试结果

输入			输出	输入			输出
A	B	C	Y	A	B	C	Y
0	0	0		1	0	0	
0	0	1		1	0	1	
0	1	0		1	1	0	
0	1	1		1	1	1	

表 2-7　门电路部分参数测试

I_{CCL}/mA	I_{CCH}/mA	I_{IL}/mA	I_{IH}/μA	I_{OL}/mA	$t_{pd}=\frac{T}{6}$/ns

2）按图 2-7 接线，测试 $I_{CC}\sim U_I$ 特性曲线，计算门的静态平均功耗。要求：输入矩形波信号的 $T\approx100\mu s$，$T_W\approx40\mu s$，$t_r=t_f\approx0.1\mu s$。

3）按图 2-10 接线，调节电位器 R_W，使 U_I 从 0 向高电平变化，逐点测量 U_I 和 U_O 的对应值，填入表 2-8 中。

表 2-8　传输特性测试结果

U_I/V	0	0.2	0.4	0.6	0.8	1.0	1.5	2.0	2.5	3.0	3.5	4.0	…
U_O/V													

4）按图 2-12 接线，测试 P_{on} 和 P_{off}。

5）图 2-19 所示逻辑电路中，若与门 G_1、G_2 和 G_3 的传输延迟范围如图 2-19 中所注，试确定该电路总传输时延范围是多少。查集成电路手册，选择符合要求的集成电路搭试电路，并用示波器观察各信号的波形关系图。

6）图 2-20 所示为用 TTL 与非门构成的开关电路，为使开关 S_1 和 S_2 打开时，门的输入端 A 和 B 分别有确定的起始电平 1 和 0，故 A 端通过电阻 R_A 接 V_{CC}，B 端通过电阻 R_B 接地。试确定 R_A 和 R_B 的值，门输入特性的相关参数已注在该图中。

7）图 2-21 为 CMOS 反相器原理电路，其中 VF_1 和 VF_2 是两个互补对称的 P、N 沟道对管。试分析为什么 CMOS 反相器的电压传输特性曲线比较接近理想的开关特性？请用 74HC04（封装同 74LS04，见附录 A）进行验证。

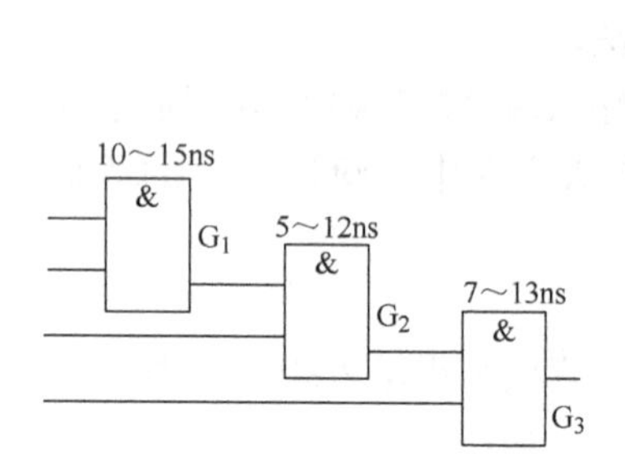

图 2-19　实验（6）-5）用图

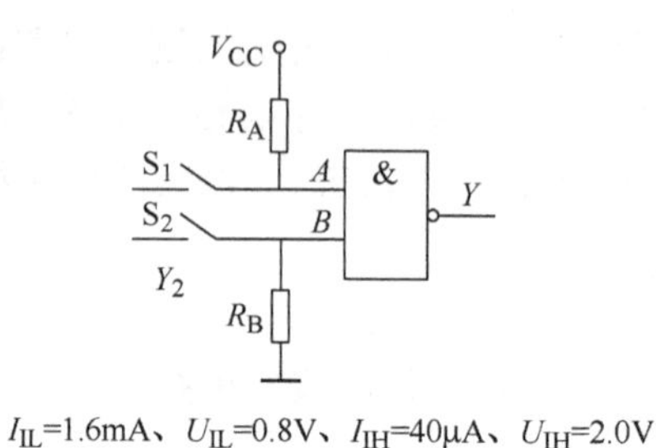

图 2-20　TTL 与非门构成的开关电路

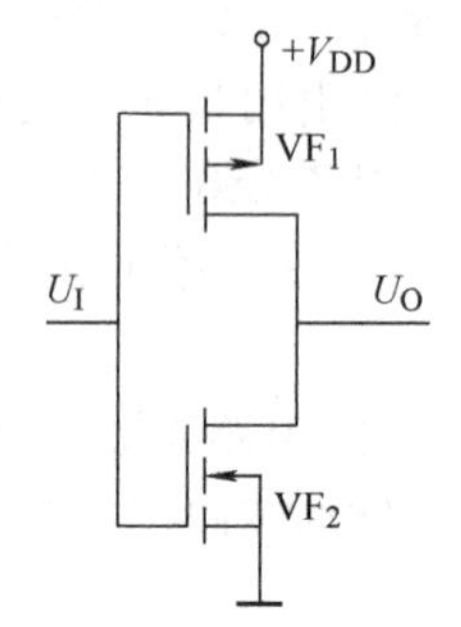

图 2-21　CMOS 反相器原理电路

2.1.5　实验报告

（1）整理并分析实验数据。

（2）分析实验过程中遇到的问题，描述解决问题的思路和办法。

2.1.6　思考题

（1）为什么 TTL 与非门的输入端悬空相当于逻辑“1”？在实际电路中可以悬空吗？

（2）CMOS 逻辑门不用的输入端可以悬空吗？为什么？

（3）CMOS 逻辑门的高电平和低电平分别是多少？请与 TTL 逻辑门进行比较。

（4）在数字电路中 CMOS 电路和 TTL 电路可以混合使用。请问 CMOS 电路如何驱动 TTL 电路？TTL 电路如何驱动 CMOS 电路？为什么？

（5）现要用示波器观测 $T=1\mu s$，$T_W=0.1\mu s$，$t_r=20ns$（上升时间），t_f（下降时间）足够小的矩形波，请问频带宽度应选多少？

（6）工程中为什么用输出低电平驱动输出负载？

（7）为什么普通逻辑门的输出端不能直接连在一起？请结合图 2-2 进行说明？

（8）在 TTL 和 CMOS 与非门的一个输入端经过 300Ω 和 10kΩ 的电阻接地，其余输入端接高电平。请问在这两种情况下 TTL 和 CMOS 与非门的输出电平各为多少？

（9）说明 CMOS 电路输出高电平和低电平时，输出电流的大小和方向以及与负载的关系。

（10）在大规模可编程器件的输出电路或在系统设计中，经常需要实现可控反相器，如图 2-22 所示，以便使输出为原变量或反变量。请问如何用异或门实现可控反相器？

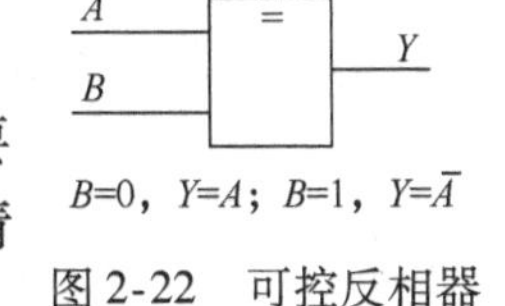

图 2-22　可控反相器

2.2　OC/OD 门和三态门

2.2.1　实验目的

（1）熟悉集电极开路（OC）/漏极开路（OD）门和三态门的逻辑功能。

（2）了解集电极/漏极负载电阻 R_L 对 OC/OD 门电路的影响。

（3）掌握 OC/OD 门和三态门的典型应用。

2.2.2　实验设备

设备	数量
万用表	1 块
直流稳压电源	1 台
低频信号发生器	1 台
示波器	1 台
数字系统综合实验箱	1 台

集成电路 74LS03、74HC03、74HC125、74LS00、CC40107 等　　　　各 1 片

2.2.3　实验原理

数字系统中有时需要把两个或两个以上集成逻辑门的输出端直接并接在一起完成一定的逻辑功能。对于普通的 TTL 门电路，由于输出级采用了推拉式输出电路，无论输出是高电平还是低电平，输出阻抗都很低。因此，通常不允许将它们的输出端并接在一起使用。普通 CMOS 门电路也有类似的问题。

在计算机中，CPU 的外围接有大量寄存器、存储器和输入/输出 I/O 口，如果不允许多个器件的数据线相连，那么仅众多的数据线就会使 CPU 体积庞大、功耗激增，计算机也就不可能像今天这样被广泛使用。

OC 门、OD 门和三态输出门是三种特殊输出的门电路，它们允许把输出端直接并接在一起使用。

1. TTL 集电极开路门（OC 门）

本实验所用 OC 与非门型号为四 2 输入与非门 74LS03，其芯片引脚图见附录 A，电路结构和逻辑符号如图 2-23 所示。OC 与非门的输出管 VT_3 是悬空的，工作时，输出端必须通过一只外接电阻 R_L 和电源 $+E_C$ 相连接，以保证输出电平符合电路要求。

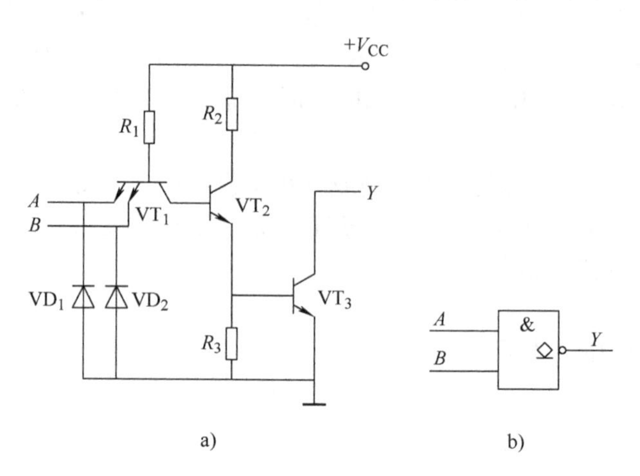

图 2-23　74LS03 电路结构、逻辑符号

a）电路结构　b）逻辑符号

OC 门的应用主要有下述三个方面。

1）利用电路的“线与”特性方便地完成某些特定的逻辑功能。如图 2-24 所示，将两个 OC 与非门输出端直接并接在一起，则它们的输出为

$$Y = Y_1 \cdot Y_2 = \overline{A_1B_1} \cdot \overline{A_2B_2} = \overline{A_1B_1 + A_2B_2}$$

即把两个（或两个以上）OC 与非门“线与”可完成“与或非”的逻辑功能。

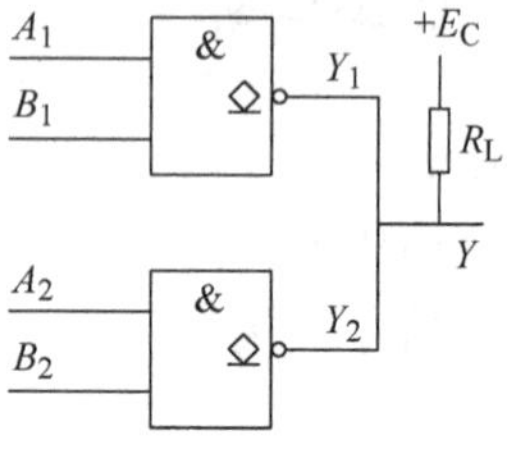

2）实现多路信息采集，使两路以上的信息共用一个传输通道（总线）。

A1　B1　&　Y1　+EC　RL　Y　A2　B2　&　Y2

图 2-24　OC 与非门“线与”电路

3）驱动感性负载或实现逻辑电平转换，以推动荧光

数码管、继电器、MOS 器件等多种数字集成电路。如图 2-24 所示的电路中，$+E_C=10V$ 时，Y 的输出高电平就从前级的 3.6V 变成 10V。

OC 门输出并联运用时负载电阻 R_L 的选择方法如下。

如图 2-25 所示，电路由 n 个 OC 与非门“线与”驱动有 m 个输入端的 N 个 TTL 与非门，为保证 OC 与非门输出电平符合逻辑要求，负载电阻 R_L 阻值的选择范围为

$$R_{Lmax}=(E_C-U_{OHmin})/(nI_{OH}-mI_{RE})$$

$$R_{Lmin}=(E_C-U_{OLmax})/(I_{OL}-mI_{SE})$$

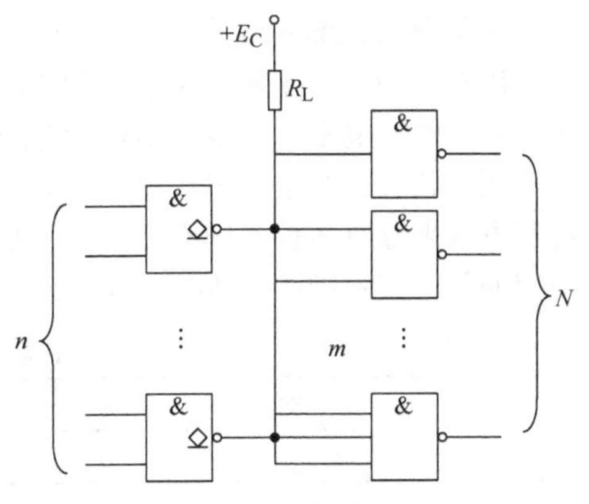

图 2-25　OC 与非门负载电阻 R_L 的确定

式中，U_{OHmin} 为输出高电平下限值；U_{OLmax} 为输出低电平上限值；I_{OL} 为单个 OC 门输出低电平时输出管所允许流入的最大电流；I_{OH} 为 OC 门输出高电平时由负载电阻流入输出管的电流，也称输出漏电流；I_{RE} 为负载门输入高电平时的输入电流，也称输入反向电流；I_{SE} 为负载门的短路输入电流；E_C 为 R_L 外接电源电压；n 为 OC 门的个数；m 为接入电路的负载门输入端总个数。

R_L 值须小于 R_{Lmax}，否则 U_{OH} 将下降，R_L 值须大于 R_{Lmin}，否则 U_{OL} 将上升。R_L 的大小会影响输出波形的边沿时间，在工作速度较高时，R_L 应尽量选取接近 R_{Lmin}。由于调节 R_L 可以调整 OC 门的拉电流和灌电流驱动能力，所以选择 R_L 还要考虑负载对 OC 门驱动能力的要求。

除了 OC 与非门外，还有其他类型的 OC 器件，R_L 的选取方法也与此类同。

2. CMOS 漏极开路门（OD 门）

CMOS 漏极开路与非门的电路结构和逻辑符号如图 2-26 所示。

CMOS 漏极开路与非门的特点如下。

1）输出 MOS 管的漏极是开路的，如图 2-26a 中右边的虚线部分。工作时必须外接电源 $+E_D$ 和电阻 R_L，电路才能工作，实现 $Y=\overline{AB}$；若不外接电源 $+E_D$ 和电阻 R_L，则电路不能工作。

2）可以方便实现电平转换。因为 OD 门输出级 MOS 管漏极电源是外接的，U_{OH} 随 $+E_D$ 的不同而改变，所以可以用来实现电平转换。

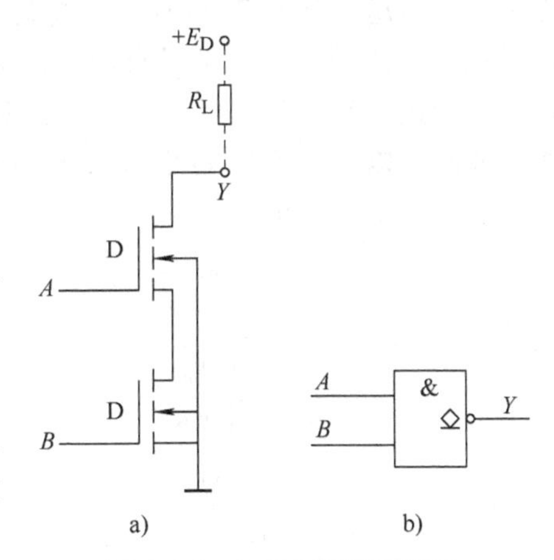

图 2-26　CMOS 漏极开路门
a）电路结构　b）逻辑符号

3）可以用于实现“线与”功能，即把几个 OD 门的输出端，直接用导线连接起来实现“与”运算，两个 OD 门进行“线与”连接的电路也如图 2-24 所示。

4）OD 门的带负载能力强。输出端为高电平时带拉电流负载的能力 $I_{OH}=(V_{DD}-U_{OH})/R_L$，决定于外接电源 $+E_D$ 和电阻 R_L 的大小；输出端为低电平时，带灌电流负载的能力 I_{OL} 由输出 MOS 管的容量决定，比较大。例如双 2 输入漏极开路与非门 CC40107，当 $+E_D=10V$，$U_{OL}=0.5V$ 时，$I_{OL}\geqslant 37mA$；若 $+E_D=15V$，$U_{OL}=0.5V$，则 $I_{OL}\geqslant 50mA$。

OD 门的用途和 OC 门相似，R_L的计算方法也与 OC 门类似，不过在具体使用时要注意考虑 TTL 和 CMOS 电路的区别。

3. CMOS 三态输出门（TSL 门）

CMOS 三态输出门是一种特殊的门电路，它与普通的 CMOS 门电路结构不同，它的输出端除了通常的高电平、低电平两种状态外（这两种状态均为低阻状态），还有第三种输出状态——高阻状态，处于高阻状态时，输出端与负载之间相当于开路。三态输出门按逻辑功能及控制方式来分有各种不同类型，本实验所用 CMOS 三态门集成电路 74HC125 三态输出四总线缓冲器，其引脚图同 74LS125，见附录 A，功能表见表 2-9。

表 2-9　三态门功能表

输入		输出	
EN	A	Y	
0	0	低阻态	0
	1		1
1	0	高阻态	
	1		

如图 2-27 是构成三态输出四总线缓冲器的三态门的电路结构和逻辑符号，它有一个控制端（又称禁止端或使能端）EN，EN = 0 为正常工作状态，实现 $Y = A$ 的逻辑功能；EN = 1 为禁止状态，输出 Y 呈现高阻状态。这种在控制端加低电平时电路才能正常工作的工作方式称为低电平使能。

三态门电路主要用途之一是实现总线传输，即用一个传输通道（称总线）以选通方式传送多路信息。如图 2-28 所示，电路中把若干个三态门电路输出端直接连接在一起构成三态门总线，使用时，要求只有需要传输信息的三态控制端处于使能态（EN = 0），其余各门皆处于禁止状态（EN = 1）。由于三态门输出电路结构与普通门电路相同，显然，若同时有两个或两个以上三态门的控制端处于使能态，将出现与普通门“线与”运用时同样的问题，因而是绝对不允许的。

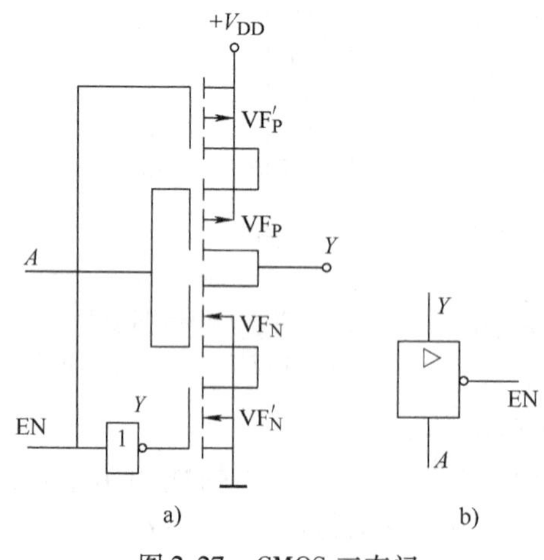

图 2-27　CMOS 三态门

a）电路结构　b）逻辑符号

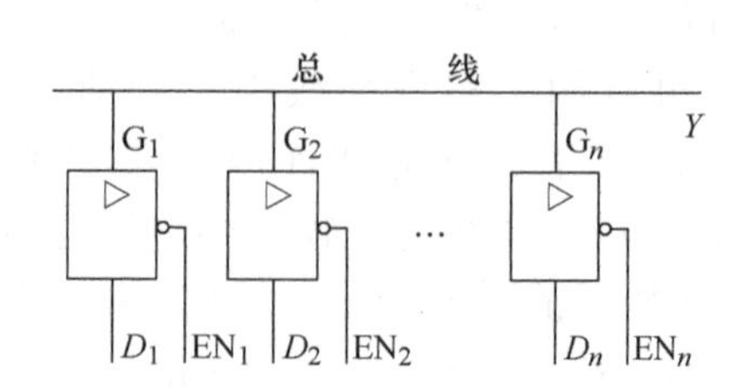

图 2-28　三态输出门实现总线传输

2.2.4 实验内容

1. 集电极开路（OC）门

（1）OC 与非门负载电阻 R_L 的确定

选用 74LS03，测试电路如图 2-29 所示。其中，$R_W = 2.2k\Omega$，$R_P = 200\Omega$。

1）测定 R_{Lmax}：OC 门 G_1、G_2 的四个输入端 A_1、B_1、A_2、B_2 均接地，则输出 Y 为高电平。调节电位器 R_W 的值，使 $U_{OHmin} > 2.4V$，用万用表测出此时的 R_L 值即为 R_{Lmax}。

2）测定 R_{Lmin}：OC 门 G_1 输入端 A_1、B_1 接高电平，G_2 输入端 A_2、B_2 接低电平，则输出 Y 为低电平。调节电位器 R_W 的值，使 $U_{OLmax} < 0.4V$，用万用表测出此时的 R_L 值即为 R_{Lmin}。

3）调节 R_W，使 $R_{Lmin} < R_L < R_{Lmax}$，分别测出 Y 端的 U_{OH} 和 U_{OL} 值。

4）将 R_{Lmax} 和 R_{Lmin} 的理论计算值与实测值进行比较并填入表 2-10 中。

表 2-10　R_L 的测试结果

参　数	理论值	实际值
R_{Lmax}		
R_{Lmin}		

（2）OC 与非门实现线与功能

选用集电极开路与非门 74LS03，列真值表验证图 2-29 所示电路的线与功能：

$$Y = Y_1 \cdot Y_2 = \overline{A_1A_2} \cdot \overline{B_1B_2} = \overline{A_1A_2 + B_1B_2}$$

（3）OC 门实现电平转换

用 OC 门完成 TTL 电路驱动 CMOS 电路的接口电路，实现电平转换。实现电路如图 2-30 所示。

1）在输入端 A、B 全为 1 时，用万用表测量 C、D、E 点的电压，再将 B 输入置为“0”，用万用表测量 C、D、E 点的电压，两次测得的结果填入表 2-11 中。

2）输入端 A 置为“1”，输入端 B 加 1kHz 方波信号，用示波器观察 C、D、E 各点电压波形幅值的变化。

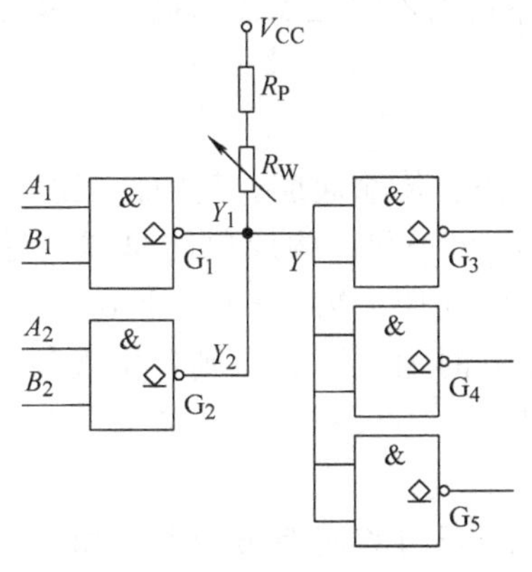

图 2-29　OC 门负载电阻测试电路图

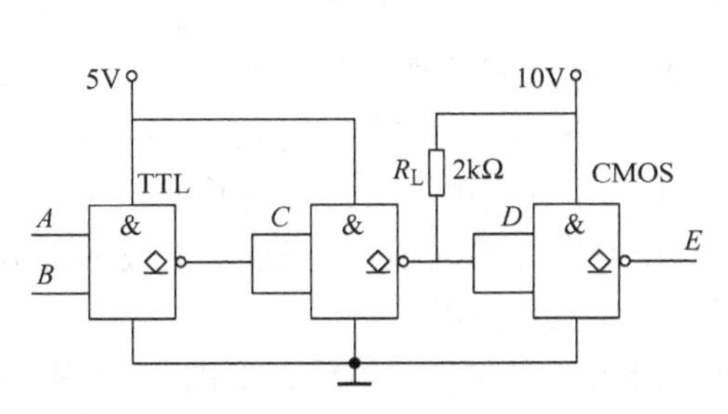

图 2-30　TTL 电路驱动 CMOS 电路接口电路

表 2-11　电平转换测试结果

输入		U_C/V	U_D/V	U_E/V
A	B			
1	1			
1	0			

（4）OC 与非门实现逻辑功能

选用 74LS03，实现以下逻辑“异或”功能：

$$Y = A \oplus B$$

自拟实现方案，画出接线图，列出真值表，记录测试结果并与理论值进行比较。

2. 漏极开路（OD）门

用 74HC03 重复 OC 门实验，比较 OC 门和 OD 门的区别。

3. 三态门

（1）74HC125 的逻辑功能测试

测试电路如图 2-31 所示，测试结果填入表 2-12 中，根据测试结果判断该三态门功能是否正常。

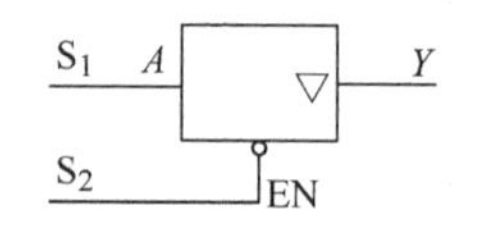

图 2-31　测试三态门功能

表 2-12　测试三态门功能

输入		输出	
A	EN	电压/V	Y（逻辑值）
1	0		
0	0		
×	1		

注：×表示任意电平，后面表格中类同。

1）静态验证：使能输入端和数据输入端加高、低电平，用电压表测量输出高电平、低电平的电压值。

2）动态验证：使能输入端加高、低电平，数据输入端加连续矩形脉冲，用示波器分别观察数据输入波形和输出波形。

动态验证时，分别用示波器中的 AC 耦合与 DC 耦合，测定输出波形的幅值 U_{P-P}及高、低电平值。

注意：用三态门实现分时传送时，不能同时有两个或两个以上三态门的控制端处于使能状态。

（2）单向总线传输

如图 2-32 所示，用 74HC125 三态门组成 3 路数字信息传输通道。其中，三态门三个输入 D_1、D_2、D_3分别接地、高电平和脉冲信号，输出连在一起，构成单向总线传输。先使 EN_1、EN_2、EN_3皆为“1”，记录 Y 的波形。然后，轮流使 EN_1、EN_2、EN_3 中的一个为“0”，其余两个为高电平（绝不允许它们中有两个以上同时为“0”，否则会出现与普通 TTL 门线与运用时同样的问题），记录 Y 的波形并分析结果。

（3）双向总线传输

三态门实现双向总线传输，如图 2-33 所示，设置三态门的使能信号 EN_1 和 EN_3，可实现信号的分时传送，见表 2-13。

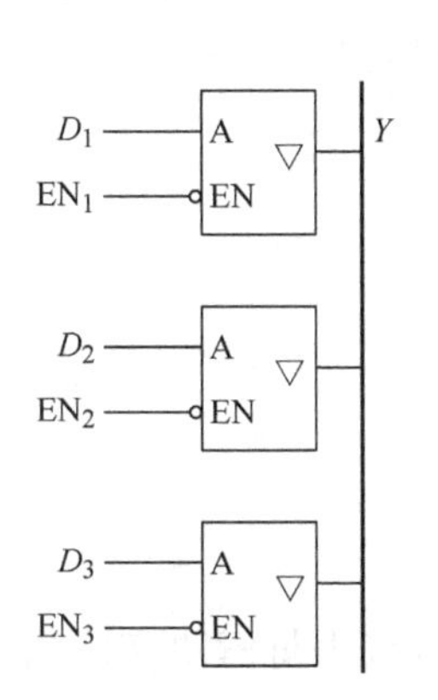

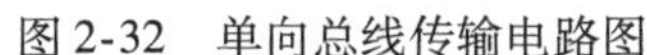
图 2-32　单向总线传输电路图

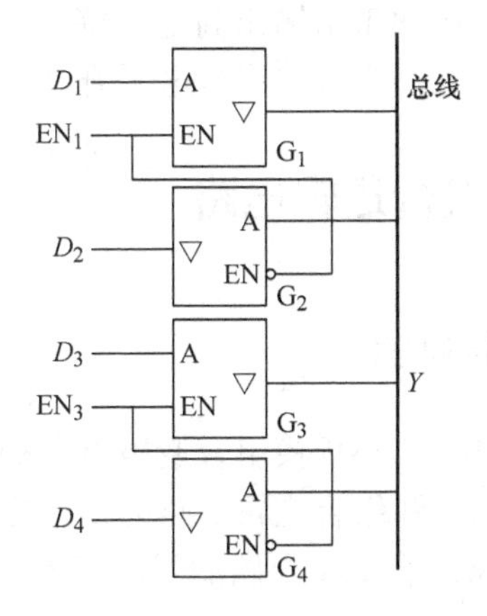

图 2-33　双向总线传输电路图

表 2-13　双向总线逻辑功能

使能控制		信号传输方向	
EN_1	EN_3		
1	0	$D_1 \to Y$	$Y \to D_4$
0	1	$Y \to D_2$	$D_3 \to Y$

2.2.5　实验报告

（1）整理并分析实验数据。

（2）分析实验过程中遇到的问题，描述解决问题的思路和办法。

2.2.6　思考题

（1）如何用万用表或示波器来判断三态门是否处于高阻态？高阻态在硬件设计中的实际意义是什么？

（2）OC/OD 门负载电阻过大或过小对电路会产生什么影响？如何选择负载电阻？

（3）怎样用集电极开路与非门实现异或逻辑？

（4）总线传输时是否可以同时接有 OC 门和三态门？

（5）三态逻辑门输出端是否可以并联？并联时其中一路处于工作状态，其余输出端应为何种状态？

（6）高电平有效和低电平有效的含义是什么？

（7）上拉电阻和下拉电阻的含义是什么？在实际电路中的作用是什么？

（8）在计算机中，CPU 的数据线和地址线上一般都同时连接多个外设，它们共用地址线和数据线，且数据线上的数据可以双向传输，请结合 OC/OD 门和三态门知识考虑，原理上是如何实现的？

（9）无缓冲 CMOS 门电路有许多缺陷，所以 CMOS 门电路常常采用非门缓冲或隔离，用来防止输入信号对电路参数的影响，或者防止多变量相“或”对由多个 NMOS 管并联造成输出电阻减小而带来输出高电平降低，或者多变量相“与”对由多个 NMOS 管相串联造成输出电阻增大而带来输出低电平升高。如何理解这句话？

2.3 SSI 组合逻辑电路

2.3.1 实验目的

（1）掌握 SSI 小规模组合逻辑电路的分析方法。
（2）掌握 SSI 组合逻辑电路的设计方法和调试方法。
（3）观察组合逻辑电路的冒险现象，并通过功能验证锻炼解决实际问题的能力。

2.3.2 实验设备

万用表	1 块
直流稳压电源	1 台
低频信号发生器	1 台
示波器	1 台
数字系统综合实验箱	1 台
集成电路 74LS00、74LS02、74LS04、74LS10、74LS20 等	各 1 片

2.3.3 实验原理

组合逻辑电路是数字系统中逻辑电路形式的一种，它的特点是：电路任何时刻的输出状态只取决于该时刻输入信号（变量）的组合，而与电路的历史状态无关。组合逻辑电路的设计是在给定问题（逻辑命题）的情况下，通过逻辑设计过程，选择合适的标准器件，搭接成实验给定问题（逻辑命题）功能的逻辑电路。

根据集成电路规模的大小，也就是每块集成电路芯片中包含的元器件数目，通常将其分为 SSI、MSI、LSI、VLSI。

小规模集成电路：是指每片包含 10 ~ 100 个元器件的电路，一般为一些逻辑单元电路，比如逻辑门电路或者集成触发器等。

在日常生活中，我们可以利用小规模的集成电路来设计抢答器、报警器等。

1. SSI 组合逻辑电路的分析

分析组合逻辑电路的目的是确定已知电路的逻辑功能，其步骤大致如下。

1）由逻辑电路图写出各输出端的逻辑表达式。

2）化简和变换各逻辑表达式。

3）列出真值表。

4）根据真值表和逻辑表达式对逻辑电路进行分析，最后确定其功能。

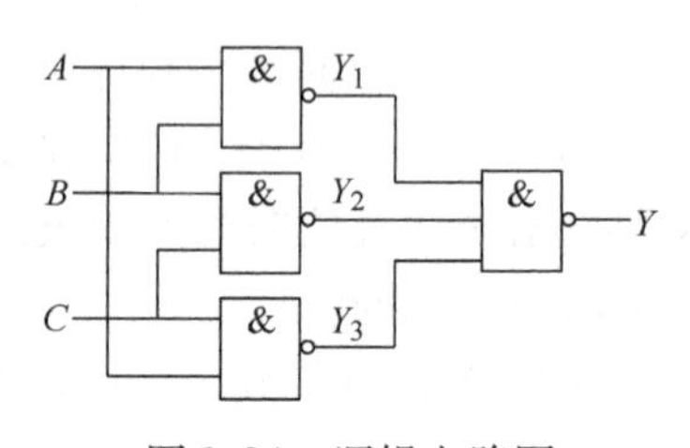

图 2-34　逻辑电路图

【例 2-1】 分析如图 2-34 所示电路的逻辑功能。

解：①由逻辑图写出逻辑表达式并化简得

$$Y=\overline{\overline{Y_1}\cdot\overline{Y_2}\cdot\overline{Y_3}}=\overline{\overline{AB}\cdot\overline{BC}\cdot\overline{AC}}=AB+BC+AC$$

②真值表（见表 2-14）

表 2-14　例 2-1 真值表

A	B	C	Y
0	0	0	0
0	0	1	0
0	1	0	0
0	1	1	1
1	0	0	0
1	0	1	1
1	1	0	1
1	1	1	1

③ 逻辑功能分析

当 3 个输入变量中有两个或两个以上为 1 时，输出为 1，否则为 0，即为少数服从多数的三人表决器。

2. SSI 组合逻辑电路的设计

设计的目的是根据给定的实际问题，选取合适的器件，设计出能实现其逻辑功能的电路。选择小规模集成电路器件，采用经典的设计方式，设计的重要技巧是如何使芯片功能被充分利用。

（1）根据实际问题对逻辑功能的要求，定义输入/输出逻辑变量及赋值。

首先，对命题的因果关系进行分析，“因”为输入，“果”为输出，即“因”为逻辑变量，“果”为逻辑函数。其次，对逻辑变量赋值，即用逻辑“0”和逻辑“1”分别表示两种不同状态。组合逻辑电路设计的关键之一，是对输入逻辑变量和输出逻辑变量做出合理的定义。在定义时，应注意以下两点。

1）只有具有二值性的命题才能定义为输入或输出逻辑变量。

2）要把变量取 1 值的含义表达清楚。

（2）根据定义的逻辑变量列出真值表。

设计的要求一般是用文字来描述的，设计者很难由文字描述的逻辑命题直接写出逻辑表达式。由于真值表表示逻辑功能最为直观，故应先列出真值表。对命题的逻辑关系进行分析，确定有几个输入、几个输出，根据所定义的输入/输出变量，按逻辑关系列出真值表。

（3）由真值表写出逻辑函数表达式。

（4）对逻辑函数进行化简。

若由真值表写出的逻辑函数表达式不是最简式，应利用公式法或卡诺图法进行逻辑函数化简，得出最简式。这里的最简式是指所用器件的种类、个数最少，如果对所用器件有要求，还需将最简式转换成相应的形式。

（5）按最简式画出逻辑电路图。

总结 SSI 组合逻辑电路设计流程图如图 2-35 所示。

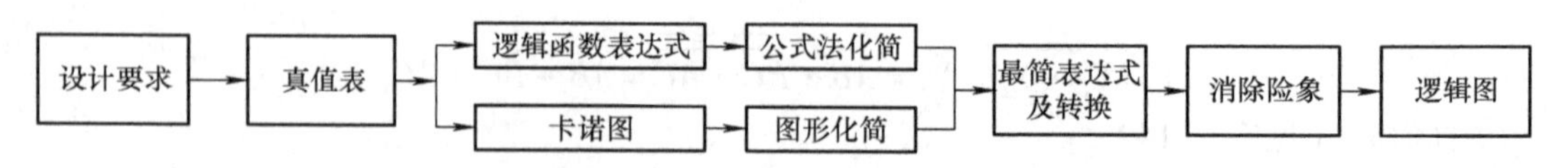

图 2-35　SSI 组合逻辑电路设计流程图

在采用 SSI 时，通常将函数化简成最简与-或表达式，使其包含的乘积项最少，且每个乘积项所包含的因子数也最少。最后根据所采用的器件的类型进行适当的函数表达式变换，如变换成与非-与非表达式、或非-或非表达式等。有时由于输入变量的条件（如只有原变量输入，没有反变量输入）、采用器件的条件（如在一块集成器件中包含多个基本门）等因素，采用最简与或式实现电路，但它不一定是最佳电路。

下面举一实例说明设计过程。

【例 2-2】 用与非门和异或门设计全加器并验证其逻辑功能。

解：①定义输入变量为被加数 A_i、加数 B_i、低位来的进位 C_{i-1}，输出变量为和 S_i、向高位的进位 C_i。

②列真值表见表 2-15。

表 2-15　全加器真值表

输入			输出	
A_i	B_i	C_{i-1}	S_i	C_i
0	0	0	0	0
0	0	1	1	0
0	1	0	1	0
0	1	1	0	1
1	0	0	1	0
1	0	1	0	1
1	1	0	0	1
1	1	1	1	1

③卡诺图化简如图 2-36 所示。

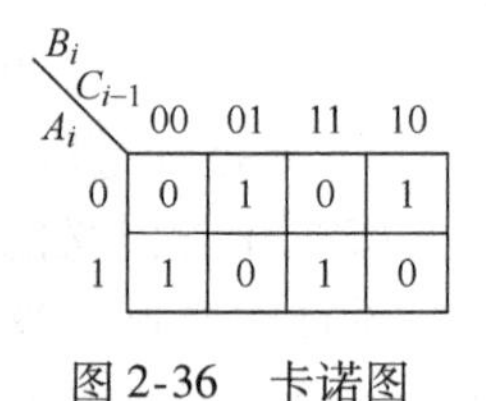

图 2-36　卡诺图

④由卡诺图得出逻辑表达式，变化并化简得

$$S_i = A_i \oplus B_i \oplus C_{i-1}$$

$$C_i = A_iC_{i-1} + A_iB_i + B_iC_{i-1} = \overline{\overline{A_iC_{i-1}} \cdot \overline{A_iB_i} \cdot \overline{B_iC_{i-1}}}$$

或

$$C_i = \overline{\overline{A_iB_i} \cdot \overline{A_i \oplus B_i} \cdot \overline{C_{i-1}}}$$

⑤画出逻辑电路图，如图 2-37 所示。输入端 A_i、B_i、C_{i-1}分别接三个逻辑开关，输出端 S_i和 C_i接逻辑电平指示灯。将测试结果与真值表对照验证。

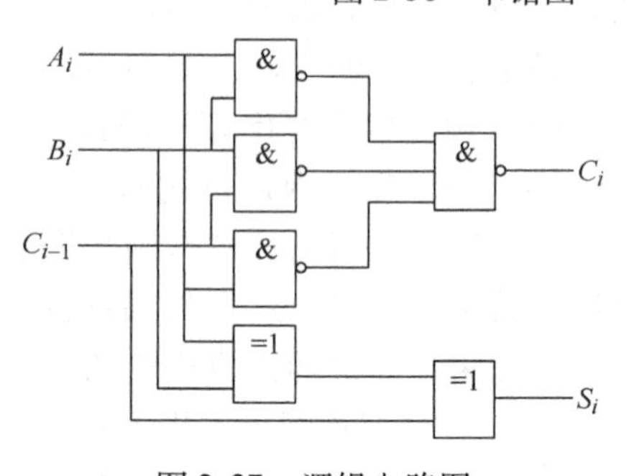

图 2-37　逻辑电路图

总之，输出逻辑表达式不一定是最简表达式，表达式的形式是由题目中所要求使用的芯片决定，先要化简为符合题目要求的最简表达式，再由表达式画出逻辑电路图。

3. 组合逻辑电路的竞争冒险

（1）竞争冒险产生的原因

通常情况下的逻辑电路设计都是在理想情况下进行的，即假定电路中的布线及门电路都没有延迟效应。但是由于半导体参数的离散性以及电路存在过渡过程，造成信号在传输过程中通过传输线或器件都需要一个响应时间。因此，在理想情况下设计出的逻辑电路，受上述因素影响后，可能在输入信号变化的瞬间，在输出端产生一些不正确的尖峰信号，这种情况称为组合逻辑电路的竞争冒险现象。如图 2-38 所示为出现竞争冒险现象的两个例子。

图 2-38a 中，输出函数$Y_1 = A \cdot \overline{A}$，由于非门 1 有延迟时间 t_{pd}，使得$\overline{A}$有一定延时 t_{pd}，造成输出Y_1产生相应宽度的正向毛刺（又称静态 1 型险象）。毛刺是一种非正常输出，它对后接电路可能造成误动作，从而影响数字设备的稳定性和可靠性。图 2-38b 中，输出函数$Y_2 = A + \overline{A}$，同样产生了误动作（又称静态 0 型险象）。

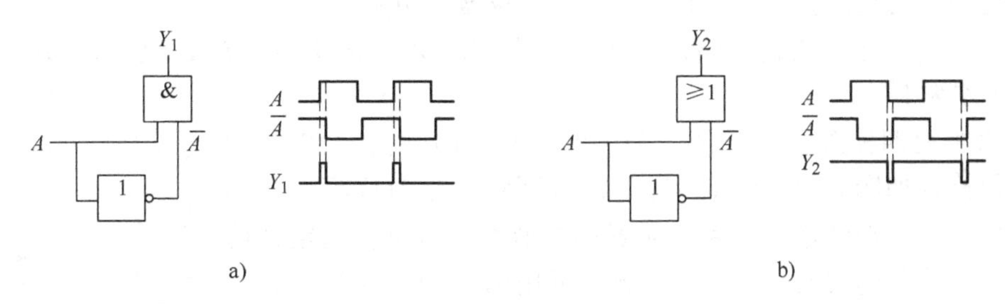

图 2-38　出现冒险现象的两个例子
a）与门的延迟产生尖峰脉冲　b）或门的延迟产生尖峰脉冲

（2）消除竞争冒险的方法

1）接滤波电容。

2）加封锁脉冲或选通脉冲。

3）修改逻辑设计（增加冗余项）。

如果输出端门电路的两个输入信号 A 和$\overline{A}$是输入变量 A 经过两个不同传输路径而来的，如图 2-38a 所示，那么当输入变量 A 的状态发生突变时，输出端便有可能产生干扰脉冲。这种情况下，可以通过增加冗余项的方法，修改逻辑设计，消除竞争冒险现象。

例如，若一电路的逻辑函数式可写为

$$Y = AB + \overline{A}C$$

当 $B = C = 1$ 时，上式将写为

$$Y = A + \overline{A}$$

故该电路存在竞争冒险现象。

根据逻辑代数的常用公式可知

$$Y = AB + \overline{A}C = AB + \overline{A}C + BC$$

从上式可知，在增加了 BC 冗余项以后，$B = C = 1$ 时无论 A 如何改变，输出始终保持 $Y = 1$。因此，A 的状态变化不会再引起竞争冒险现象。

组合逻辑电路的竞争冒险现象是一个重要的实际问题。当设计出一个组合逻辑电路后，首先应该进行静态测试，也就是按照真值表依次改变输入变量，测得相应的输出逻辑值，验证其逻辑功能，再进行动态测试，观察是否存在竞争冒险，然后根据不同情况分别采取措施消除险象。

2.3.4 实验内容

（1）用与非门设计一个多数表决电路，当输入变量 A、B、C、D 有三个或三个以上为 1 时，输出 Y 为 1，否则为 0。

（2）设计一个 1 位全加器，要求用异或门、与门、或门组成。

（3）设计一个 2 位二进制数乘法器。该电路的输入接收两个 2 位二进制数 $A=A_2A_1$，$B=B_2B_1$，输出为 A 和 B 的积。

（4）设计一个 1 位二进制加/减法器，该电路在 M 的控制下进行加、减运算。当 $M=0$ 时，实现全加器的功能；当 $M=1$ 时，实现全减器的功能。

（5）设计一个组合逻辑电路，它接收 1 位 8421BCD 码 $B_3B_2B_1B_0$，仅当 $2<B_3B_2B_1B_0<7$ 时输出 Y 才为 1。

（6）人类有四种血型：A、B、AB 和 O 型。输血时，输血者和受血者必须符合如图 2-39 所示的规定，否则将有生命危险，试用与非门设计一个判别电路，判断输血者和受血者是否符合规定，检测所设计电路的逻辑功能。（提示：输入可用两个变量的组合表示输血者血型，另外两个变量的组合代表受血者血型；输出变量表示是否符合规定。）

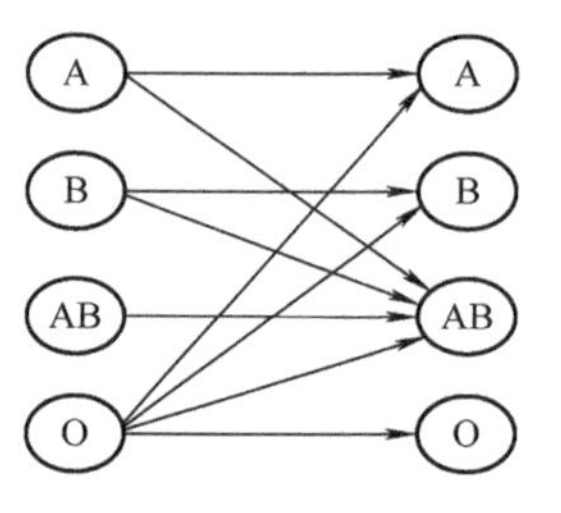

图 2-39 输血-受血规则图

（7）用最少的器件设计一个房间照明灯的控制电路，该房间有东门、南门、西门，在各个门旁边装有一个开关，每个开关都能独立控制灯的亮/暗，控制电路具有以下功能。

1）任一扇门开关接通，灯亮，开关断，灯暗。

2）当某一扇门开关接通，灯亮，接着接通另一门开关，灯暗。

3）当三扇门开关都接通，灯亮。

2.3.5 实验报告

（1）列写实验任务的设计过程，包括叙述有关设计技巧，画出设计的逻辑电路图，并注明所用集成电路的引脚号。

（2）拟定记录测量结果的表格，并进行分析。

（3）总结用 SSI 设计组合逻辑电路的方法。

2.3.6 思考题

（1）用与非门和反相器（非门）组成与门、或非门和同或门电路，试画出相应电路图。

（2）设计一个对两个无符号的二进制数进行比较的电路（比较器）：根据第一个数是否大于、等于、小于第二个数，使相应的 3 个输出端中的某一个输出为“1”。

2.4　加法器与数据比较器

2.4.1　实验目的

（1）理解加法器与数据比较器的工作原理。

（2）掌握加法器 74LS283、数据比较器 74LS85 的功能及简单应用。

（3）学习中规模组合逻辑电路的设计方法。

2.4.2　实验设备

万用表	1 块
直流稳压电源	1 台
低频信号发生器	1 台
示波器	1 台
数字系统综合实验箱	1 台
集成电路 74LS00、74LS08、74LS86、74LS283、74LS85 等	各 1 片

2.4.3　实验原理

1. 加法器

数字运算是数字系统的基本功能之一，加法器是执行算术运算的重要逻辑部件，在数字系统和计算机中，二进制的加、减、乘、除等运算都可以转换为若干步加法运算。

最基本的加法器是半加器，半加器是指没有低位送来的进位信号，只有本位相加的和及进位。这些概念看起来很简单，但理解这些概念对于今后设计电路是很有帮助的。实现半加器的真值表见表 2-16。

表 2-16　半加器真值表

输入		输出	
A	B	S（本位和）	C（进位）
0	0	0	0
0	1	1	0
1	0	1	0
1	1	0	1

实现半加器的电路如图 2-40 所示。

实现半加器的逻辑表达式为：$C=AB$，$S=A\oplus B$。

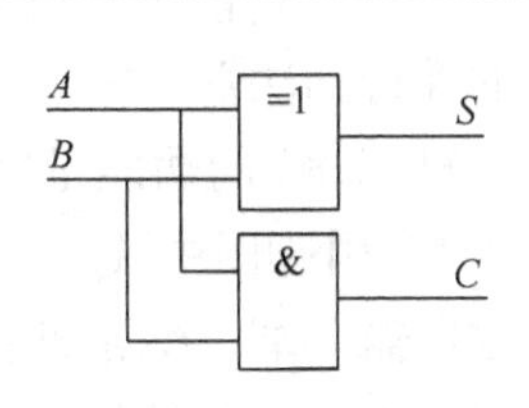

图 2-40　半加器逻辑电路

半加器电路比较简单，只用了 1 个与门和 1 个异或门，在此基础上可以进一步实现全加器。当进行不止 1 位的加法时，必须考虑低位的进位，通常以 C_i 表示，此时电路实现了全加器的功能。在电路结构上由两个半加器和一个异或门实现，如图 2-41a 所示。图 2-41b 为全加器惯用符号。

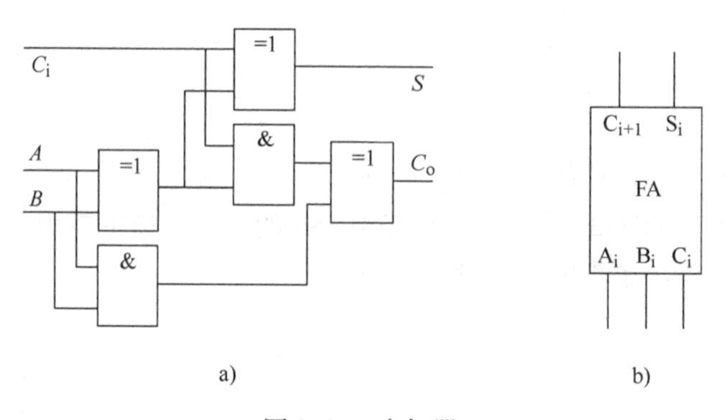

图 2-41　全加器

a）逻辑电路　b）惯用符号

将 n 个 1 位全加器级联，可以实现两个 n 位二进制数的串行进位加法电路。如图 2-42 所示为由 4 个一位全加器级联构成的 4 位二进制串行加法器。由于进位逐级传递的缘故，串行加法器时延较大，工作速度较慢。

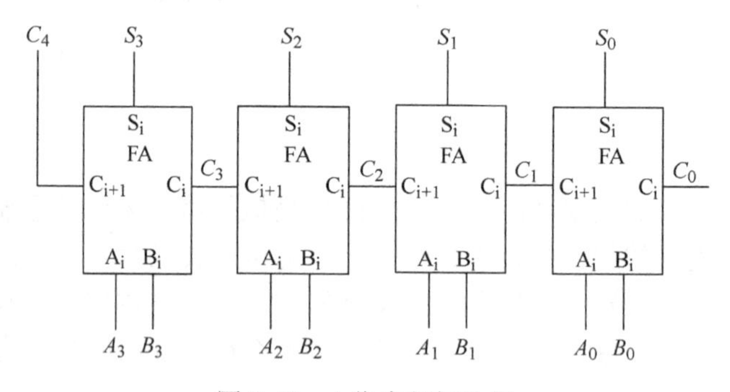

图 2-42　4 位串行加法器

2. MSI 四位加法器 74LS283

（1）74LS283 的功能

为了提高运算速度，通常使用超前进位全加器，即以并行方式完成全加算术运算的逻辑电路。其提高运算速度的关键在于进位信号不再是逐级传递，而是采用超前进位技术，每位的进位只由加数、被加数和最低进位信号 C_0决定，改善了串行进位加法器的速度受到进位信号的限制的缺点。不过，运算速度的提高是靠增加电路的复杂程度换取的，而且，位数越多，电路越复杂。目前，中规模集成超前进位全加器多为 4 位。

74LS283 是一个 4 位二进制中规模集成电路（MSI 加法器），就是一种具有超前进位功能的并行加法器，输入、输出之间最大延迟仅为 4 级门延时，工作速度较快。

74LS283 的功能是完成并行四位二进制数的相加运算，其引脚图见附录 A，功能表见表 2-17。引脚图中 A_4、A_3、A_2、A_1、B_4、B_3、B_2、B_1是被加数和加数（两组 4 位二进制数）的数据输入端，C_0是低位器件向本器件最低位进位的进位输入端，S_4、S_3、S_2、S_1是和数输出端，C_4是本器件最高位向高位器件进位的进位输出端。

表 2-17　74LS283 功能表

输入				输出					
				$C_0=0$ / $C_2=0$			$C_0=1$ / $C_2=1$		
A_1 / A_3	B_1 / B_3	A_2 / A_4	B_2 / B_4	S_1 / S_3	S_2 / S_4	C_2 / C_4	S_1 / S_3	S_2 / S_4	C_2 / C_4
0	0	0	0	0	0	0	1	0	0
1	0	0	0	1	0	0	0	1	0
0	1	0	0	1	0	0	0	1	0
1	1	0	0	0	1	0	1	1	0
0	0	1	0	0	1	0	1	1	0
1	0	1	0	1	1	0	0	0	1
0	1	1	0	1	1	0	0	0	1
1	1	1	0	0	0	1	1	0	1
0	0	0	1	0	1	0	1	1	0
1	0	0	1	1	1	0	0	0	1
0	1	0	1	1	1	0	0	0	1
1	1	0	1	0	0	1	1	0	1
0	0	1	1	0	0	1	1	0	1
1	0	1	1	1	0	1	0	1	1
0	1	1	1	1	0	1	0	1	1
1	1	1	1	0	1	1	1	1	1

（2）74LS283 的应用

1）用 n 片 MSI 四位加法器可以方便地扩展成 $4n$ 位加法器

其扩展方法有三种。

① 全串行进位加法器：采用 MSI 四位串行进位组件单元，组件之间也采用串行进位方式。

② 全并行进位加法器：采用 MSI 四位并行进位组件单元，组件之间也采用并行进位方式。

③ 并串（串并）行进位加法器：采用四位并行（串行）加法器单元，组件之间采用串（并）行进位方式，其优点是保证一定操作速度前提下尽量使电路的结构简单。如图 2-43 所示是两个 74LS283 构成的 7 位二进制数加法电路。74LS283 内部进位是并行进位，而级联采用的是串行进位。

2）构成减法器、乘法器、除法器等

如图 2-44 为用 74LS283 设计的一个加/减运算电路。当控制信号 $M=0$ 时，两个输入的 4 位二进制数相加，当 $M=1$ 时，两个输入的 4 位二进制数相减。两个输入的 4 位二进制数

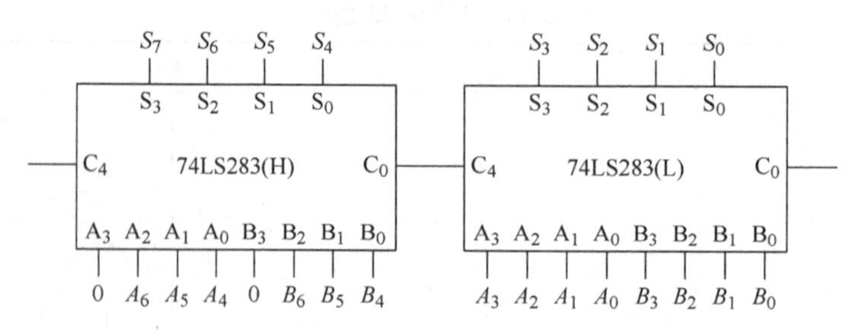

图 2-43　74LS283 级联构成 7 位二进制数加法器

分别是 P、Q，输出 4 位二进制数为 S。其基本原理为：$M=0$ 时，因为 74LS283 本身就是一个 4 位二进制加法器，所以 $P+Q$ 可以直接实现；$M=1$ 时，差等于被减数加上减数的补码，其中补码为 Q 的反码加 1，即 $S=P-Q=P+Q_{补}-2^n=P+Q_{反}+1-2^n$，用四个反相器将 Q 反相即可得 $Q_{反}$，将进位输入端 C_0 接 1 可实现加 1，由此可得 $Q_{补}$，显然只能由高位的进位信号与 2^n 相减，当最高位的进位信号为 1 时，差为 0，当最高位的进位信号为 0 时，差为 1，同时发生借位，因此只要将高位的进位信号反相即能实现减 2^n 的运算。

3）进行码组变换

如图 2-45 所示是用 74LS283 实现的 1 位余 3 码到 1 位 8421BCD 码转换的电路。其基本原理是：对于同一个十进制数符，余 3 码比 8421BCD 码多 3，因此从余 3 码中减 3（即 0011），也就是只要对余 3 码和 3 的补码 1101 相加，即可将余 3 码转换成 8421BCD 码。

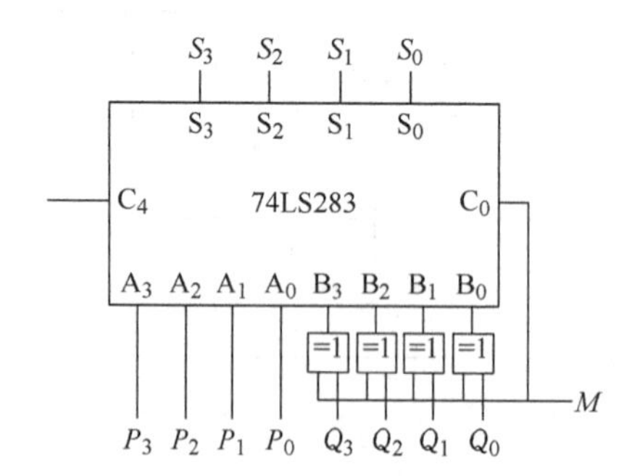

图 2-44　用 74LS283 构成 4 位二进制加减法运算电路

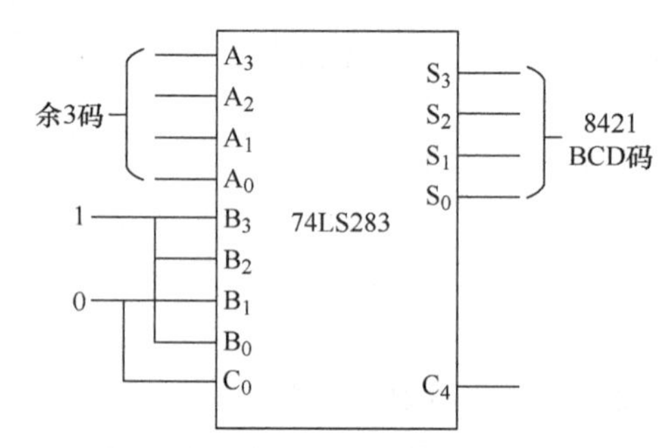

图 2-45　用 74LS283 实现 1 位余 3 码到 8421BCD 码转换

3. 数据比较器

数据比较器有两类：一类是“等值”比较器，它只检验两数是否相等；另一类是“量值”比较器，它不但检验两数是否相等，还要检验两数中哪个大。按数的传输方式，又有串行比较器和并行比较器。数据比较器可用于接口电路。

4. 4 位二进制数并行比较器 74LS85

（1）74LS85 的功能

在数字系统和计算机中，经常需要比较两个数的大小是否相等，完成这一功能的逻辑电路称为数值比较电路，相应的器件称为比较器。常见的数值比较器有 74LS85 等。

74LS85 是采用并行比较结构的 4 位二进制数值比较器。单片 74LS85 可以对两个 4 位二进制数进行比较，其引脚图见附录 A，功能表见表 2-18。

表 2-18　74LS85 功能表

比较输入				级联输入			输出		
A_3 B_3	A_2 B_2	A_1 B_1	A_0 B_0	a > b	a = b	a < b	$A>B$	$A=B$	$A<B$
$A_3>B_3$	×	×	×	×	×	×	1	0	0
$A_3<B_3$	×	×	×	×	×	×	0	0	1
$A_3=B_3$	$A_2>B_2$	×	×	×	×	×	1	0	0
$A_3=B_3$	$A_2<B_2$	×	×	×	×	×	0	0	1
$A_3=B_3$	$A_2=B_2$	$A_1>B_1$	×	×	×	×	1	0	0
$A_3=B_3$	$A_2=B_2$	$A_1<B_1$	×	×	×	×	0	0	1
$A_3=B_3$	$A_2=B_2$	$A_1=B_1$	$A_0>B_0$	×	×	×	1	0	0
$A_3=B_3$	$A_2=B_2$	$A_1=B_1$	$A_0<B_0$	×	×	×	0	0	1
$A_3=B_3$	$A_2=B_2$	$A_1=B_1$	$A_0=B_0$	1	0	0	1	0	0
$A_3=B_3$	$A_2=B_2$	$A_1=B_1$	$A_0=B_0$	0	1	0	0	1	0
$A_3=B_3$	$A_2=B_2$	$A_1=B_1$	$A_0=B_0$	0	0	1	0	0	1

（2）74LS85 的应用

1）用 n 片 4 位比较器可以方便地扩展成 $4n$ 位比较器。74LS85 的三个级联输入端用于连接低位芯片的三个比较器输出端，可实现比较位数的扩展。图 2-46 是用两片 74LS85 级联实现的两个 7 位二进制数比较器。注意，74LS85（H）的 A_3 和 B_3 要都置成 0 或 1，74LS85（L）的级联输入端 a = b 置 1，而 a > b 和 a < b 置 0，以确保当两个 7 位二进制数相等时，比较结果由 74LS85（L）的级联输入信号决定，输出 $A=B$ 的结果。

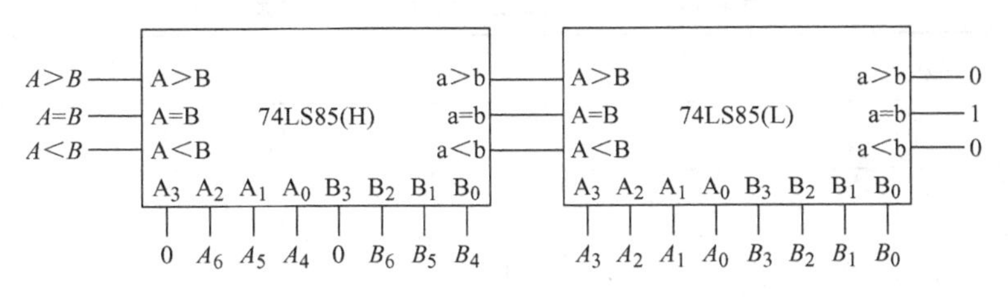

图 2-46　74LS85 级联构成 7 位二进制数比较器

2）4 位二进制全加器与 4 位数值比较器结合起来，可实现 BCD 码加法运算。在进行运算时，若两个相加数的和小于或等于 1001，BCD 的加法与 4 位二进制加法结果相同；但若两个相加数的和大于或等于 1010 时，由于 4 位二进制码是逢十六进一的，而 BCD 码是逢十进一的，它们的进位数相差六，因此 BCD 加法运算电路必须进行校正，应在电路中插入一个校正网络，使电路在和数小于或等于 1001 时，校正网络不起作用（或加一个数 0000），在和数大于或等于 1010 时，校正网络使此和数加上 0110，从而达到实现 BCD 码的加法运算的目的。

2.4.4　实验内容

（1）验证 74LS283、74LS85 的逻辑功能。

（2）用 74LS283 设计 1 位 8421BCD 码加法器。

（3）设计一个 8 位二进制数加法器。

（4）试用 74LS283 辅以适当门电路构成 4×4 乘法器，其中 $A=a_3a_2a_1a_0$，$B=b_3b_2b_1b_0$。

（5）试用 74LS85 再辅以适当门电路构成字符分选电路。当输入为字符 A、B、C、D、E、F、G 的 7 位 ASCII 码时，分选电路输出 $Z=0$，反之输出 $Z=1$。

（6）试用 4 位二进制数加法器 74LS283 和 4 位二进制数比较器 74LS85 构成一个 4 位二进制数到 8421BCD 码的转换电路。

2.4.5 实验报告

（1）详细描述实验内容中每个题目的设计过程，画出设计逻辑图，标注功能符号，整理并分析实验数据。

（2）分析实验过程中遇到的问题，描述解决问题的思路和办法。

2.4.6 思考题

（1）什么是半加器？什么是全加器？

（2）用全加器 74LS283 组成 4 位二进制代码转换为 8421BCD 码的代码转换器中，进位输出 C_4 什么时候为“1”？C_0 端该如何处理？

（3）设计多位二进制数加法器有哪些方法？

（4）二进制加法运算和逻辑加法运算的含义有何不同？

（5）如何用基本门电路实现两个 1 位二进制数字比较器？逻辑状态表见表 2-19。

表 2-19 二进制数字比较器逻辑状态表

输入		输出		
A	B	Y_1（$A>B$）	Y_2（$A=B$）	Y_3（$A<B$）
0	0	0	1	0
0	1	0	0	1
1	0	1	0	0
1	1	0	1	0

2.5 编码器与译码器

2.5.1 实验目的

（1）理解编码器与译码器的工作机制。

（2）掌握编码器 74LS148、译码器 74LS138 与译码驱动器 74LS48 的功能及简单应用。

（3）进一步学习中规模组合逻辑电路的设计方法。

2.5.2 实验设备

万用表	1 块
直流稳压电源	1 台
低频信号发生器	1 台
示波器	1 台
数字系统综合实验箱	1 台
集成电路 74LS138、74LS148、74LS48 等	各 1 片

2.5.3 实验原理

1. 编码器 74LS148

(1) 74LS148 的功能

用一组符号按一定规则表示给定字母、数字、符号等信息的方法称为编码。对于每一个有效的输入信号，编码器产生一组唯一的二进制代码输出。

一般的编码器由于不允许多个输入信号同时有效，所以并不实用。优先编码器对全部编码输入信号规定了各不相同的优先级，当多个输入信号同时有效时，只对优先级最高的有效输入信号进行编码。

74LS148 是一种典型的 8 线-3 线二进制优先编码器，其引脚图见附录 A，功能表见表2-20。

表 2-20 74LS148 功能表

输入									输出				
ST	I_7	I_6	I_5	I_4	I_3	I_2	I_1	I_0	Y_2	Y_1	Y_0	Y_{ex}	Y_s
1	×	×	×	×	×	×	×	×	1	1	1	1	1
0	1	1	1	1	1	1	1	1	1	1	1	1	0
0	0	×	×	×	×	×	×	×	0	0	0	0	1
0	1	0	×	×	×	×	×	×	0	0	1	0	1
0	1	1	0	×	×	×	×	×	0	1	0	0	1
0	1	1	1	0	×	×	×	×	0	1	1	0	1
0	1	1	1	1	0	×	×	×	1	0	0	0	1
0	1	1	1	1	1	0	×	×	1	0	1	0	1
0	1	1	1	1	1	1	0	×	1	1	0	0	1
0	1	1	1	1	1	1	1	0	1	1	1	0	1

从真值表可以看出，编码输入信号 $I_7 \sim I_0$均为低电平有效（0），且 I_7 的优先权最高，I_6 的优先权次之，I_0的优先权最低。编码输出信号 Y_2、Y_1 和 Y_0 则为二进制反码输出。选通输入端（使能输入端）ST、使能输出端 Y_s 以及扩展输出端 Y_{ex} 是为了便于使用而设置的三个控制端。

当 ST = 1 时编码器不工作，ST = 0 时编码器工作。

如无有效编码输入信号需要编码，使能输出端 Y_{ex}、Y_s为 1、0，表示输出无效，如有有效编码输入信号需要编码，则按输入的优先级别对优先权最高的一个有效信号进行编码，且 Y_{ex}、Y_s为 0、1。可见，Y_{ex}、Y_s输出值指明了 74148 的工作状态，$Y_{ex}Y_s=11$ 说明编码器不工作，$Y_{ex}Y_s=10$ 表示编码器工作，但没有有效的编码输入信号需要编码；$Y_{ex}Y_s=01$ 说明编码器工作，且对优先权最高的编码输入信号进行编码。

（2）74LS148 的应用

编码是译码的逆过程，优先编码器在数字系统中常用作计算机的优先中断电路和键盘编码电路，如图 2-47 所示。

一般来说，在实际的计算机系统中，中断源的数目都大于 CPU 中断输入线的数目，所以一般采用多线多级中断技术，如图 2-47 所示。CPU 仅有两根中断输入线，但是通过使用优先编码器对其进行扩展后，可以处理 16 个中断源，CPU 接到中断请求信号后通过某种机制判断处理的是哪个中断源的中断。

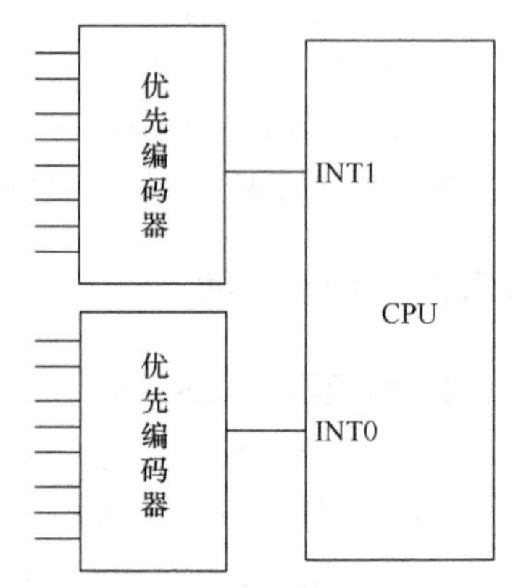

图 2-47　优先编码器应用示意图

2. 变量译码器 74LS138

译码器是一个多输入、多输出的组合逻辑电路。它的作用是把给定的代码进行“翻译”，变成相应的状态，使输出通道中相应的一路有信号输出。译码器在数字系统中有广泛用途，不仅用于代码转换、终端的数字显示，还用于数据分配、存储器寻址和组合控制信号灯。不同的功能可选用不同种类的译码器。

（1）74LS138 的功能

74LS138 是一个 3 线—8 线通用变量译码器，它属于 n 线—2^n线译码器的范畴，其引脚图见附录 A，功能表见表 2-21。其中，C、B、A 是地址输入端，$Y_0 \sim Y_7$是译码输出端，G_1、G_{2A}、G_{2B}是使能端，当 $G_1=1$，$G_{2A}+G_{2B}=0$ 时，器件使能。

表 2-21　74LS138 功能表

使能输入			逻辑输入			输出							
G_1	G_{2A}	G_{2B}	C	B	A	Y_0	Y_1	Y_2	Y_3	Y_4	Y_5	Y_6	Y_7
×	1	×	×	×	×	1	1	1	1	1	1	1	1
×	×	1	×	×	×	1	1	1	1	1	1	1	1
0	×	×	×	×	×	1	1	1	1	1	1	1	1
1	0	0	0	0	0	0	1	1	1	1	1	1	1
1	0	0	0	0	1	1	0	1	1	1	1	1	1
1	0	0	0	1	0	1	1	0	1	1	1	1	1
1	0	0	0	1	1	1	1	1	0	1	1	1	1
1	0	0	1	0	0	1	1	1	1	0	1	1	1
1	0	0	1	0	1	1	1	1	1	1	0	1	1
1	0	0	1	1	0	1	1	1	1	1	1	0	1
1	0	0	1	1	1	1	1	1	1	1	1	1	0

（2）74LS138 的应用

1）变量（地址）译码

变量译码器在计算机系统中可用作地址译码器。计算机系统中寄存器、存储器、键盘等都通过地址总线、数据总线、控制总线与 CPU 相连，如图 2-48 所示。当 CPU 需要与某一器件或设备传送数据时，总是首先将该器件（或设备）的地址码送往地址总线，经译码器对地址译码后产生片选信号选中需要的器件（或设备），然后才在 CPU 和选中的器件（或设备）之间传送数据。未被选中器件（或设备）的接口处于高阻状态，不会与 CPU 传送数据。存储器内部的单元寻址也是由片内的地址译码器完成的。

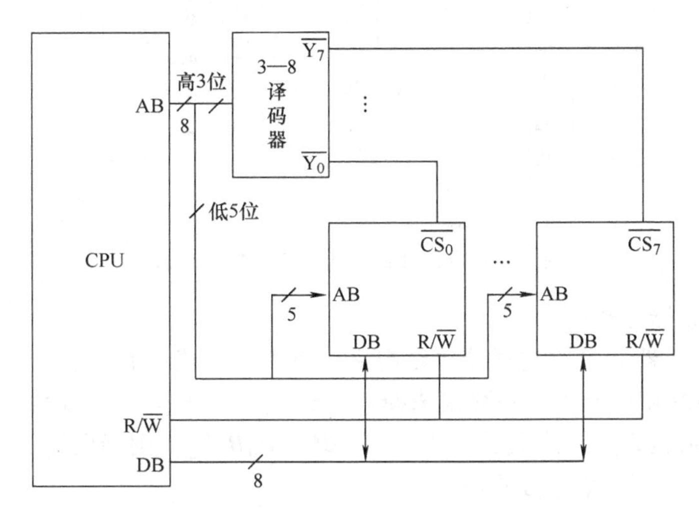

图 2-48　译码器在计算机系统中的应用

2）实现分配器

实现分配器的一种方法是将变量译码器其中的一个使能端用作数据输入端，串行输入数据信号，而 C、B、A 按二进制码变化，就可将串行输入的数据信号送至相应的输出端。数据分配器的使用将在 2.6 节实验内容中专门介绍。

3）实现组合逻辑函数

译码器的每一路输出是地址码的一个最小项的反变量，利用其中一部分输出的与非关系，也就是它们相应最小项的“或”逻辑表达式，可以实现组合逻辑函数。

【例 2-3】设计用三个开关控制一个电灯的逻辑电路，要求改变任何一个开关的状态都能控制电灯由亮变灭或由灭变亮。要求用芯片 74LS138 和与非门来实现。

解：用 A、B、C 表示三个开关，0 表示关，1 表示开；用 Y 表示灯的状态，1 表示亮，0 表示灭。真值表见表 2-22。

表 2-22　例 2-3 真值表

A	B	C	Y	A	B	C	Y
0	0	0	0	1	0	0	1
0	0	1	1	1	0	1	0
0	1	0	1	1	1	0	0
0	1	1	0	1	1	1	1

由真值表写出逻辑表达式：

$$Y=\overline{A}\ \overline{B}C+\overline{A}B\ \overline{C}+A\ \overline{B}\ \overline{C}+ABC=\overline{\overline{Y_1}\cdot\overline{Y_2}\cdot\overline{Y_4}\cdot\overline{Y_7}}$$

可用译码器及与非门实现，逻辑电路图如图 2-49 所示。

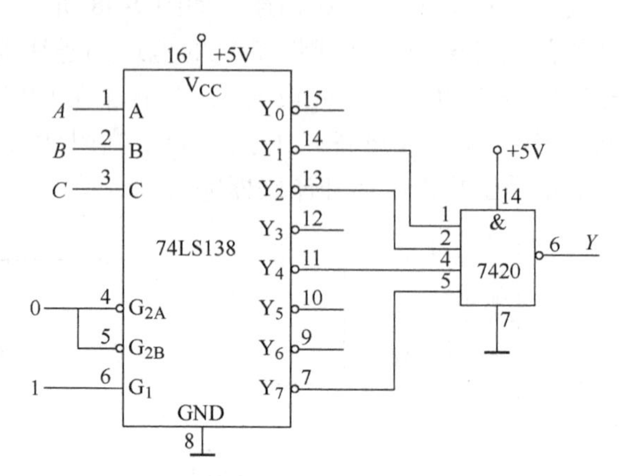

图 2-49　74LS138 实现三变量逻辑函数

4）实现并行数据比较器

如果把一个译码器和多路选择器串联起来，就可以构成并行数据比较器。例如，用一个 3 线—8 线译码器和一个八选一数据选择器可组成一个 3 位二进制数的并行比较器，如图 2-50 所示，若两组 3 位二进制数相等，即 $ABC=B_0B_1B_2$，则译码器的“0”输出被数据选择器选出，$Y=0$；若不等，则 $Y=1$。

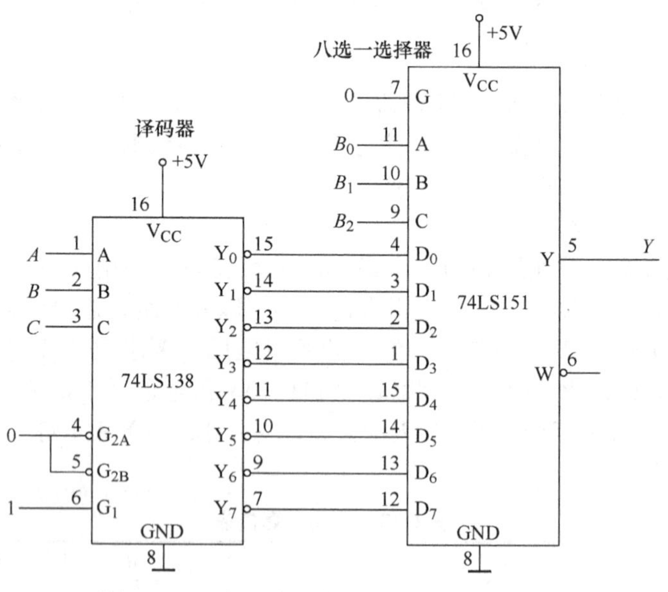

图 2-50　用译码器和数据选择器构成比较器

3. 显示译码/驱动器 74LS48

译码器也可用于数字 LED 显示器之类的设备中，这些数字 LED 显示器一般称为七段码显示器。LED 数码管是目前最常用的数字显示器，可以分为共阴极数码管和共阳极数码管。

图 2-51a 是一个七段 LED 数码管的示意图。引线 a、b、c、d、e、f、g 分别与相应的发光二极管的阳极相连，它们的阴极连在一起并接地，图 2-51b 所示为共阴极数码管。

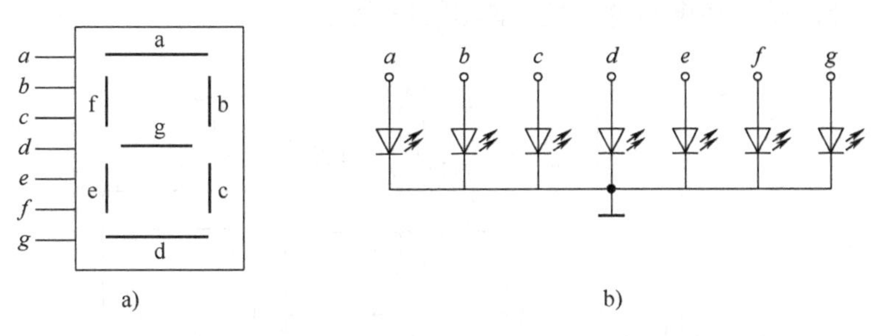

图 2-51　七段 LED 数码管和共阴极数码管

一个 LED 数码管可用来显示一位 0 ~ 9 十进制和一个小数点。小型数码管的每段发光二极管的正向电压降随显示光（通常为红、绿、黄、橙色）的颜色不同略有差别，通常为 2 ~ 2.5V，每个发光二极管的点亮电流在 5 ~ 10mA。LED 数码管要显示 BCD 码所表示的十进制数字需要有一个专门的译码器，该译码器不但要完成译码功能，还要有相当的驱动能力。此类译码器型号有 74LS47（共阳极）、74LS48（共阴极）、CD4511（共阴极）等。

74LS48 是一种能配合共阴极七段发光二极管（LED）工作的七段显示译码驱动器，其引脚图见附录 A，功能表见表 2-23。

表 2-23　74LS48 功能表

功能	输入						入/出	输出							显示字形
	LT	RBI	D	C	B	A	BI/RBO	a	b	c	d	e	f	g	
0	1	1	0	0	0	0	1	1	1	1	1	1	1	0	0
1	1	×	0	0	0	1	1	0	1	1	0	0	0	0	1
2	1	×	0	0	1	0	1	1	1	0	1	1	0	1	2
3	1	×	0	0	1	1	1	1	1	1	1	0	0	1	3
4	1	×	0	1	0	0	1	0	1	1	0	0	1	1	4
5	1	×	0	1	0	1	1	1	0	1	1	0	1	1	5
6	1	×	0	1	1	0	1	0	0	1	1	1	1	1	6
7	1	×	0	1	1	1	1	1	1	1	0	0	0	0	7
8	1	×	1	0	0	0	1	1	1	1	1	1	1	1	8
9	1	×	1	0	0	1	1	1	1	1	0	0	1	1	9
10	1	×	1	0	1	0	1	0	0	0	1	1	0	1	⊏
11	1	×	1	0	1	1	1	0	0	1	1	0	0	1	⊐
12	1	×	1	1	0	0	1	0	1	0	0	0	1	1	⊔
13	1	×	1	1	0	1	1	1	0	0	1	0	1	1	⊑
14	1	×	1	1	1	0	1	0	0	0	1	1	1	1	ヒ
15	1	×	1	1	1	1	1	0	0	0	0	0	0	0	（灭）
灭灯	×	×	×	×	×	×	0	0	0	0	0	0	0	0	（灭）
灭 0	1	0	0	0	0	0	0	0	0	0	0	0	0	0	（灭）
试灯	0	×	×	×	×	×	1	1	1	1	1	1	1	1	8

74LS48 译码器与共阴极数码管的连接示意图如图 2-52 所示。图中各电阻为上拉限流电阻，对 74LS48 来说是必需的。有的显示译码器内部已经集成了上拉电阻，这时，译码器可以直接连接数码管，而不必再通过上拉电阻连到电源。

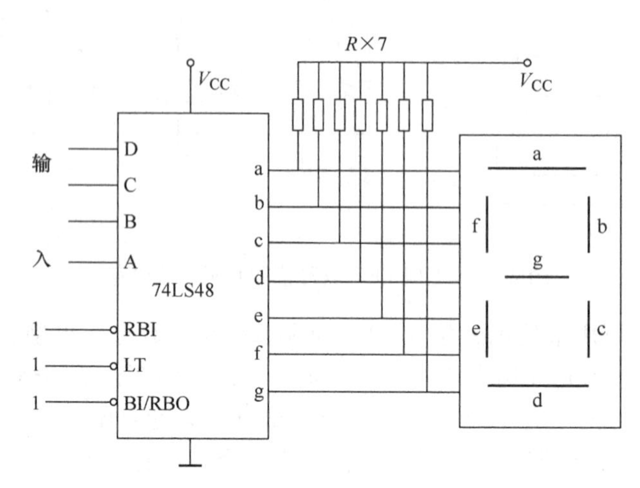

图 2-52　显示译码器连接共阴极数码管示意图

2.5.4　实验内容

（1）验证 74LS148、74LS138 的逻辑功能。

（2）将 3 线—8 线译码器扩展为 4 线—16 线译码器。如果把此 4 线—16 线译码器用作 4 位地址译码器，最多可以挂多少外设或器件？

（3）用 74LS138 和与非门实现下列函数：$Y = AB + \overline{A}\ \overline{B}C + \overline{A}\ B\ \overline{C}$。

（4）试设计一个用 74LS138 译码器检测信号灯工作状态的电路。信号灯有红（A）、黄（B）、绿（C）三种，正常工作时，只能是红、绿、红黄，或绿黄灯亮，其他情况视为故障，电路报警，报警输出为 1。

（5）用 74LS138 实现一位全加器。

（6）用 74LS48 实现图 2-52 所示的显示译码电路。

（7）试设计一个能驱动七段 LED 数码管的译码电路，输入变量 A、B、C 来自计数器，按顺序 000 ~ 111 计数。当 $ABC = 000$ 时，全灭，以后要求依次显示 H、O、P、E、F、U、L 七个字母，采用共阴极数码管。

（8）用两片 8 线—3 线优先编码器 74LS148 和少量的门电路实现 8 中断排序器。请问 CPU 如何判断正在处理的是哪一路中断？

（9）试设计一个 8 位地址译码电路，要求地址范围为 0x00 ~ 0x4F 时产生片选信号 CS0，0x50 ~ 0xFF 时产生片选信号 CS1，CS0、CS1 都是低电平有效。

（10）有 8 个储物柜，每个储物柜中分别有 32 个小储物箱。试设计一个 8 位地址译码电路，控制储物柜和其中储物箱的开启（低电平开启，手动关闭），要求分两级实现。先对高 3 位地址进行译码，产生开锁信号 CS_i（$i = 0$，…，7），控制储物柜的开启，储物柜开启后再对低 5 位地址进行译码产生开锁信号 CS_j（$j = 0$，…，31），控制储物箱的开启。

2.5.5　实验报告

（1）详细描述实验内容中每个题目的设计过程，整理并分析实验数据。
（2）分析实验过程中遇到的问题，总结本次实验的收获和体会。
（3）总结数字组合逻辑电路设计流程。

2.5.6　思考题

（1）请考虑如何用编码器实现三纵四横（0 ~ 9，*，#）键盘的编码输出？
（2）译编码器、变量码器和显示译码器在计算机、通信系统中分别有什么用途？

2.6　数据选择器与分配器

2.6.1　实验目的

（1）理解数据选择器与分配器的工作原理。
（2）掌握数据选择器和分配器的功能及简单应用。
（3）进一步学习中规模组合逻辑电路的设计方法。

2.6.2　实验设备

万用表	1 块
直流稳压电源	1 台
低频信号发生器	1 台
示波器	1 台
数字系统综合实验箱	1 台
集成电路 74LS138、74LS153、74LS00 等	各 1 片

2.6.3　实验原理

1. 数据选择器（Data Selector）

数据选择器又称多路调制器、多路开关，它有多个输入、一个输出，在控制端的作用下可从多路并行数据中选择一路数据作为输出。数据选择器的功能类似一个多掷开关，如图 2-53所示。在图 2-53 中，有 4 路数据 $D_0 \sim D_3$，通过选择控制信号 A、B（地址码）从 4 路数据中选中某一路数据送至输出端 Q。数据选择器可以用函数式表示为

$$Y = \sum_{i=0}^{n-1} \overline{G} m_i D_i$$

式中，G 为使能端；m_i为地址最小项；D_i为数据输入。

2. 双 4 选 1 数据选择器 74LS153

所谓双 4 选 1 数据选择器，就是一块集成芯片上有两个 4 选 1 数据选择器。74LS153 是

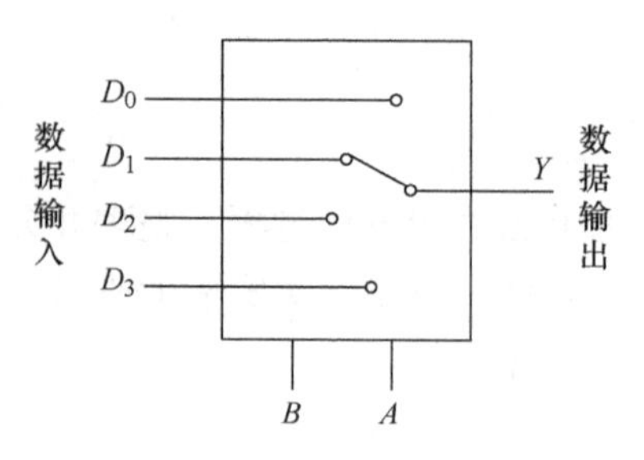

图 2-53　4 选 1 数据选择器

一个双四选一数据选择器，其引脚图见附录 A，功能表见表 2-24。

表 2-24　74LS153 功能表

选择输入		数据输入					输出
B	A	D_0	D_1	D_2	D_3	G	Y
×	×	×	×	×	×	1	0
0	0	0	×	×	×	0	0
0	0	1	×	×	×	0	1
0	1	×	0	×	×	0	0
0	1	×	1	×	×	0	1
1	0	×	×	0	×	0	0
1	0	×	×	1	×	0	1
1	1	×	×	×	0	0	0
1	1	×	×	×	1	0	1

74LS153 中每个 4 选 1 数据选择器都有一个选通输入端 G，输入低电平有效。应当注意到：选择输入端 B、A 为两个数据选择器所共用。从功能表可以看出，数据输出 Y 的逻辑表达式为

$$Y=\overline{G}[D_0(\overline{B}\,\overline{A})+D_1(\overline{B}A)+D_2(B\overline{A})+D_3(BA)]$$

即当选通输入 $G=0$ 时，若选择输入 B、A 分别为 00、01、10、11，则相应地把 D_0、D_1、D_2、D_3送到数据输出端 Y。当 $G=1$ 时，Y 恒为 0。

3. 数据选择器的应用

1）数据选择器是一种通用性很强的器件，其功能可扩展，当需要输入通道数目较多的多路器时，可采用多级结构或灵活运用选通端功能的方法来扩展输入通道数目。

2）应用数据选择器可以方便而有效地设计组合逻辑电路，与用小规模电路来设计逻辑电路相比，前者可靠性好、成本低。

3）实现逻辑函数。用一个 4 选 1 数据选择器可以实现任意三变量的逻辑函数；用一个 8 选 1 可以实现任意四变量的逻辑函数；当变量数目较多时，设计方法是合理地选用地址变量，通过对函数的运算，确定各数据输入端的输入方程，也可以用多级数据选择器来实现。

【例 2-4】设计用三个开关控制一个电灯的逻辑电路，要求改变任何一个开关的状态都能控制电灯由亮变灭或由灭变亮。要求用芯片 74LS153 来实现。

解：用 A、B、C 表示三个开关，0 表示关，1 表示开；用 Y 表示灯的状态，1 表示亮，0 表示灭。真值表见表 2-25。

表 2-25　例 2-4 真值表

A	B	C	Y	A	B	C	Y
0	0	0	0	1	0	0	1
0	0	1	1	1	0	1	0
0	1	0	1	1	1	0	0
0	1	1	0	1	1	1	1

由真值表写出逻辑表达式：

$$Y=\overline{A}\,\overline{B}C+\overline{A}B\overline{C}+A\overline{B}\,\overline{C}+ABC$$

比较 74LS153 的逻辑表达式，开关 A、B 分别对应连接 74LS153 的地址变量 A、B，令 $D_0=D_3=C$，$D_1=D_2=\overline{C}$，则逻辑电路图如图 2-54 所示。

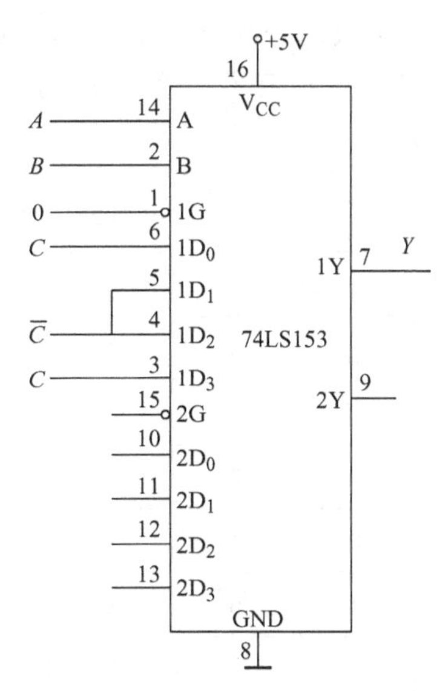

图 2-54　74LS153 实现 3 变量逻辑函数

当函数输入变量大于数据选择器地址端时，可能随着选用函数输入变量作为地址的方案不同，设计结果也不同，需要几种方案比较，以获得最佳方案。

4）利用数据选择器也可以将并行码变为串行码。方法是将并行码送入数据选择器的输入端，并使其选择控制端按一定编码顺序变化，就可以在输出端得到相应的串行码输出。

4. 分配器

数据分配器又称分路器、多路解调器，是一种实现和数据选择器相反过程的器件，其逻辑功能是将一个输入通道上的信号送至多个输出端中的一个，相当于一个单刀多掷开关，如图 2-55 所示。它通过两条输入选择线（A_1、A_0）（或地址码）来确定将输入数据分配给哪一路输出端输出。4 路数据分配器的功能表见表 2-26。

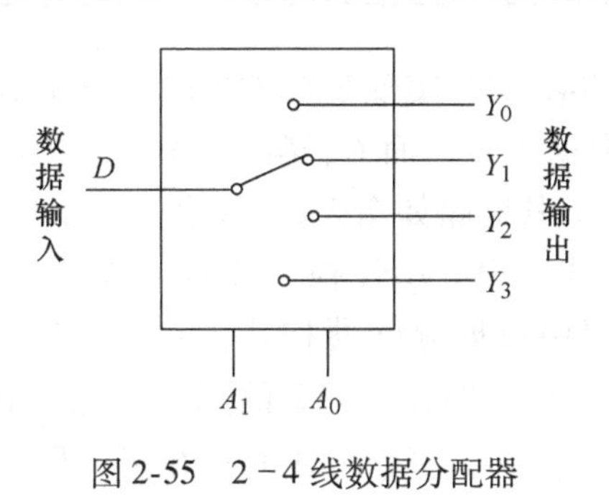

图 2-55　2－4 线数据分配器

表 2-26　4 路数据分配器功能表

输入			输出			
数据	地址选择		Y_0	Y_1	Y_2	Y_3
D	A_1	A_0				
D	0	0	D	0	0	0
	0	1	0	D	0	0
	1	0	0	0	D	0
	1	1	0	0	0	D

可见，数据分配器和译码器非常相似。将译码器进行适当连接，就可实现数据分配器功能。因此，市场上只有译码器而没有数据分配器产品，当需要数据分配器时，就用译码器改接即可，方法之一是将译码器的高位译码输入端用作数据输入端，串行输入数据信号，而剩

余译码输入端按二进制码变化，就可将串行输入的数据信号分别送至相应的输出端。

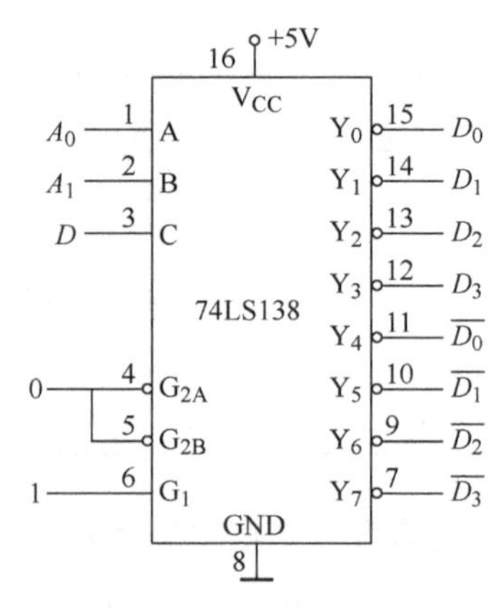

图 2-56　74LS138 实现 4 路数据分配器

用 74LS138 变量译码器实现 4 路数据分配器的电路连接如图 2-56 所示。译码器一直处于工作状态（也可受使能信号控制），数据输入 D 接译码器的译码输入端的最高位 C，地址选择码 A_1、A_0 接译码器的译码输入端的低两位 B、A。数据分配器的输入端可以根据数据分配器的定义从表 2-27 中确定。例如，当 $A_1A_0=10$ 时，4 路数据分配器中 $D_2=D$。观察表 2-56 可知，$A_1A_0=10$ 时，Y_2与 D 一致，Y_6与 D 相反，因此 $Y_2=D_2$，$Y_6=\overline{D_2}$。

表 2-27　74LS138 实现 4 路数据分配器的功能表

数据输入	地址输入		数据输出（反）				数据输出			
C (D)	B (A_1)	A (A_0)	Y_7 $\overline{D_3}$	Y_6 $\overline{D_2}$	Y_5 $\overline{D_1}$	Y_4 $\overline{D_0}$	Y_3 D_3	Y_2 D_2	Y_1 D_1	Y_0 D_0
0	0	0	1	1	1	1	1	1	1	0
0	0	1	1	1	1	1	1	1	0	1
0	1	0	1	1	1	1	1	0	1	1
0	1	1	1	1	1	1	0	1	1	1
1	0	0	1	1	1	0	1	1	1	1
1	0	1	1	1	0	1	1	1	1	1
1	1	0	1	0	1	1	1	1	1	1
1	1	1	0	1	1	1	1	1	1	1

74LS138 有 8 个译码输出端，也可以用一片 74LS138 实现 8 路数据输出分配器，方法是将其中一个使能端用作数据输入端，串行输入数据信号，而 C、B、A 按二进制码变化，就可将串行输入的数据信号分别送至相应的输出端。其电路如图 2-57 所示。

分配器的一个用途是实现数据传输过程中的串/并转换，将串行码变为并行码。图 2-58为利用数据选择器构成的并/串转换和利用数据分配器构成的串/并转换结合在一起使用的应用示意图。当地址选择输入 A_1A_0 按 00→01→10→11 的顺序快速变化时，Y→D 之间的物理传输线上数据排列应依次为 D_3、D_2、D_1、D_0，而 A_1A_0 在 T（T 为 Y 到 D 的传输时延）之后也按 00→01→10→11 的顺序变化，即可把 D_0、D_1、D_2、D_3 依次分配给 Y_0、Y_1、Y_2、Y_3，从而实现并/串和串/并转换。可见，原来需要 4 路物理传输线路的 4 路数据传输变成只需 1 路物理线路，这在长距离多路传输时的意义就是节省长途物理线路资源。

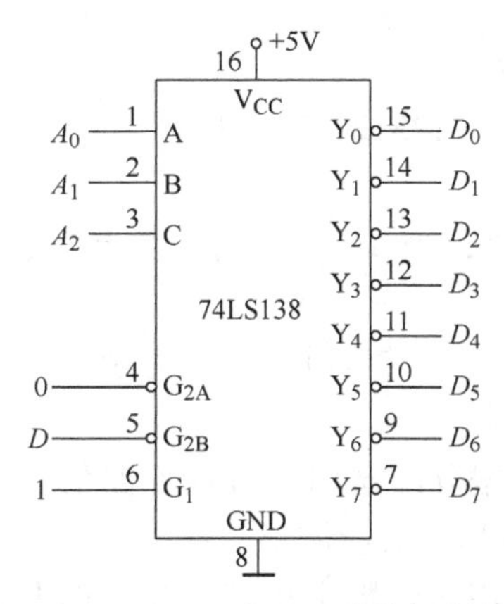

图 2-57　74LS138 实现 8 路数据分配器

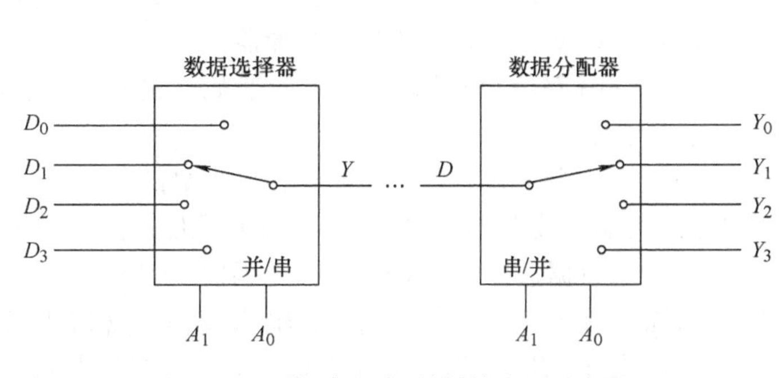

图 2-58　并/串和串/并转换应用示意图

5. MSI 组合逻辑电路的设计

组合逻辑电路的设计就是根据逻辑功能的要求及器件资源情况，设计出实现该功能的最佳电路。设计时可以采用小规模集成门电路（SSI）实现，也可以采用中规模组合逻辑电路（MSI）或存储器、可编程逻辑器件（PLD）实现。2.3 节已详细介绍了 SSI 组合逻辑电路的设计与分析，在此只讨论采用 MSI 构成组合逻辑电路的设计方法。

MSI 的大量出现使许多逻辑设计问题可以直接选用相应的器件实现，这样既省去了烦琐的设计，同时也避免了设计中的一些错误，简化了设计过程。MSI 大多是专用功能器件，用这些功能器件实现组合逻辑函数，基本上只要采用逻辑函数对比的方法即可。因为每一种组合电路的 MSI 都具有确定的逻辑功能，都可以写出其输出和输入关系的逻辑函数表达式。因此，可以将要实现的逻辑函数表达式进行变换，尽可能变换成与某些 MSI 的逻辑函数表达式类似的形式，可能有以下三种情况。

1）需要实现的逻辑表达式与某种 MSI 的逻辑函数表达式相同，这时直接选用此器件实现即可。

2）需要实现的逻辑函数是某种 MSI 的逻辑函数的一部分，例如变量数少，这时只需对 MSI 的多余输入端做适当的处理（固定为 1 或固定为 0），即可实现需要的组合逻辑函数。

3）需要实现的逻辑函数比 MSI 的输入变量多，这时可通过扩展的方法实现。

一般来说，采用 MSI 实现组合逻辑函数时，有以下几种情况。

1）使用数据选择器实现单函数输出。

2）使用译码器和附加逻辑门实现多函数输出。

3）对一些具有某些特点的逻辑函数，如逻辑函数输出为输入信号相加，则采用全加器实现。

4）对于复杂的逻辑函数的实现，可能需要综合上面三种方法来实现。

2.6.4　实验内容

（1）验证 74LS153 的逻辑功能。

（2）用两个 4 选 1 数据选择器构成一个 8 选 1 数据选择器。

（3）分别用4选1数据选择器和与非门实现下列函数。

$$F(A,B,C)=\sum m(1,3,4,6,7)$$

$$F(A,B,C,D,E)=\sum m(0\sim4,8,9,11\sim14,18\sim21,25,26,29\sim31)$$

（4）用数据选择器设计两位全加器。

（5）试用74LS153实现4位二进制码A的奇偶校验电路，当$A=A_3A_2A_1A_0$含有奇数个1时，电路输出$Z=1$。

（6）用一个4选1数据选择器和最少量的与非门，设计一个符合输血–受血规则的4输入1输出电路，如图2-39所示，检测所设计电路的逻辑功能。

（7）用数据选择器74LS153和译码器74 LS138（当数据分配器用）设计5路信号分时传送系统。测试在$A_2\sim A_0$控制下，输入$D_4\sim D_0$和输出$Y_4\sim Y_0$的对应波形关系。

（8）设A、B、C为3个互不相等的4位二进制数。试用4位数字比较器和2选1数据选择器设计一个能在A、B、C中选出最小数的逻辑电路。

（9）用在数字系统中常用重复的二进制序列发生器（也称函数发生器）来产生一些不规则的序列码作为某个设备的控制信号。请用数据选择器产生二进制周期性序列“11000110010”。

（10）设计一个π=3.1415927（8位）的发生器，其输入从000开始依次递增的3位二进制数，其相应的输出依次为3，1，4，…等数的8421 BCD码。

2.6.5 实验报告

（1）详细描述实验内容中每个题目的设计过程，整理并分析实验数据。

（2）分析实验过程中遇到的问题，总结本次实验的收获和体会。

（3）总结组合逻辑电路的设计方法。

2.6.6 思考题

（1）在分时传送系统中，若数据选择器（74LS151）输出由Y输出改为W反码输出，应如何改变电路连接才能保持系统的功能不变？

（2）利用数据选择器和译码器实现组合逻辑函数各有何特点？试用一片74LS138和与非门或用一片74LS153实现函数$F=\overline{A}\,\overline{B}C+\overline{A}B\,\overline{C}+A\,\overline{B}\,\overline{C}+ABC$。请画出逻辑电路图。

（3）什么叫险象？试用示波器观察险象。如何通过改善硬件设计来避免逻辑冒险？

（4）信号传输速度、路径与逻辑竞争的关系是什么？

（5）加法器、数据编码器/译码器、数据分配器/选择器等中规模组合电路是否都可以用基本门电路实现？

2.7 触发器

2.7.1 实验目的

（1）理解时序电路与组合电路的区别与联系。

（2）理解 D 触发器、JK 触发器的工作机制及简单应用。

（3）学习小规模时序电路的设计方法。

2.7.2　实验设备

万用表	1 块
直流稳压电源	1 台
低频信号发生器	1 台
示波器	1 台
数字系统综合实验箱	1 台
集成电路 74LS74、74LS112、74LS00 等	各 1 片

2.7.3　实验原理

1. 触发器概述

触发器是最基本的存储元件，它的存在使逻辑运算能够有序地进行，这就形成了时序电路。时序电路的运用比组合电路更加广泛。

触发器具有高电平（逻辑 1）和低电平（逻辑 0）两种稳定的输出状态和“不触不发，一触即发”的工作特点，触发方式有边沿触发和电平触发两种。

电平触发方式的触发器有空翻现象，抗干扰能力弱；边沿触发方式的触发器不仅可以克服电平触发方式的空翻现象，而且仅仅在时钟 CP 的上升沿或下降沿时刻才对输入激励信号响应，大大提高了抗干扰能力。

触发器和组合逻辑电路元件结合可构成各种功能的时序电路（包括同步和异步时序电路）。

1）时序电路中最常用且最简单的电路是计数器电路，有同步计数器和异步计数器。

2）移位寄存器是多个触发器串接而成的一种同步时序电路。

3）序列检测器也是同步时序电路的一种基本应用形式。

4）随机存取存储器（RAM）在当前的电子设备中被广泛使用，RAM 是用双稳态触发器存储信息的。

2. 基本 RS 触发器

（1）工作原理

从实际使用的角度看，相对其他触发器来看，基本 RS 触发器的应用较少，但理解基本 RS 触发器的组成结构及工作原理，对掌握 D 触发器、JK 触发器的功能与应用有很大帮助。基本 RS 触发器是各种触发器的最基本组成部分，因此，有必要掌握基本 RS 触发器的功能，并了解其简单应用。

基本 RS 触发器是一种最简单的触发器，也是构成其他各种触发器的基础，它可以存储 1 位二进制信息。基本 RS 触发器既可由两个交叉耦合的与非门构成，也可由两个交叉耦合的或非门构成。图 2-59 为与非门构成的基本 RS 触发器的逻辑电路及其波形图。从波形图可见，与非门结构的基本 RS 触发器不但禁止 R、S 同时为 0，而且输出还具有不确定态。或非门结构的基本 RS 触发器同样存在这种缺点。

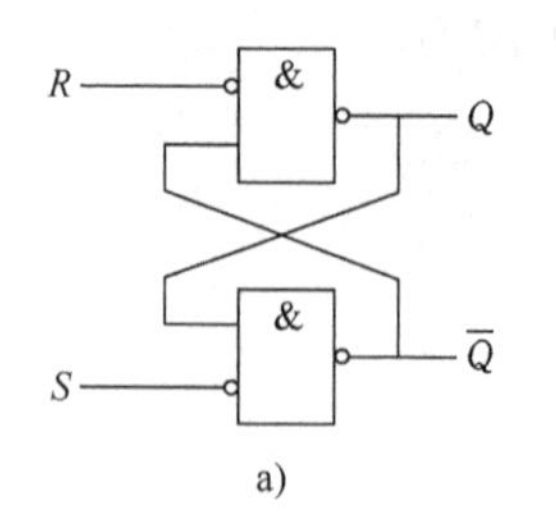

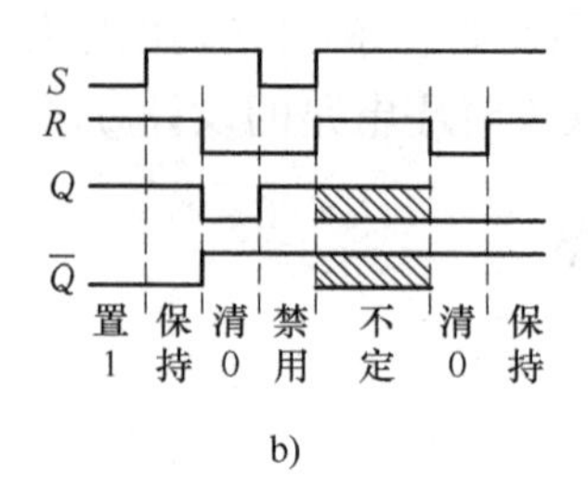

图 2-59　与非门构成的基本 RS 触发器

a）逻辑电路　b）工作波形

（2）典型应用

基本 RS 触发器的用途之一是构成无抖动开关。一般的机械开关，如图 2-60a 所示，存在接触抖动，开关动作时，往往会在几十毫秒内出现多次抖动，相当于出现多个脉冲，如图 2-60b所示，如果用这种信号去驱动电路工作，将使电路产生错误，这是不允许的。为了消除机械开关的接触抖动，可以利用基本 RS 触发器构成无抖动开关，如图 2-61a 所示，使开关拨动一次，输出仅发生一次变化，如图 2-61b 所示。这种无抖动开关电路在今后的时序电路和数字系统中经常用到，必须引起足够重视。

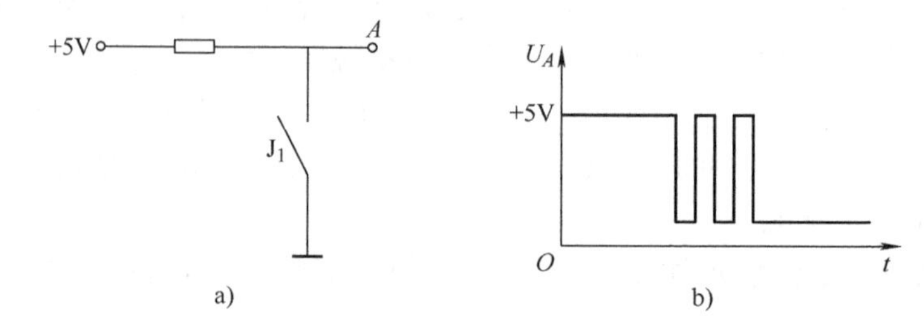

图 2-60　普通机械开关及其接触特性

a）电路　b）接触特性

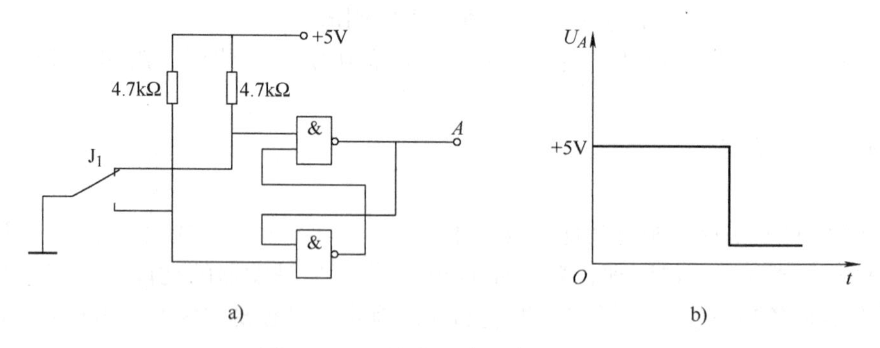

图 2-61　无抖动开关及其接触特性

a）电路　b）接触特性

数字系统综合实验箱的输入电平产生部分采用了无抖动开关结构。使用了集成的 RS 触发器 74LS279，74LS279 内部集成了 4 个基本 RS 触发器。关于它的使用方法可参考集成电路手册。表 2-28 给出了几种典型的集成基本 RS 触发器。

表 2-28　典型集成基本 RS 触发器

型号	特性	输入	输出
74LS279	4RS 触发器，与非结构	R、S 低电平有效	Q
CD4043	4RS 触发器，或非结构	R、S 高电平有效	Q（三态）
CD4044	4RS 触发器，或非结构	R、S 低电平有效	Q（三态）

注意：

① 对于与非结构的基本 RS 触发器，当 R 和 S 输入端同时为 0 时，触发器的输出状态处于不稳定态，所以在实际使用时一定要避免 $R=S=0$ 的情况。

② 对于或非结构的基本 RS 触发器，当 R 和 S 输入端同时为 1 时，触发器的输出状态处于不稳定态，所以在实际使用时一定要避免 $R=S=1$ 的情况。

3. 钟控 RS 触发器

基本 RS 触发器具有直接清 0、置 1 功能，当输入信号 R 或 S 发生变化时，触发器状态立即改变。但是，在实际电路中一般要求触发器状态按一定的时间节拍变化，即输出变化时刻受时钟脉冲的控制，这样就有了钟控 RS 触发器。钟控 RS 触发器是各种时钟触发器的基本形式。钟控 RS 触发器的逻辑电路和工作波形如图 2-62 所示。

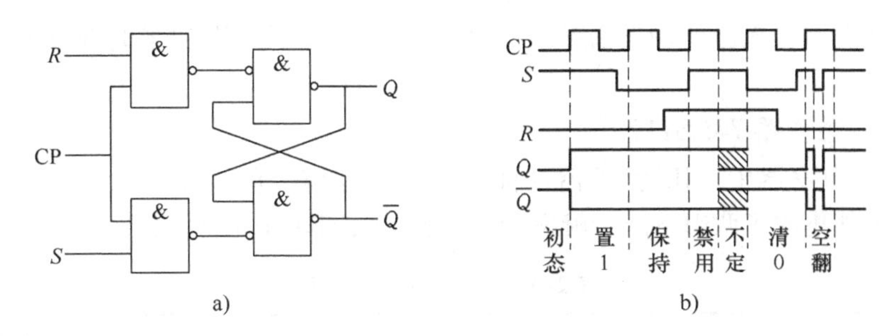

图 2-62　钟控 RS 触发器
a）逻辑电路　b）工作波形

从图 2-62b 所示的钟控 RS 触发器的工作波形图可以看出：

1）钟控 RS 触发器 R 和 S 输入端同时为 1 时，不论 CP 为高电平还是低电平，触发器的输出状态都处于不稳定态，所以在实际使用中一定要避免这种情况。

2）钟控 RS 触发器由于是 CP 触发，抗干扰能力弱，存在空翻现象，即在同一个 CP 脉冲作用时间（高电平或低电平期间），触发器可能会发生一次以上的空翻。

大多数集成触发器都是响应 CP 边沿（上升沿或下降沿）的触发器，而不是电平触发的触发器。边沿触发器只在时钟脉冲 CP 的上升沿或下降沿时刻接收输入信号，电路状态才发生翻转，而在 CP 的其他时间内，电路状态不会发生变化，因此提高了触发器的可靠性和抗干扰能力，且没有空翻现象。

4. 边沿 D 触发器 74LS74

74LS74 边沿 D 触发器在时钟 CP 作用下，具有清“0”、置“1”功能，其引脚图见附录 A，功能表见表 2-29。在时钟 CP 上升沿时刻，触发器输出 Q 根据输入 D 而改变，其余时间触发器状态保持。CLR 和 PR 为异步复位、置位端，低电平有效，可对电路预置初始状态。

74LS74 内部集成了两个上升沿触发的 D 型触发器。

表 2-29　74LS74 边沿 D 型触发器功能表

输入				输出	
PR	CLR	CP	D	Q	$\overline{Q}$
L	H	×	×	H	L
H	L	×	×	L	H
L	L	×	×	H↑	L↑
H	H	↑	H	H	L
H	H	↑	L	L	H
H	H	L	×	Q	$\overline{Q}$

除了 74LS74，74LS174、74LS273、74LS374 等都是边沿触发的 D 触发器，可根据需要选用，具体使用方法请参考器件手册。

D 触发器的主要用途有：

1）使用方法非常简单，常用于计数器和其他时序逻辑电路，工作时在时钟上升沿或下降沿改变输出状态。

2）将 D 触发器接入微处理器总线，当时钟上升沿或下降沿到来时输入状态被存储/锁存下来。

5. 边沿 JK 触发器 74LS112

在所有类型触发器中，JK 触发器功能最全，具有清“0”、置“1”、保持和翻转等功能。74LS112 内部集成了两组下降沿触发的 JK 触发器，其引脚图见附录 A，功能表见表 2-30。

表 2-30　74LS112 功能表

输入					输出	
PR	CLR	CP	J	K	Q	$\overline{Q}$
L	H	×	×	×	H	L
H	L	×	×	×	L	H
L	L	×	×	×	H↑	L↑
H	H	↓	L	L	Q_0	$\overline{Q_0}$
H	H	↓	H	L	H	L
H	H	↓	L	H	L	H
H	H	↓	H	H	翻转	
H	H	H	×	×	Q_0	$\overline{Q_0}$

常用的 JK 触发器还有 7473、74113、74114 等，功能及使用方法略有不同，使用时根据需要参考器件手册。

6. 脉冲工作特性

触发器是由门电路构成的，由于门电路存在传输延迟时间，为使触发器能正确地变化到预定的状态，输入信号与时钟脉冲之间应满足一定的时间关系，这就是触发器的脉冲工作特性。

脉冲工作特性主要包括以下几下。

1）建立时间 t_{set}：CP 脉冲的有效边沿到来时，激励输入信号应该已经到来一段时间，这个时间称为建立时间。

2）保持时间 t_h：CP 脉冲的有效边沿到来后，激励输入信号还应该继续保持一段时间，这个时间称为保持时间。

3）延迟时间 t_{pd}：从 CP 脉冲的有效边沿到来到输出端得到稳定的状态所经历的时间称为触发器的延迟时间，$t_{pd}=(t_{pHL}+t_{pLH})/2$。

4）时钟高电平持续时间 t_{WH}。

5）时钟低电平持续时间 t_{WL}。

6）最高工作频率 f_{max}。

由于以上因素的影响，时钟脉冲 CP 必须满足高电平持续时间、低电平持续时间及最高工作频率等指标要求。

表 2-31 给出了 74LS74A D 触发器的主要技术指标，各指标的含义如图 2-63 所示。这些指标为设计电路时把握各信号间的时间关系及确定时钟的主要参数提供了依据。

表 2-31　74LS74A D 触发器的主要技术指标

参数名称和符号			极限值			单位	测试条件
			最小	典型	最大		
建立时间	t_{set}	t_{sH}	20			ns	$V_{CC}=5.0V$，$C_L=15pF$
		t_{sL}	20				
保持时间	t_h		5			ns	
低电平保持时间	t_{WL}		25			ns	
高电平保持时间	t_{WH}		25			ns	
最高工作频率	f_{max}		25	33		MHz	$V_{CC}=5.0V$
平均传输延迟时间	t_{pd}	t_{pLH}		13	25	ns	
		t_{pHL}		25	40		

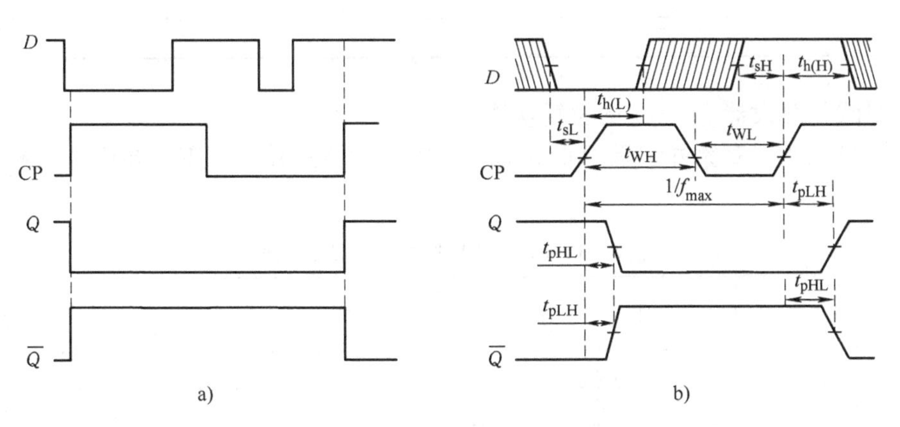

图 2-63　74LS74A D 触发器的工作波形与脉冲特性

a）工作波形　b）脉冲特性

7. 集成触发器的使用注意事项

1）必须满足脉冲工作特性。在同一同步时序电路中，各触发器的触发时钟脉冲是同一个时钟脉冲。因此同一电路中应尽可能选用同一类型的触发器或触发沿相同的触发器。

2）由于触发器状态（Q 或$\overline{Q}$）端的负载能力是有限的，所带负载不能超过扇出系数。特别是 TTL 电路的触发器负载能力较弱，如果超负载将会造成输出电平忽高忽低逻辑不清。解决的方法是：插入驱动门来增加 Q 端或$\overline{Q}$端的负载能力，也可根据需要，在 Q 端通过一反相器，帮助$\overline{Q}$端带负载；反之亦然。

3）要保证电路具有自启动能力。检查的方法：利用 CLR 端和 PR 端使电路处于未使用状态，观察电路在时钟作用下是否会回到正常状态。如果不能，则应改进电路使其具有自启动能力。

4）一般情况下，测试电路的逻辑功能仅仅验证了它的状态转换真值表。更严格的测试还应包括测试电路的时序波形图，检查是否符合设计要求。

2.7.4 实验内容

（1）测试基本 RS 触发器的逻辑功能

基本 RS 触发器是无时钟控制的低电平直接触发的触发器，具有置“0”、置“1”和“保持”三种功能，请用两个与非门组成基本 RS 触发器，输入端 R、S 接逻辑开关的输出插口，输出端 Q、$\overline{Q}$接逻辑电平显示输入插口，按表 2-32 要求测试并加以记录。

注意：$R=S=0$ 时，触发器状态不定，应避免此种情况发生。

表 2-32 基本 RS 触发器功能测试表

输入		输出	
S	R	Q_{n+1}	$\overline{Q_{n+1}}$
0	1		
1	1		
1	0		
0	1		
0	0		

（2）测试 D 触发器 74LS74 的逻辑功能

按表 2-33 要求，观察并记录 Q 的状态，理解触发器的异步清零、异步置数和同步传送数据功能。

表 2-33 74LS74 D 触发器功能测试表

PR	CLR	D	CP	Q_{n+1}	
				$Q_n=0$	$Q_n=1$
0	1	×	×		
1	0	×	×		
1	1	0	↑		
1	1	1	↑		

（3）测试 JK 触发器 74LS112 的逻辑功能

按表 2-34 要求，观察并记录 Q 的状态。

表 2-34　74LS112 JK 触发器功能测试表

PR	CLR	J	K	CP	Q_{n+1}	
					$Q_n=0$	$Q_n=1$
0	1	×	×	×		
1	0	×	×	×		
1	1	0	0	↓		
1	1	0	1	↓		
1	1	1	0	↓		
1	1	1	1	↓		

（4）将 JK 触发器转换成 T 触发器

将 JK 触发器的 J、K 端连接在一起（称为 T 端）而构成 T 触发器。如果转换成 T 触发器的 JK 触发器仅仅工作在 $T=1$ 的情况下，就称为 T′触发器；或将 JK 触发器的 J、K 端直接接高电平，也可构成 T′触发器。CP 端接入 2Hz 的连续脉冲，用 LED 发光二极管观察 Q 端的变化。再在 CP 端接入 1kHz 的连续脉冲，用双踪示波器观察 CP、Q 的波形，注意相位和时间的关系并对其进行描绘。思考 Q 与 CP 两个信号的周期有何关系？

（5）设计广告流水灯电路

共有 8 个灯，并始终保持 1 暗 7 亮，且暗灯循环右移，现有以下几点要求。

1）单次脉冲观察（用指示灯）。

2）连续脉冲观察（用示波器对应地观察时钟脉冲 CP，触发器输出端 Q_2、Q_1、Q_0和 8 个灯的波形）。

（6）用 74LS112 双 JK 触发器设计一个同步四进制加法计数器

1）触发器的时钟信号用单脉冲输入，观察两个触发器的输出所接的指示灯的变化，并加以记录。

2）用$f=1$kHz 的连续脉冲输入，用双踪示波器观察并比较其输入、输出信号的波形，画出 CP 与 Q 的脉冲波形图，并标出其脉冲工作特性，主要包括建立时间 t_{set}、保持时间 t_{h}、时钟高电平持续时间 t_{WH}、时钟低电平持续时间 t_{WL}。

（7）用 74LS112 及门电路设计一个计数器

该计数器有两个控制端 C_1 和 C_2，C_1 用来控制计数器的模数，C_2 用来控制计数器的增减。

1）$C_1=0$，则计数器为模 3 计数器；$C_1=1$，则计数器为模 4 计数器。

2）$C_2=0$，则计数器为加法计数器；$C_2=1$，则计数器为减法计数器。

（8）设计一个简易二人智力竞赛抢答器

具体要求：

1）每个抢答人操纵一个微动开关，以控制自己的一个指示灯。

2）抢先按动开关者能使自己的指示灯亮起，并封锁对方的动作（即对方即使再按动开关也不再起作用)。

3)主持人可在最后按“主持人”微动开关使指示灯熄灭,并解除封锁。

4)器件自定,根据设计的电路图,搭接硬件电路,并验证其功能。

(9)设计一个汽车尾灯控制电路

给定芯片为74LS138和双D触发器及门电路若干,设计一个具有以下功能的控制电路:用6个发光二极管模拟汽车尾灯,左右各有3个,用两个开关分别控制左转弯和右转弯,当右转弯时,右边的3个灯则按图2-64所示周期地亮与暗,设周期T为1s,而左边的3个尾灯则全灭;左转弯时左边的3个灯则按图2-64所示周期地亮与暗,而右边的3个尾灯则全灭。

当司机不慎同时接通了左右转弯的两个开关时,则紧急闪烁器工作,6个尾灯以1Hz的频率同时亮暗闪烁。

另外,还有紧急制动和停车时开关。当紧急制动开关接通时,则所有的6个尾灯全亮,如果紧急制动的同时有左或右转弯时,则相应的3个转向的尾灯应按图2-64所示正常地亮、暗,而另外的3个尾灯则仍继续亮。当停车时,6个尾灯全灭。

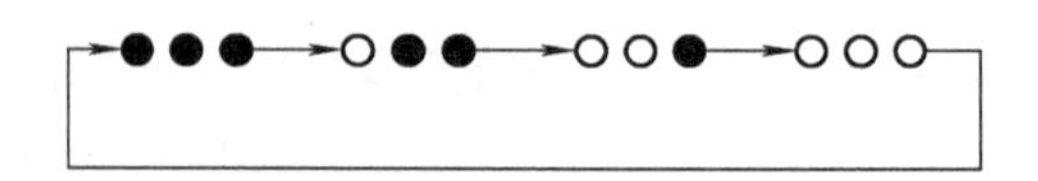

图2-64　汽车尾灯变化图

2.7.5　实验报告

(1)详细描述实验内容中每个题目的设计过程,画出最后的实验电路图,对硬件测试结果进行说明。

(2)分析实验过程中遇到的问题,总结实验的收获和体会。

2.7.6　思考题

(1)设计时序逻辑电路时如何处理各触发器的清“0”端CLR和置“1”端PR。

(2)如何理解同步和异步的概念?同步控制和异步控制最终目的是什么?

(3)请结合图2-63 D触发器的工作波形与脉冲特性,谈谈对时序概念的理解。

(4)比较小规模组合逻辑电路(见2.1节)和时序逻辑电路的特性参数,它们之间有什么区别和联系?

(5)设计同步计数器时,选用哪一类型的触发器较方便?设计异步计数器时,选用哪一类型的触发器较方便?

(6)D触发器可以锁存信号,请描述一下锁存器的工作过程。

(7)为什么说触发器可以存储二进制信息?

(8)边沿触发和电平触发的区别是什么?

(9)在用74LS112电路所构成的四进制加法计数器中(见实验内容部分),加入“反馈复位”环节,使电路变成三进制加法计数器。在外接的时钟脉冲(单脉冲)作用下,观察两个触发器输出所接的指示灯的变化。思考一下,这是为什么?

2.8　集成计数器

2.8.1　实验目的

（1）掌握计数器的概念。
（2）理解常用中规模集成电路（MSI）计数器的工作原理及简单应用。
（3）学习中规模时序逻辑电路的设计方法。

2.8.2　实验设备

万用表	1 块
直流稳压电源	1 台
低频信号发生器	1 台
示波器	1 台
数字系统综合实验箱	1 台
集成电路 74LS161、74LS163、74LS192、74LS90、74LS00 等	各 1 片

2.8.3　实验原理

1. 计数器概述

计数器是一种十分重要的逻辑部件。如果输入的计数脉冲是秒信号，则可用模 60 计数器产生分信号，进而产生时、日、月和年信号；如果在一定时间间隔（如 1s）内对输入的周期性脉冲信号计数，就可以测出该信号的重复频率；计数器还可以用来实现数字系统的定时、分频等逻辑功能，是很多专用集成电路内部不可或缺的模块。

计数器的种类很多。各种计数器间的不同之处主要表现在计数方式（同步计数或异步计数）、模、码制（自然二进制码或 BCD 码等）、计数规律（加法计数、减法计数或加/减计数）、预置方式（同步预置或异步预置）以及复位方式（同步复位或异步复位）6 个方面。

计数器的功能表征方式有功能表和时序波形图两种。

计数器的型号有很多，既有 TTL 型器件，也有 CMOS 型器件。表 2-35 列出了部分常用的集成计数器。

表 2-35　常用集成计数器

型号	计数方式	模及码制	计数规律	预置	复位	触发方式
74LS90	异步	2×5	加法	异步	异步	下降沿
74LS92	异步	2×6	加法	—	异步	下降沿
74LS160	同步	模 10，8421 码	加法	同步	异步	上升沿
74LS161	同步	模 16，二进制	加法	同步	异步	上升沿
74LS162	同步	模 10，8421 码	加法	同步	同步	上升沿
74LS163	同步	模 16，二进制	加法	同步	同步	上升沿

（续）

型号	计数方式	模及码制	计数规律	预置	复位	触发方式
74LS190	同步	模 10，8421 码	单时钟，加/减	异步	—	上升沿
74LS191	同步	模 16，二进制	单时钟，加/减	异步	—	上升沿
74LS192	同步	模 10，8421 码	双时钟，加/减	异步	异步	上升沿
74LS193	同步	模 16，二进制	双时钟，加/减	异步	异步	上升沿
CD4020	异步	模 2^{14}，二进制	加法	—	异步	下降沿

计数器的工作速度是一个很重要的电参数。由于同步计数器中的所有触发器共用一个时钟脉冲 CP，该脉冲直接或经一定的组合电路加至各触发器的 CP 端，使该翻转的触发器同时翻转计数，所以同步计数器的工作速度较快。而异步计数器中各触发器不共用一个时钟脉冲 CP，各级的翻转是异步的，所以工作速度较慢，而且，若由各级触发器直接译码，会出现竞争冒险现象。但异步计数器的电路结构比同步计数器简单。

2. MSI 计数器 74LS163

74LS163 为 4 位二进制同步可预置加法计数器，其引脚图见附录 A，功能表见表 2-36。

表 2-36 74LS163 功能表

输入									输出				工作方式
CLR	LD	P	T	CP	D	C	B	A	Q_D	Q_C	Q_B	Q_A	
0	×	×	×	↑	×	×	×	×	0	0	0	0	同步清 0
1	0	×	×	↑	d	c	b	a	d	c	b	a	同步置数
1	1	×	0	×	×	×	×	×	Q_D^n	Q_C^n	Q_B^n	Q_A^n	保持
1	1	0	×	×	×	×	×	×	Q_D^n	Q_C^n	Q_B^n	Q_A^n	保持
1	1	1	1	↑	×	×	×	×	加法计数				加法计数

从 74LS163 的功能表可以看出，在清 0、置数、计数时都需要时钟上升沿的到来才能实现相应功能。

3. MSI 计数器 74LS192

74LS192 为同步十进制可逆计数器，其引脚图见附录 A，功能表见表 2-37。

从 74LS192 的功能表述可以看出，在清 0、置数时，不需要时钟进行同步执行，而计数则需要时钟上升沿到来时实现相应功能。

表 2-37 74LS192 功能表

输入								输出				工作方式
CLR	LD	CP_U	CP_D	D	C	B	A	Q_D	Q_C	Q_B	Q_A	
1	×	×	×	×	×	×	×	0	0	0	0	异步清 0
0	0	×	×	d	c	b	a	d	c	b	a	异步置数
0	1	↑	1	×	×	×	×	加法计数				计数
0	1	1	↑	×	×	×	×	减法计数				

4. MSI 计数器的应用

（1）级联

将两个或两个以上的 MSI 计数器按一定方式串接起来是构成大规模计数器的方法。异步计数器一般没有专门的进位信号输出端可供电路级联使用，而同步计数器往往设有进位（或借位）输出信号，供电路级联时使用。

（2）构成模 N 计数器

利用集成计数器的预置端和复位端，并合理使用其清 0、置数功能，可以方便地构成任意进制计数器。图 2-65a 是利用 74LS163 的复位端构成的模 6 计数器，图 2-65b 是利用 74LS192 的异步置数端构成的模 6 计数器。这两种方法的区别是：

1）利用复位端构成任意模计数器，计数器起点必须是 0，而利用预置端构成任意模计数器，计数的起点可为任意值。

2）74LS163 的复位端是同步复位端，74LS192 的置数端是异步置数端，而异步置数和异步复位一样会造成在波形上有毛刺输出。

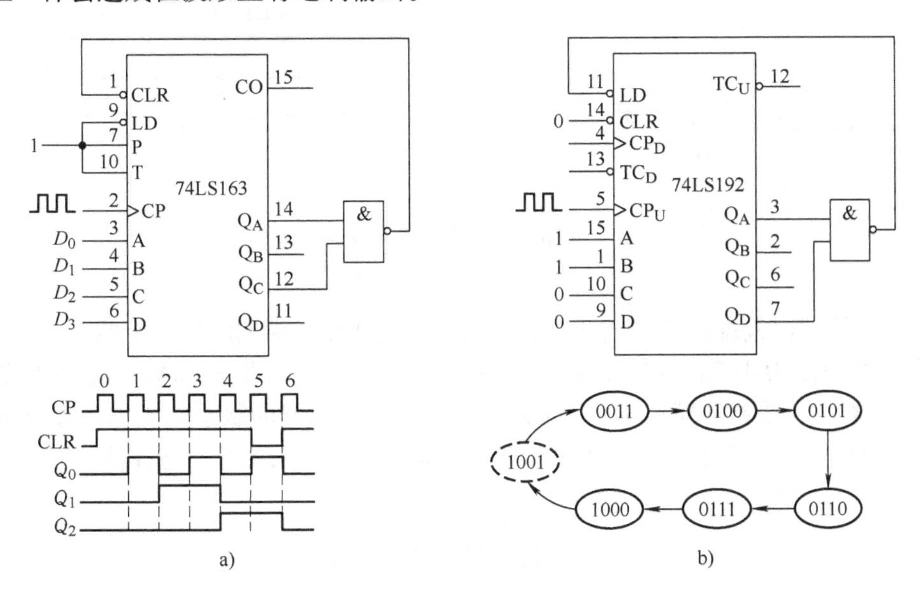

图 2-65　模 6 计数器

a）利用同步复位端　b）利用异步复位端

（3）用作定时器

由于计数器具有对脉冲的计数作用，所以计数器可用作定时器。

（4）用作分频器

计数器可以对计数脉冲分频，改变计数器的模便可以改变分频比。如图 2-66 为由 74LS163 构成的分频器。分频比 $M=16-N=16-11=5$（11 即二进制 1011），即 CO 输出脉冲的重复频率为 CP 的 1/5。改变 N 即可改变分频比。

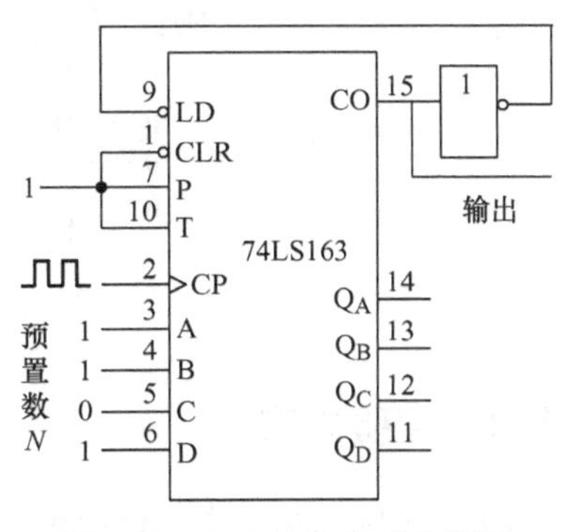

图 2-66　74LS163 构成分频器

（5）利用计数器及译码器构成脉冲分配器

脉冲分配器是一种能够在周期时钟脉冲作用下输出各种节拍脉冲的数字电路。如图 2-67a 所示为由 74LS163 计数器和 74LS138 译码器实现的脉冲分配器，其工作波形如图 2-67b 所示。在时钟脉冲 CP 的作用下，计数器 74LS163 的 Q_C、Q_B、Q_A 输出端将周期性地产生 000 ~ 111 输出，通过译码器 74LS138 译码后，依次在 Y_0 ~ Y_7 端输出 1 个时钟周期宽的负脉冲，从而实现 8 路脉冲分配。

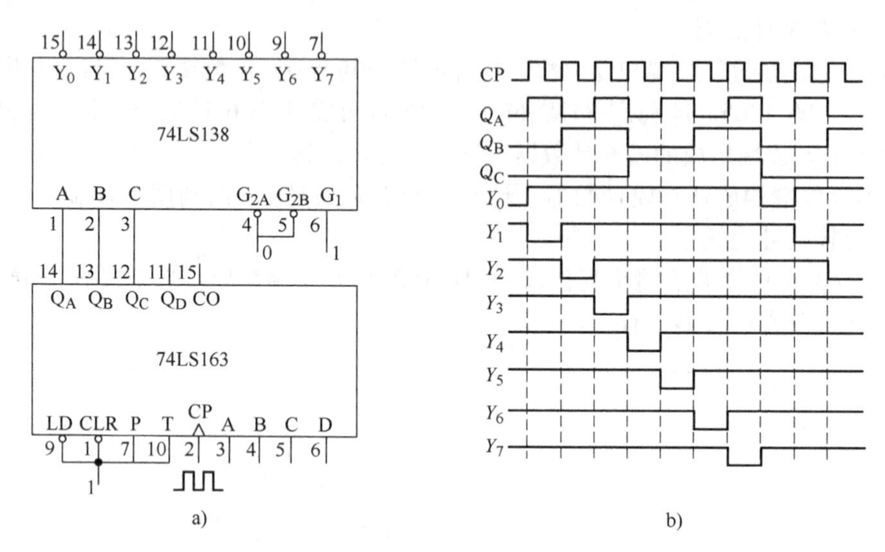

图 2-67　8 路脉冲分配器电路及工作波形

a）电路　b）工作波形

（6）计数器辅以数据选择器或适当的门电路构成计数型周期序列发生器

如图 2-68 所示为由 74LS163 计数器和 74LS151 八选一数据选择器构成的巴克码序列 1110010 产生器。计数器的模数 $M=7$ 即为序列周期，计数器的状态输出作为数据选择器的地址变量，要产生的序列中的各位作为数据选择器的数据输入，数据选择器的输出即为所要的输出序列。

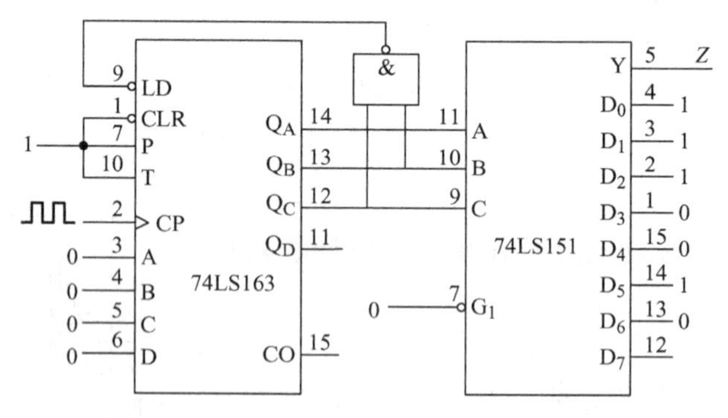

图 2-68　7 位巴克码 1110010 产生器电路

2.8.4　实验内容

（1）用同步计数器 74LS192 构成模 $N=24$ 的计数器，要求以 BCD 码显示。

（2）用 74LS192 构成计数规律为 2，3，4，5，6，7，6，5，4，3，2，3，…的计数器。

（3）用 74LS161 异步清零法和同步置数法分别设计一模 10 计数器，用数码管显示。

（4）用 74LS163 并辅以少量门电路实现下列计数器。

① 计数规律为 3，4，5，6，7，8，9，10，11，12，3，…的余 3 码计数器。

② 二进制模 60 计数器。

③ 8421 BCD 码模 60 计数器。

（5）设计一个 16 路 1 个时钟周期宽的负脉冲分配器。

（6）用集成计数器及组合电路构成 010011000111 序列信号发生器。

（7）设计一个同步时序电路。给定 $f_0 = 1200\text{Hz}$ 的方波信号，要求得到 $f = 200\text{Hz}$ 的三个相位彼此相位差 120°的方波信号。要求：

① 用 JK 触发器及门电路实现。

② 用 D 触发器及门电路实现，并要求有自启动。

③ 用 74LS90 和 74LS138 及门电路实现，查集成电路手册读懂 74LS90 的功能表。

设计提示：$f_0 = 1200\text{Hz}$，要求三路方波输出信号都为 $f = 200\text{Hz}$，由此可知电路是 6 分频计数器，电路中最少有一个状态 $Q_2Q_1Q_0$，且 $Q_2Q_1Q_0$ 的波形相位差是 120°。

2.8.5　实验报告

（1）详细描述实验中每个题目的设计过程，整理并分析实验数据。

（2）分析实验过程中遇到的问题，描述解决问题的思路和办法。

（3）总结计数/定时器的设计方法。

2.8.6　思考题

（1）采用异步清 0 时，提取清 0 信号的状态是否有效，为什么？

（2）查集成电路手册确定 74LS90 的功能表。图 2-69 是 74LS90 的级联连接图，请问该计数器的模数是多少？

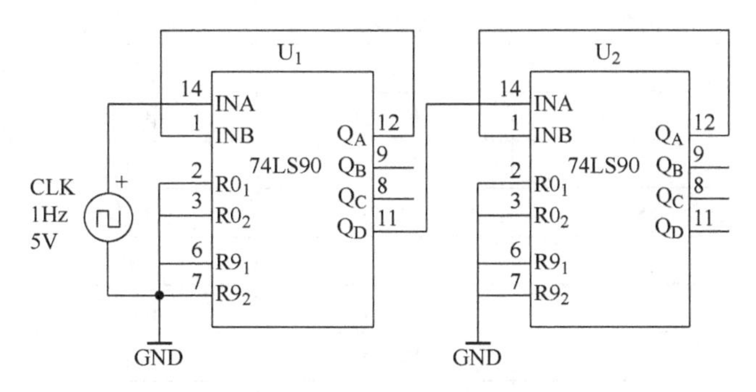

图 2-69　74LS90 级联电路

（3）进一步理解同步和异步的概念。如何理解同步清零和异步置数？

（4）解释异步计数器中存在竞争冒险现象的原因。

（5）图 2-65b 是利用 74LS192 异步置数端构成的模 6 计数器。现在如果不断提高 CP 频率，观察是否能一直正常计数？为什么？

2.9 集成移位寄存器

2.9.1 实验目的

（1）理解中规模集成电路（MSI）4 位双向移位寄存器的工作原理及典型应用。
（2）掌握通用移位寄存器 74LS194 的几种典型应用。
（3）学习数字小系统的设计方法。

2.9.2 实验设备

万用表	1 块
直流稳压电源	1 台
低频信号发生器	1 台
示波器	1 台
数字系统综合实验箱	1 台
集成电路 74LS04、74LS00、74LS161、74LS194、74LS198 等	各 1 片

2.9.3 实验原理

1. 移位寄存器概述

移位寄存器是一种具有移位功能的寄存器，寄存器中所存的代码能够在移位脉冲的作用下依次左移或右移。把若干个触发器串接起来，就可以构成一个移位寄存器。既能左移又能右移的称为双向移位寄存器，只需要改变左、右移的控制信号便可实现双向移位要求。

移位寄存器品种非常多。部分常用的 74 系列 MSI 移位寄存器及其基本特性见表 2-38。

表 2-38 部分常用的 74 系列 MSI 移位寄存器及其基本特性

型号	位数	输入方式	输出方式	移位方式
74LS91	8	串	串	右移
74LS96	5	串、并	串、并	右移
74LS164	8	串	并	右移
74LS165	8	串、并	互补串行	右移
74LS166	8	串、并	串	右移
74LS194	4	串、并	串、并	双向移位
74LS195	4	串、并	并	右移
74LS198	8	串、并	串、并	双向移位
74LS323	8	串、并	串、并（三态）	双向移位

根据移位寄存器存取信息的方式不同，可分为串入串出、串入并出、并入串出、并入并出四种形式。图 2-70a 和 b 分别为 74LS198 构成的串/并和并/串转换电路。

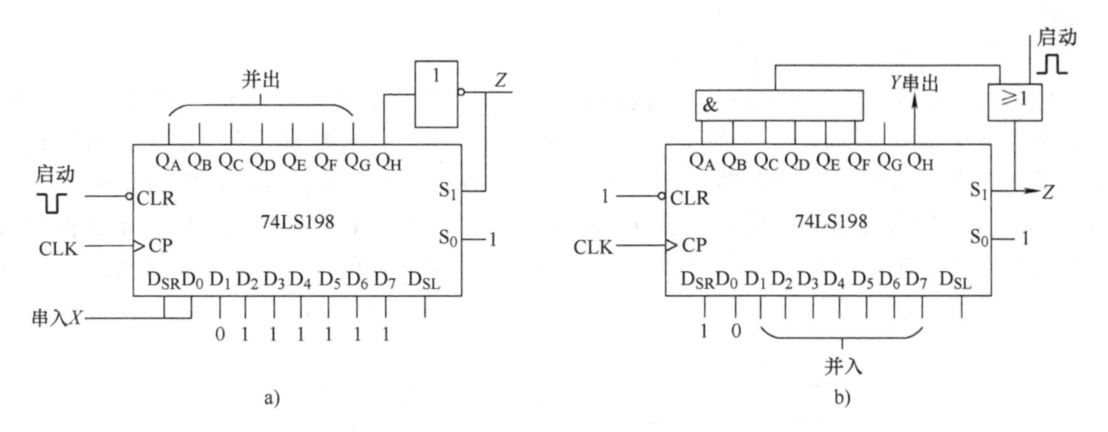

图 2-70　移位型寄存器实现串/并和并/串转换

a）7 位串/并转换电路　b）7 位并/串转换电路

2. 4 位双向通用移位寄存器 74LS194

74LS194 是一种功能很强的 4 位移位寄存器，内部包含 4 个触发器，其引脚图见附录 A，功能表见表 2-39。

表 2-39　74LS194 的功能表

输入										输出				工作模式
CLR	S_1	S_0	CP	D_{SL}	D_{SR}	A	B	C	D	Q_A	Q_B	Q_C	Q_D	
0	×	×	×	×	×	×	×	×	×	0	0	0	0	异步清 0
1	0	0	×	×	×	×	×	×	×	Q_A^n	Q_B^n	Q_C^n	Q_D^n	数据保持
1	0	1	↑	×	1	×	×	×	×	1	Q_A^n	Q_B^n	Q_C^n	同步右移
1	0	1	↑	×	0	×	×	×	×	0	Q_A^n	Q_B^n	Q_C^n	
1	1	0	↑	1	×	×	×	×	×	Q_B^n	Q_C^n	Q_D^n	1	同步左移
1	1	0	↑	0	×	×	×	×	×	Q_B^n	Q_C^n	Q_D^n	0	
1	1	1	↑	×	×	A	B	C	D	A	B	C	D	同步置数

从 74LS194 的功能表可以看出，其中 D_{SL} 和 D_{SR} 分别是左移和右移串行输入端；A、B、C、D 为并行输入端；Q_A、Q_B、Q_C、Q_D 为并行输出端，Q_A、Q_D 又分别兼作左移、右移时的串行输出端；S_1、S_0 为工作模式控制端；CLR 为异步清 0 端，低电平有效；CP 为时钟脉冲输入端，上升沿有效。

3. 移位寄存器的应用

（1）实现串/并和并/串转换

串/并转换器是把若干位串行二进制码变换成并行二进制数码的电路，并/串转换器的功能正好相反。

（2）用作临时的数据存储

在串行数据通信中，发送端需要发送的信息总是先存放入移位寄存器中，然后由移位寄存器将其逐位送出；与此对应，接收端逐位从线路上接收信息并移入移位寄存器中，待接收完一个完整的数据组后才从移位寄存器中取走数据。移位寄存器在这里就是作为临时数据存储用的。

（3）用来构成移位型计数器

移位型计数器比较典型的有环形计数器、扭环形计数器和变形扭环形计数器三种类型。基本结构分别如图2-71a、b、c所示。图2-72a、b分为用74LS194构成的4位右移环形计数器电路和4位右移扭环形计数器电路。74LS194的Q_D与D_{SR}相连，CP接时钟信号，并使CLR=1，工作模式控制端S_1接单负脉冲。这样，$S_1S_0=11$、CP上升沿到来时，将数据输入端预置输入数（如0010）同步送给输出$Q_AQ_BQ_CQ_D$，$S_1S_0=10$时，实现右移环形或扭环形计数。

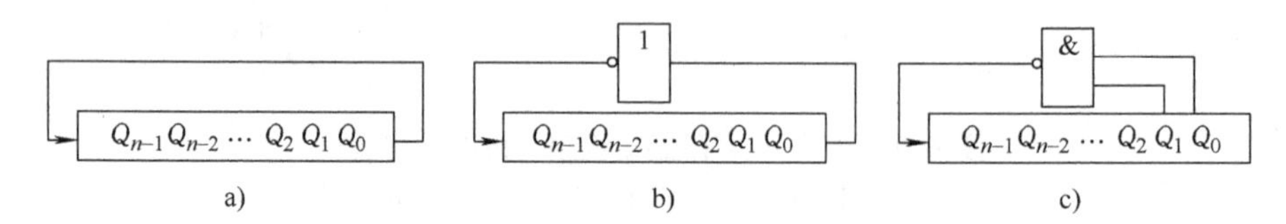

图2-71　移位型计数器的基本结构
a）环形　b）扭环形　c）变形扭环形

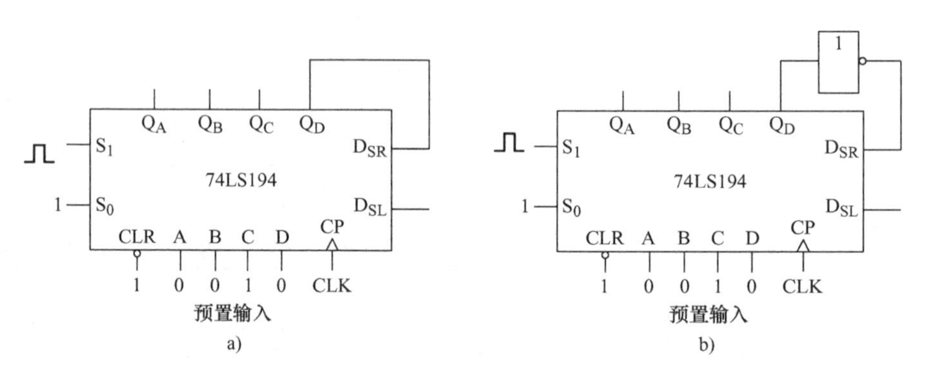

图2-72　74LS194构成移位型计数器电路
a）4位模4环形计数器　b）4位模8扭环形计数器

用移位寄存器构成的计数器，当受到外界干扰等因素使电路处于非工作状态后，将无法恢复正常工作。如上例图2-72a环形计数器是循环输出1，若启动前或运行中受到干扰，使输出全为0时，则下一个工作状态仍会是非工作状态全0。因此，此类计数器需要具备自启动功能。实现自启动功能的方法：①利用预置功能实现自启动；②采用附加电路加入启动信号。

（4）构成伪随机序列信号发生器和伪随机信号发生器

用移位寄存器构成序列信号发生器，其电路结构如图2-73所示。图中，S为n位移位寄存器的串行输入。组合电路从移位寄存器取得信息，产生反馈信号加于S端。因此该组合电路又称为反馈电路，相应的组合函数称为反馈函数。

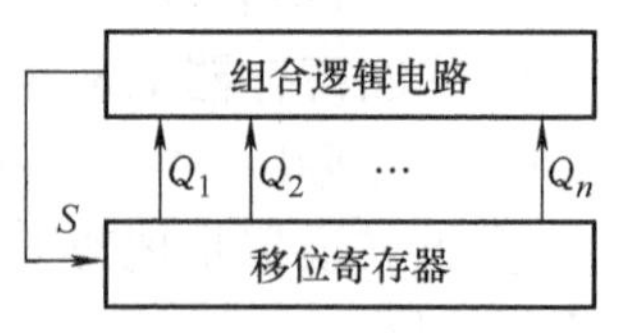

图2-73　线性移位寄存器结构

若反馈函数具有如下形式：

$$S=C_0\oplus C_1Q_1\oplus C_2Q_2\oplus\cdots\oplus C_nQ_n$$

则该时序电路称为线性反馈移位寄存器。这里，C_i（$i=0$，1，⋯，n）为逻辑常量0或1。

线性移位寄存器产生的序列信号在通信及数字电路故障检测中有着广泛的用途。

如果序列信号发生器产生的序列中 0 和 1 出现的概率接近相等，就称此序列为伪随机序列。n 位移位寄存器所能产生的伪随机序列的长度为 $P \leqslant 2^n - 1$，长度为 $2^n - 1$ 的随机序列又称为 M（最长）序列。

如从这种线性移位寄存器的一个输出端串行地输出信号，则构成了上文的一路伪随机序列发生器，如从线性移位寄存器的各输出端同时并行地取得伪随机信号，则构成伪随机信号发生器。伪随机信号发生器是一类有用的信号发生器。

（5）构成序列检测器

序列检测器是一种能够从输入信号中检测特定输入序列的逻辑电路。利用移位寄存器的移位和寄存功能，可以非常方便地构成各种序列检测器。

一个用 4 位二进制双向移位寄存器 74LS194 构成的“1011”序列检测器如图 2-74 所示。从电路可见，当 X 端依次输入 1、0、1、1 时，输出 $Z=1$，否则 $Z=0$。因此，$Z=1$ 表示电路检测到了序列“1011”。注意，如果允许序列码重叠，“1011”的最后一个 1 可以作为下一组“1011”的第一个 1；如果不允许序列码重叠，则“1011”的最后一个 1 就不能作为下一组“1011”的第一个 1。

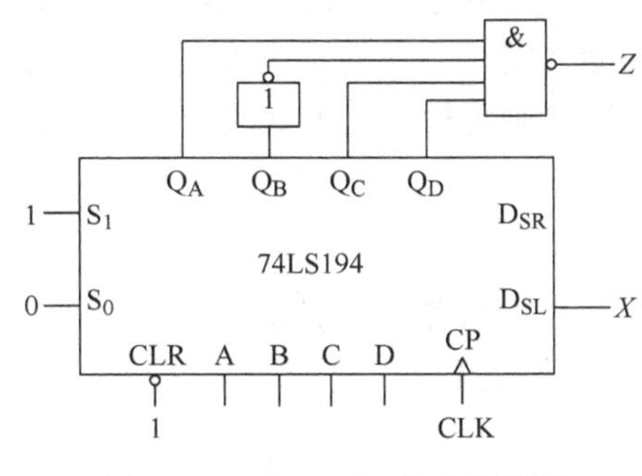

图 2-74　“1011”序列检测器

4. 时序逻辑电路设计

时序逻辑电路由组合电路和存储电路两部分组成，可以说是一种能够完成一定的控制和存储功能的数字电路小系统。时序逻辑电路的设计就是要根据给定的逻辑问题，求出实现这一逻辑功能的时序电路。

时序电路的设计通常是按下述步骤进行的。

（1）画状态转换图或状态转换表。

要画状态转换图，首先得确定输入变量、输出变量和状态数。通常取原因或条件作为输入变量，取结果作为输出变量。其次对输入、输出和电路状态进行定义，并对电路状态顺序进行编号。最后按照命题要求画出状态转换图或状态转换表。

（2）状态化简。

在第一步得到的状态转换图或状态转换表中可能包含等价状态，因此，需进行状态化简。两个或多个等价状态可以合并成一个状态。两个状态在输入相同的条件下，转换到同一个次态，而且得到相同的输出，则这两个状态为等价状态。等价状态的合并，会使电路的状态数目减少，当然时序电路就简单了。

（3）状态分配。

时序电路的状态，通常是用触发器的状态组合来表示的，因此得先确定触发器数目。因为 n 个触发器共有 2^n种状态组合，所以要得到 M 个状态组合，必须取 $2^{n-1}<M\leqslant 2^n$。

其次，要给电路的每一个状态规定与之对应的触发器状态组合。由于每一组触发器的状态组合都是一组二值代码，所以状态分配也称作状态编码。如果状态分配得当，设计的电路可能简单，否则电路会复杂。

（4）确定触发器类型并求出驱动方程和输出方程。

因为不同逻辑功能的触发器的特性方程不同，所以只有选定触发器之后，才能求出状态方程，进而求出驱动方程和输出方程。

（5）按照驱动方程和输出方程画出逻辑图。

（6）检查所设计的电路能否自启动。

无效状态能够在有数个时钟脉冲的作用下进入有效循环中，说明该电路能够自启动，否则电路不能自启动。如果检查结果是电路不能自启动，就得修改设计，使之能自启动。另外，还可以在电路开始工作时，将电路的状态置成有效循环中的某一状态。

对于用中规模集成电路设计时序电路的情况，第（4）步以后的几步就不完全适用了。由于中规模集成电路已经具有了一定的逻辑功能，因此用中规模集成电路设计电路时，希望设计结果与命题要求的逻辑功能之间有明显的对应关系，以便于修改设计。选定合适的中规模集成电路之后，可根据命题要求确定控制端的驱动方程和电路的输出方程。

2.9.4 实验内容

（1）用 74LS194 设计一个 4 位左移扭环形计数器。

（2）用 74LS194 设计一个 8 分频器。

要求如下：

1）初始状态设为 0000。

2）用双踪示波器同时观察输入和输出波形，并记录实验结果。

3）画出电路工作的全状态图。

（3）用 74LS194 设计一个 8 路彩灯控制器，两种花形循环，两片 74LS194。要求：

花形 1——中间到两边对称性依次亮，全亮后仍由中间向两边依次灭。

花形 2——都从左向右依次点亮，再从左向右依次灭。

（4）用移位寄存器为核心元件，设计一个彩灯循环控制器，请给出详细设计步骤。

要求如下：

1）4 路彩灯循环控制，组成两种花形，每种花形循环一次，两种花形轮流交替。假设选择下列两种花形。

花形 1——从左到右顺序亮，全亮后再从左到右顺序灭。

花形 2——从右到左顺序亮，全亮后再从右到左顺序灭。

2）要求通过 START = 1 信号加以启动。

（5）用计数器、移位寄存器和组合电路实现“1101”序列发生和序列检测器，允许输入序列码重叠。

（6）用 74LS194 和门电路设计一个带有标志位的 8 位串/并转换器。

（7）用 74LS194 和门电路设计一个带有标志位的 8 位并/串转换器。

2.9.5　实验报告

（1）详细描述实验内容中每个题目的设计过程，画出最后的实验电路图，整理并分析实验数据。

（2）分析实验过程中遇到的问题，描述解决问题的思路和办法，总结实验收获和体会。

（3）分析基于时序电路的数字系统的设计方法。

2.9.6　思考题

（1）寄存器在计算机系统中的作用是什么？

（2）如何用移位寄存器实现数据的串/并、并/串转换？在工程上有什么意义？

（3）用移位寄存器实现数据的串/并、并/串转换与用数据选择器、分配器实现数据的串/并、并/串转换有什么区别？

（4）用移位寄存器、计数器加数据选择器或者单独用组合逻辑电路都可以实现序列信号发生器。请问三种方式之间有什么区别？

（5）实验内容（5）中如果不允许输入序列码重叠，应该如何设计？

（6）时序电路中也存在竞争冒险现象，但一般认为同步时序电路中不存在竞争冒险现象。为什么？

2.10　静态随机存取存储器（SRAM）

2.10.1　实验目的

（1）了解静态 MOS 读写存储器 MB2114 芯片的原理、外部特性及使用方法。

（2）掌握静态随机存取存储器（SRAM）的读出和写入操作的工作过程。

（3）学会正确组织数据信号、地址信号和控制信号。

2.10.2　实验设备

万用表	1 块
直流稳压电源	1 台
低频信号发生器	1 台
示波器	1 台
数字系统综合实验箱	1 台
集成电路 74LS04、74LS163、74LS126、MB2114 等	各 1 片

2.10.3　实验原理

1. 半导体存储器概述

半导体存储器是由许多记忆元件构成的用以存储二值信息的大规模集成电路，是现代数字系统的重要组成部分。半导体存储分类如下。

- 半导体存储器
  - 顺序存取存储器(SAM)
    - FIFO 型 SAM(先入先出)
    - FILO 型 SAM(先入后出)
  - 随机存取存储器(RAM)
    - 静态 RAM(SRAM)(六管 MOS 静态存储单元)
    - 动态 RAM(DRAM)(单管、三管动态 MOS 存储单元)
  - 只读存储器(ROM)
    - 固定 ROM(二极管、MOS 管)
    - 可编程 ROM(PROM)(晶体管 + 熔丝)
    - 光可擦除可编程 ROM(EEPROM)(SIMOS 管)
    - 电可擦除可编程 ROM(EEPROM)(Flotox 管)
    - 快闪存储器(Flash Memory)(改进的 SIMOS)(可电擦除,可多次编程)

其中，固定的只读存储器（ROM）的内容完全由厂家决定，用户无法通过编程更改其内容；可编程只读存储器（PROM）为用户可一次性编程的 ROM；光可擦除可编程只读存储器（EPROM）为用户可多次编程可（紫外线）擦除的 ROM，也经常缩写为 UVPROM（Ultraviolet Erasable PROM）；电可擦除可编程只读存储器（EEPROM）为用户可多次编程可电擦除的 ROM；快闪存储器（Flash Memory）为兼有 EPROM 和 EEPROM 优点的闪速存储器（简称闪存），电擦除、可编程、速度快，编程速度比 EPROM 快一个数量级，比 EEPROM 快三个数量级，是近 20 年来 ROM 家族中的新品；FIFO 型 SAM 按照写入的顺序读出信息，先入先出；FILO 型 SAM 按照写入的逆序读出信息，先入后出。

随机存取存储器（RAM）又称读/写存储器，它能存储数据、指令、中间结果等信息。在该存储器中，任何一个存储单元都能以随机次序迅速地存入（写入）信息或取出（读出）信息。随机存取存储器具有记忆功能，但停电（断电）后，所存信息（数据）会丢失，不利于数据的长期保存，所以多用于中间过程暂存信息。SRAM 以双稳态触发器存储信息；DRAM 以 MOS 管栅源极寄生电容存储信息，因电容存在放电现象，DRAM 必须每隔一定时间（1 ~2ms）重新写入存储信息，这个过程称为刷新（Refresh）。

2. RAM 的结构和工作原理

图 2-75 是 RAM 的基本结构图，它主要由存储单元、地址译码器和读/写控制电路三部分组成。

（1） 存储单元矩阵

存储单元矩阵是 RAM 的主体，一个 RAM 由若干个存储单元组成，每个存储单元可存放 1 位二进制数或 1 位二元代码。为了存取方便，通常将存储单元设计成矩阵形式，所以称为存储矩阵。存储器中的存储单元越多，存储的信息就越多，该存储器的容量就越大。

（2） 地址译码器

为了对存储矩阵中的某个存储单元读/写信息，必须首先对每个存储单元的所在位置（地址）进行编码，然后当输入一个地址码时，就可利用地址译码器找到存储矩阵中相应的一个（或一组）存储单元，以便通过读/写控制，对选中的一个（或一组）单元读/写信息。

（3） 片选与读/写控制电路

由于集成度的限制，大容量的 RAM 往往由若干片 RAM 组成。当需要对某一个（或一组）存储单元读/写信息时，必须首先通过片选端选中某一片（或几片），然后利用地址译

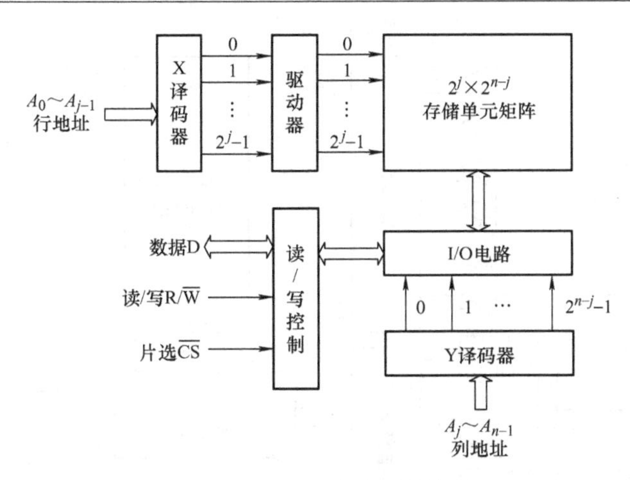

图 2-75　RAM 的基本结构图

码器才能找到对应的具体存储单元，以便读/写控制信号对该片（或几片）RAM 的对应单元进行读/写操作。

除了上面介绍的三个主要部分外，RAM 的输出常采用三态门作为输出缓冲电路。

MOS 随机存储器有动态 RAM（DRAM）和静态 RAM（SRAM）两类。DRAM 靠存储单元中的电容暂存信息，由于电容上的电荷会泄漏，故要定时充电（又称刷新），SRAM 的存储单元是触发器，记忆时间不受限制，不必刷新。常用的 SRAM 芯片见表 2-40。

表 2-40　常用的静态 RAM 芯片

型号	容量（字×位）	型号	容量（字×位）
MB2114	1K×4	HM62128	16K×8
HM6116	2K×8	HM62256	32K×8
HM6264	8K×8	HM628128	128K×8

3. MB2114

虽然当今的存储器芯片（特别是动态 RAM）的容量已做到非常大，但了解它们的原理，还是以早期的一些小容量芯片为宜，因为它们在最基本原理上是相同的，仅仅是规模上的差异或是后来者又采用了一些新的技术。

MB2114 是一种典型的 SRAM 芯片，它的容量为 1K×4，该芯片采用 NMOS 工艺，为 18 引脚的 DIP 封装，其引脚和内部结构分别如图 2-76、图 2-77 所示。

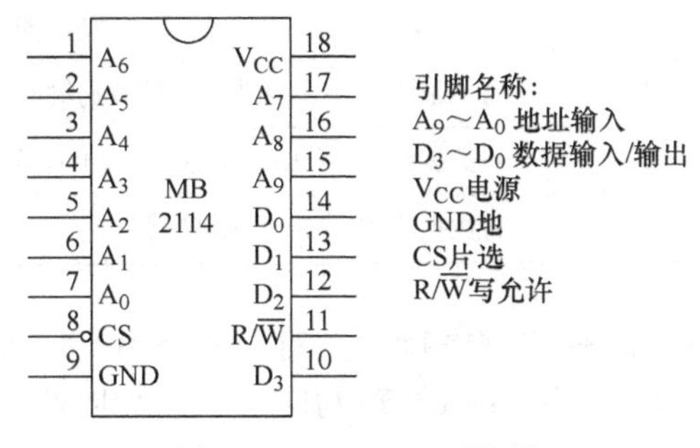

图 2-76　MB2114 引脚图

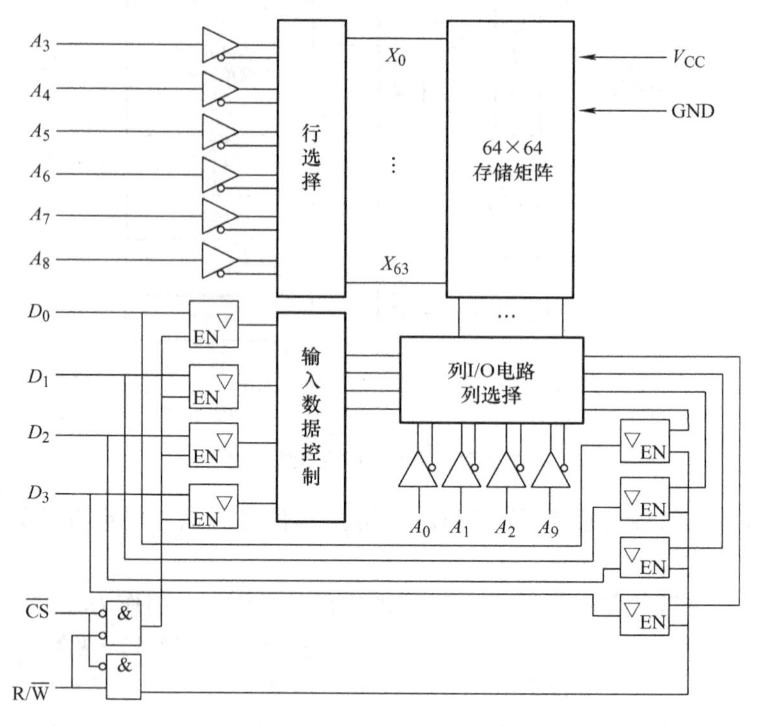

图 2-77　MB2114 内部结构

该芯片共含 4096 个基本存储单元，排成 64×64 存储矩阵。地址线为 10 根，采用复合译码，分两组：$A_3 \sim A_8$用于行选择，从 64 行中选择一行；$A_0 \sim A_2$、A_9用于列选择，从 16 根列选择线选择一根。注意，每根列选择线同时接到了存储矩阵的 4 根列线。因此，当一根列选择线被选时，与之相连的存储矩阵的 4 根列线和被选择行线交叉处的 4 个基本存储单元（组成一个芯片字）被同时选中。从图中还可以看出，芯片内部的数据线与外部数据线（$D_0 \sim D_3$）之间有三态门，这符合与系统数据总线直接相连的要求。

注意： MB2114 芯片读/写控制只有一个写信号 $R/\overline{W}$ 引脚。当片选信号 $\overline{CS}$ 和 $R/\overline{W}$ 同时有效（都为低电平）时表示进行写操作；当 $R/\overline{W}$ 写无效（为高电平），而 $\overline{CS}$ 有效时表示进行读操作（或者说，当 $R/\overline{W}$ 无效时，$\overline{CS}$ 兼作读信号）。这样安排的目的同样是为了减少芯片的引脚数目，从而减小芯片占用的面积。表 2-41 列出了 MB2114 的三种工作方式。

表 2-41　MB2114 的工作方式

工作方式	$\overline{CS}$	$R/\overline{W}$	功　能
读出	0	1	将地址码 $A_9 \sim A_0$ 选中单元的数据输出到 $D_3 \sim D_0$ 上
写入	0	0	将数据线 $D_3 \sim D_0$ 上的数据存入地址码 $A_9 \sim A_0$ 选中的单元
低功耗维持	1	×	将数据线 $D_3 \sim D_0$ 置为高阻状态

每一种存储芯片都有自己固有的时序特性。对于静态 RAM，时序特性包括读周期和写周期两种。图 2-78a 和 b 分别为 MB2114 的读/写时序，读写周期参数见表 2-42。

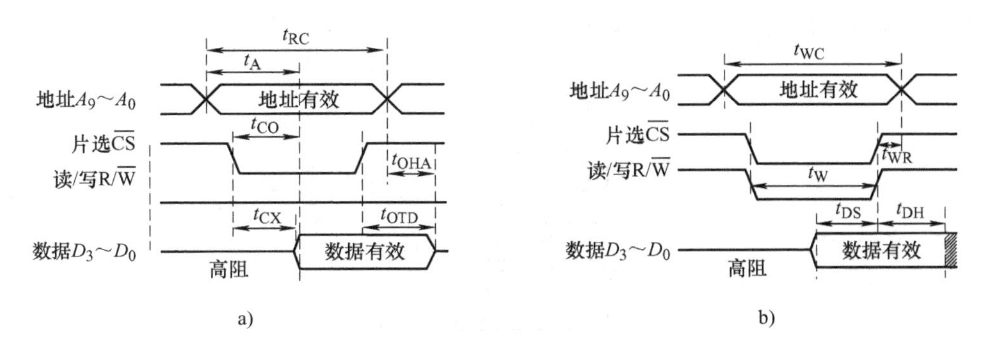

图 2-78　MB2114 读/写时序
a）读时序　b）写时序

表 2-42　MB2114 读/写周期参数

项目	符号	参数名称	最小值/ns	最大值/ns
读周期	t_{RC}	读周期时间	200	
	t_A	读取时间		200
	t_{CO}	$\overline{CS}$ 有效到数据有效的延迟时间		70
	t_{CX}	$\overline{CS}$ 有效到数据出现的延迟时间	20	
	t_{OTD}	$\overline{CS}$ 有效到数据消失的延迟时间		60
	t_{OHA}	地质变化后数据的维持时间	50	
写周期	t_{WC}	写周期	200	
	t_W	写入时间	120	
	t_{WR}	写释放时间	0	
	t_{DS}	写信号负脉冲结束前的数据建立时间	120	
	t_{DH}	写信号负脉冲结束后的数据保持时间	0	

2.10.4　实验内容

（1）验证 MB2114 的功能

1）参考图 2-79，按要求连线。

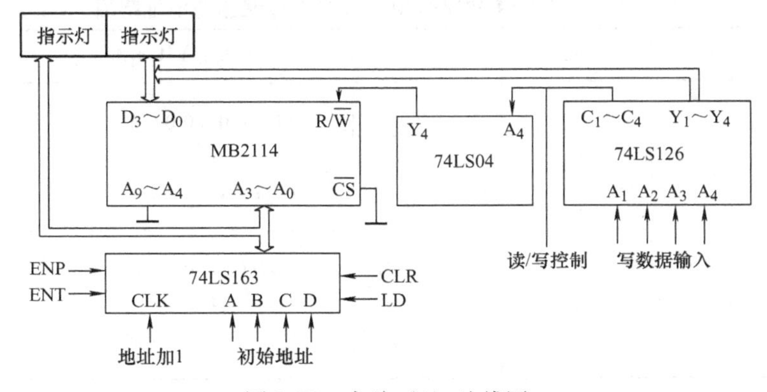

图 2-79　实验（1）连线图

2）按图 2-80 所示的流程组织信号。

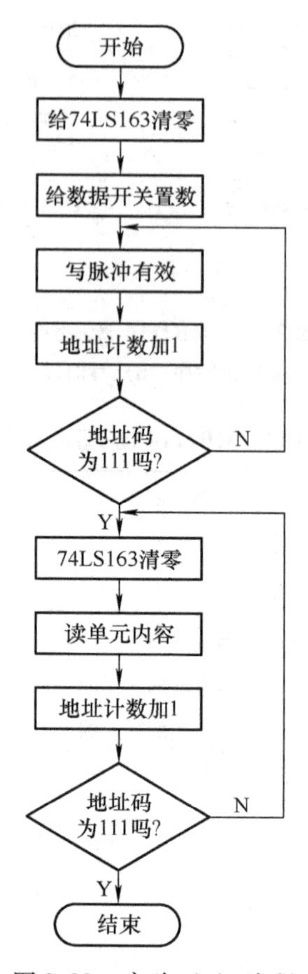

图 2-80　实验（1）流程

3）组织输入信号，观察实验结果，并将实验结果填入自制的表格内。要求：给 0000 ~ 0010 单元写内容；将 0000 ~ 0010 单元内容读出。

（2）构造数据存储器

用 MB2114 为某数字通信系统构造存储容量为 2K × 8 的数据存储器，并用实验内容（1）的方法验证。设计要求见表 2-43，设计参考图如图 2-81 所示。

表 2-43　MB2114 构成的 2K × 8 数据存储器的地址范围

选中芯片	$\overline{CS}_1$	$\overline{CS}_0$	A_{10}	$A_9A_8A_7A_6A_5A_4A_3A_2A_1A_0$	十六进制地址
2114 - 1 2114 - 2	1	0	0	0 0 0 0 0 0 0 0 0 0 ⋮ 1 1 1 1 1 1 1 1 1 1	000H ⋮ 3FFH
2114 - 3 2114 - 4	0	1	1	0 0 0 0 0 0 0 0 0 0 ⋮ 1 1 1 1 1 1 1 1 1 1	400H ⋮ 7FFH

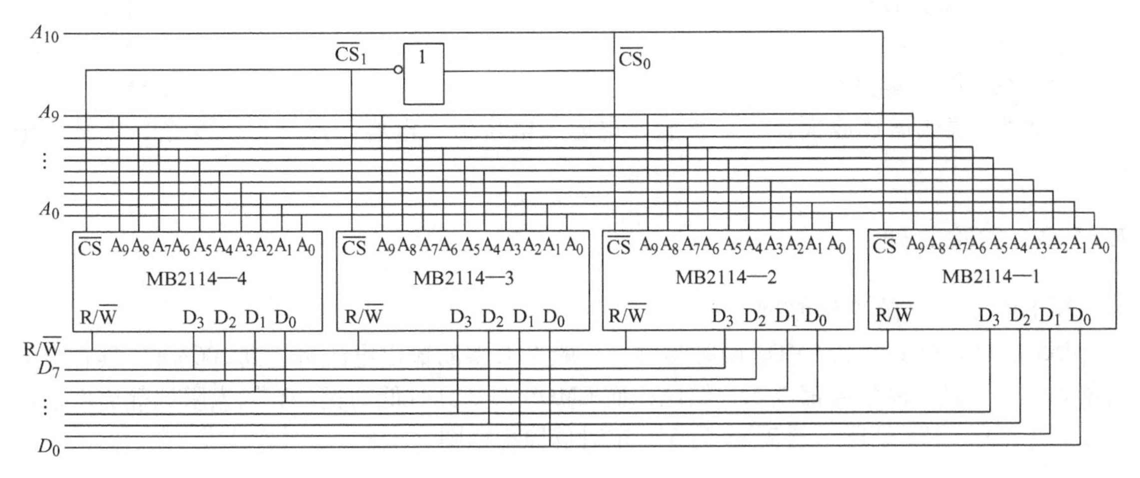

图 2-81　用 MB2114 构成的 2K×8 数据存储器

2.10.5　实验报告

（1）列出详细设计过程，画出实验电路图。

（2）分析实验过程中遇到的问题，描述解决问题的思路和办法，总结实验收获和体会。

2.10.6　思考题

（1）触发器、寄存器和存储器（SRAM）的区别和联系是什么？

（2）试分析 74LS04、74LS163 和 74LS126 在实验内容（1）电路中的作用。

（3）实验内容（1）中，如果需要访问单元 300H ~ 3F0H 中的内容，应怎样组织地址信息？

（4）参考图 2-77，说明地址锁存和双向数据总线是如何实现的。

（5）结合图 2-78 进一步理解时序的概念。

2.11　555 定时器

2.11.1　实验目的

（1）熟悉 555 定时器的原理和功能。

（2）掌握 555 定时器的应用。

2.11.2　实验设备

万用表	1 块
直流稳压电源	1 台

低频信号发生器 1 台

示波器 1 台

数字系统综合实验箱 1 台

NE555、集成运算放大器、二极管、电阻、电位器、电容、扬声器、发光二极管、按钮等。

2.11.3 实验原理

1. 555 定时器的工作原理

555 定时器有 TTL 和 CMOS 两种类型，一般 TTL 型的输出电流可达到200mA，具有很强的驱动能力，其产品型号都以 555 结尾；而 CMOS 型则具有低功耗、高输入阻抗等优点，其产品型号都以 7555 结尾。图 2-82 为 555 定时器原理框图。

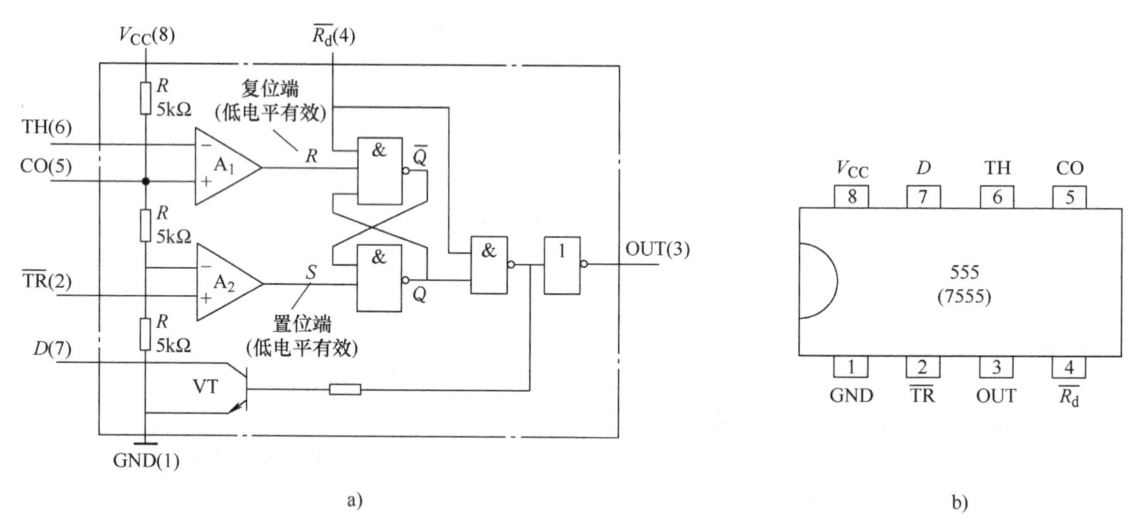

图 2-82 555 定时器原理框图

a）内部逻辑框图 b）外部引脚排列

如图 2-82 所示，555 定时器内部有两个电压比较器 A_1、A_2，一个基本 RS 触发器，一个放电晶体管 VT 和一个非门输出。3 个 5kΩ 电阻组成的分压器使两个电压比较器构成一个电平触发器，高电平触发值为 $2V_{CC}/3$（即比较器 A_1的参考电压为 $2V_{CC}/3$），低电平触发值为 $V_{CC}/3$（即比较器 A_2的参考电压为 $V_{CC}/3$）。引脚 5 控制端外接一个控制电压，可以改变高、低电平触发值。

由两个与非门组成的 RS 触发器需用低电平信号触发，因此，加到比较器 A_1反相端引脚 6 的触发信号，只有当电位高于 A_1同相端引脚 5 的电位 $2V_{CC}/3$ 时，RS 触发器才能翻转；而加到比较器 A_2同相端引脚 2 的触发信号，只有当电位低于 A_2反相端的电位 $V_{CC}/3$ 时，RS 触发器才能翻转。通过分析，可得出表 2-44 所示的功能表。

555 定时器是一种多用途的数字-模拟集成电路，可构成多谐振荡器、单稳态振荡器和施密特触发器，在波形的发生与变换、测量与控制、家用电器、电子玩具等领域有着广泛的用途。下面以几种实用电路为例分别加以说明。

表 2-44　555 定时器各输入、输出功能表

引脚 2	引脚 6	引脚 4	引脚 3	引脚 7
$\overline{TR}$	TH	$\overline{R_d}$	OUT	D
低电平触发	高电平触发	清零（复位）端	输出端	放电端
$\leqslant V_{CC}/3$	×	1	1	截止
$\geqslant V_{CC}/3$	$\geqslant 2V_{CC}/3$	1	0	导通
$\geqslant V_{CC}/3$	$\leqslant 2V_{CC}/3$	1	保持（原态）	保持（原态）
×	×	0	0	导通

2. 构成多谐振荡器

（1）闪光、报警电路

如图 2-83 所示，是由 555 时基电路构成的多谐振荡器，CON（引脚 5）悬空。当输出 U_O（应为低频信号）接 a 点时是闪光电路；当输出 U_O（应为高频信号）接 b 点时是报警电路。图 2-84 是多谐振荡器波形图。设通电时，电容 C_1 上电压为 0，输出为高电平，放电晶体管 VT（引脚 7 内部）截止，则电源通过 R、R_W 对 C_1 充电，U_{CON}（引脚 5）电压升高。当 U_{CON}（引脚 5）升高到大于 $2V_{CC}/3$ 时，输出变低，VT（引脚 7 内部）导通，电容 C_1 通过 R_W、VT 放电，U_{CON}（引脚 5）电压下降。当下降到小于 $V_{CC}/3$ 时，输出又变高，VT（引脚 7 内部）截止，又开始对 C_1 充电。如此周而复始，形成振荡波形。其振荡周期 $T \approx 0.7(R+2R_W)C_1$。

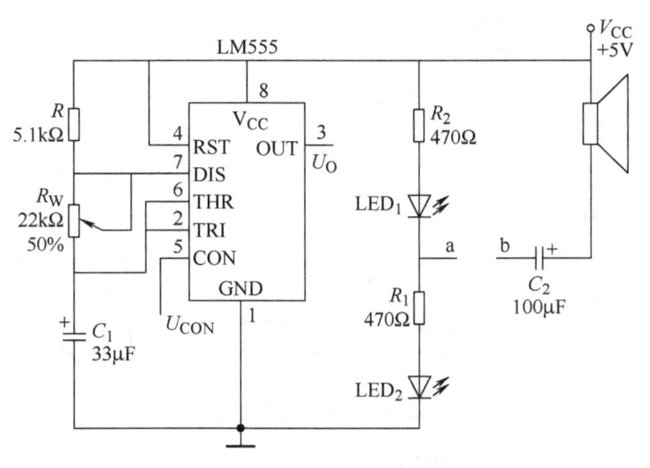

图 2-83　闪光、报警电路

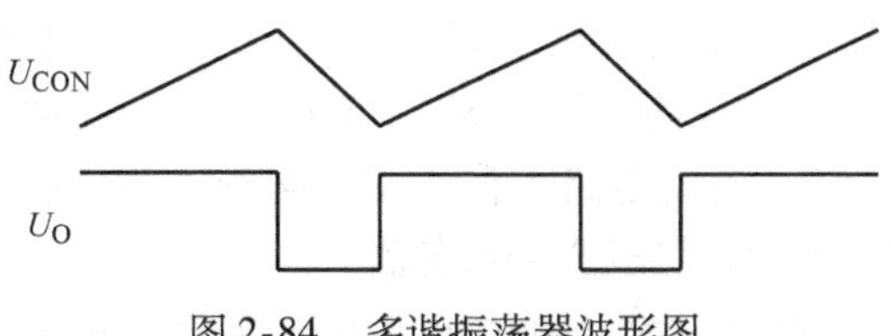

图 2-84　多谐振荡器波形图

RST（引脚 4）为复位端，当 RST = 0 时，输出为 0，电路停振。CON（引脚 5）外接电压时，电路工作过程与上述相同，只是使输出翻转的阈值电压由 $2V_{CC}/3$、$V_{CC}/3$ 变为 U_{CON}、$U_{CON}/2$，受外接电压控制。因此，振荡频率受外接电压控制，振荡器变成了压控振荡器。当输出接有扬声器时，由于振荡频率决定了音调，因此扬声器声音的音调及变化节奏也可由电

压控制，形成各种特定的声音。

（2）电子门铃

电子门铃电路如图 2-85 所示，该电路的核心电路是 555 定时器构成的多谐振荡器，按一下按钮，扬声器即发出“叮咚”声一次。

由图 2-85 可知，当按下按钮 AN 时，V_{CC}通过 VD_2迅速给 C_1充电。555 定时器的复位端电位升高为高电平，使振荡器起振。振荡时 V_{CC}通过 VD_1、R_1、R_2给 C_3充电，再通过 R_3和 555 定时器中的放电晶体管 VT（引脚 7 内部）使 C_3放电，其振荡频率为

$$f \approx \frac{1.44}{(R_D + R_1 + 2R_2)C_3}$$

此时扬声器发出频率约为 950Hz 的“叮…”声。松开按钮 AN 后，C_1上存储的电荷经 R_3和扬声器开始释放，复位端电位开始下跌，但只要其值还未下跌到门电路的转折电压，复位端电位还是高电平，振荡器仍然工作。此时 V_{CC}通过 R_4、R_1、R_2给 C_3充电，其振荡频率为

$$f \approx \frac{1.44}{(R_4 + R_1 + 2R_2)C_3}$$

由于 R_4的加入，此时的振荡频率下降，约为 300Hz，扬声器发出“咚”声。C_1经过短暂的放电后，其电位降到一定值，当复位端电位为低电平后，振荡器停止振荡。

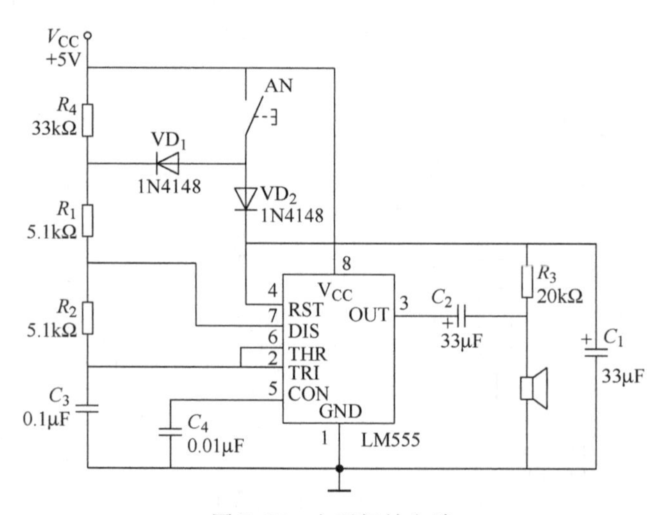

图 2-85　电子门铃电路

3. 构成单稳态触发器（触摸定时开关）

图 2-86 所示电路为单稳态触发器。正常时，电路处于稳定状态，输出为低电平。当手触摸引脚 2 的引出线时，即相当于在引脚 2 输入一个负脉冲触发信号，使输出翻转到高电平，定时开始。图 2-87 为单稳态触发器的波形图。定时时间（即暂稳态持续时间）为 $t_W \approx 1.1RC$。为使电路工作正常，必须用窄负脉冲触发电路工作。

4. 构成施密特触发器

只要将 555 定时器的引脚 2 和引脚 6 接在一起，就可以构成施密特触发器，如图 2-88 所示，其电压传输特性是反相的。引脚 5 悬空时，正向阈值电压和负向阈值电压分别为 $2V_{CC}/3$ 和 $V_{CC}/3$。引脚 5 接控制电压 U_{CON}时，正向阈值电压和负向阈值电压分别为 U_{CON}和 $U_{CON}/2$。

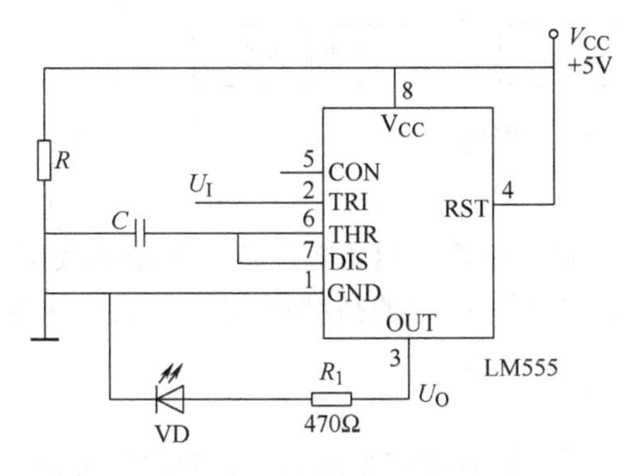

图 2-86　单稳态触发器

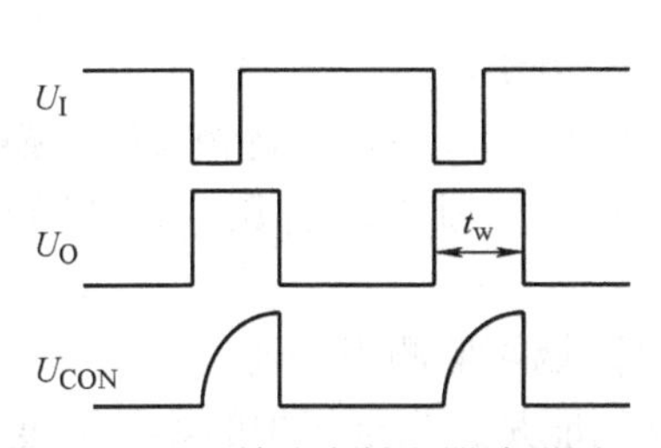

图 2-87　单稳态触发器波形图

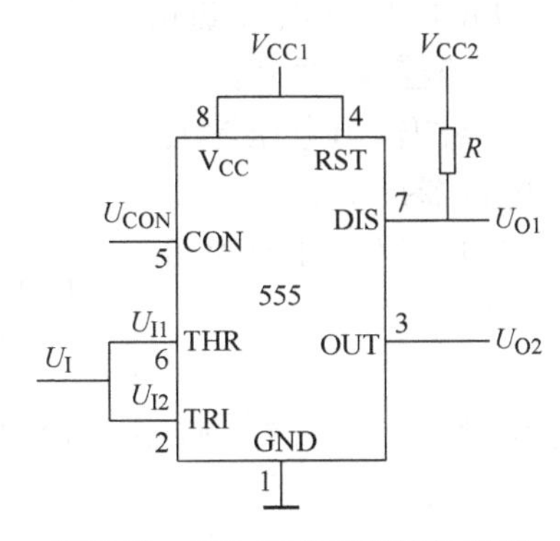

图 2-88　555 构成施密特触发器

2.11.4　实验内容

（1）闪光灯电路

参考图 2-83 接线，将 555 时基电路的输出接至 a 点。调节电位器 R_W，以改变发光二极管的闪烁频率，以人眼易于观察为宜。估算振荡频率。

（2）报警电路

1）参照图 2-83，设计一个振荡频率约为 1kHz 的振荡器，限定 $R=5.1\text{k}\Omega$，$C=0.1\mu\text{F}$。

2）将 555 时基电路的输出接至 b 点，扬声器应发出“嘀”声响。

3）改变 RST（引脚 4）的电平，可控制声音的有无，并通过实验验证。

4）将 U_{CON} 端引出接至可调电压，观察音调随 U_{CON} 电压改变的情况。

（3）“嘀…嘀”声响器

要求自拟设计方案，画出实验电路图，并通过实验验证。

（4）“嘀嘟”声响器

要求自拟设计方案，画出实验电路图，并通过实验验证。

（5）连续变音声响器

该声响器能够发出渐高→渐低→渐高的连续变化的声音，图 2-89 为参考电路框图。要求设计出单元电路，并进行单元电路和整体电路的调试验证。

图 2-89　连续变音声响器框图

（6）电子门铃

电路参考图 2-85，将相关电阻换成电位器。调试时调节相关电位器，使按钮按下一次，扬声器发出“叮咚”音调，并调节按钮放开后“咚”声音的持续时间，直至自认为满意为止。

（7）烟雾监测报警器

其功能是：当空气中的烟雾浓度超过设定值时，报警器灯光闪烁，并发出报警声。

图 2-90 为烟雾监测报警器取样电路图。点画框内元件为半导体烟雾传感器，5V 为元件灯丝的加热电压，R_X 为元件体电阻。当空气中的烟雾浓度升高时，烟雾传感器的体电阻下降，取样电路的输出电压增大。实验时取样电路的输出电压可用电位器提供。

要求给出电路设计方案，画出电路框图和原理图，并通过实验验证。

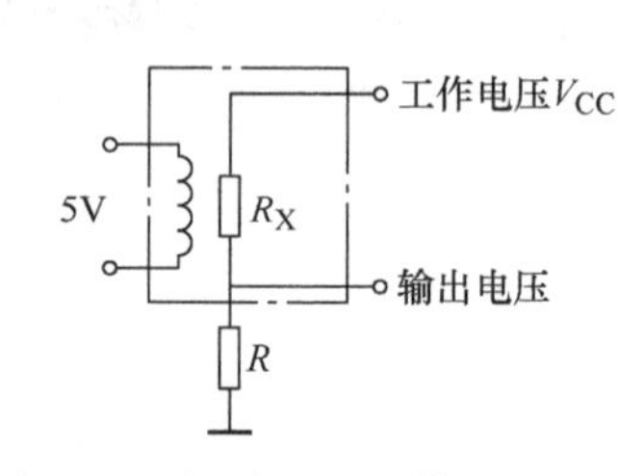

图 2-90　烟雾监测报警器取样电路

（8）触摸定时开关

设计一个触摸定时开关，当手触摸引线一次，灯亮 10s 后自动熄灭。

2.11.5　实验报告

（1）画出实验电路图。

（2）总结电路参数对电路特性的影响。

（3）分析实验过程中遇到的问题，总结实验收获和体会。

2.11.6　思考题

（1）对于“嘀…嘀”声响器，声音的节奏快慢是如何调节的？音调的高低又是如何控制的？

（2）比较 CMOS 型 555 定时器和 TTL 型 555 定时器的电参数。

（3）在选用 555 定时器时主要考虑哪些技术指标？

（4）在触摸开关实验中，对触摸时间有何具体要求？

2.12　A/D、D/A 转换器

2.12.1　实验目的

熟悉典型 A/D 转换器 ADC0809 和 D/A 转换器 DAC0832 的转换性能和使用方法。

2.12.2　实验设备

万用表	1 块
直流稳压电源	1 台
低频信号发生器	1 台
示波器	1 台
数字系统综合实验箱	1 台
ADC0809、DAC0832、LM324、22kΩ 电阻等	各 1 只

2.12.3　实验原理

A/D 转换器（ADC）和 D/A 转换器（DAC）是联系数字系统和模拟系统的桥梁。A/D 转换器将模拟系统的电压或电流转换成数值上与之成比例的二进制数，供数字设备或计算机使用；D/A 转换器将数字系统输出的数字量转换成相应的模拟电压或电流，用以控制设备。

A/D 转换器和 D/A 转换器的种类繁多，其结构和工作原理也不尽相同，关于这方面的内容请参阅有关书籍和器件手册。本实验介绍典型的 A/D 转换器 ADC0809 和 D/A 转换器 DAC0832。

1. A/D 转换器 ADC0809

（1）逻辑结构

ADC0809 是以逐次逼近法作为转换技术的 CMOS 型 8 位单片 A/D 转换器件。它由 8 路模拟开关、8 位 A/D 转换器和三态输出锁存缓冲器三部分组成，并有与微处理器兼容的控制逻辑，可直接和微处理器接口。其内部逻辑框图如图 2-91 所示，引脚图如图 2-92 所示。

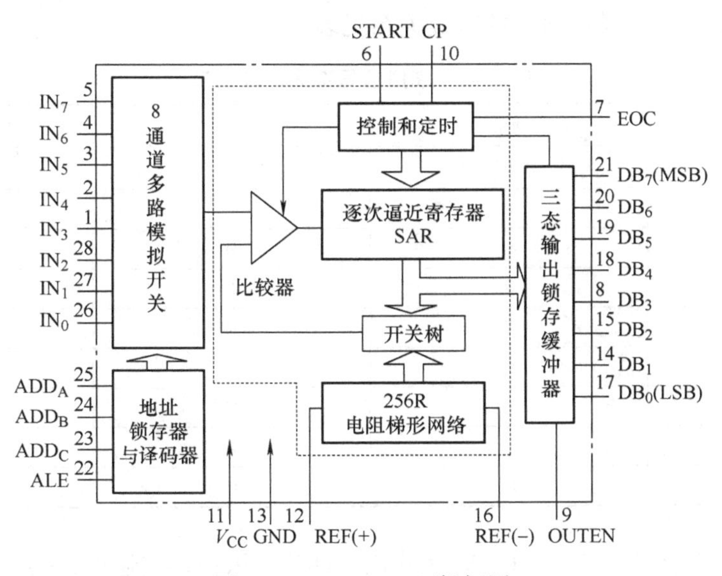

图 2-91　ADC0809 逻辑框图

（2）主要技术性能（详细电特性可查手册）

1）分辨率为 8 位。

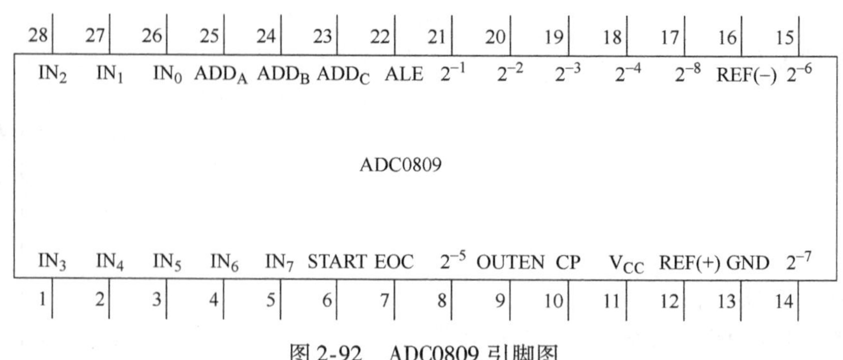

图 2-92　ADC0809 引脚图

2）总的不可调误差为 ±LSB/2 和 ±LSB。

3）无失码。

4）转换时间为 100μs（CP = 640kHz）。

5）+5V 单电源供电，此时模拟输入范围为 0～5V。

6）具有锁存控制的 8 通道多路模拟开关。

7）输出与 TTL 兼容。

8）无须进行零位和满量程调整。

9）器件功耗低，仅为 15mW。

10）可锁存三态输出。

11）温度范围为 −40～85℃。

（3）工作原理

1）多路开关：具有锁存控制的 8 路模拟开关，可选通 8 路模拟输入中的任何一路模拟信号，送至 A/D 转换器，转换成 8 位数字量输出。送入地址锁存与译码器的 3 位地址码 ADD_C、ADD_B、ADD_A 与模拟通道的对应关系见表 2-45。

表 2-45　模拟信号选通对应关系

地址			被选通的模拟信号
ADD_C	ADD_B	ADD_A	
L	L	L	IN_0
L	L	H	IN_1
L	H	L	IN_2
L	H	H	IN_3
H	L	L	IN_4
H	L	H	IN_5
H	H	L	IN_6
H	H	H	IN_7

2）8 位 A/D 转换器：它是 ADC0809 的核心部分，采用逐次逼近转换技术，并需要外接时钟。8 位 A/D 转换器包括一个比较器、一个带有树状模拟开关的 256R 电阻分压器、一个 8 位逐次逼近寄存器（SAR）及必要的时序控制电路。

比较器是 8 位 A/D 转换器的重要部分，它最终决定整个转换器的精度。在 ADC0809

中，采用削波式比较器电路，首先把输入信号转换为交流信号，经高增益交流放大器放大后，再恢复成直流电平信号，其目的是克服漂移的影响，这大大提高了转换器的精度。

带有树状模拟开关的256R电阻分压器的电路如图2-93所示，其作用是将8位逐次逼近寄存器中的8位数字量转换成模拟输出电压送至比较器，与外加的模拟输入电压（经取样/保持）进行比较。

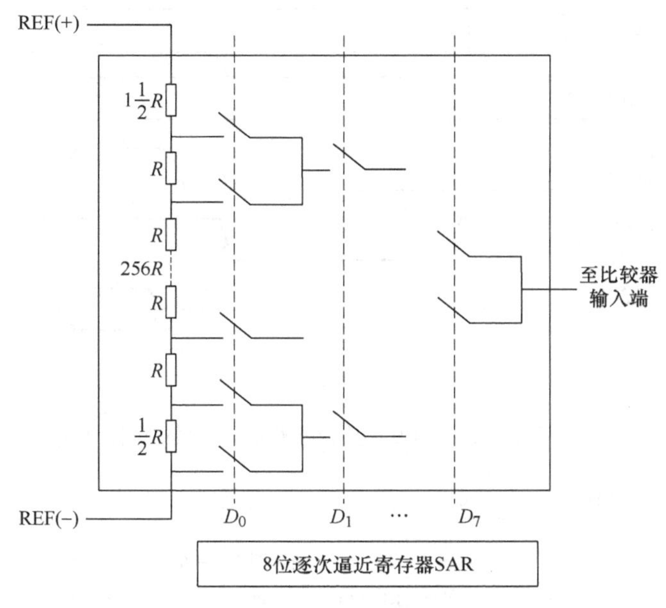

图 2-93　256R 电阻分压器

3）时序波形：如图2-94所示，各引出端的功能见表2-46。

表 2-46　ADC0809 引出端的功能

端名	功能
$IN_0 \sim IN_7$	8 路模拟量输入端
ADD_C、ADD_B、ADD_A	地址输入端
ALE	地址锁存输入端，ALE 上升沿时，输入地址码
V_{CC}	+5V 单电源供电
REF（+）、REF（−）	参考电压输入端
OUTEN	输出使能，OUTEN =1，转换结果从 $DB_7 \sim DB_0$（$2^{-1} \sim 2^{-8}$）输出
$DB_7 \sim DB_0$（$2^{-1} \sim 2^{-8}$）	8 位 A/D 转换结果输出端，DB_7为 MSB、DB_0为 LSB
CP	时钟信号输入（640kHz）
START	启动信号输入端，在正脉冲作用下，当↑边沿到达时内部逐次逼近寄存器（SAR）复位，在↓边沿到达后，即开始转换
EOC	转换结束（中断）输出，EOC =0 表示在转换，EOC =1 表示转换结束。START 与 EOC 连接实现连续转换，EOC 的上升沿就是 START 的上升沿，EOC 的下降沿必须滞后上升沿 8 个时钟脉冲 +2μs 时间（称为 t_{EOC}）后才能出现。系统第一次转换必须加一个启动信号

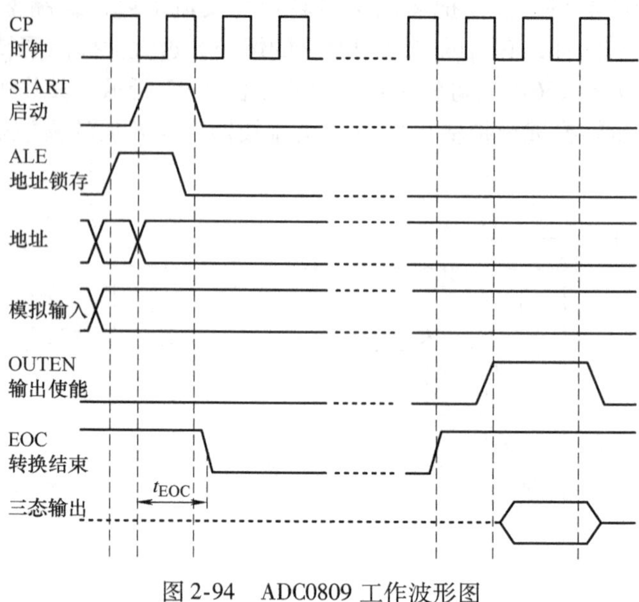

图 2-94　ADC0809 工作波形图

在 ADC0809 的典型应用中，ADC0809 与微处理器之间的连接关系如图 2-95 所示。

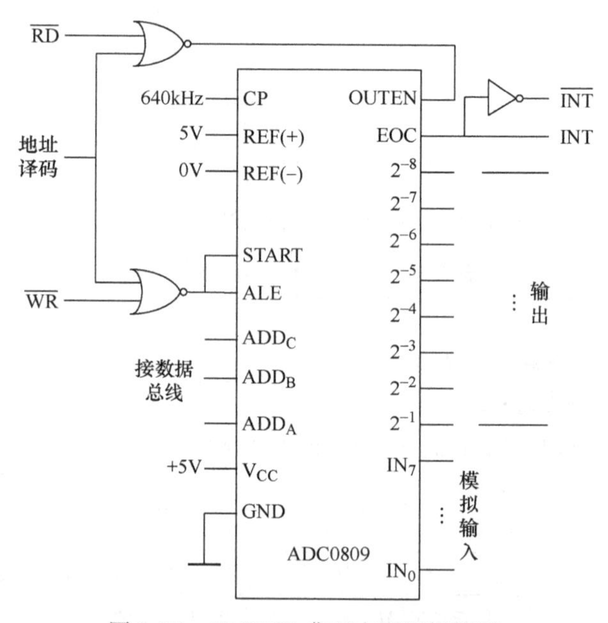

图 2-95　ADC0809 典型应用逻辑框图

2. D/A 转换器 DAC0832

（1）逻辑结构

DAC0832 是用先进的 CMOS/S_i-C_r工艺制成的单片 8 位 D/A 转换器。它由 8 位输入寄存器、8 位 DAC 寄存器、8 位 D/A 转换器以及微处理器兼容的控制逻辑等组成。DAC0832 专用于直接与 8080、8085、Z80 和其他常见的微处理器接口。其内部逻辑框图如图 2-96 所示，引脚图如图 2-97 所示，典型接线图如图 2-98 所示，表 2-47 是其引出端功能表。

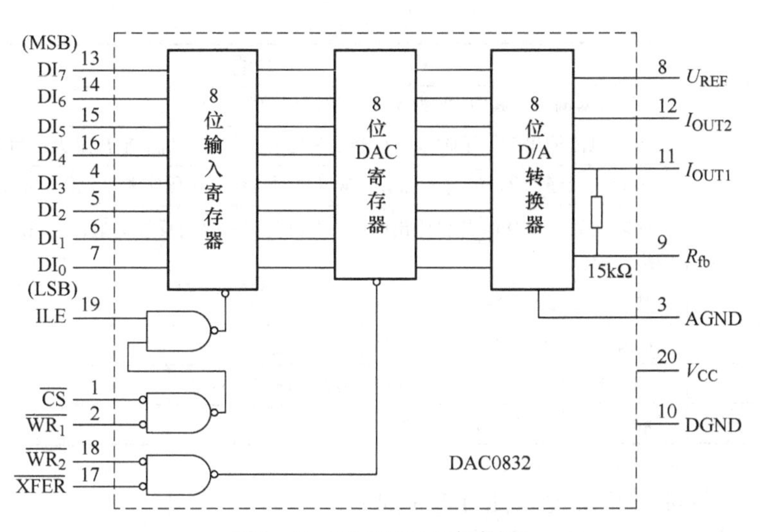

图 2-96　DAC0832 逻辑框图

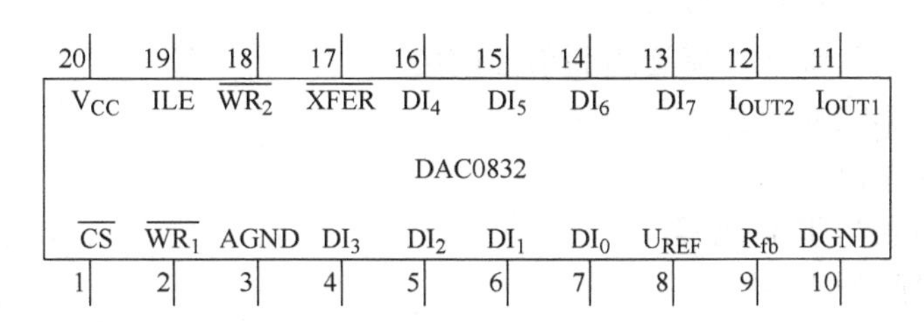

图 2-97　DAC0832 引脚图

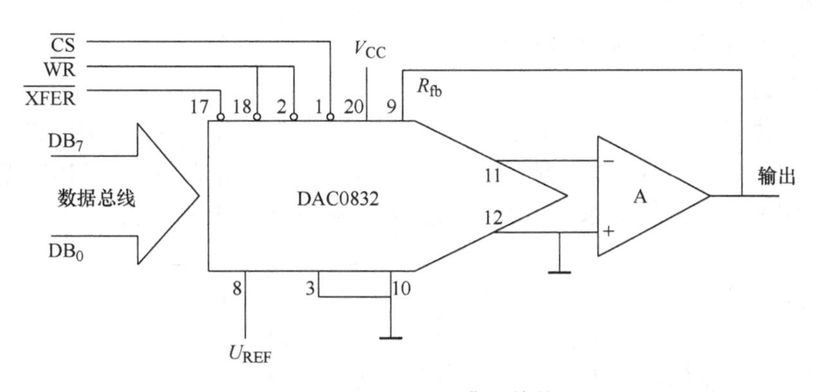

图 2-98　DAC0832 典型接线

表 2-47　DAC0832 各引出端功能表

引脚名	功能
$\overline{CS}$	片选端（低电平有效），$\overline{CS}$与 ILE 结合使能$\overline{WR_1}$
ILE	输入锁存使能端，ILE 与$\overline{CS}$结合使能$\overline{WR_1}$
$\overline{WR_1}$	写入 1，将 DI 端数据送入输入寄存器
$\overline{WR_2}$	写入 2，将输入寄存器中的数据转移到 DAC 寄存器
$\overline{XFER}$	转移控制信号，$\overline{XFER}$使能$\overline{WR_2}$

（续）

引脚名	功能
$DI_7 \sim DI_0$	8 位数据输入，其中 DI_7 为 MSB，DI_0 为 LSB
I_{OUT1}	DAC 电流输出 1，当 DAC 寄存器数字码为全 1 时，I_{OUT1} 输出最大；为全 0 时，$I_{OUT1}=0$
I_{OUT2}	DAC 电流输出 2，$I_{OUT1}+I_{OUT2}=$ 常量（对应于一个固定基准电压时的满量程电流值）
R_{fb}（15kΩ）	反馈电阻，为 DAC 提供输出电压，并作为运放分流反馈电阻，它在芯片内与 R－2R 梯形网络匹配
U_{REF}	基准电压输入，选择范围为－10V～10V
V_{CC}	电源电压，5V～15V，以 15V 时工作最佳
AGND	模拟地（模拟电路部分的地），始终与 DGND 相连
DGND	数字地（数字逻辑电路的地）

（2）主要技术性能（详细电特性可查手册）

1）只须在满量程下调整其线性度。

2）可与通用微处理器直接接口。

3）需要时亦可不与微处理器连用而单独使用。

4）可双缓冲、单缓冲或直通数据输入。

5）每输入字为 8 位。

6）逻辑电平输入与 TTL 兼容。

7）电流建立时间为 1μs。

8）功耗为 20mW。

9）单电源供电 5～15V。

10）增益温度补偿为 0.002% FS/℃。

（3）工作原理

DAC0832 采用 R－2R 电阻网络实现 D/A 转换。网络是由 S_i-C_r 薄膜工艺形成，因而，即使在电源电压 $V_{CC}=5V$ 的情况下，参考电压 U_{REF} 仍可在－10～10V 范围内工作。DAC0832 的电阻网络与外接的求和放大器的连接关系如图 2-99 所示。

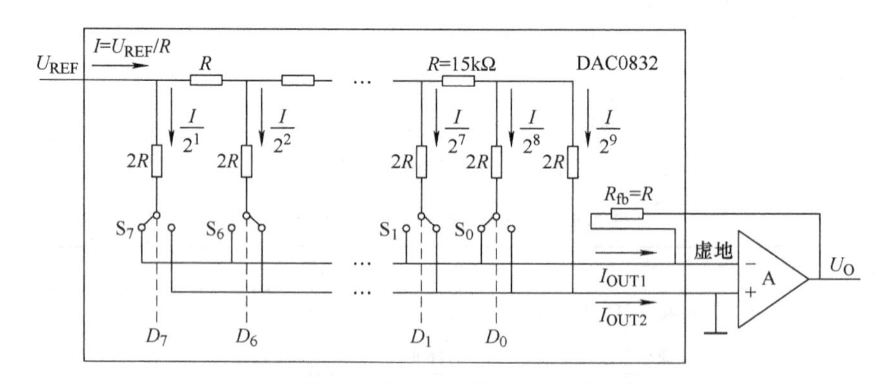

图 2-99 DAC0832 中的 D/A 转换电路

由图 2-99 可以计算出流经参考电源的电流：$I=U_{REF}/R$。此电流每流经一个节点，即按 1/2 的关系分流，各支路的电流已在图中标出。可以得到

$$I_{\mathrm{OUT1}} = \frac{I}{2^8}\sum_{i=0}^{7} D_i \times 2^i$$

$$I_{\mathrm{OUT2}} = \frac{I}{2^8}\sum_{i=0}^{7} \overline{D_i} \times 2^i$$

$$I_{\mathrm{OUT1}} + I_{\mathrm{OUT2}} = I = U_{\mathrm{REF}}/R = 常数$$

因此

$$U_{\mathrm{O}} = -I_{\mathrm{OUT1}} R_{\mathrm{fb}}$$

通常 $R_{\mathrm{fb}} = R$，则有

$$U_{\mathrm{O}} = -\frac{1}{2^8} U_{\mathrm{REF}} \sum_{i=0}^{7} D_i \times 2^i$$

可见，输出电压数值与参考电压的绝对值成正比，与输入的数字量成正比；其极性总是与参考电压的极性相反。

在图 2-99 的基础上再增加一级集成运算放大器，如图 2-100 所示，便构成双极性电压输出。这种接法在效果上起到把数字量的最高位当作符号位的作用。在双极性工作方式下，参考电压也可以改变极性，这样便实现了完整的四象限乘积输出。

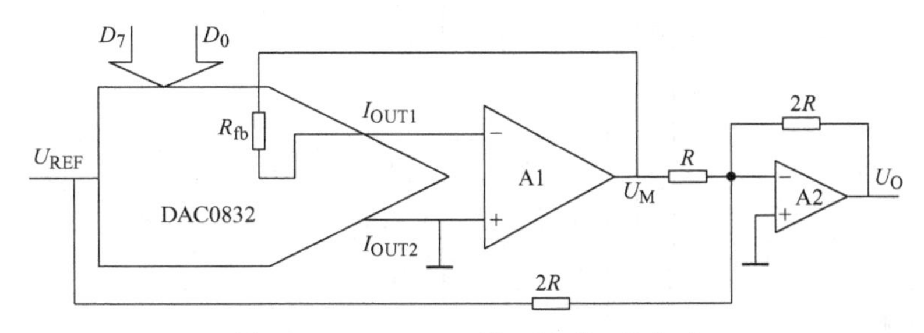

图 2-100　DAC0832 的双极型工作方式

将不同的输入数码代入 $U_{\mathrm{O}} = -\frac{1}{2^8} U_{\mathrm{REF}} \sum_{i=0}^{7} D_i \times 2^i$，可求得 U_{O}的值，见表 2-48。

表 2-48　理想 U_{O}值

输入数码								理想输出 U_{O}	
D_7	D_6	D_5	D_4	D_3	D_2	D_1	D_0	$+U_{\mathrm{REF}}$	$-U_{\mathrm{REF}}$
1	1	1	1	1	1	1	1	$U_{\mathrm{REF}} - U_{\mathrm{LSB}}$	$-\lvert U_{\mathrm{REF}}\rvert + U_{\mathrm{LSB}}$
1	1	0	0	0	0	0	0	$U_{\mathrm{REF}}/2$	$-\lvert U_{\mathrm{REF}}\rvert/2$
1	0	0	0	0	0	0	0	0	0
0	1	1	1	1	1	1	1	$-U_{\mathrm{LSB}}$	$+U_{\mathrm{LSB}}$
0	0	1	1	1	1	1	1	$-\lvert U_{\mathrm{REF}}\rvert/2 - U_{\mathrm{LSB}}$	$\lvert U_{\mathrm{REF}}\rvert/2 - U_{\mathrm{LSB}}$
0	0	0	0	0	0	0	0	$-U_{\mathrm{REF}}$	$+\lvert U_{\mathrm{REF}}\rvert$

（4）工作方式

由图 2-96 可见，DAC0832 内部有两个寄存器：8 位输入寄存器和 8 位 DAC 寄存器。因此其工作方式可能有三种：双缓冲工作方式、单缓冲工作方式和直通工作方式。

1）双缓冲工作方式

双缓冲工作方式可以在输出的同时采集下一个数据字，以提高转换速度。而且，在多个转换器同时工作时，能同时选出模拟量。采用双缓冲方式，必须要进行以下两步写操作：第一步写操作先把数据写入 8 位输入寄存器；第二步写操作是把 8 位输入寄存器的内容写入 8 位 DAC 寄存器。因此，在一个以微处理器为核心构成的系统中，需要有两个地址译码：一个是片选$\overline{CS}$，另一个是传送控制$\overline{XFER}$。微处理器与采用双缓冲工作方式的多片 DAC0832 的连接方法如图 2-101 所示。

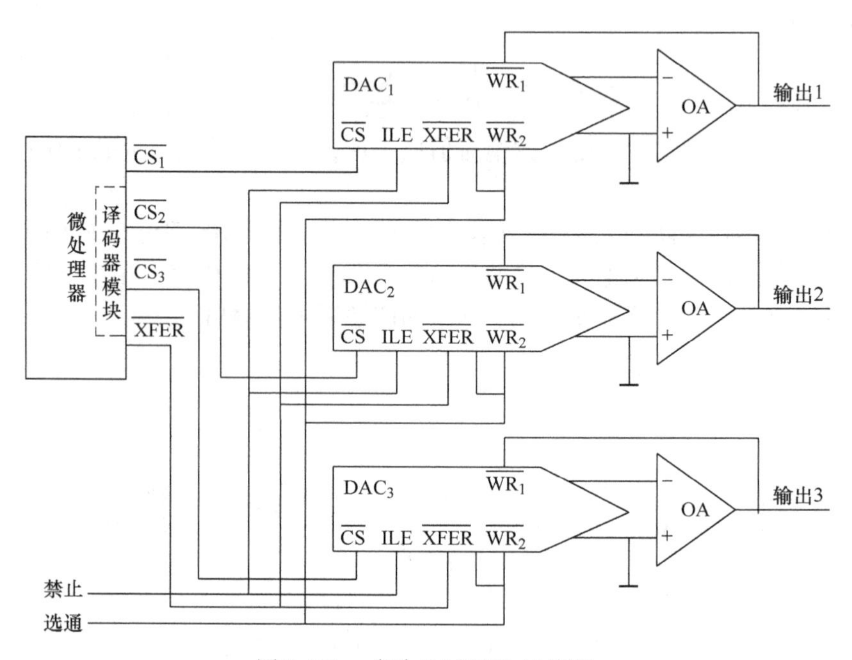

图 2-101　多片 DAC0832 连接图

2）单缓冲工作方式

采用单缓冲工作方式，可得到较大的 DAC 吞吐量。此时，可使两个寄存器之一始终处于直通的状态，而使另一个寄存器处于受控锁存器状态。

3）直通工作方式

虽然 DAC0832 是为微机系统设计的，但亦可接成完全直通的工作方式。此时，$\overline{CS}$、$\overline{WR_1}$、$\overline{WR_2}$和$\overline{XFER}$固定接地，ILE 固定接高电平。直通工作方式可用于连续反馈控制环路中，此时由一个二进制可逆计数器来驱动。或者，还可用在功能发生器电路中，这时可通过 ROM 连续地向 DAC0832 提供 DAC 数据。

注意：

① 由于 DAC0832 由 CMOS 工艺制成，故要防止静电荷引起的损坏，所有未用的数字量输入端应与 V_{CC}或地短接。如果悬空，DAC 将识别为“1”。

② 当用 DAC0832 与任何微处理器接口连接时，有两项很重要的时序关系要处理好。第一是最小的$\overline{WR}$选通脉冲宽度，一般不应小于 500ns，但若 V_{CC} = 15V，亦可小至 100ns。第二是保持数据有效时间不应小于 90ns，否则将锁存错误数据，其关系如图 2-102 所示。

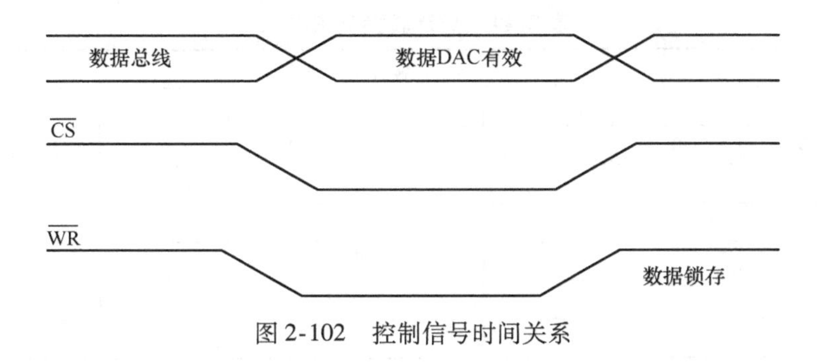

图 2-102　控制信号时间关系

2.12.4　实验内容

（1）A/D 转换器 ADC0809 的功能测试。

1）按图 2-103 接线，检查各路电源。

2）将 S_1、S_2、S_3 置为“0”，即为 0 通道选通，将 S_0 置“0”，即输出不使能。

3）调整电位器 R_W，使该通道输入电平为 0V。

4）按下“P_+”使其输出一个正脉冲，一方面通过 ALE 将转换通道地址锁入 ADC 芯片；另一方面则发出启动信号（START）使 ADC 自动进行转换，转换结束后 EOC 输出逻辑 1，说明转换结束。

5）将 S_0 扳至“1”，使 OUTEN（输出使能，高电平有效）为“1”，则可在输出端读出相应转换的数码 00000000。

6）调整 R_W，依次使输入电平为 1V、2V、3V、4V、5V，重复上面步骤 4）~5），记下其输出的对应数码并填入表 2-49 中。

7）扳动 S_3、S_2、S_1 改变输入通道，重复步骤 3）~6）。

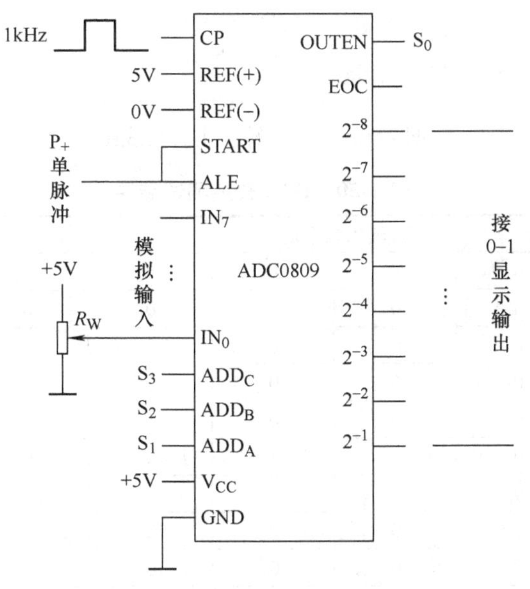

图 2-103　A/D 转换实验接线图

表 2-49　A/D 转换测试结果

输入模拟电压/V	输出 8 位数码							
	2^{-1}	2^{-2}	2^{-3}	2^{-4}	2^{-5}	2^{-6}	2^{-7}	2^{-8}
0	0	0	0	0	0	0	0	0
1								
2								
3								
4								
5								

（2）D/A 转换器 DAC0832 的功能测试。

1）按图 2-104 接线，检查各路电源。注意：应将实验箱 ±5V 和 ±12V 的地线连起来。

2）按表 2-50 改变输入数字量，用万用表测量其输出模拟电压 U_o，并记入表 2-50 中。

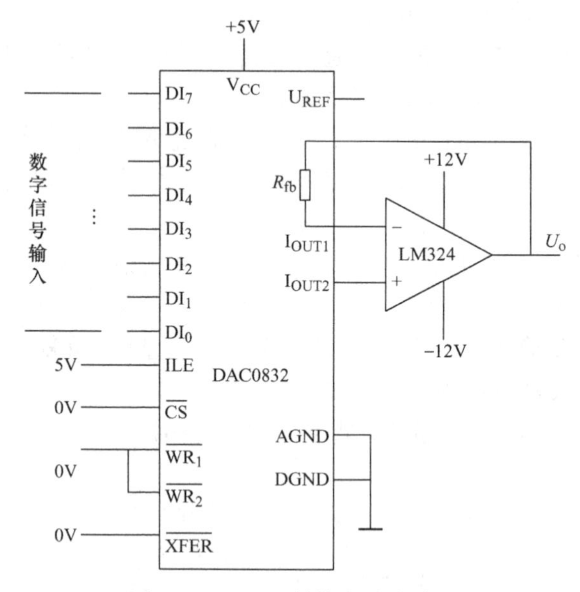

图 2-104　D/A 转换实验接线图

表 2-50　D/A 转换测试结果

输入数字量								输出模拟电压
DI_7	DI_6	DI_5	DI_4	DI_3	DI_2	DI_1	DI_0	U_o/V
0	0	0	0	0	0	0	0	0
0	0	0	0	0	0	0	1	
0	0	0	0	0	0	1	0	
0	0	0	0	0	1	0	0	
0	0	0	0	1	0	0	0	
0	0	0	1	0	0	0	0	
0	0	1	0	0	0	0	0	
0	1	0	0	0	0	0	0	
1	0	0	0	0	0	0	0	
1	1	1	1	1	1	1	1	

3）将 D/A 转换器 DAC0832 和 A/D 转换器 ADC0809 连接起来，完成数-模-数转换功能，试画出接线图并实验验证。

（3）试用 ADC0809 和适当的逻辑电路实现一个测试 0～5V 的 3 位十进制显示的数字电压表。

（4）试用 MSI 器件设计 4 位并行型 A/D 转换器的编码器。

2.12.5　实验报告

（1）详细描述实验内容中每个题目的设计过程，整理并分析实验数据。

（2）分析实验过程中遇到的问题，总结实验的收获和体会。

2.12.6　思考题

（1）举例说明 ADC 和 DAC 的用途。

（2）DAC 和 ADC 中常用的模拟电子开关是何含义？理想的模拟开关应具备哪些特征？对实际的模拟开关又必须考虑哪些不利因素？

（3）DAC 中的模拟开关和基准电压源如何实现？

（4）如何理解 A/D 转换的四个过程：采样、保持、量化、编码？

（5）ADC 和 DAC 的主要技术指标有哪些？如何理解这些技术指标？为什么说转换精度和转换速度是两个最重要的技术指标？

第3章　数字电路综合设计实验

本章安排了7个综合设计实验，通过这7个实验的学习，旨在培养学生的综合设计能力，检验学生是否能够把学到的理论知识综合地运用到一些较复杂的数字逻辑电路系统中去，使学生在基本实践技能方面得到一次系统的锻炼。

本章的每个实验都给出了设计举例，学生可以先通过设计举例熟悉设计方法和设计步骤，然后分析设计课题的功能要求，确定系统的总体方案，画出组成框图，用给定的元器件完成各模块的设计，最后连接各个模块画出总体逻辑电路图。对于设计好的电路图，应先进行仿真以检查是否满足设计要求，然后搭接电路进行调试。

希望经过这7个实验的练习，学生能初步掌握数字系统的分析和设计方法，能够熟练地、合理地选择集成电路器件，提高对电路布局、布线及检查和排除故障的能力，熟悉用Multisim等工具完成对数字系统的仿真过程，并且能够培养书写综合实验报告的能力。

3.1　篮球竞赛24s定时器的设计

3.1.1　设计目的

掌握定时器的工作原理及其设计方法。

3.1.2　设计任务

1. 设计课题

设计一个篮球竞赛24s定时器。

2. 功能要求

（1）设计一个定时器，定时时间为24s，按递减方式计时，每隔1s定时器减1，能以数字形式显示时间。

（2）设置两个外部控制开关，控制定时器的直接启动/复位计时、暂停/连续计时。

（3）当定时器递减计时到零（即定时时间到）时，定时器保持零不变，同时发出声光报警信号。

（提示：用较高频率的矩形波信号（例如1kHz）驱动扬声器时，扬声器才会发声。）

3. 设计步骤与要求

（1）拟定定时器的组成框图。

（2）设计并安装各单元电路，要求布线整齐、美观，便于级联与调试。

（3）测试定时器的逻辑功能，以满足设计功能要求。

（4）画出定时器的整机逻辑电路图。

（5）写出设计性实验报告。

4. 给定的主要元器件

74LS00（2 片）	74LS90（2 片）	74LS191（2 片）
74LS192（1 片）	CD4511BC（2 片）	NE555（1 片）
共阴极数码管（2 只）	发光二极管（2 只）	电阻、电容、扬声器等

3.1.3　设计举例

下面以篮球竞赛 30s 定时器的设计为例，说明定时器的设计方法与过程。

1. 定时器的功能要求

1）具有显示 30s 计时功能。

2）设置外部操作开关，控制计时器的直接清零、启动和暂停/连续功能。

3）计时器为 30s 递减计时器，其时间间隔为 1s。

4）计时器递减计时到零时，数码显示器不能灭灯，同时发出声光报警信号。

2. 定时器的组成框图

根据设计要求，用计数器对 1Hz 时钟信号进行计数，其计数值即为定时时间，计数器初值为 30，按递减方式计数，递减到 0 时，输出报警信号，并能控制计数器暂停/连续计数，所以需设计一个可预置初值的带使能控制端的递减计数器，绘制原理框图如图 3-1 所示。该图包括秒脉冲发生器、计数器、译码显示电路、辅助时序控制电路（简称控制电路）和报警电路 5 个部分。其中，计数器和控制电路是系统的主要部分。计数器完成 30s 计时功能，而控制电路具有直接控制计数器的直接清零、启动计数、暂停/连续计数、定时时间到报警等功能。报警电路在实验中可用发光二极管代替。

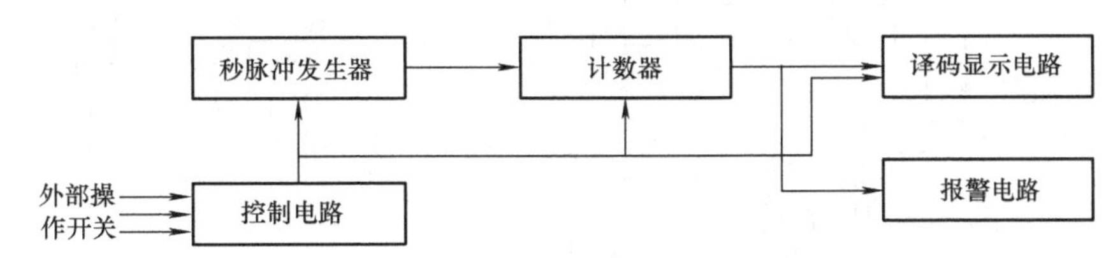

图 3-1　30s 定时器的总体方案原理框图

3. 定时器的电路设计

（1）三十进制递减计数器的设计

8421BCD 码三十进制递减计数器是由 74LS192 构成的，如图 3-2 所示。30 进制递减计数器的预置数为 $N=(0011\ 0000)_{8421BCD}=(30)_D$，电路采用串行进位级联。它的计数原理是，每当低位计数器的 BO_1 端发出负跳变借位脉冲时，高位计数器减 1 计数。当高、低位计数器处于全 0，同时在 $CP_D=0$ 期间，高位计数器 $BO_2=LD_2=0$，计数器完成异步置数，之后 $BO_2=LD_2=1$，计数器在 CP_D 时钟脉冲作用下，进入下一轮减计数。

（2）时序控制电路的设计

为了保证满足系统的设计要求，在设计控制电路时，应正确处理各个信号之间的时序关系，时序控制电路要完成以下功能。

在操作直接清零开关时，要求计数器清零，数码显示器灭灯。当启动开关闭合时，控制电路应封锁时钟信号 CP（秒脉冲信号），同时计数器完成置数功能，译码显示电路显示 30s

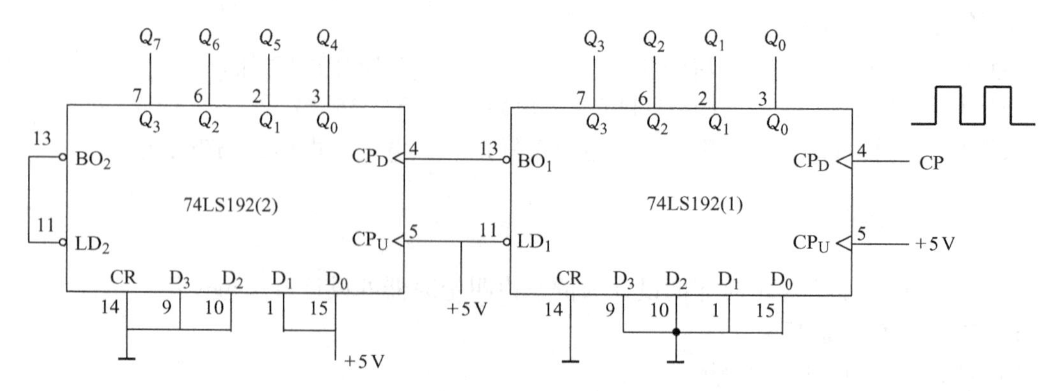

图 3-2　8421BCD 码三十进制递减计数器

字样；当启动开关断开时，计数器开始计数；当暂停/连续开关拨至暂停位置上时，计数器停止计数，处于保持状态；当暂停/连续开关拨至连续时，计数器继续累计计数。另外，外部操作开关都应采取去抖动措施，以防止机械抖动造成电路工作不稳定。

根据上述要求，设计的时序控制电路如图 3-3 所示。图中，与非门 G_2、G_4的作用是控制时钟信号 CP 的放行与禁止，当 G_4输出为 1 时，G_2关闭，封锁 CP 信号；当 G_4输出为 0 时，G_2打开，放行 CP 信号，而 G_4的输出状态又受外部操作开关 S_1、S_2（即启动、暂停/连续开关）的控制。

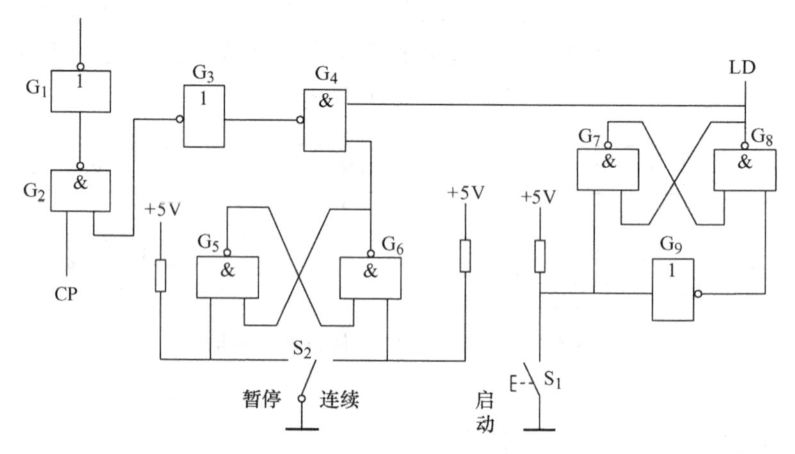

图 3-3　时序控制电路

秒脉冲发生器是电路的时钟脉冲和定时标准，但本设计对此信号要求并不太高，电路可采用 555 集成电路或由 TTL 与非门组成的多谐振荡器构成。译码显示电路由 74LS48 和共阴极七段 LED 显示器组成。

（3）整机电路设计

在完成各个单元电路设计后，可以得到篮球竞赛 30s 定时器的完整逻辑电路图，如图 3-4所示。

3.1.4　思考题

（1）在图 3-4 中，说明 CC40161 在电路中所起的作用。

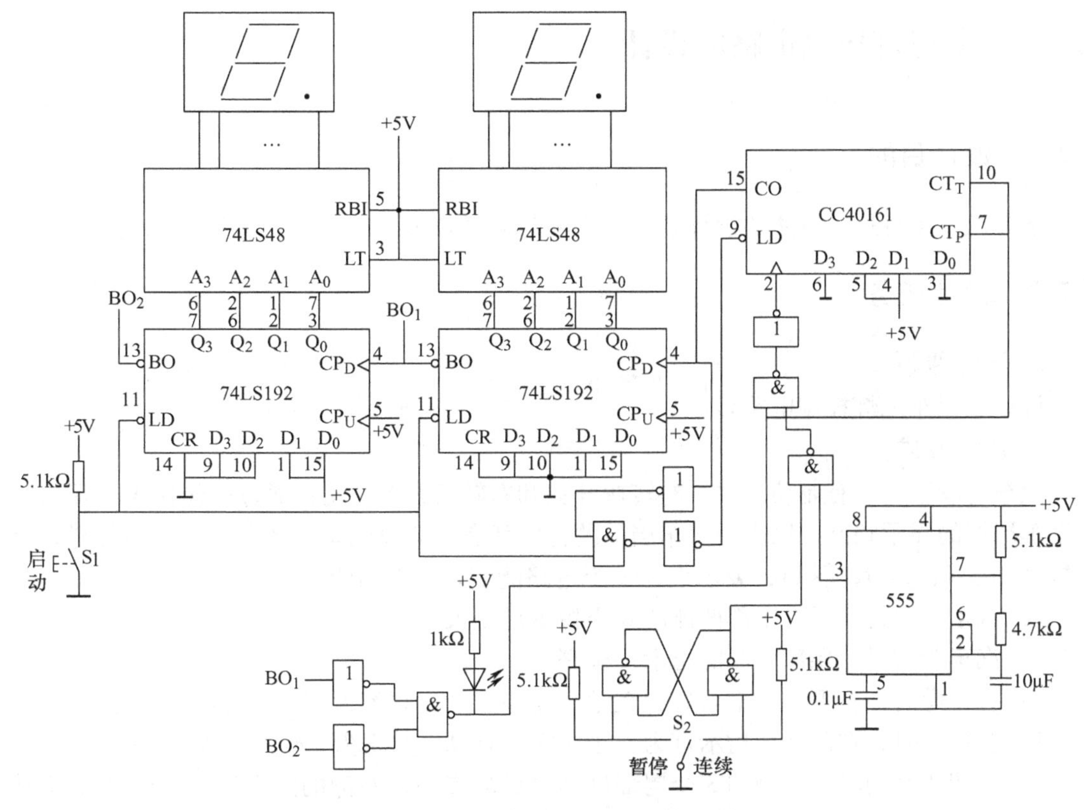

图 3-4　篮球竞赛 30s 定时器逻辑电路

（2）试将图 3-2 所示的三十进制递减计数器改为三十进制递增计数器，并用实验验证设计的正确性。

（3）图 3-5 是某同学设计的声光控制电路，即报警时 LED 发光，同时扬声器发出 1kHz 的声响。

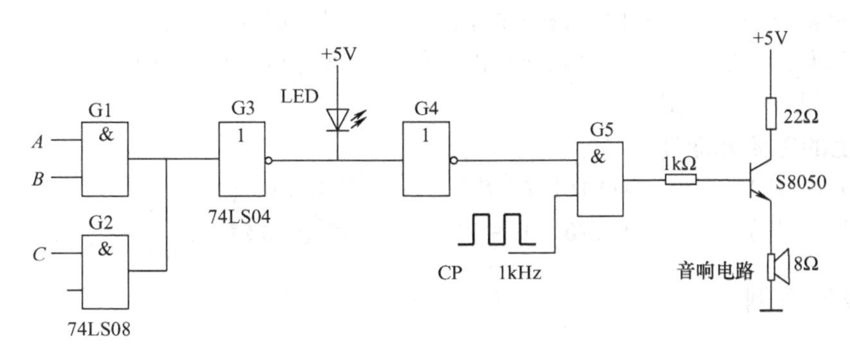

图 3-5　声光控制电路

1）试改正图中存在的错误，并说明错误的原因。

2）原理图改正以后，当 A、B、C 三个信号需要满足什么条件时，才能使电路完成声光同时报警的功能？

3.2 汽车尾灯控制电路的设计

3.2.1 设计目的

掌握汽车尾灯控制电路的设计方法、安装与调试技术。

3.2.2 设计任务

1. 设计课题

设计一汽车尾灯控制电路。

2. 功能要求

汽车驾驶室一般有制动开关、左转弯开关和右转弯开关，司机通过操作这 3 个开关控制着汽车尾灯的显示状态，以表明汽车当前的行驶状态。假设汽车尾部左、右两侧各有 3 个指示灯（用发光二极管模拟），要求设计一个电路能实现以下功能。

1）汽车正常行驶时，尾部两侧的 6 个指示灯全灭。

2）汽车制动时，尾部两侧的指示灯全亮。

3）右转弯时，右侧 3 个指示灯为右顺序循环点亮，频率为 1Hz，左侧灯全灭。

4）左转弯时，左侧 3 个指示灯为左顺序循环点亮，频率为 1Hz，右侧灯全灭。

5）右转弯制动时，右侧的 3 个尾部灯顺序循环点亮，左侧的灯全亮；左转弯制动时左侧的 3 个尾部灯顺序循环点亮，右侧的灯全亮。

6）倒车时，尾部两侧的 6 个指示灯随 CP 时钟脉冲同步闪烁。

7）用七段数码显示器分别显示汽车的 7 种工作状态，即正常行驶、制动、右转弯、左转弯、右转弯制动、左转弯制动和倒车等功能。

3. 设计步骤与要求

1）拟定设计方案，写出必要的设计步骤，画出逻辑电路图。

2）电路安装与调试，检验、修正电路的设计方案，记录实验现象。

3）最后画出经实验通过的逻辑电路图，标明元器件型号与引脚名称。

4）写出设计性实验报告。

4. 给定的主要元器件

74LS00（2 片）　　74LS161（1 片）　　74LS138（1 片）

74LS04（1 片）　　74LS76（1 片）　　发光二极管 等

3.2.3 设计举例

设计一个汽车尾灯控制电路，实现对汽车尾灯显示状态的控制。假设汽车尾部左右两侧各有 3 个指示灯（用发光二极管模拟），根据汽车运行情况，指示灯有 4 种不同的状态。

1）汽车正常运行时，左右两侧的指示灯全部处于熄灭状态。

2）汽车右转弯时，右侧 3 个指示灯按右循环顺序点亮，左侧的指示灯熄灭。

3）汽车左转弯时，左侧 3 个指示灯按左循环顺序点亮，右侧的指示灯熄灭。

4）汽车临时制动时，所有指示灯同时闪烁。

1. 总体组成框图

由于汽车尾灯有 4 种不同的状态，故可以用 2 个开关变量进行控制。假定用开关 S_1 和 S_0 进行控制，由此可以列出汽车尾灯与汽车运行状态表，见表 3-1。

表 3-1　尾灯与汽车运行状态关系

开关控制		运行状态	左尾灯	右尾灯
S_1	S_0		$D_4D_5D_6$	$D_1D_2D_3$
0	0	正常运行	灯灭	灯灭
0	1	右转弯	灯灭	按 $D_1D_2D_3$ 顺序循环点亮
1	0	左转弯	按 $D_4D_5D_6$ 顺序循环点亮	灯灭
1	1	临时制动	所有的尾灯随时钟 CP 同时闪烁	

由于汽车左右转弯时，3 个指示灯循环点亮，所以用一个三进制计数器的输出去控制译码电路顺序输出低电平，从而控制尾灯按要求点亮。假定三进制计数器的状态用 Q_1、Q_0 表示，由此得出在每种运行状态下，各指示灯与给定条件（S_1、S_0、CP、Q_1、Q_0）的关系，即逻辑功能见表 3-2（表中 0 表示灯灭状态，1 表示灯亮状态）。由表 3-2 得出总体框图，如图 3-6 所示。

表 3-2　汽车尾灯控制逻辑功能

开关控制		三进制计数器		6 个指示灯					
S_1	S_0	Q_1	Q_0	D_6	D_5	D_4	D_1	D_2	D_3
0	0	×	×	0	0	0	0	0	0
0	1	0	0	0	0	0	1	0	0
		0	1	0	0	0	0	1	0
		1	0	0	0	0	0	0	1
1	0	0	0	0	0	1	0	0	0
		0	1	0	1	0	0	0	0
		1	0	1	0	0	0	0	0
1	1	×	×	CP	CP	CP	CP	CP	CP

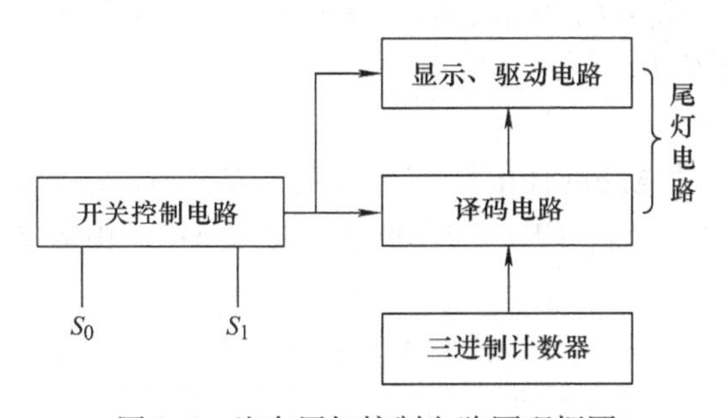

图 3-6　汽车尾灯控制电路原理框图

2. 电路设计

（1）汽车尾灯电路设计

三进制计数器电路可由双 JK 触发器 74LS76 构成，读者可根据表 3-2 自行设计。

汽车尾灯电路如图 3-7 所示，其中显示驱动电路由 6 个发光二极管和 6 个反相器构成，译码电路由 3 线—8 线译码器 74LS138 和 6 个与非门构成。74LS138 的 3 个输入端 A_2、A_1、A_0分别接 S_1、Q_1、Q_0，而 Q_1、Q_0是三进制计数器的输出端。

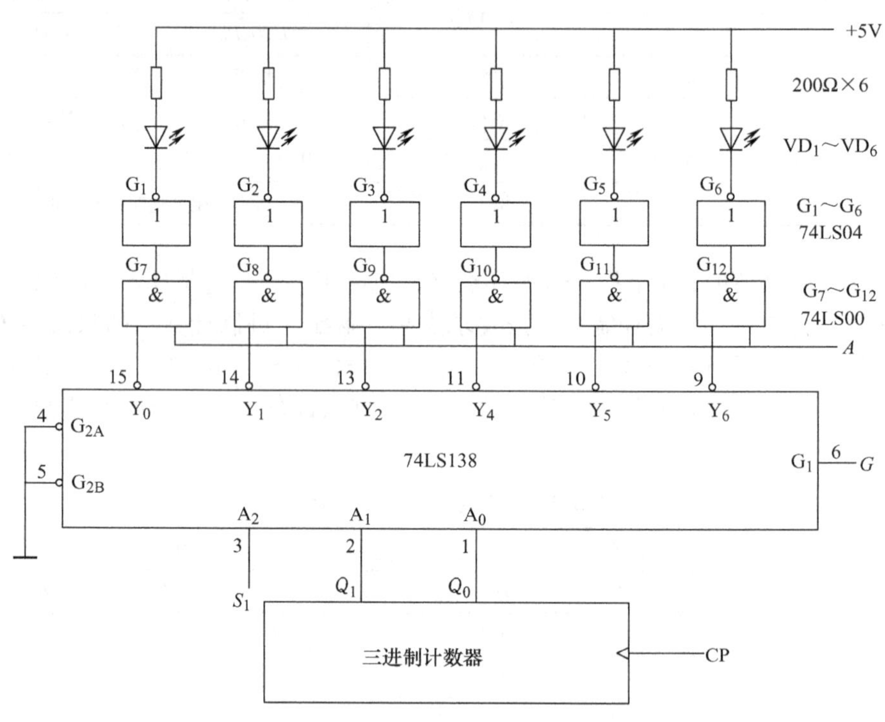

图 3-7　汽车尾灯电路

当 $S_1=0$，使能信号 $A=G=1$，三进制计数器的状态为 00、01、10 时，74LS138 对应的输出端 Y_0、Y_1、Y_2依次为 0 有效（Y_4、Y_5、Y_6信号为 1 无效），即反相器 $G_1\sim G_3$的输出端依次为 0，故指示灯 $VD_1 \rightarrow VD_2 \rightarrow VD_3$按顺序点亮，示意汽车右转弯。若上述条件不变，而 $S_1=1$，则 74LS138 对应的输出端 Y_4、Y_5、Y_6依次为 0 有效，即反相器 $G_4\sim G_6$的输出端依次为 0，故指示灯 $VD_4 \rightarrow VD_5 \rightarrow VD_6$按顺序点亮，示意汽车左转弯。当 $G=0$，$A=1$ 时，74LS138 的输出端全为 1，$G_6\sim G_1$的输出端也全为 1，指示灯全灭；当 $G=0$，$A=\mathrm{CP}$ 时，指示灯随 CP 的频率变化而闪烁。

（2）开关控制电路设计

设 74LS138 和显示驱动电路的使能端信号分别为 G 和 A，根据总体逻辑功能表分析及组合得 G、A 与给定条件（S_1、S_0、CP）的真值表，见表 3-3。由表 3-3 经过整理得逻辑表达式为

$$G = S_1 \oplus S_0$$

$$A = \overline{S_1 S_0} + S_1 S_0 \mathrm{CP} = \overline{\overline{S_1 S_0} \cdot \overline{S_1 S_0 \mathrm{CP}}}$$

由上式得开关控制电路，如图 3-8 所示。

表 3-3　S_1、S_0、CP 与 G、A 逻辑功能

开关控制		CP	使能信号	
S_1	S_0		G	A
0	0	×	0	1
0	1	×	1	1
1	0	×	1	1
1	1	CP	0	CP

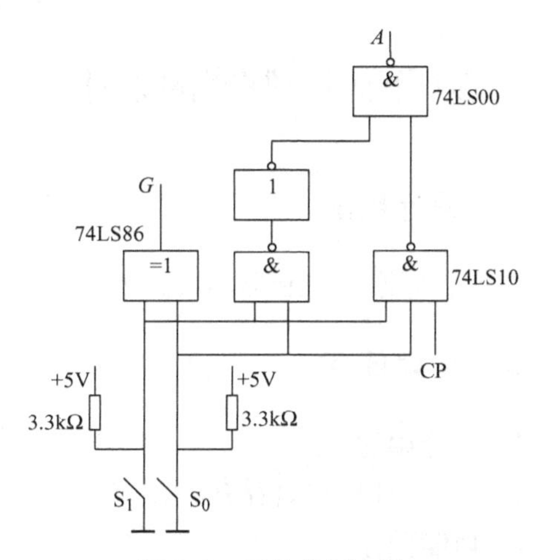

图 3-8　开关控制电路

总结以上各单元的设计，可以得到汽车尾灯控制总体逻辑电路图，如图 3-9 所示。

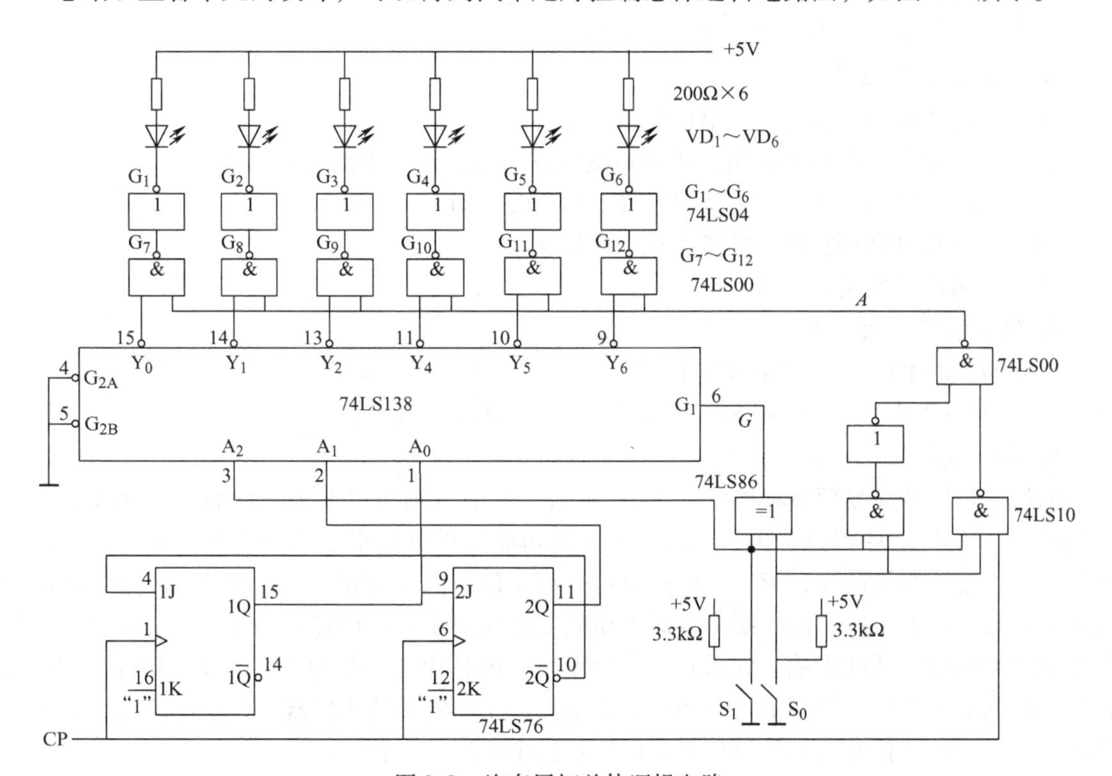

图 3-9　汽车尾灯总体逻辑电路

3.2.4　思考题

（1）在汽车尾灯控制电路的调试过程中，会遇到那些电路故障？你是如何排除故障的？

（2）在图 3-9 中，如果用三进制减法计数器取代三进制加法计数器，会出现什么现象？用实验进行验证。

3.3 彩灯循环控制器的设计

3.3.1 设计目的

掌握彩灯循环控制器的设计方法、设计思路及装调技术。

3.3.2 设计任务

1. 设计课题

设计一个8路彩灯循环控制系统

2. 功能要求

（1）彩灯为8路，可由发光二极管代替。

（2）彩灯亮灭变换节拍为0.25s和0.5s，两种节拍交替运行。

（3）彩灯演示花形为三种（花形自拟）。

3. 设计步骤与要求

（1）拟定8路循环彩灯控制器的组成框图。

（2）设计并安装各单元电路，要求布线整齐、美观，便于级联与调试。

（3）测试彩灯循环控制器的逻辑功能，以满足设计功能要求。

（4）画出彩灯循环控制器的整机逻辑电路图。

（5）写出设计性实验报告。

4. 给定的主要元器件

74LS00（2片）	74LS04（2片）	74LS161（2片）	NE555（1片）
74LS194（2片）	74LS153（2片）	电阻、电容等	

5. 设计提示

彩灯控制器的简易原理框图如图3-10所示。图中点画线以上为处理器，点画线以下为控制器。从图3-10中可以看出，编码发生器的功能是根据花形要求按节拍送出8位状态编码信号，以便控制灯的亮、灭。其电路可以选用4位双向移位寄存器来实现，8路灯用两片移位寄存器级联就可以实现。缓冲驱动电路的功能是提供彩灯所需要的工作电压和电流，隔离负载对编码发生器的影响。如果彩灯是用发光二极管代替，缓冲区可舍掉。彩灯控制器对定时电路的要求不高，振荡器可采用环形振荡器或555定时器来实现。控制电路为编码发生器提供所需要的节拍脉冲和控制信号，以同步整个系统的工作。

3.3.3 设计举例

下面以一个4路彩灯循环控制器的设计为例，说明彩灯循环控制器的设计方法与过程。

1. 功能要求

设计一个4路彩灯循环控制器，组成两种花形，每种花形循环一次，两种花形轮流交替。假设选择下列两种花形：

花形1——从左到右顺序亮，全亮后再从左到右顺序灭。

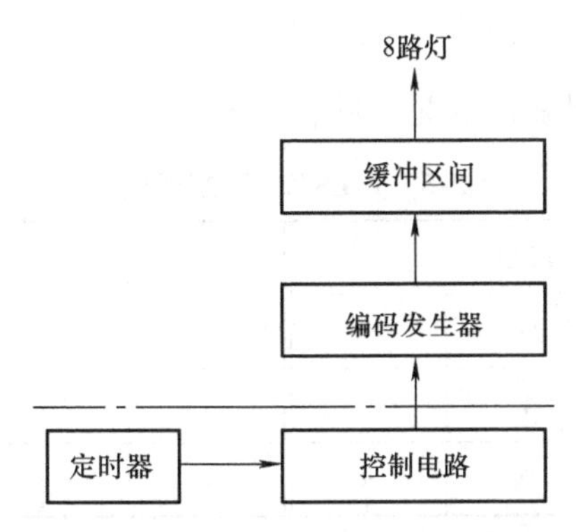

图 3-10　彩灯控制器的简易原理框图

花形 2——从右到左顺序亮，全亮后再从右到左顺序灭。

2. 总体组成框图

根据设计要求和备选元器件，彩灯循环电路可以选用 4 位双向移位寄存器 74LS194 来实现。根据选定的花形，可列出移位寄存器的输出状态编码，见表 3-4。

通过对表 3-4 的分析，可以得到以下结论：

0 ~ 3 节拍，工作模式为右移，$S_R = 1$。

4 ~ 7 节拍，工作模式为右移，$S_R = 0$。

8 ~ 11 节拍，工作模式为左移，$S_L = 1$。

12 ~ 15 节拍，工作模式为左移，$S_L = 0$。

表 3-4　输出状态编码

基本节拍	输出状态编码	花形	基本节拍	输出状态编码	花形
0	0000	花形 1	8	0000	花形 2
1	1000		9	0001	
2	1100		10	0011	
3	1110		11	0111	
4	1111		12	1111	
5	0111		13	1110	
6	0011		14	1100	
7	0001		15	1000	

根据以上分析和表 3-4，可以得到 4 路彩灯控制器的组成框图，如图 3-11 所示。

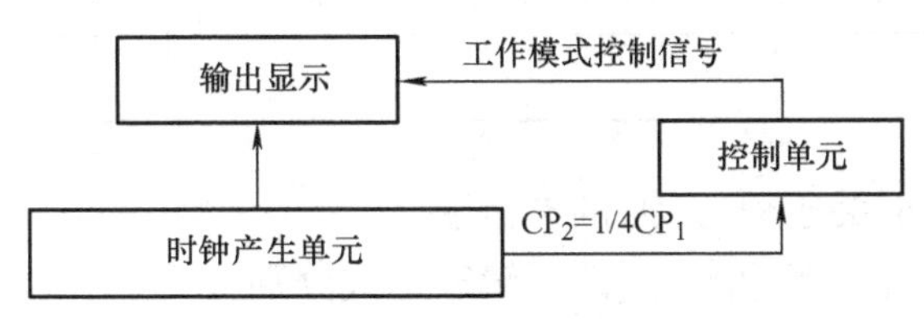

图 3-11　彩灯控制器电路框图

3. 电路设计

（1）列出 74LS194 的控制激励情况，见表 3-5。

表 3-5　74LS194 控制激励表

时钟 CP_2	工作方式	激励			时钟 CP_2	工作方式	激励		
		S_1S_0	S_R	S_L			S_1S_0	S_R	S_L
1	右移	01	1	×	3	左移	10	×	1
2	右移	01	0	×	4	左移	10	×	0

对电路工作情况进行分析，每隔 4 个基本时钟节拍 CP_1，74LS194 的工作模式改变一次，因此控制单元的时钟频率为提供给 74LS194 工作的频率的 1/4，在时钟产生单元需要一个 4 分频器，为控制单元提供时钟节拍，4 分频器可用 74LS161 的低两位来实现，参考电路如图 3-12所示。

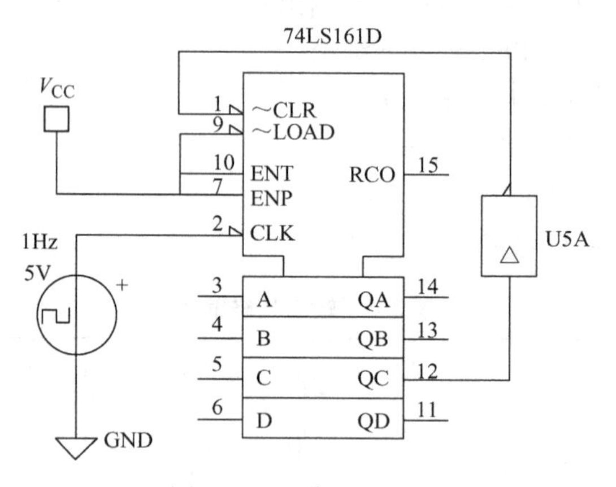

图 3-12　4 分频器电路

（2）控制单元电路的输入与输出可用表 3-6 表示。

表 3-6　控制单元电路的输入与输出

74LS161 的低两位计数输出		74LS194 需要的相应激励			
Q_B	Q_A	S_1	S_0	S_R	S_L
0	0	0	1	1	×
0	1	0	1	0	×
1	0	1	0	×	1
1	1	1	0	×	0

列出 S_1、S_0、S_R、S_L关于 Q_B、Q_A的卡诺图。

得到 S_1、S_0、S_R、S_L关于 Q_B、Q_A的逻辑表达式分别为

$$S_1 = Q_B, S_0 = \overline{Q_B}, S_R = \overline{Q_A}, S_L = \overline{Q_A}$$

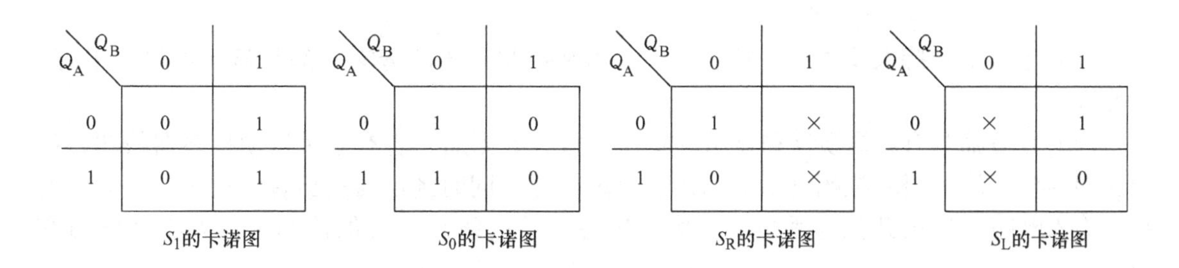

（3）总结以上各单元的设计，可以得 4 路彩灯控制器的总体逻辑电路图，如图 3-13 所示。

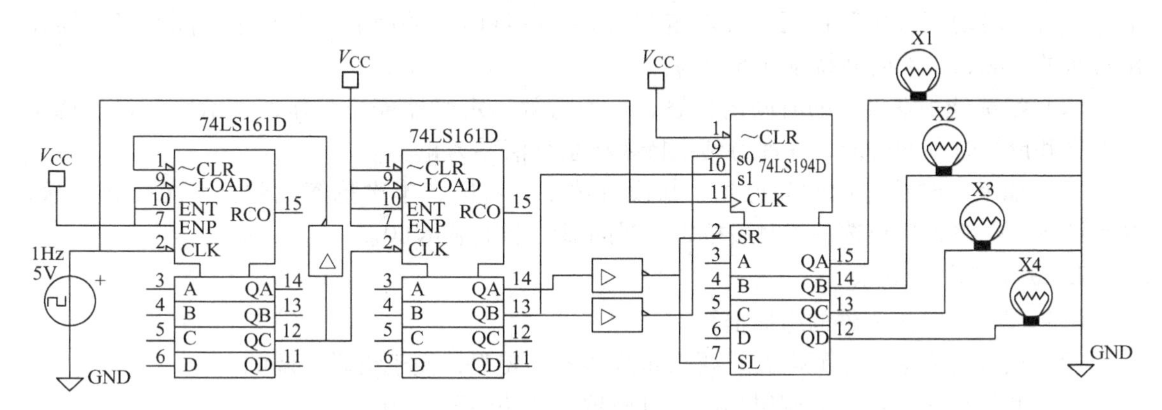

图 3-13　4 路彩灯控制器

3.3.4　思考题

（1）在彩灯循环控制电路的调试过程中，会遇到那些电路故障？你是如何排除故障的？

（2）在图 3-13 中如何实现彩灯亮灭节拍的定时？试设计电路图，并调试之。

3.4　多路智力竞赛抢答器的设计

3.4.1　设计目的

掌握抢答器的工作原理及其设计方法。

3.4.2　设计任务

1. 设计课题

设计一多路智力竞赛抢答器。

2. 基本功能要求

（1）设计一个智力竞赛抢答器，可同时供 8 名选手或 8 个代表队抢答，他们的编号分别是 0、1、2、3、4、5、6、7，各用一个抢答按钮，按钮的编号与选手的编号相对应，分

别是 S_0、S_1、S_2、S_3、S_4、S_5、S_6、S_7。

(2) 给节目主持人设置一个控制开关，用来控制系统的清零（编号显示数码管灭灯）和抢答的开始。

(3) 抢答器具有数据锁存和显示的功能。抢答开始后，若有选手按动抢答器按钮，编号立即锁存，并在 LED 数码管上显示出选手的编号，同时扬声器给出音响提示。此外，要封锁输入电路，禁止其他选手抢答，优先抢答选手的编号一直保持到主持人将系统清零为止。

3. 扩展功能要求

(1) 抢答器具有定时抢答的功能，且一次抢答的时间可以由主持人设定（如 20s）。当节目主持人启动“开始”键后，要求定时器立即减计时，并用显示器显示，同时扬声器发出短暂的声响，声响时间持续 0.5s 左右。

(2) 参赛选手在设定的时间内抢答，抢答有效，定时器停止工作，显示器上显示选手的编号和抢答时刻的时间，并保持到主持人将系统清零为止。

(3) 如果定时抢答的时间已到，却没有选手抢答时，本次抢答无效，系统短暂报警，并封锁输入电路，禁止选手超时后抢答，时间显示器上显示 00。

4. 设计步骤与要求

(1) 拟定定时抢答器的组成框图。

(2) 设计并安装各单元电路，要求布线整齐、美观，便于级联与调试。

(3) 测试定时抢答器的逻辑功能，以满足设计功能要求。

(4) 画出定时抢答器的整机逻辑电路图。

(5) 写出设计性实验报告。

5. 给定的主要元器件

74LS00（1 片）	74LS48（4 片）	74LS148（2 片）
74LS279（2 片）	74LS192（2 片）	74LS121（1 片）
NE555（2 片）	发光二极管（2 只）	共阴极显示器（4 只）

3.4.3 设计举例

1. 抢答器的总体组成框图

抢答器的总体框图如图 3-14 所示，它由主体电路和扩展电路两部分组成。主体电路完成基本的抢答功能，即开始抢答后，当选手按动抢答键时，能显示选手的编号，同时能封锁输入电路，禁止其他选手抢答。扩展电路完成定时抢答的功能。

图 3-14 所示抢答器的工作过程是：接通电源时，节目主持人将开关置于“清除”位置，抢答器处于禁止状态，编号显示器灭灯，定时显示器显示设定的时间，当节目主持人宣布抢答题目后，说一声“抢答开始”，同时将控制开关拨至“开始”位置，扬声器给出声响提示，抢答器处于工作状态，定时器倒计时。当定时时间到，却没有选手抢答时，系统报警并封锁输入电路，禁止选手超时后抢答。当选手在定时时间内按动抢答键时，抢答器要完成以下 4 项工作：①优先编码电路立即分辨出抢答者的编号，并由锁存器进行锁存，然后由译码显示电路显示编号；②扬声器发出短暂声响，提醒节目主持人注意；③控制电路要对输入编

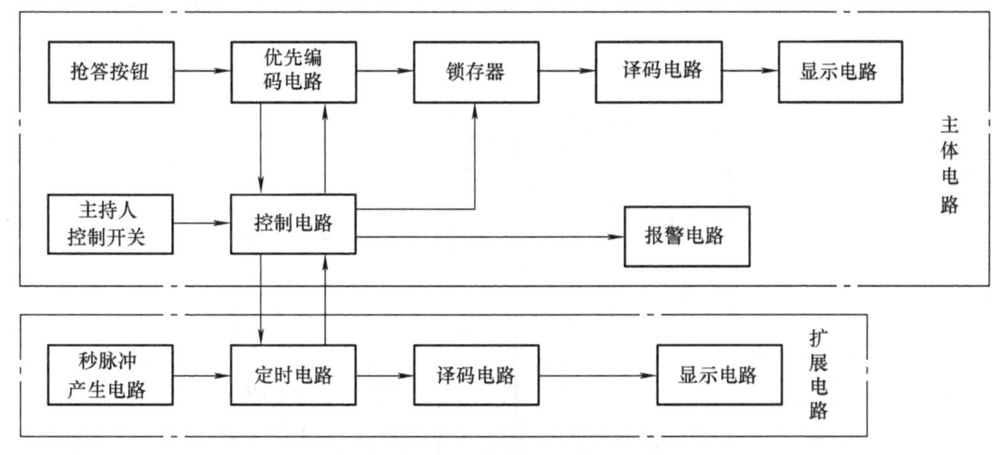

图 3-14　抢答器总体框图

码电路进行封锁，避免其他选手再次进行抢答；④控制电路要使定时器停止工作，时间显示器上显示剩余的抢答时间，并保持到主持人将系统清零为止。当选手将问题回答完毕后，主持人操作控制开关，使系统恢复到禁止工作状态，以便进行下一轮抢答。

2. 电路设计

（1）抢答电路设计

抢答电路的功能有两个：一是能分辨出选手按键的先后，并锁存优先抢答者的编号，供译码显示电路用；二是要使其他选手的按键操作无效。选用优先编码器 74LS148 和 RS 锁存器 74LS279 可以完成上述功能，其电路组成如图 3-15 所示。

其工作原理是：当主持人控制开关处于“清除”位置时，RS 触发器的 R 端为低电平，输出端（4Q ~ 1Q）全部为低电平。于是 74LS48 的 BI = 0，显示器灭灯；74LS148 的选通输入端 ST = 0，74LS148 处于工作状态，此时锁存电路不工作。当主持人开关拨到“开始”位置时，优先编码电路和锁存电路同时处于工作状态，即抢答器处于等待工作状态，等待输入端 $I_7 \sim I_0$ 输入信号；当有选手将键按下时（如按下 S_5），74LS148 的输出 $Y_2Y_1Y_0 = 010$，$Y_{EX} = 0$，经 RS 锁存器后，CTR = 1，BI = 1，74LS279 处于工作状态，4Q3Q2Q = 101，经 74LS48 译码后，显示器显示出“5”。此外，CTR = 1，使 74LS148 的 ST 端为高电平，74LS148 处于禁止工作状态，封锁了其他按键的输入。当按下的键松开后，74LS148 的 Y_{EX} 为高电平，但由于 CTR 维持高电平不变，所以 74LS148 仍处于禁止工作状态，其他按键的输入信号不会被接收。这就保证了抢答者的优先性以及抢答电路的准确性。当优先抢答者回答完问题后，由主持人操作控制开关 S，使抢答电路复位，以便进行下一轮抢答。

（2）定时电路设计

节目主持人根据抢答题的难易程度，设定一次抢答的时间，可以选用有预置数功能的十进制同步加/减计数器 74LS194 进行设计，具体电路从略，读者可以参照 3. 1 节自行设计。

（3）报警电路设计

由 555 定时器和晶体管构成的报警电路如图 3-16 所示。其中 555 构成多谐振荡器，振荡频率为

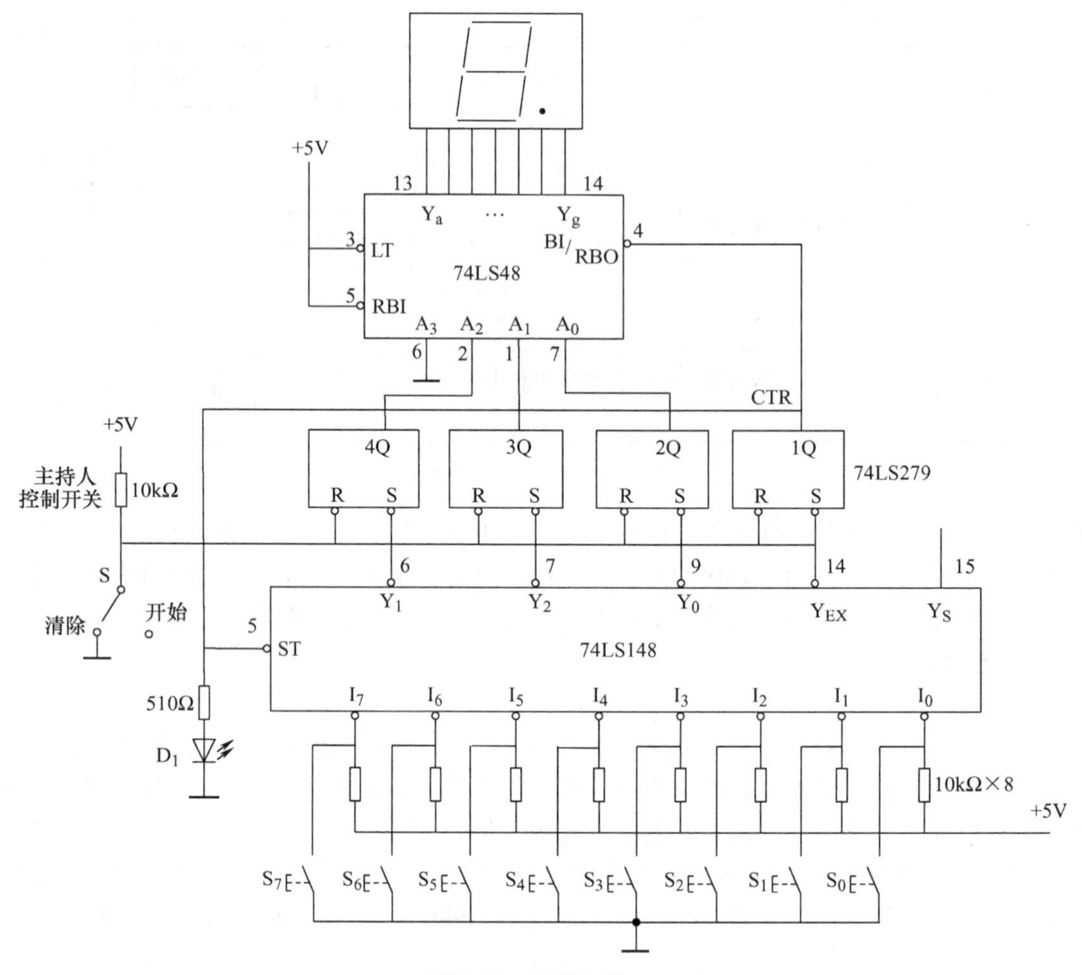

图 3-15　抢答电路

$$f_0=\frac{1}{(R_1+2R_2)C\ln2}\approx\frac{1.43}{(R_1+2R_2)C}$$

其输出信号经晶体管推动扬声器。PR 为控制信号，当 PR 为高电平时，多谐振荡器工作。反之，电路停振。

（4）时序控制电路设计

时序控制电路是抢答器设计的关键，它要完成以下三项功能。

1）主持人将控制开关拨到“开始”位置时，扬声器发声，抢答电路和定时电路进入正常抢答工作状态。

2）当参赛选手按动抢答键时，扬声器发声，抢答电路和定时电路停止工作。

3）当设定的抢答时间到，无人抢答时，扬声器发声，同时抢答电路和定时电路停止工作。

根据上面的功能要求及图 3-15，设计的时序控制电路如图 3-17 所示。图中，门 G_1 的作用是控制时钟信号 CP 的放行与禁止，门 G_2 的作用是控制 74LS148 的输入使能端 ST。

图 3-17a 的工作原理是：主持人控制开关从“清除”位置拨到“开始”位置时，来自

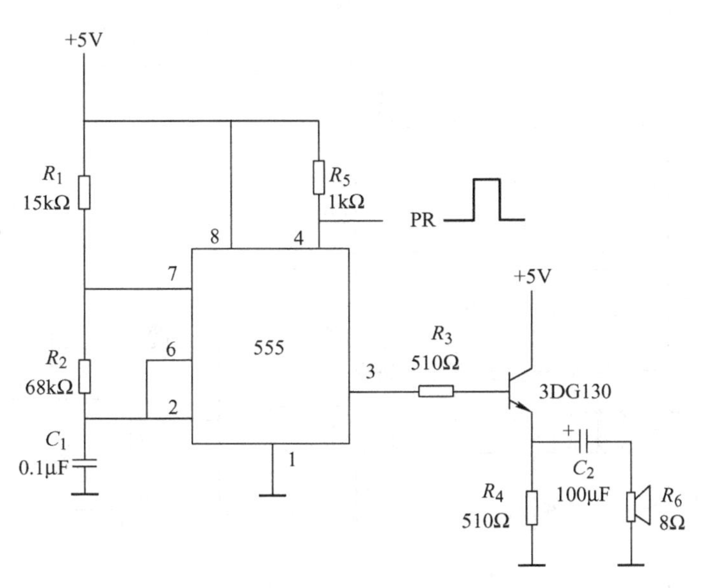

图 3-16　报警电路

于图 3-15 中的 74LS279 的输出 CTR = 0，经 G_3 反相，$A = 1$，则从 555 输出端的时钟信号 CP 能够加到 74LS192 的 CP_D 时钟输入端，定时电路进行递减计时。同时，在定时时间未到时，定时到信号 $BO_2 = 1$，门 G_2 的输出 ST = 0，使 74LS148 处于正常工作状态，从而实现功能 1）的要求。当选手在定时时间内按动抢答键时，CTR = 1，经 G_3 反相，$A = 0$，封锁 CP 信号，定时器处于保持工作状态；同时，门 G_2 的输出 ST = 1，74LS148 处于禁止工作状态，从而实现功能 2）的要求。当定时时间到时，$BO_2 = 0$，ST = 1，74LS148 处于禁止工作状态，禁止选手进行抢答。同时，门 G_1 处于关门状态，封锁 CP 信号，使定时电路保持 00 状态不变，从而实现功能 3）的要求。

图 3-17b 用于控制报警电路及发声的时间，发声时间由时间常数 *RC* 决定。

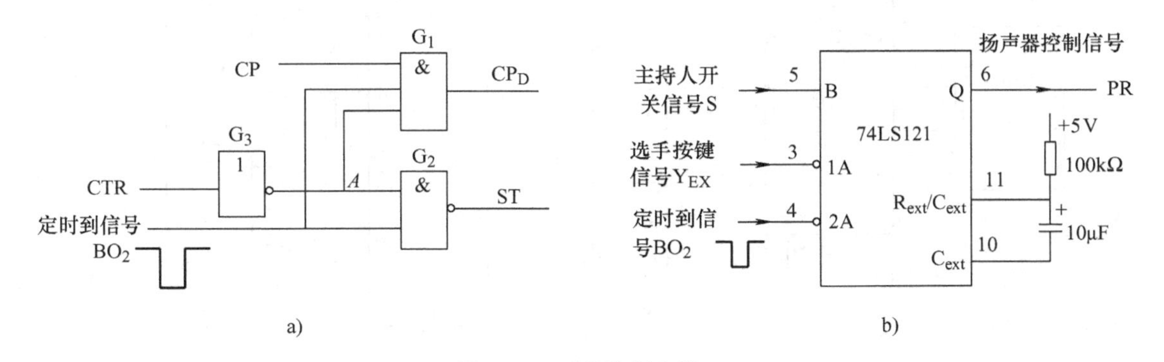

图 3-17　时序控制电路

a）抢答与定时电路的时序控制电路　b）报警电路的时序控制电路

（5）整机电路设计

经过以上各单元电路的设计，可以得到定时抢答器的主体电路，如图 3-18 所示。

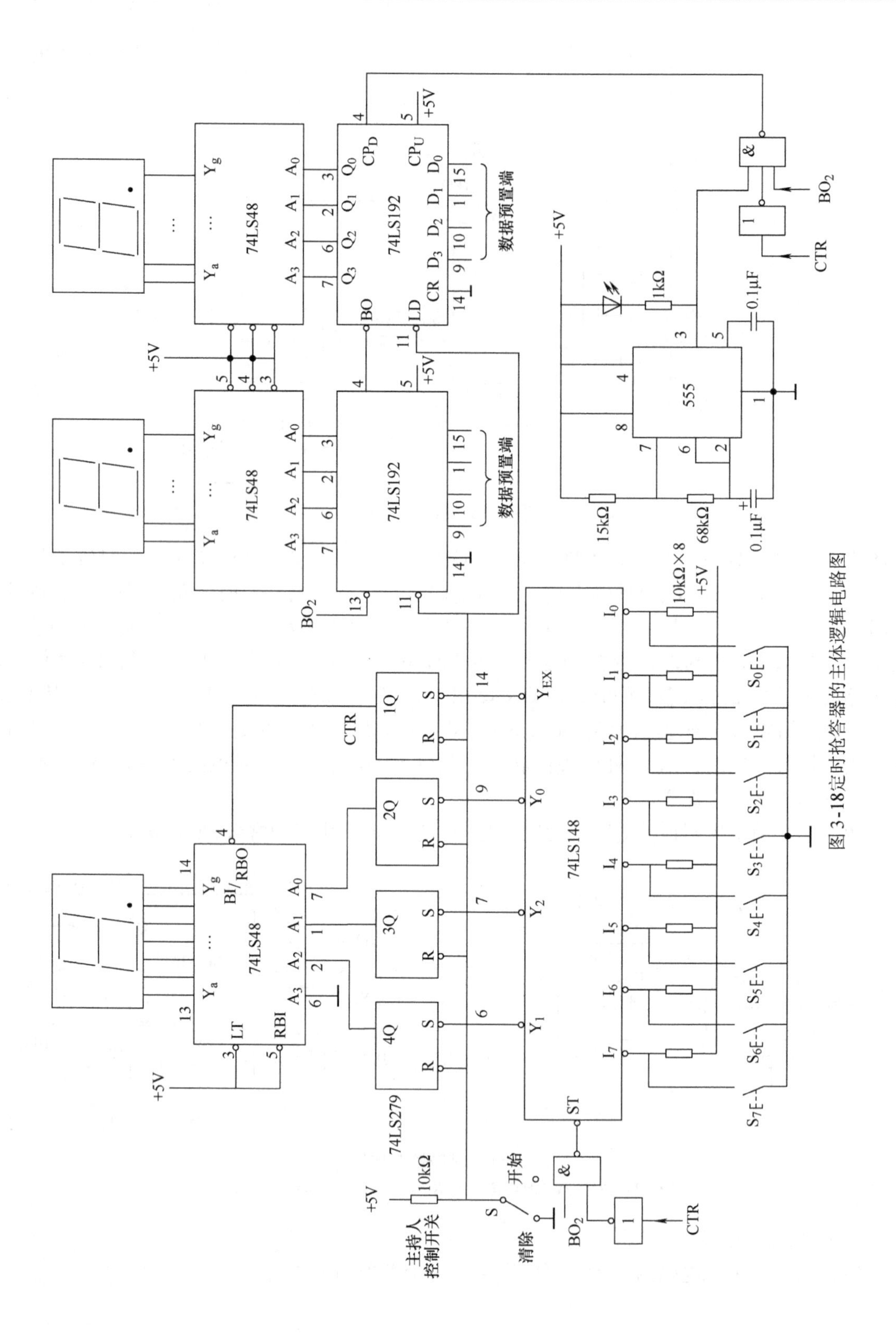

图 3-18定时抢答器的主体逻辑电路图

3.4.4 思考题

（1）在数字抢答器中，如何将序号为 0 的组号，在七段显示器上改为显示 8?

（2）在图 3-15 中，74LS148 的输入使能信号 ST 为何要用 CTR 进行控制? 如果改为主持人控制开关信号 S 和 Y_{EX} 相“与”去控制 ST，会出现什么问题?

（3）试分析图 3-17b 报警电路的时序控制电路的工作原理，并计算扬声器发声的时间。

（4）定时抢答器的扩展功能还有哪些? 举例说明，并设计电路。

3.5 简易数字频率计的设计

频率计是用来测量各种信号频率的一种装置，一般要求它能直接测量方波、三角波、尖峰波、正弦波等各种电信号的频率。对于一些非电量“频率”的测量，如电动机的转速、行驶中车轮转动的速度、自动流水生产线上单位时间内传送装配零件的个数等，通过一定的传感器，如光电传感器，将这些非电量的“频率”转换成电信号的频率，再用频率计显示出来。不过，此时计量“频率”的装置一般不叫频率计，而叫转速表、里程计、计数器等之类的专用名词，但其实质仍是一个频率计。

本节所设计制作的频率计属于简易型的，但通过本装置的设计，可以领略此类装置的基本工作原理和电路的设计方法。

3.5.1 设计目的

（1）了解数字频率计测频和测周期的基本原理。

（2）熟练掌握数字频率计的设计与调试方法及减小测量误差的方法。

3.5.2 设计任务

1. 设计课题

设计一简易数字频率计。

2. 功能要求

（1）频率测量范围为 1 ~ 1MHz，分三档：

① ×1 档为 1Hz ~ 10kHz；

② ×10 档为 10 ~ 100kHz；

③ ×100 档为 100kHz ~ 1MHz。

（2）频率准确度 $\frac{\Delta f_x}{f_x} \leqslant \pm 2 \times 10^{-3}$。

（3）能测试幅度 0.2 ~ 5V 的方波、三角波和正弦波的频率。

3. 设计步骤与要求

（1）拟定数字频率计的组成框图。

（2）设计并安装各单元电路，要求布线整齐、美观，便于级联与调试。

（3）按照给定的技术指标，检测数字频率计是否满足功能要求。

（4）画出数字频率计的整机逻辑电路图。

（5）写出设计性实验报告。

4. 给定的主要元器件

74LS123（1片）	74LS48（4片）	74LS92（1片）
74LS273（2片）	74LS90（6片）	74LS00（2片）
74LS74（1片）	74LS151（1片）	74LS138（1片）
NE555（1片）	3DG100（1只）	数码显示器BS202（4只）

3.5.3 设计举例

1. 数字频率计的组成框图

（1）数字频率计测频的基本原理

所谓频率，就是周期性信号在单位时间（1s）内变化的次数。若在一定时间间隔 T 内测得这个周期性信号的重复变化次数为 N，则其频率可表示为 $f=N/T$。

图3-19a是数字频率计的组成框图。被测信号 v_x 经放大整形电路变成计数器所要求的脉冲信号Ⅰ，其频率与被测信号的频率 f_x 相同。时基电路提供标准时间基准信号Ⅱ，其高电平持续时间 $t_1=1s$，当1s信号来到时，闸门开通，被测脉冲信号通过闸门，计数器开始计数，直到1s信号结束时闸门关闭，停止计数。若在闸门时间1s内计数器计得的脉冲个数为 N，则被测信号频率 $f_x=N$Hz。逻辑控制电路的作用有两个：一是产生锁存脉冲Ⅳ，使显示器上的数字稳定；二是产生清“0”脉冲Ⅴ，使计数器每次测量从零开始计数。各信号之间的时序关系如图3-19b所示。

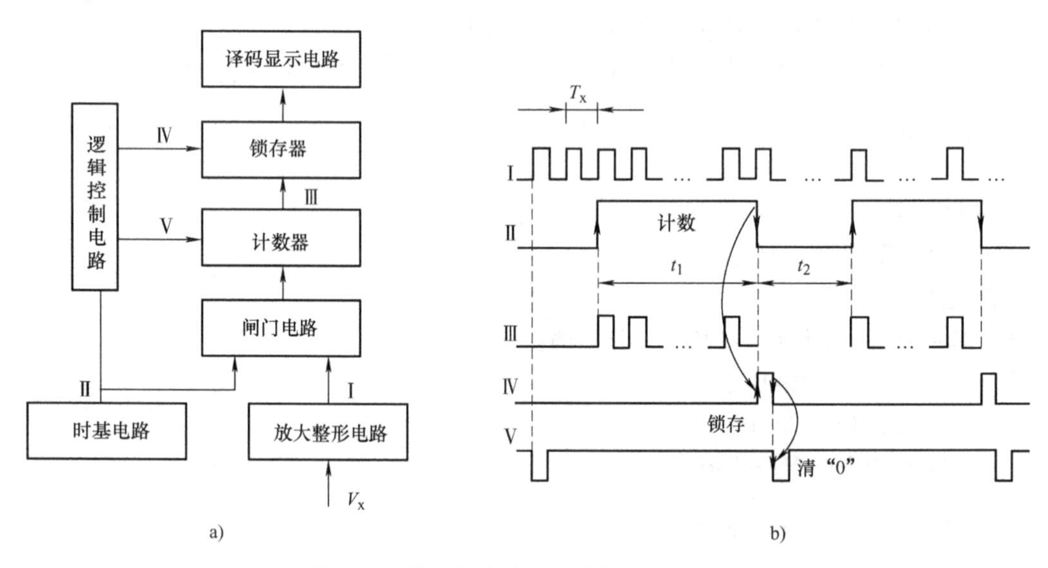

图3-19 数字频率计的组成框图和波形图

a）组成框图 b）波形关系

（2）数字频率计的主要技术指标

1）频率准确度

频率准确度一般用相对误差来表示，即

$$\frac{\Delta f_x}{f_x}=\left(\frac{1}{Tf_x}+\left|\frac{\Delta f_c}{f_c}\right|\right)$$

式中，$\frac{1}{Tf_x}=\frac{\Delta N}{N}=\pm\frac{1}{N}$为量化误差（即 ±1 个字误差），是数字仪器所特有的误差。当闸门时间 T 选定后，f_x越低，量化误差越大；$\frac{\Delta f_c}{f_c}=\frac{\Delta T}{T}$为闸门时间相对误差，主要由时基电路标准频率的准确度决定，$\frac{\Delta f_c}{f_c}\ll\frac{1}{Tf_x}$。

2）频率测量范围

在输入电压符合规定要求值时，能够正常进行测量的频率区间称为频率测量范围。频率测量范围主要由放大整形电路的频率响应决定。

3）数字显示位数

频率计的数字显示位数决定了频率计的分辨率。位数越多，分辨率越高。

4）测量时间

频率计完成一次测量所需要的时间，包括准备、计数、锁存和复位时间。

2. 电路设计与调试

（1）基本电路设计

1）放大整形电路

放大整形电路由晶体管 3DG100 与 74LS00 等组成，其中 3DG100 组成放大器将输入频率为f_x的周期信号如正弦波、三角波等进行放大。与非门 74LS00 构成施密特触发器，它对放大器的输出信号进行整形，使之成为矩形脉冲。

2）时基电路

时基电路的作用是产生一个标准时间信号（高电平持续时间为 1s），由定时器 555 构成的多谐振荡器产生（当标准时间的精度要求较高时，应通过晶体振荡器分频获得）。若振荡器的频率$f_0=1/(t_1+t_2)=0.8\text{Hz}$，则振荡器的输出波形如图 3-19b 的波形Ⅱ所示，其中 $t_1=1\text{s}$，$t_2=0.25\text{s}$。由式 $t_1=0.7(R_1+R_2)C$ 和 $t_2=0.7R_2C$，可计算出电阻 R_1、R_2及电容 C 的值。若取电容 $C=10\mu\text{F}$，则

$R_2=t_2/0.7C=35.7\text{k}\Omega$　　　　取标称值 36kΩ

$R_1=(t_1/0.7C)-R_2=107\text{k}\Omega$　　　　取 $R_1=47\text{k}\Omega$，$\text{RP}=100\text{k}\Omega$

3）逻辑控制电路

根据图 3-19b 所示波形，在时基信号Ⅱ结束时产生的负跳变用来产生锁存信号Ⅳ，锁存信号Ⅳ的负跳变又用来产生清零信号Ⅴ。脉冲信号Ⅳ和Ⅴ可由两个单稳态触发器 74LS123 产生，它们的脉冲宽度由电路的时间常数决定。

设锁存信号Ⅳ和清零信号Ⅴ的脉冲宽度 t_w相同，如果要求 $t_w=0.02\text{s}$，则

$$t_w=0.45R_{ext}C_{ext}=0.02\text{s}$$

若取 $R_{ext}=10\text{k}\Omega$，则 $C_{ext}=t_w/(0.45R_{ext})=4.4\mu\text{F}$，取标称值 4.7μF。由 74LS123 的功能表 3-7 可得，当 1CLR = 1B = 1、触发脉冲从 1A 端输入时，在触发脉冲的负跳变作用下，输出端 1Q 可获得一正脉冲，1 $\overline{Q}$端可获得一负脉冲，其波形关系正好满足图 3-19b 所示波形Ⅳ和Ⅴ的要求。手动复位开关 S 按下时，计数器清“0”。

表 3-7　74LS123 功能表

输入			输出	
CLR	A	B	Q	$\overline{Q}$
L	×	×	L	H
×	H	×	L	H
×	×	L	L	H
H	L	↑	⊓	⊔
H	↓	H	⊓	⊔
↑	L	H	⊓	⊔

4）锁存器

锁存器的作用是将计数器在 1s 结束时所计得的数进行锁存，使显示器上能稳定地显示此时计数器的值。如图 3-19b 所示，1s 计数时间结束时，逻辑控制电路发出锁存信号Ⅳ，将此时计数器的值送译码显示器。

选用 8D 锁存器 74LS273 可以完成上述功能。当时钟脉冲 CP 的正跳变来到时，锁存器的输出等于输入，即 $Q=D$，从而将计数器的输出值送到锁存器的输出端。正脉冲结束后，无论 D 为何值，输出端 Q 的状态仍保持原来的状态 Q_n不变。所以在计数期间内，计数器的输出不会送到译码显示器。

经过以上各单元电路的设计，可以得到数字频率计的基本电路图如图 3-20 所示。

（2）扩展电路设计

图 3-20 所示的是数字频率计电路，其测量的最高频率只能为 9. 999kHz，完成一次测量的时间约 1. 25s。若被测信号频率增加到数百千赫兹或数兆赫兹，则需要增加频率范围扩展电路。

频率范围扩展电路如图 3-21 所示，该电路可实现频率量程的自动转换。其工作原理是：当被测信号频率升高，千位计数器已满，需要升量程时，计数器的最高位产生进位脉冲 Q_3，送到由 74LS92 与两个 D 触发器共同构成的进位脉冲采集电路。第一个 D 触发器的 1D 端接高电平，当 Q_3的下跳沿来到时，74LS92 的 Q_0端输出高电平，则第一个 D 触发器的 1Q 端产生进位脉冲并保持到清零脉冲到来。该进位脉冲使多路数据选择器 74LS151 的地址计数器 74LS90 加 1，多路数据选择器将选通下一路输入信号，即上一次频率的 1/10 的分频信号，由于此时个位计数器的输入脉冲的频率是被测频率 f_x 的 1/10 ，故要将显示器的数乘以 10 才能得到被测频率值，这可以通过移动显示器上小数点的位置来实现。如图 3-21 所示，若被测信号不经过分频（10^0输出），显示器上的最大值为 9. 999kHz，若经过 10^1分频后，显示器上的最大值为 99. 99kHz，即小数点每向右移动一位，频率的测量范围扩大 10 倍。

进位脉冲采集电路的作用是使电路工作稳定，避免当千位计数器计到 8 或 9 时，产生小数点的跳动。第二个 D 触发器用来控制清零，即有进位脉冲时电路不清零，而无进位时则清零。

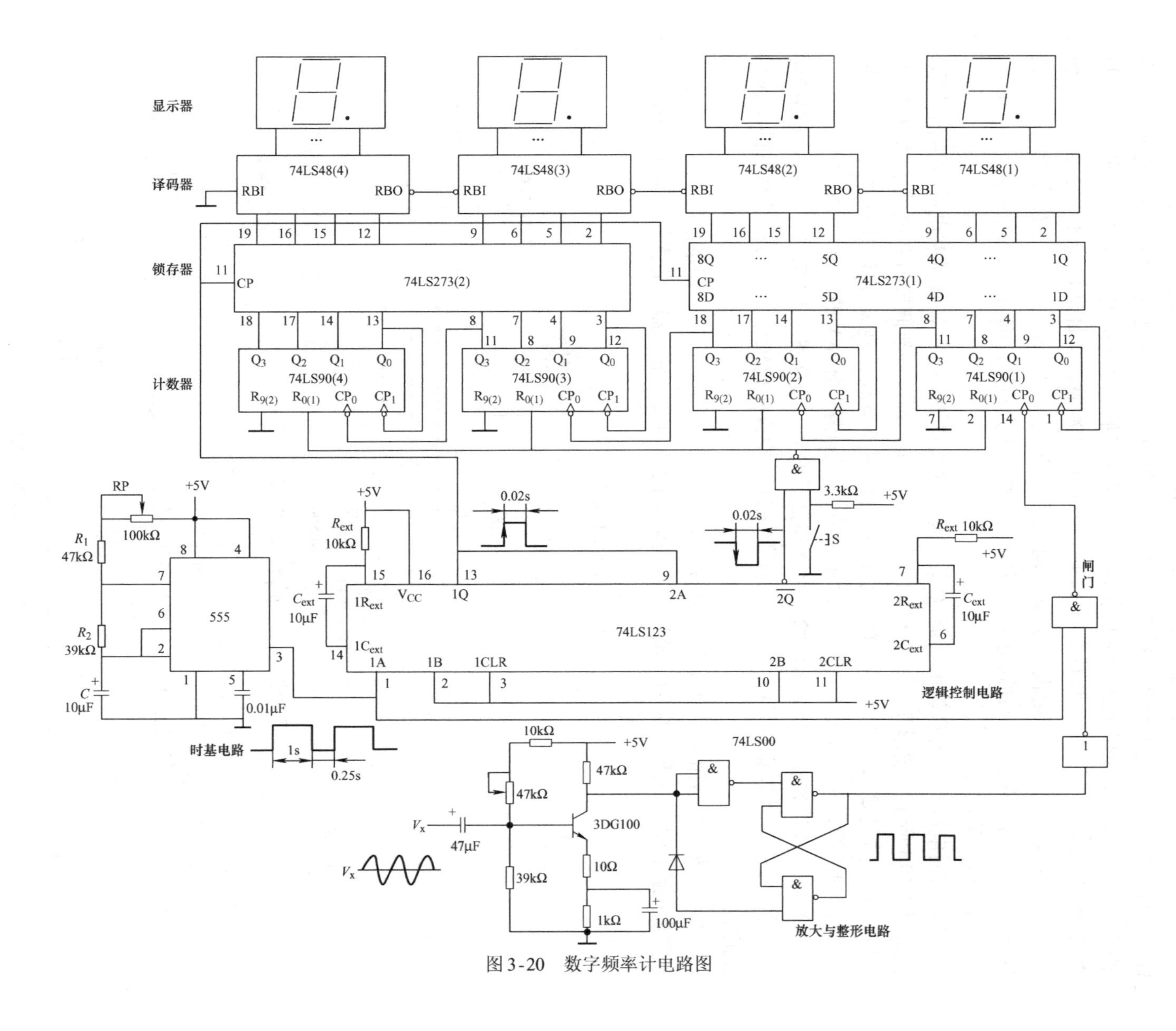

图 3-20　数字频率计电路图

当被测频率降低需要转换到低量程时，可用千位（最高位）是否为0来判断。在此利用千位译码器74LS48的灭0输出端RBO，当RBO端为0时，输出为0，这时就需要降量程。因此，取其非作为地址计数器74LS90的清零脉冲。为了能把高位多余的0熄灭，只需把高位的灭0输入端RBI接地，同时把高位的RBO与低位的RBI相连即可。由此可见，只有当检测到最高位为“0”，并且在该1s内没有进位脉冲时，地址计数器才清零复位，即转换到最低量程，然后按升量程的原理自动换档，直至找到合适的量程。若将地址译码器74LS138的输出端取非，变成高电平以驱动显示器的小数点h，则可显示扩展的频率范围。

（3）电路调试

1）接通电源后，用双踪示波器（输入耦合方式置DC档）观察时基电路的输出波形，应如图3-19b所示的波形Ⅱ，其中$t_1=1\text{s}$，$t_2=0.25\text{s}$，否则重新调节时基电路中的R_1和R_2的值，使其满足要求。然后，改变示波器的扫描速率旋钮，观察74LS123的（13）脚和（12）脚的波形，应有如图3-19b所示的锁存脉冲Ⅳ和清零脉冲Ⅴ的波形。

2）将4片计数器74LS90的（2）脚全部接低电平，锁存器74LS273的（11）脚都接时钟脉冲，在个位计数器的（14）脚加入计数脉冲，检查4位锁存、译码、显示器的工作是否正常。

3）在放大电路输入端加入了$f=1\text{kHz}$，$V_{\text{P-P}}=1\text{V}$的正弦信号，用示波器观察放大电路和整形电路的输出波形，应为与被测信号同频率的脉冲波，显示器上的读数应为1000Hz。

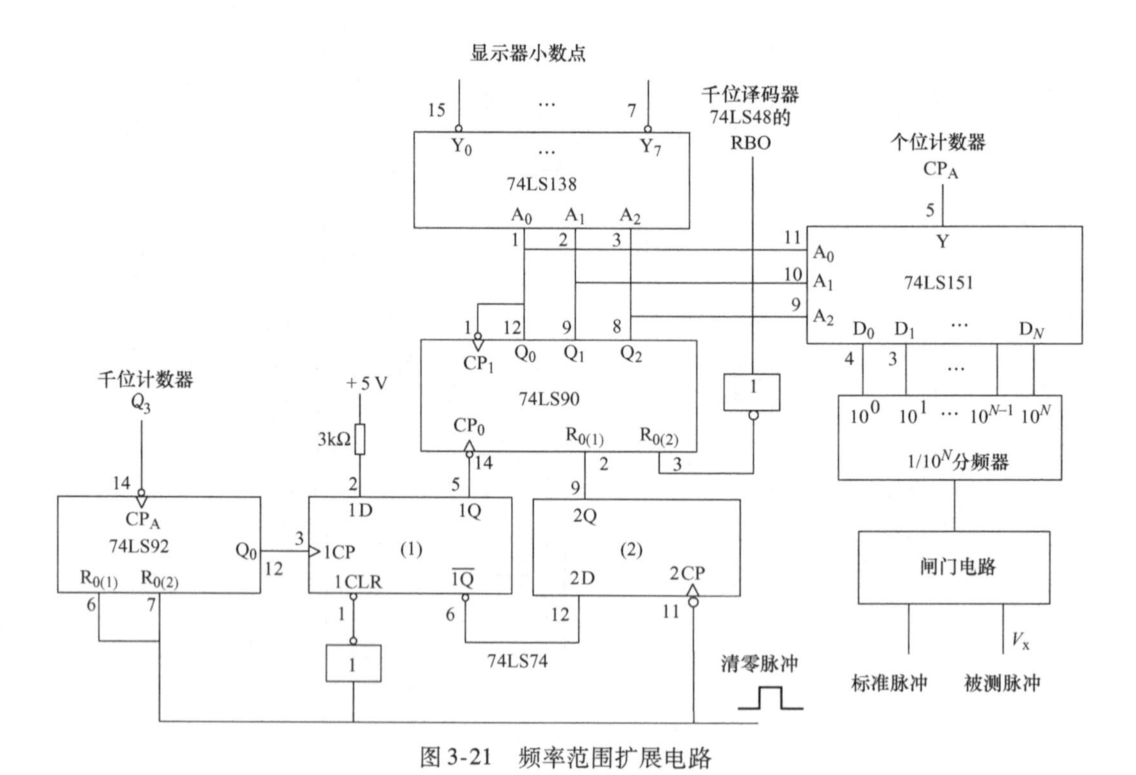

图3-21　频率范围扩展电路

3. 数字频率计测周期的基本原理

当被测信号的频率较低时，采用直接测频方法测量时，由量化误差引起的测频误差太大，为了提高测低频时的准确度，应先测周期T_x，然后计算$f_x=1/T_x$。

数字频率计测周期的原理框图如图 3-22 所示。被测信号经放大整形电路变成方波，加到门控电路产生闸门信号，如 $T_{x}=10\text{ms}$，则闸门打开的时间也为10ms，在此期间内，周期为 T_{s} 的标准脉冲通过闸门进入计数器计数。若 $T_{s}=1\mu\text{s}$，则计数器计得的脉冲数 $N=T_{x}/T_{s}=10000$ 个。若以毫秒（ms）为单位，则显示器上的读数为 10.000。

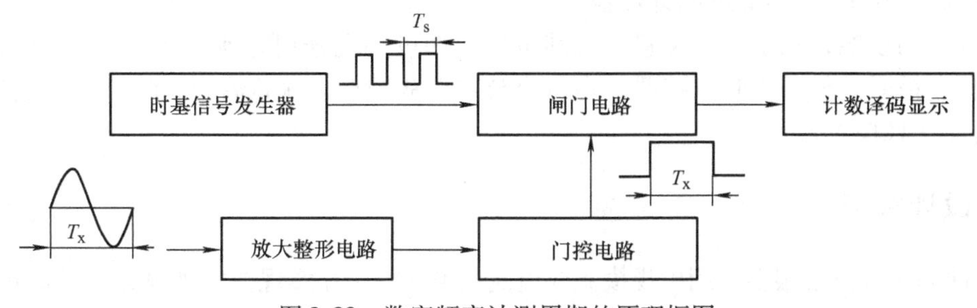

图 3-22　数字频率计测周期的原理框图

由以上分析可见，频率计测周期的基本原理正好与测频相反，即被测信号用来控制闸门电路的开通与关闭，标准时基信号作为计数脉冲。

3.5.4　思考题

（1）数字频率计中，逻辑控制电路有何作用？如果不用集成电路单稳态触发器，是否可用其他器件或电路来完成逻辑控制功能？画出设计的逻辑控制电路。

（2）用定时器 555 或运算放大器设计一施密特整形电路，使其满足频率测量的要求。

（3）图 3-20 所示电路的开关 S 有何作用？可否用其他电路来代替 S 的功能？请画出电路。

（4）当测频范围要求不宽，例如只要求两档扩展时，对于图 3-21 所示电路图，可否不用数据选择器 74LS151？为什么？请设计电路，并完成频率为 10Hz ~ 100kHz 的测量。

（5）试采用测周期的方法测量频率为 0.1 ~ 10Hz 的低频信号，要求测量精度 $\frac{\Delta f_{x}}{f_{x}}\leqslant\pm2\times10^{-3}$，画出设计的电路并进行频率测量。

3.6　数字钟电路设计

3.6.1　设计目的

（1）学习数字电子系统中秒脉冲信号产生电路、计数分频电路、译码显示电路等单元电路的设计及综合应用。

（2）学习复杂数字系统的调试、测试方法。

3.6.2　设计任务

数字电子钟是一种利用数字电路来显示秒、分、时的计时装置。与传统的机械钟相比，它具有走时准确、显示直观，无机械传动装置等优点，因而得到广泛应用。

用中小规模集成电路设计一台能显示日、时、分、秒的数字电子钟，要求如下。

1）由晶体振荡电路产生 1Hz 的标准脉冲信号。

2）秒、分为 00 ~ 59 六十进制计数器，时为 00 ~ 23 二十四进制计数器。

3）周显示从 1 ~ 7 的七进制计数器。

4）可手动校准，只要将开关置于校准位置，即可实现分别对秒、分、时、日的校时。

5）整点报时。整点报时电路要求在每个整点前先鸣叫 4 次低音（500Hz），整点时再鸣叫一次高音（1kHz）。

3.6.3 设计举例

数字钟的实现方法很多，用中规模集成电路（MSI）芯片实现数字钟电路，其原理框图如图 3-23 所示。由图可知，数字电子钟由秒脉冲发生器、校时电路、六十进制的秒计数器和分计数器、二十四进制的时计数器、七进制的周计数器以及秒、分、时的译码器显示部分组成。

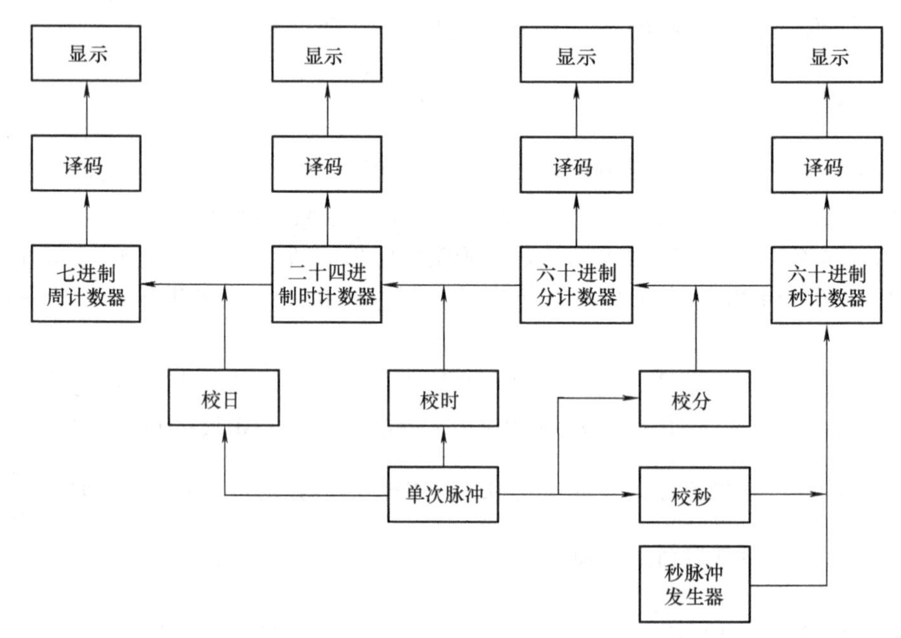

图 3-23　数字电子钟电路原理框图

1. 秒脉冲发生器

秒脉冲发生器是数字钟的核心部分，它的精度和稳定度决定了数字钟的质量。常见的秒脉冲发生器有 555 定时器组成的多谐振荡器和晶体振荡器，其中 555 定时器构成的多谐振荡器的基本电路如图 3-24 所示，它适用于要求不高的场合。555 定时器产生 1kHz 的脉冲信号，74LS90 进行三次 10 分频，将 1kHz 的脉冲信号分频为 1Hz 的秒信号。

图 3-25 所示是用 32. 768kHz 石英晶体和 14 级二进制串行计数器 CD4060 等构成的秒信号发生器，它常用于要求精度高的场合。图中石英晶体 X_1 和电阻 R_1、R_2，电容 C_1、C_2组成的晶体振荡器，产生频率为 32. 768kHz 的方波信号，经过由 CD4060 构成的 14 级分频器后输出 2Hz 的方波信号，再经过 74LS74 组成 2 分频器变成需要的秒信号。

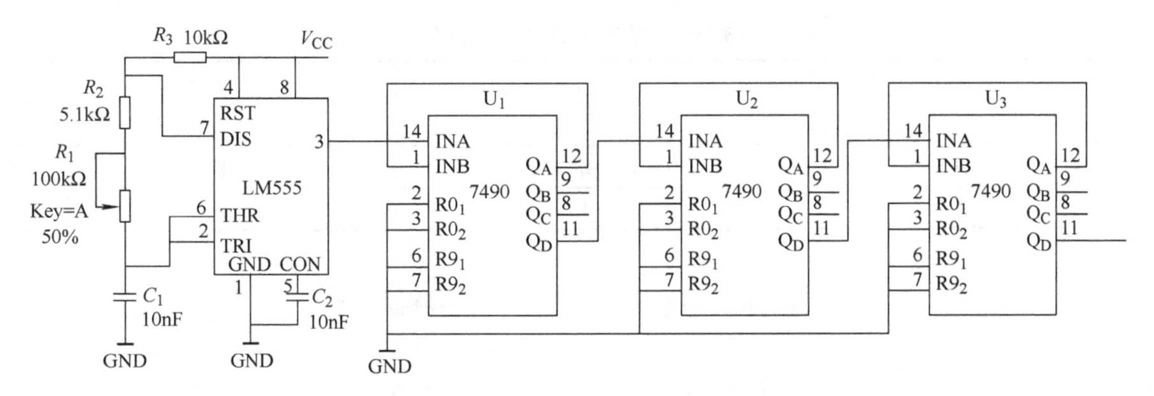

图 3-24　由 555 定时器构成的秒信号产生电路

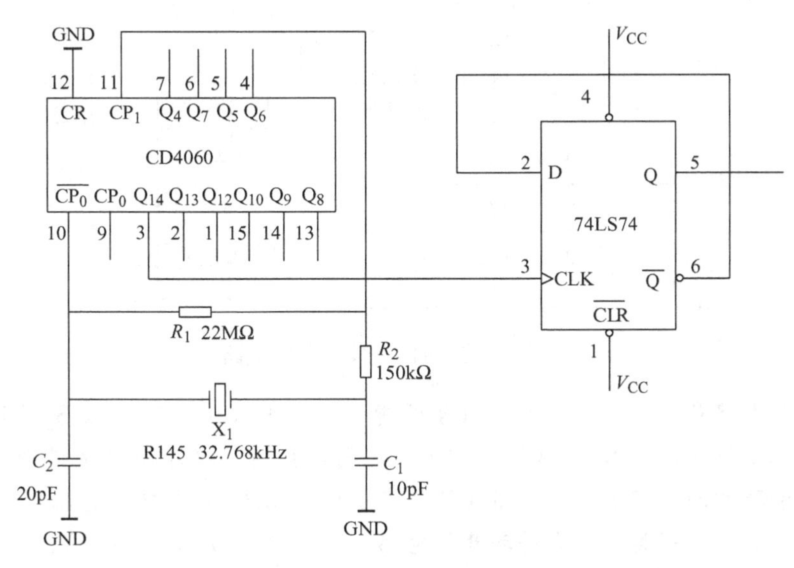

图 3-25　由石英晶体振荡器构成的秒信号产生电路

2. 校时电路

当数字钟接通电源时，初始状态可能是随机的，或者当计时出现误差时，都需要校正时间，即校时。校时是数字钟应具备的基本功能。一般电子手表都具有时、分、秒等校时功能。为使电路简单，这里只进行分和小时的校时。

对校时电路的要求是，在小时校正时不影响日、分和秒的正常计数；在分校正时不影响秒和小时、日的正常计数。

校时方式有“快校时”和“慢校时”两种。“快校时”是通过开关控制，使计数器对 1～10Hz 的校时脉冲计数，使分或小时计数器切换为快速变化状态，在达到指定时刻时再切换回正常计数状态。“慢校时”是用手动产生单脉冲作为校时脉冲的。

图 3-26 所示为一种校“时”、校“分”电路方案。其中 S_1 为校“分”用的控制开关，S_2 为校“时”用的控制开关，它们的控制功能见表 3-8。此处使用门电路构成的 2 选 1 数据选择器来实现“正常计时”和“快速校时”两种状态的切换。校时脉冲可采用从分频器某一分频信号端口输出的不超过 10Hz 的脉冲（如 1Hz 的秒脉冲），当 S_1 或 S_2 分别为“0”时可进行“快校时”。如果校时脉冲由单次脉冲产生器提供，则可以进行“慢校时”。

表 3-8　校时电路的控制功能

S_2	S_1	功能
1	1	计数
1	0	校分
0	1	校时

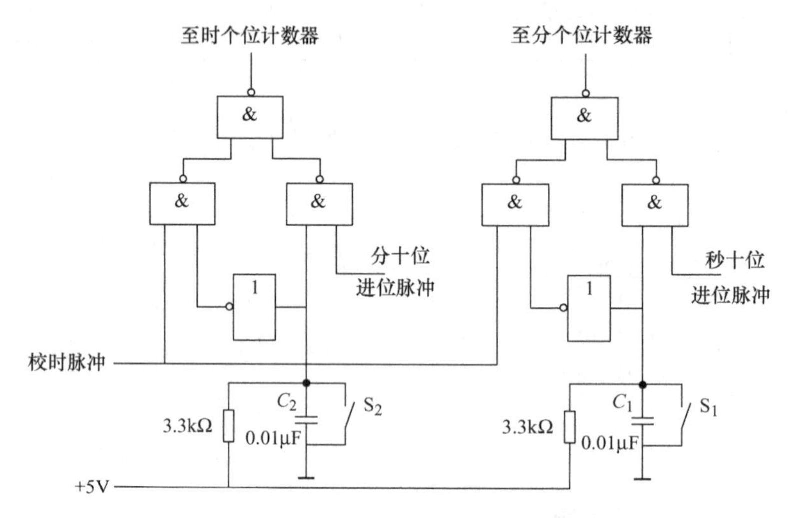

图 3-26　校“时”、校“分”电路

注意： 校时电路是由与非门构成的组合逻辑电路，当机械开关 S_1 或 S_2 的状态在闭合和断开之间变化，使逻辑门输入在“0”或“1”之间切换时，可能会产生抖动，导致计数器因收到多个抖动脉冲的跳变沿而出现错误的状态变化。图 3-34 中接入电容 C_1、C_2 就是为了缓解抖动。必要时还应将其改为去抖动开关电路（参见第 2.7 节图 2-61），利用基本 RS 触发器的特性，可以消除机械开关固有的抖动现象。

3. 计时电路

如图 3-27 所示是用 74LS161 构成的星期历（七进制）计数器。利用 74LS161 的同步置数功能，当 $Q_DQ_CQ_BQ_A$ 计数到 0111 时经过与非门产生低电平，控制下一个时钟到来时将数据端 DCBA = 0001 的数据送到输出端，实现“1”到“7”的星期历计数。

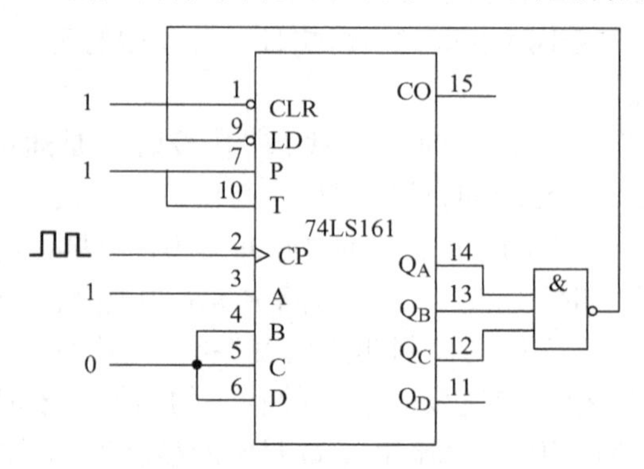

图 3-27　用 74LS161 构成的星期历（七进制）计数器

如图 3-28 所示是用 74LS160、74LS161 构成的六十进制计数器。利用十进制计数器 74LS160 设计十进制计数器显示个位，15 引脚（串行进位输出端）接十位的 7 引脚和 10 引脚，个位计数器由 $Q_D Q_C Q_B Q_A$（0000）$_2$ 增加到（1001）$_2$ 时产生进位，利用 74LS161 和 74LS00 设计六进制计数器显示十位，十位采用异步清零法，实现 0000 ~ 0101 的六进制计数。

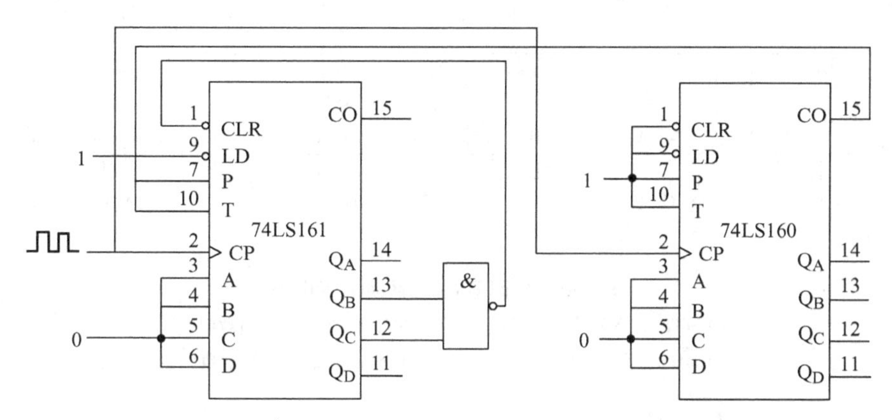

图 3-28 用 74LS160、74LS161 构成的六十进制计数器

如图 3-29 所示是用 74LS160、74LS161 构成的二十四进制计数器。个位和十位计到“24”时立即清零，实现“0” ~ “23”计时的二十四进制计数器。

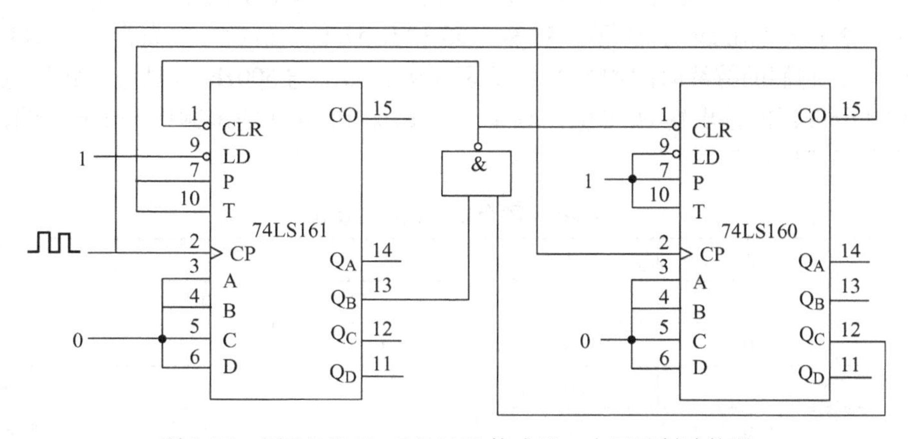

图 3-29 用 74LS160、74LS161 构成的二十四进制计数器

4. 译码显示电路

数字 LED 显示器一般称为七段码显示器，LED 数码管是目前最常用的数字显示器，可以分为共阴极数码管和共阳极数码管（参见第 2.5 节图 2-51）。

数码管静态驱动显示电路如图 3-30 所示。

图 3-39a 中，BCD 码七段译码/驱动器 74LS47 以低电平输出驱动共阳极数码管 BS204。图 3-39b 中，BCD 码七段译码/驱动器 74LS48 以高电平输出驱动共阴极数码管 BS205。图 3-39c中，BCD 码七段译码/驱动器 CC4511 以输出的高电平驱动共阴极数码管 BS205，其中 $R=\frac{U_{OH}-U_F}{I_F}$。在图 3-39d 中，用 CC14543 或 CC14544 作译码/驱动器，用低电平驱动数

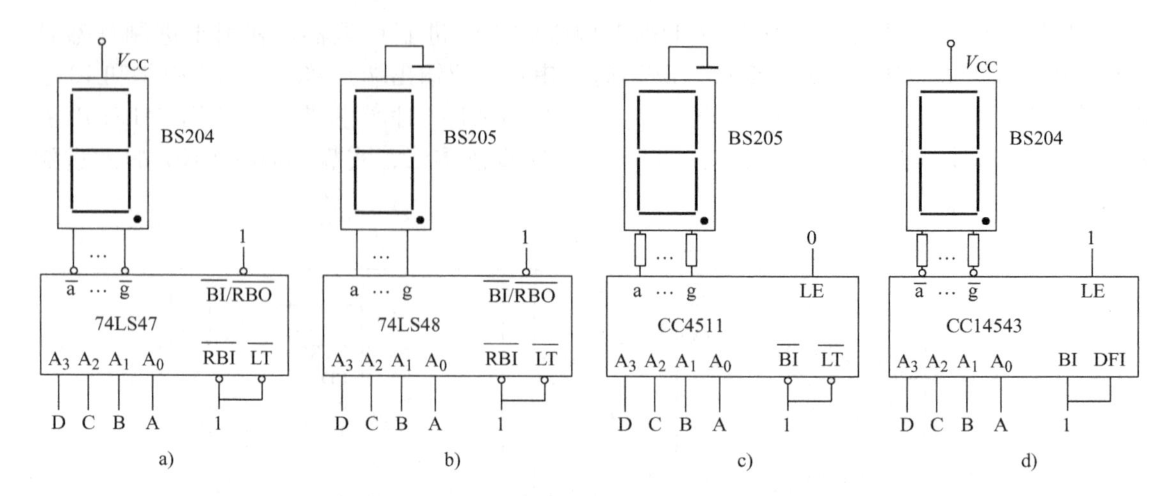

图 3-30　数码管静态驱动显示电路

a）TTL 电路驱动共阳数码管　b）TTL 电路驱动共阴数码管

c）CMOS 电路驱动共阴数码管　d）CMOS 电路驱动共阳数码管

码管 BS204，$R=\dfrac{U_{DD}-U_F-U_{OL}}{I_F}$，$R$ 调节亮度。

5. 整点报时电路

当时计数器在每次计到整点前 9s 时，需要报时，可用译码电路来解决。设 4 声低音（约 500Hz）分别发生在 59 分 51 秒、53 秒、55 秒及 57 秒，最后一次高音（约 1kHz）发生在 59 分 59 秒，它们的持续时间均为 1s，见表 3-9。1kHz 与 500Hz 从晶振分频器近似获得，可从 CD4060 分频器的输出端 Q_5（输出频率 1024Hz）和 Q_6（输出频率 512Hz）输出。整点报时电路如图 3-31 所示。

表 3-9　秒个位计数器的状态

CP/s	Q_D	Q_C	Q_B	Q_A	功能
50	0	0	0	0	—
51	0	0	0	1	鸣低音
52	0	0	1	0	停
53	0	0	1	1	鸣低音
54	0	1	0	0	停
55	0	1	0	1	鸣低音
56	0	1	1	0	停
57	0	1	1	1	鸣低音
58	1	0	0	0	停
59	1	0	0	1	鸣高音
00	0	0	0	0	停

由表 3-9 可得，秒个位 $Q_D=0$ 时，500Hz 输入音响电路；$Q_D=1$ 时，1kHz 输入音响电路。

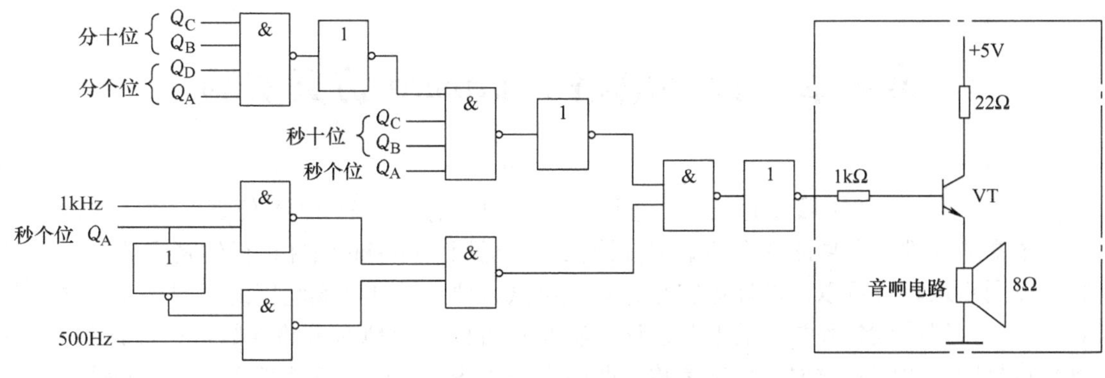

图 3-31　整点报时电路

3.6.4　思考题

（1）如果小时计数器改成 12 小时制计数，电路应该如何设计？画出设计的电路图。

（2）同样是七段共阴极数码管的译码驱动电路，74LS48 和 CC4511 的主要区别是什么？采用 74LS48 的集成片为什么不需要外接电阻？

（3）除了实验中完成的电路，数字钟可能的扩展功能还有哪些？举例说明，简单说说你的设计思路。

第4章　数字电路 Multisim 仿真实验

Multisim 是一款功能强大的交互式电路模拟软件，作为一种 EDA 仿真工具，它为用户提供了丰富的元件库和功能齐全的虚拟仪器仪表。运用 Multisim 软件进行仿真实验，设计与实验可以同步进行，可以边设计边实验，修改调试方便；设计和实验用的元器件及测试仪器仪表齐全，可以完成各种类型的电路设计与实验；可以方便地对电路参数进行测试和分析；可以直接打印输出实验数据、测试参数、曲线和原理图；实验中不消耗实际的元器件，实验所需元器件的种类和数量不受限制，实验成本低、速度快、效率高；设计和实验成功的电路可以直接在产品中使用。Multisim 软件版本很多，用户可以根据自己的需要加以选择。

4.1　集成逻辑门的应用

4.1.1　实验目的

（1）通过 CMOS 门电路的应用实例，加深对门电路的理解。

（2）掌握用门电路构成应用电路的仿真方法。

（3）利用门电路学会制作简单实用的电子电路。

4.1.2　实验内容

1. 用 CMOS 电路组成多谐振荡器

1）单击电子仿真软件 Multisim 基本界面左侧左列真实元件工具条的“CMOS”按钮，如图 4-1 所示。从弹出的窗口“Family”栏选取“CMOS_5V”，再在“Component”栏选取“4069BD_5V”，如图 4-2 所示，最后单击右上角“OK”按钮，将反相器调出放置在电子平台上，共放置两个。

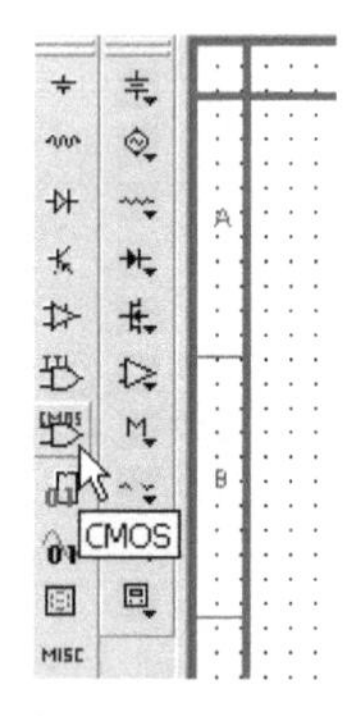

图 4-1　单击真实元件工具条“CMOS”按钮

2）单击电子仿真软件 Multisim 基本界面左侧左列真实元件工具条的“Basic”按钮，从中调出“10k”电阻和“100nF”电容各两个，将它们放置在电子平台上。

3）单击电子仿真软件 Multisim 基本界面左侧右列虚拟元件工具条的“Show Measurement Components Bar”按钮，如图 4-3a 所示；从弹出的虚拟元件列表框中分别选取蓝色和红色指示灯各一盏，如图 4-3b 所示；将它们调出放置在电子平台上。

4）单击电子仿真软件 Multisim 基本界面左侧左列元件工具条的“Source”按钮，从弹出的对话框“Family”栏选取“POWER_SOURCES”，再在“Component”栏选取“VCC”将 +5V 电源符号调出放置在电子平台上；然后选取“DGND”，如图 4-4 鼠标箭头所示，再

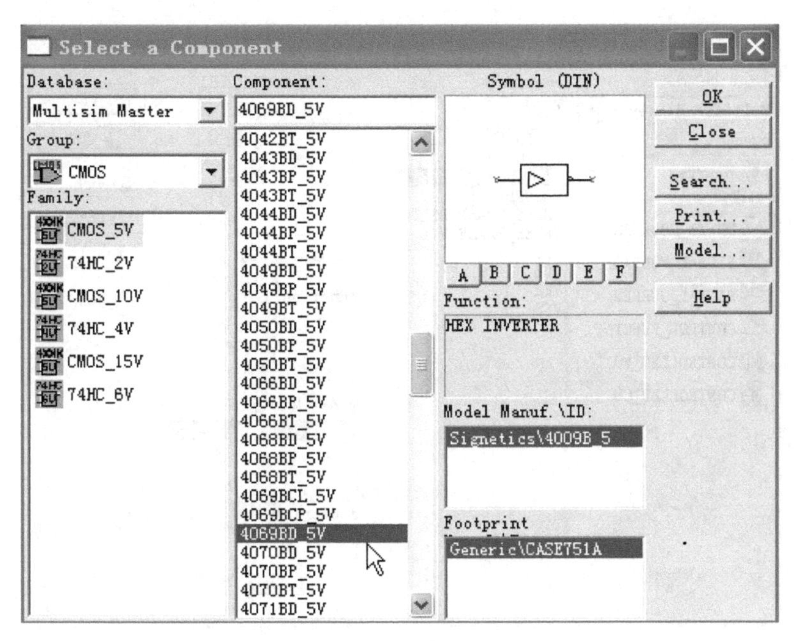

图 4-2　选中 4069BD 反相器

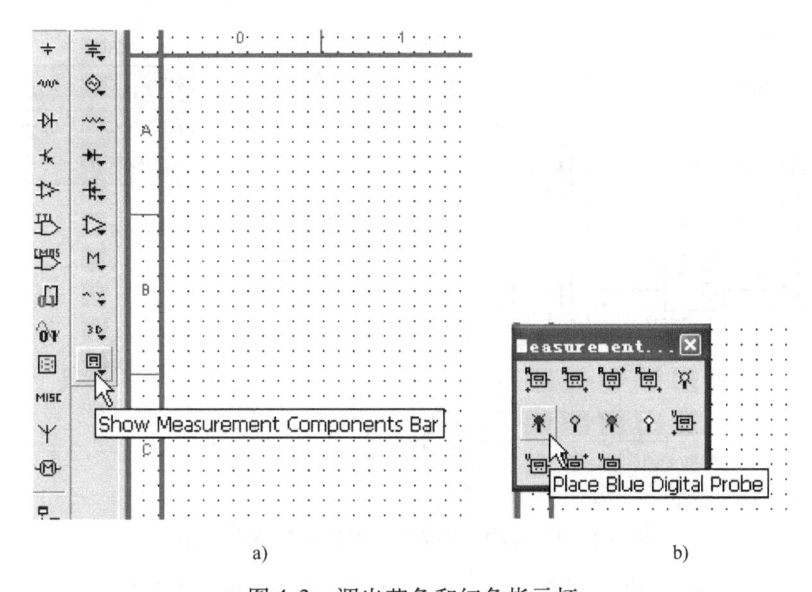

a)　　　　b)

图 4-3　调出蓝色和红色指示灯

单击右上角“OK”按钮，将“数字接地端”示意性地放置在电子平台上。

5）从电子仿真软件 Multisim 基本界面右侧虚拟仪器工具条中调出虚拟双踪示波器放置在电子平台上。

6）组成多谐振荡器仿真电路如图 4-5 所示。

7）打开仿真开关，双击虚拟双踪示波器图标“XSC1”，从虚拟双踪示波器放大面板屏幕上可以看见多谐振荡器产生的矩形波信号，如图 4-6 所示。虚拟双踪示波器放大面板各栏参数可参照图 4-6 设置，并可以看到两盏指示灯轮流闪亮。

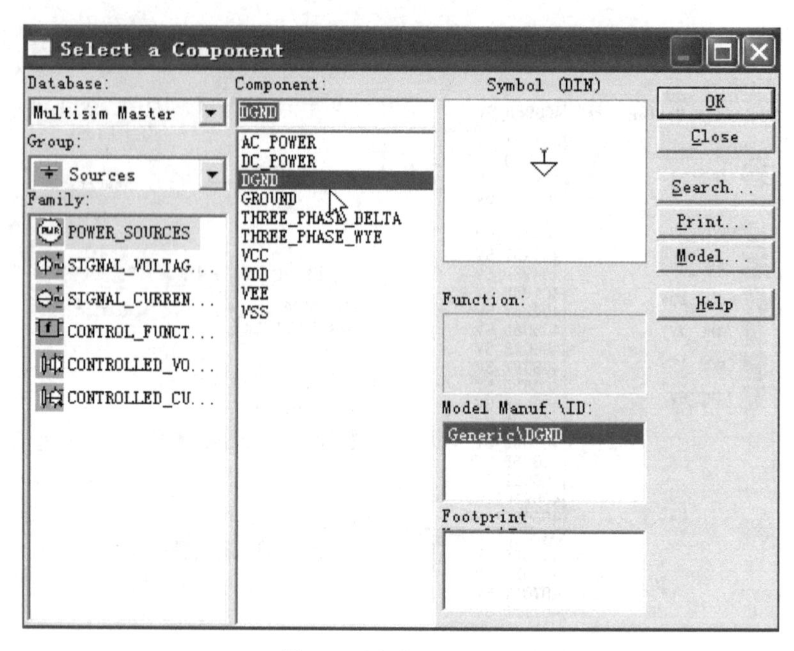

图 4-4　选中“DGND”

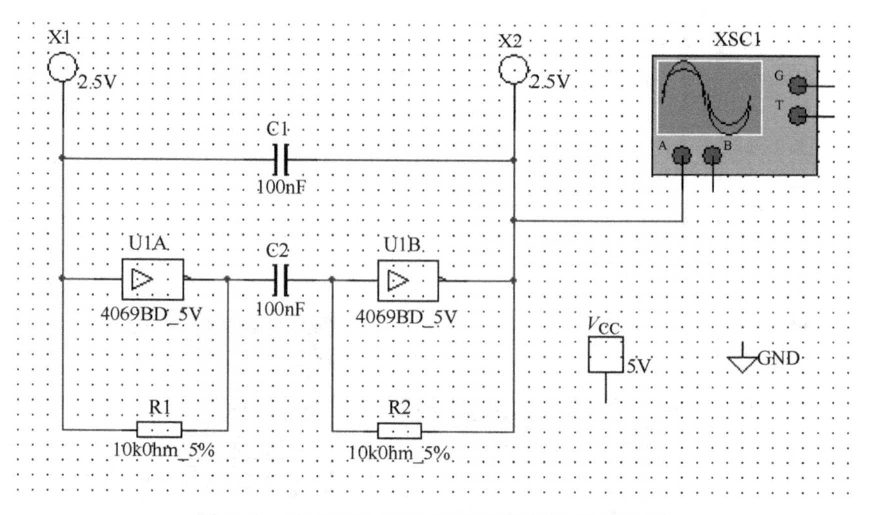

图 4-5　用 CMOS 组成多谐振荡器仿真电路图

8）用鼠标拉出虚拟示波器屏幕左、右角的小三角读数指针到如图 4-7 所示位置，从屏幕下方“T2 - T1”栏的数据可以知道该多谐振荡器的振荡周期为 172. 194ns。

9）算出该多谐振荡器的振荡周期和占空比。

2. 用施密特触发器构成的脉冲占空比可调多谐振荡器

1）单击电子仿真软件 Multisim 基本界面左侧左列真实元件工具条的“CMOS”按钮，从弹出的对话框“Family”栏选取“CMOS_5V”，再在“Component”栏选取“4093BD_5V”，如图 4-8 所示，最后单击右上角“OK”按钮，将施密特触发器调出放置在电子平台上。

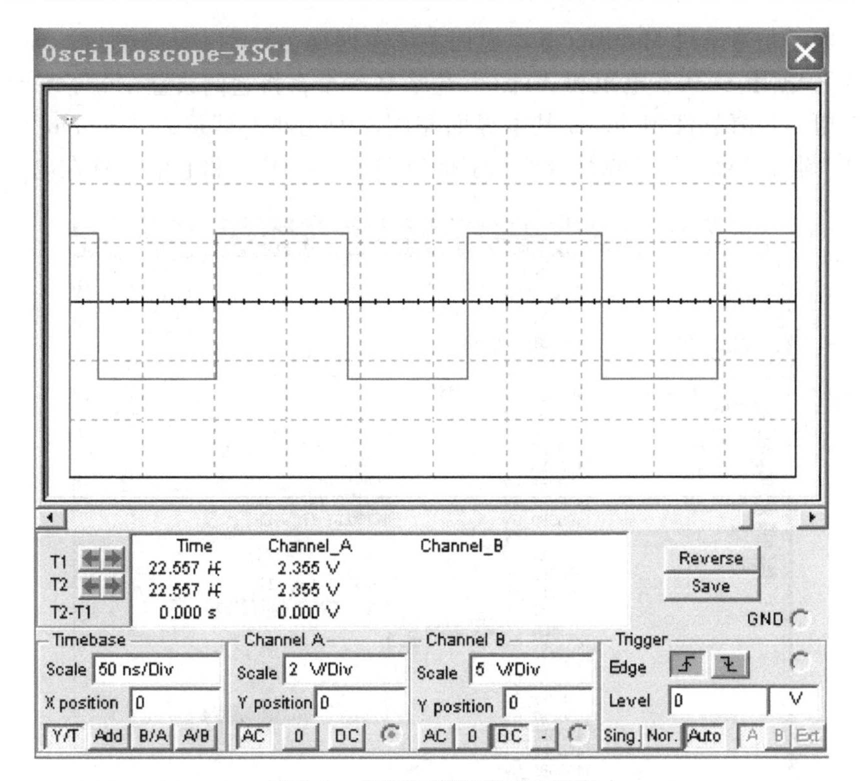

图 4-6　多谐振荡器测试波形图

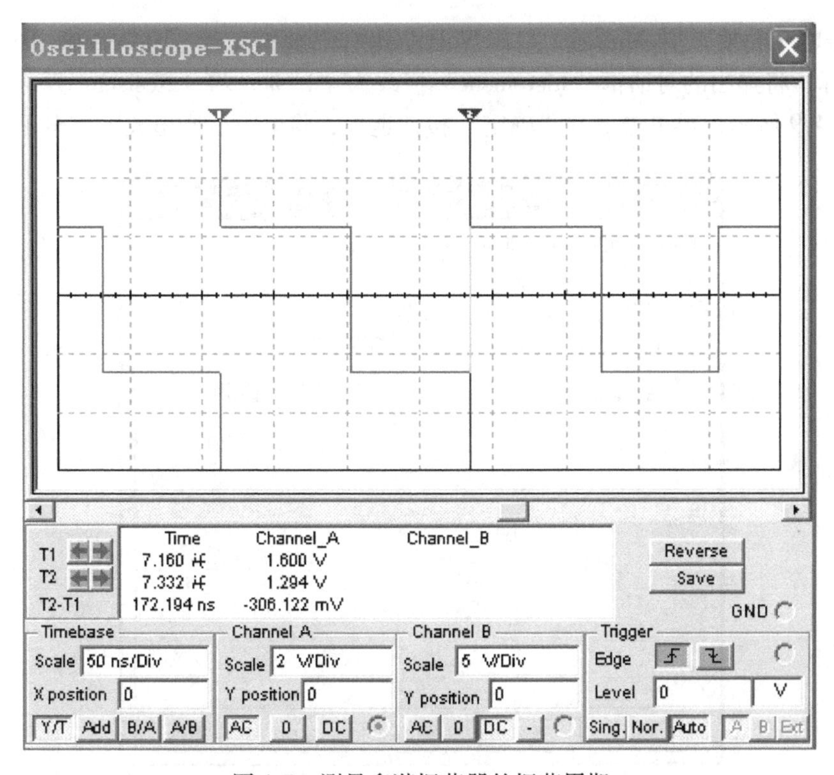

图 4-7　测量多谐振荡器的振荡周期

2）单击电子仿真软件 Multisim 基本界面左侧左列真实元件工具条的“Basic”按钮，从中调出“10k”电阻、“2k”电阻和“1μF”电容各一个，将它们放置在电子平台上。

3）单击电子仿真软件 Multisim 基本界面左侧左列元件工具条的“Source”按钮，从弹出的对话框中调出“VCC”电源符号和数字接地端“DGND”，将它们放置在电子平台上。

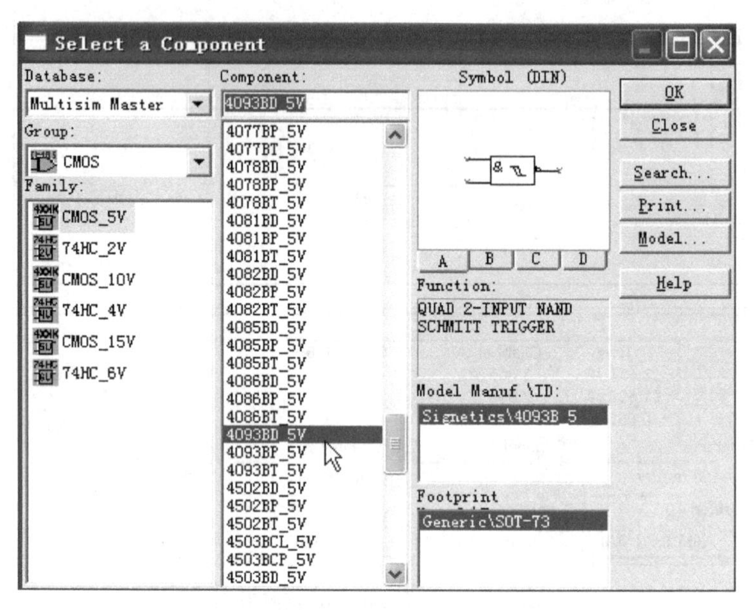

图 4-8　选中 4093BD 施密特触发器

4）单击电子仿真软件 Multisim 基本界面左侧右列虚拟元件工具条，调出电位器，并双击电位器图标，将弹出的对话框“Increment”栏改为“1”%；将“Resistance”栏改为“100”kOhm，如图 4-9 所示，再单击下方“确定”按钮退出，将电位器调出放置在电子平台上。

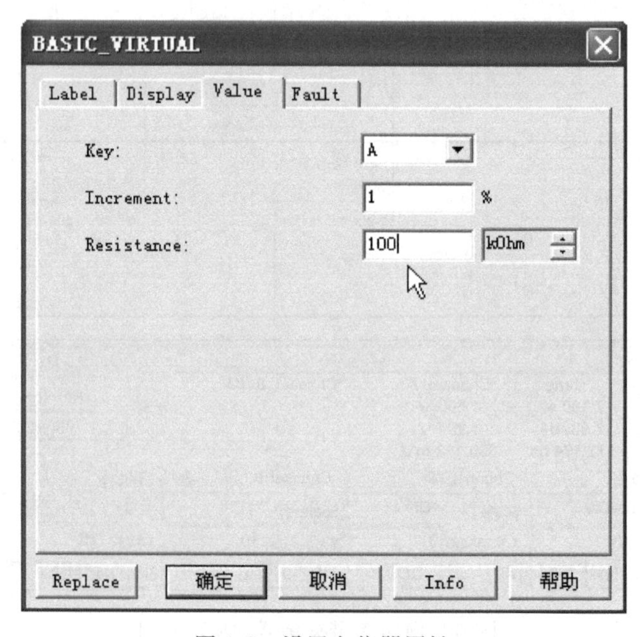

图 4-9　设置电位器属性

5）单击电子仿真软件 Multisim 基本界面左侧左列真实元件工具条的“Diode”按钮，从弹出的对话框“Family”栏选取“DIODE”，再在“Component”栏选取“1N4148”，如图 4-10 所示，最后单击右上角“OK”按钮，将二极管调出放置在电子平台上，共需两只。

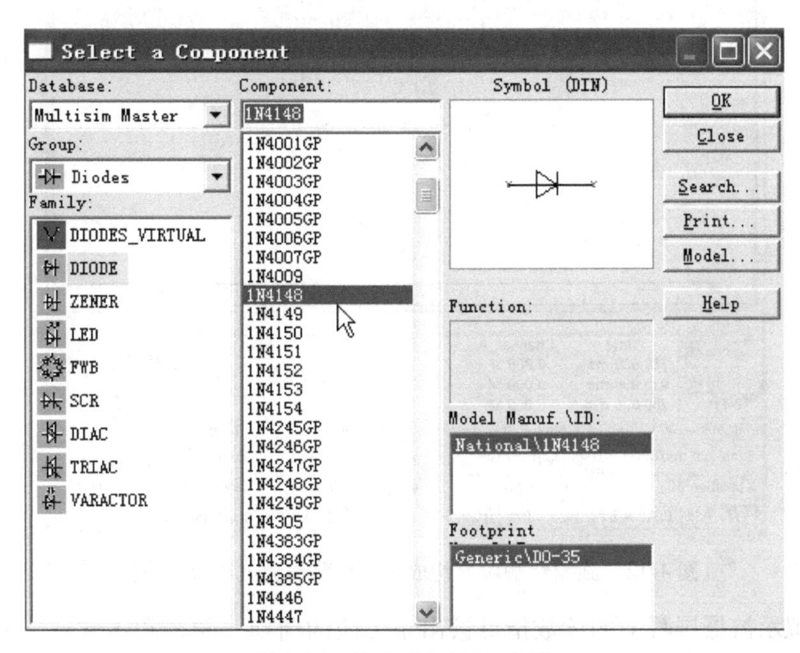

图 4-10　选中 1N4148 二极管

6）从电子仿真软件 Multisim 基本界面右侧调出虚拟示波器，并连成仿真电路，如图 4-11 所示。

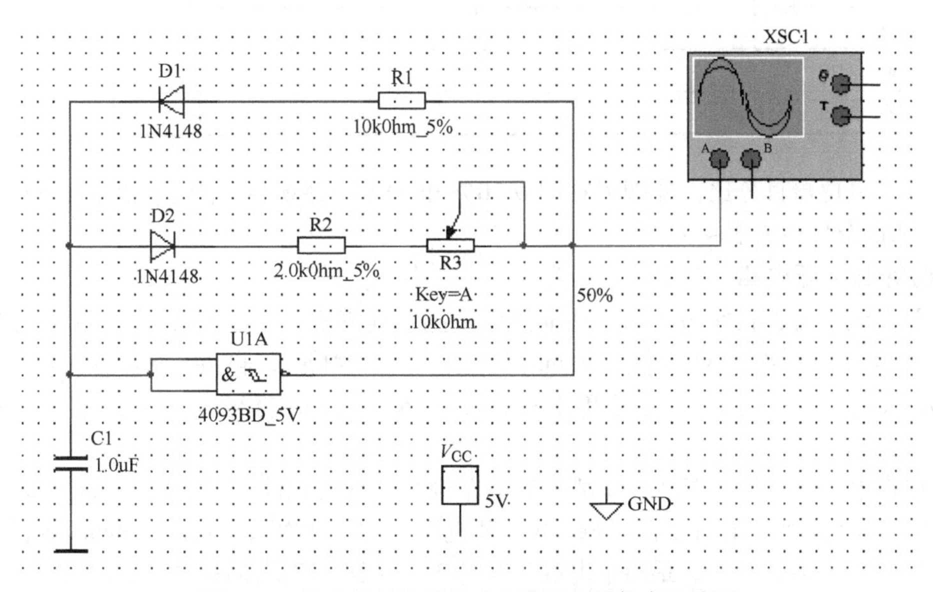

图 4-11　施密特触发器构成多谐振荡器仿真电路图

7）打开仿真开关，双击虚拟示波器图标，从放大面板屏幕上可以看到产生的矩形波如图 4-12 所示。放大面板各栏设置如图 4-12 所示。

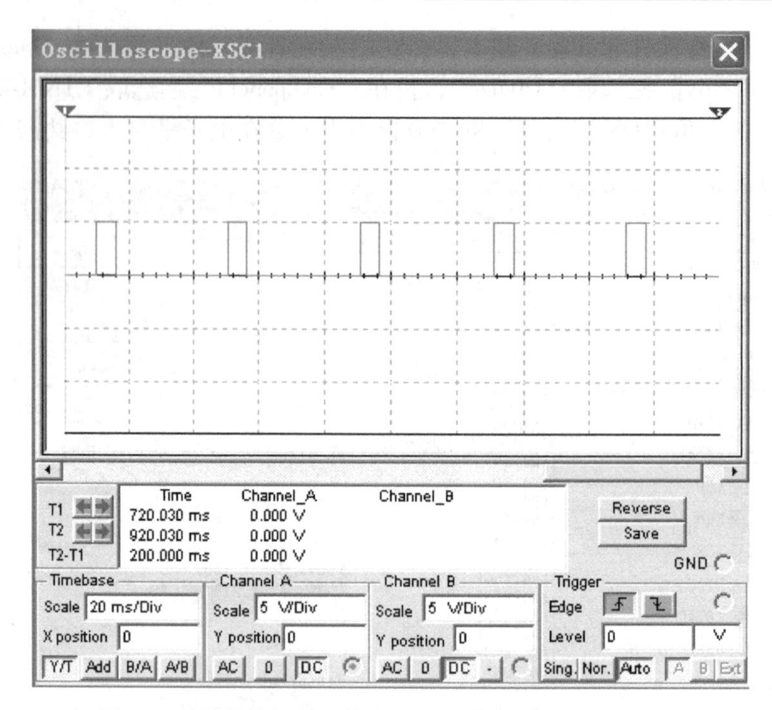

图 4-12 施密特触发器构成多谐振荡器测试结果波形图

8）用虚拟示波器屏幕上的读数指针读出矩形波的周期、频率和占空比，并将结果填入表 4-1 中。

表 4-1 施密特触发器构成多谐振荡器测试结果表

电位器百分比（%）	矩形波周期	矩形波频率	占空比
50			
30			
70			

9）改变电位器百分比，分别将它调成 30% 和 70%，并观察、测量矩形波，将它们的周期、频率和占空比填入表 4-1 中。

3. 时钟脉冲源电路

1）单击电子仿真软件 Multisim 基本界面左侧左列真实元件工具条的“TTL”按钮，如图 4-13 所示。从弹出的对话框“Family”栏选取“74LS”，再在“Component”栏选取“74LS00D”，如图 4-14 所示，最后单击右上角“OK”按钮，将与非门调出放置在电子平台上，共放置 4 个。

2）单击电子仿真软件 Multisim 基本界面左侧左列真实元件工具条的“Transistor”按钮，如图 4-15 所示。从弹出的对话框“Family”栏选取“BJT_NPN”，再在“Component”栏选取“2N2222A”，如图 4-16 所示，最后单击右上角“OK”按钮，将晶体管调出放置在电子平台上。

3）单击电子仿真软件 Multisim 基本界面左侧左列真实元件工具条的“Basic”按钮，从弹出的对话框中调出 330“Ohm”电阻、2kOhm 电阻和“100”nF 电容各一只，然后放置在电子平台上。

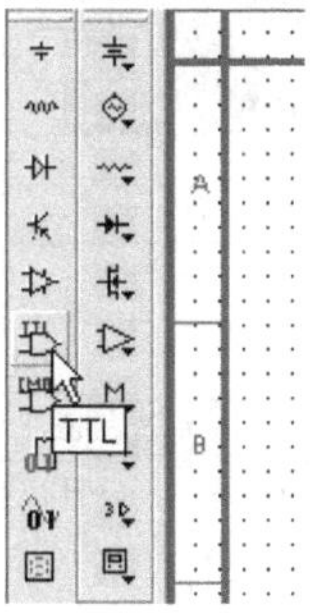

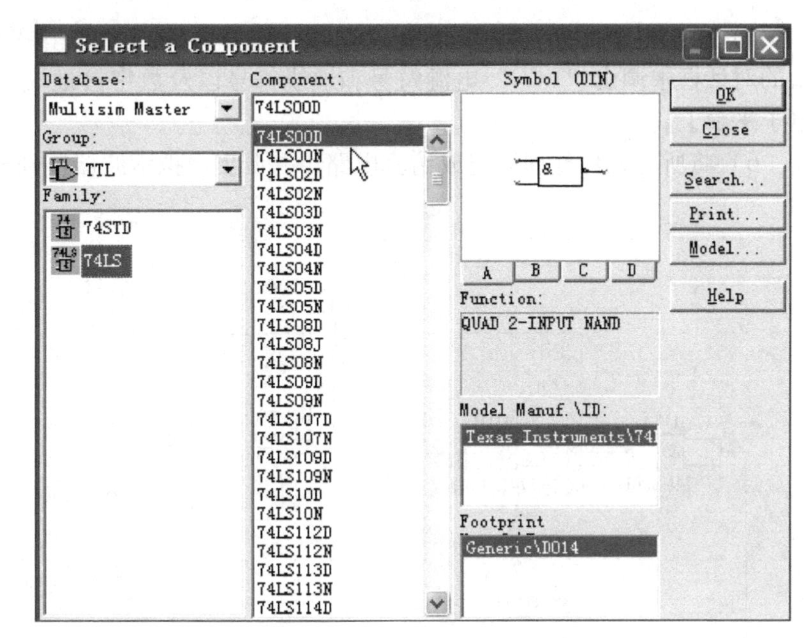

图 4-13　单击真实元件工具条“TTL”按钮

图 4-14　选中 74LS00D 与非门

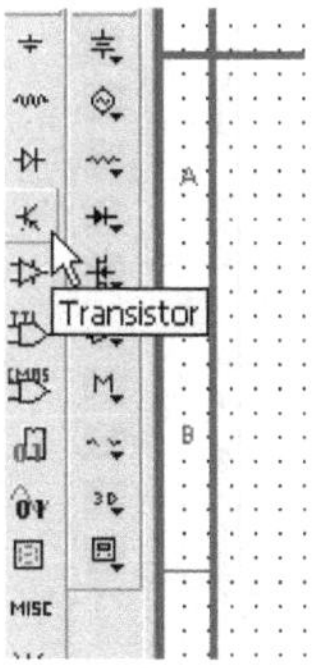

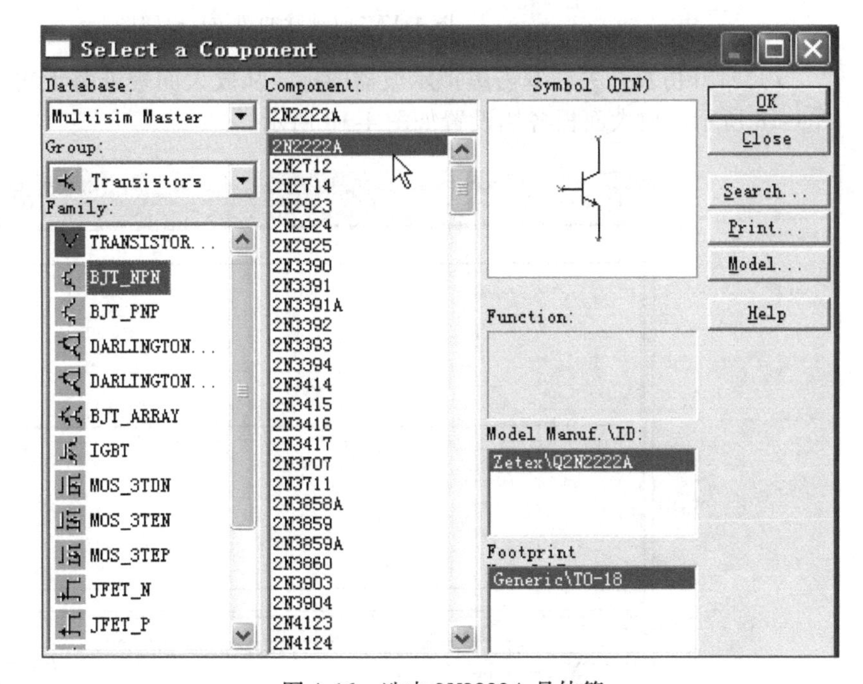

图 4-15　单击真实元件工具条“Transistor”按钮

图 4-16　选中 2N2222A 晶体管

4）单击电子仿真软件 Multisim 基本界面左侧右列虚拟元件工具条调出电位器，并双击电位器图标，将弹出的对话框“Increment”栏改为“1”%；将“Resistance”栏改为“10”kOhm，再单击下方“确定”按钮退出。

5）单击电子仿真软件 Multisim 基本界面左侧左列元件工具条的“Source”按钮，从弹出的对话框中调出“VCC”电源符号和地线符号以及数字接地端“DGND”，将它们放置在电子平台上。

6）将所有元件整理后连成仿真电路，并调出虚拟示波器接到输出端，如图 4-17 所示。

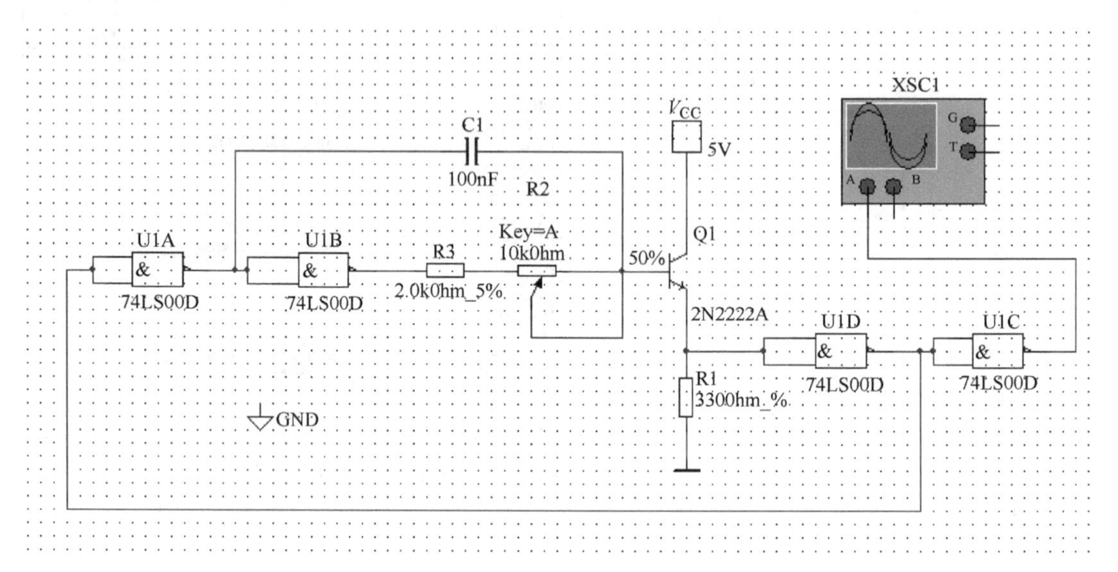

图 4-17 时钟脉冲源仿真电路图

7）打开仿真开关，双击虚拟示波器图标，从放大面板屏幕上可以看到产生的矩形波如图 4-18 所示。放大面板各栏设置如图 4-18 所示。

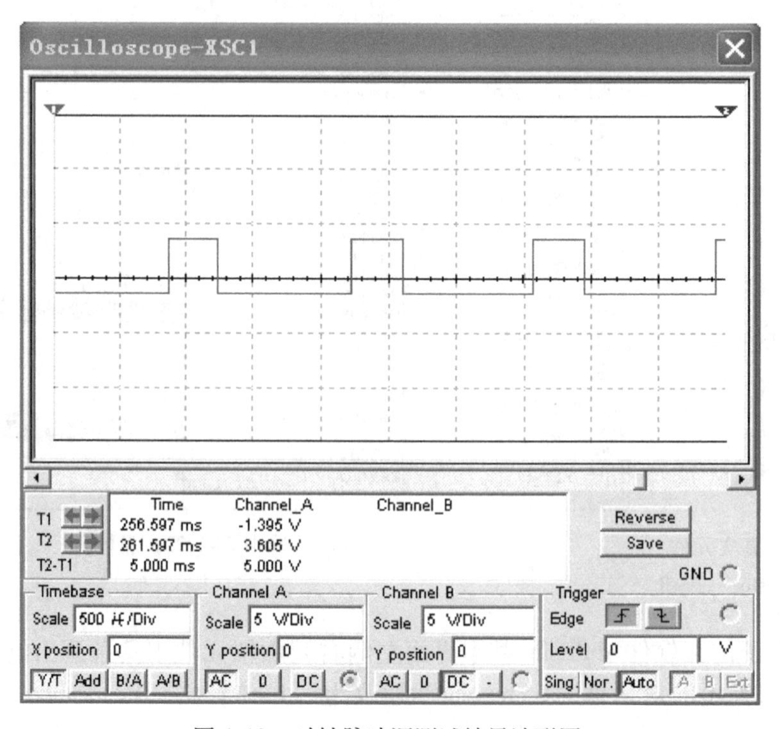

图 4-18 时钟脉冲源测试结果波形图

8）用虚拟示波器屏幕上的读数指针读出矩形波的周期、频率和占空比，并将结果填入表 4-2 中。

9）根据公式计算矩形波的周期、频率和占空比，将结果填入表 4-2 中，并与实际测量值相比较。

表 4-2　时钟脉冲源测试结果表

电位器百分比为 50%	矩形波周期	矩形波频率	占空比
实际测量值			
理论计算值			

10）改变电位器的百分比为 70%，观察并用虚拟示波器屏幕上的读数指针测出矩形波的周期、频率和占空比，然后与理论计算值相比较，仿照表 4-2 自拟表格填入数据。

4.1.3　实验报告

整理 3 个仿真实验所得到的数据，并填好表格内容。

4.2　半加器和全加器

4.2.1　实验目的

（1）学会用电子仿真软件 Multisim 进行半加器和全加器仿真实验。

（2）学会用逻辑分析仪观察全加器波形。

（3）分析二进制数的运算规律。

（4）掌握组合电路的分析和设计方法。

（5）验证全加器的逻辑功能。

4.2.2　实验内容

1. 测试用异或门、与门组成的半加器的逻辑功能

1）按照图 4-19 所示，从电子仿真软件 Multisim 基本界面左侧左列真实元件工具条中调出所需元件：其中，异或门 74LS86N 从“TTL”库中调出；与门 4081BD_5V 从“CMOS”库中调出。指示灯从电子仿真软件 Multisim 基本界面左侧右列虚拟元件库中调出，X1 选红灯；X2 选蓝灯。

2）打开仿真开关，根据表 4-3 改变输入数据进行实验，并将结果填入表内。

表 4-3　半加器测试结果表

输入		输出	
A	B	S（本位和）	C_i（进位）
0	0		
0	1		
1	0		
1	1		

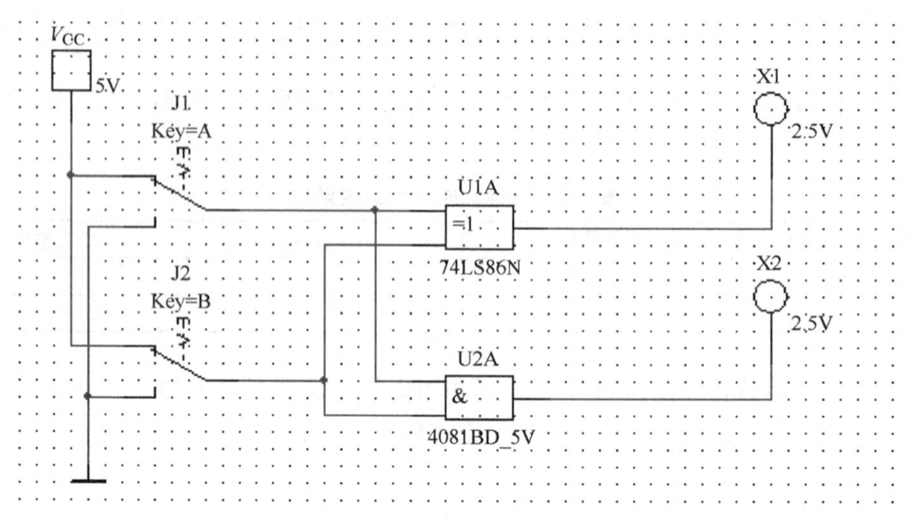

图 4-19　半加器仿真电路图

2. 测试全加器的逻辑功能

1）从电子仿真软件 Multisim 基本界面左侧左列真实元件工具条的“CMOS”库中调出或门 4071BD_5V、与门 4081BD_5V；从“TTL”库中调出异或门 74LS86D，组成仿真电路如图 4-20 所示。

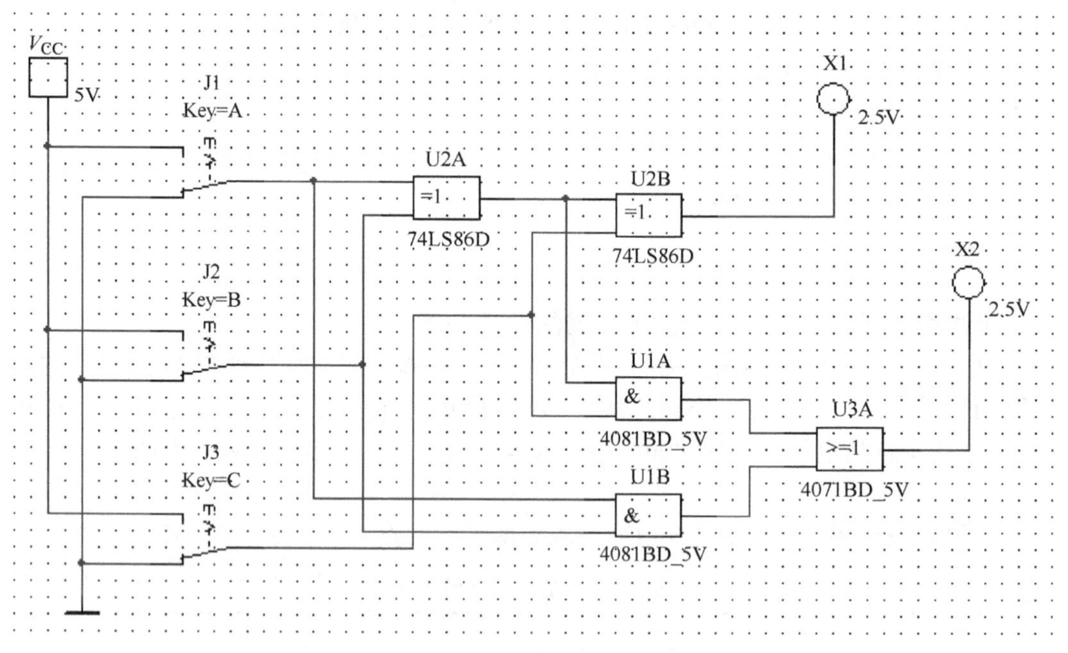

图 4-20　全加器仿真电路图

2）打开仿真开关，根据表 4-4 输入情况进行实验，并将结果填入表内。

表 4-4　全加器测试结果表

输入			输出	
A	B	C_{i1}	S	C_i
0	0	0		
0	0	1		
0	1	0		
0	1	1		
1	0	0		
1	0	1		
1	1	0		
1	1	1		

3. 用逻辑分析仪观察全加器波形

1）先关闭仿真开关，在图 4-20 中删除除集成电路以外的其他元件。

2）单击电仿真软件 Multisim 基本界面右侧虚拟仪器工具条中的“Word Generator”按钮，如图 4-21a 所示，调出字信号发生器图标（见图 4-21b）“XWG1”，将它放置在电子平台上。

3）再单击虚拟仪器工具条中的“Logic Analyzer”按钮，如图 4-22a 所示，调出逻辑分析仪图标（见图 4-22b）“XLA1”，将它放置在电子平台上。

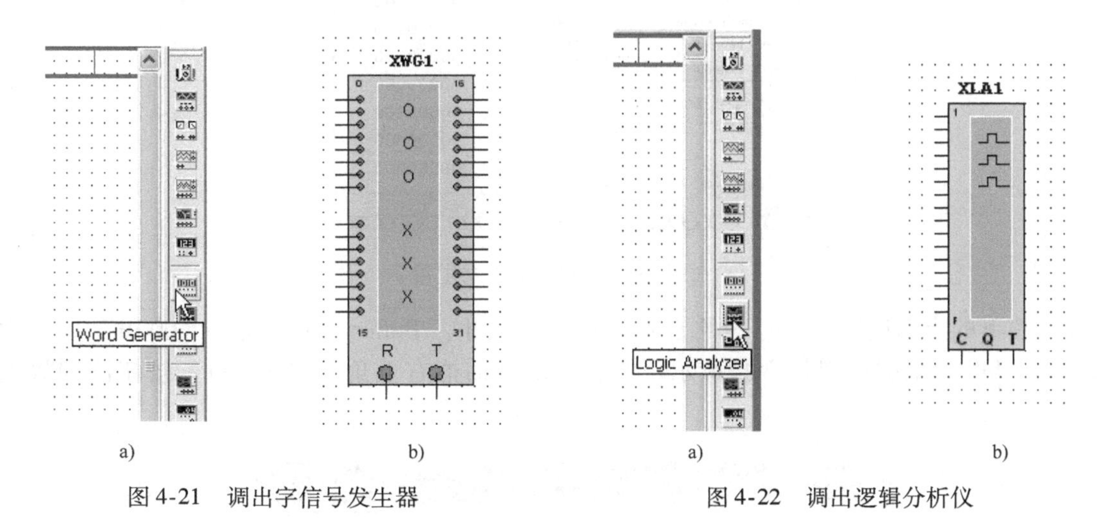

a)　　b)　　a)　　b)

图 4-21　调出字信号发生器　　图 4-22　调出逻辑分析仪

4）连好仿真电路如图 4-23 所示。

5）双击字信号发生器图标“XWG1”，将打开它的放大面板如图 4-24 所示。它是一台能产生 32 位（路）同步逻辑信号的仪表。按下放大面板的“Controls”栏的“Cycle”按钮，表示字信号发生器在设置好的初始值和终止值之间周而复始地输出信号；单选“Display”栏下的“Hex”表示信号以十六进制显示；“Trigger”栏用于选择触发的方式；“Frequency”栏用于设置信号的频率。

6）按下“Controls”栏的“Set...”按钮，将弹出对话框如图 4-25 所示。单选“Display

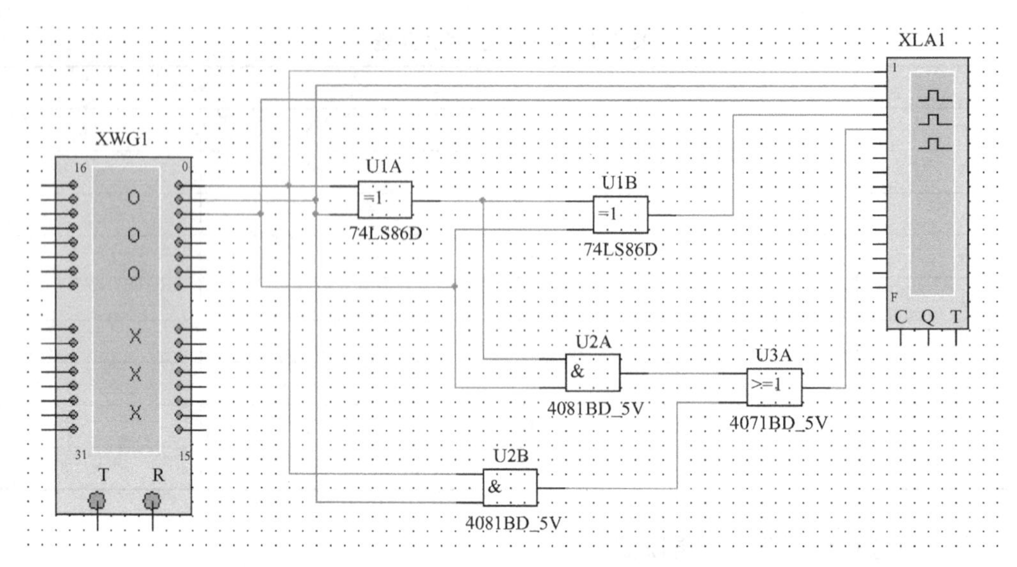

图 4-23 观察全加器波形仿真电路图

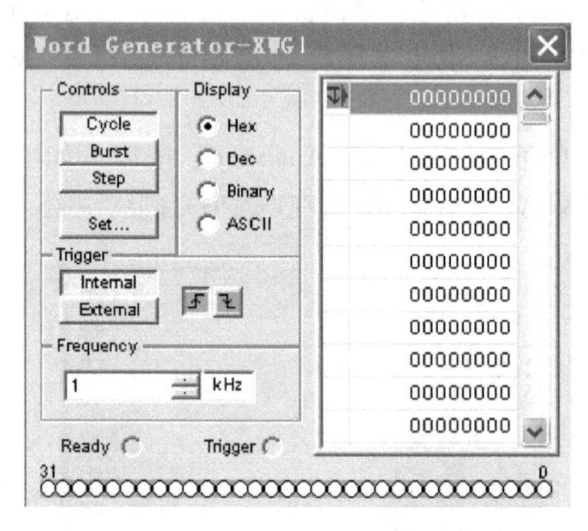

图 4-24 设置字信号发生器

Type”栏下的十六进制“Hex”，再在设置缓冲区大小“Buffer Size”输入“000B”即十六进制的“11”，如图中鼠标手指所示，然后单击对话框右上角的“Accept”按钮回到放大面板。

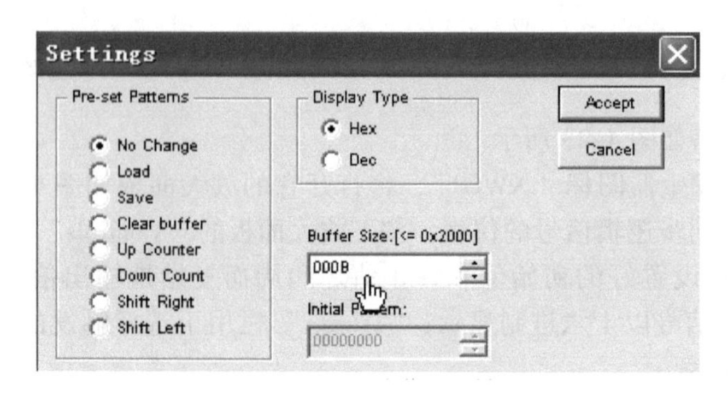

图 4-25 设置字信号进制

7）单击放大面板右边 8 位字信号编辑区进行逐行编辑，从上至下在栏中输入十六进制的 00000000 ~ 0000000A 共 11 条 8 位字信号，编辑好的 11 条 8 位字信号如图 4-26 所示，最后关闭放大面板。

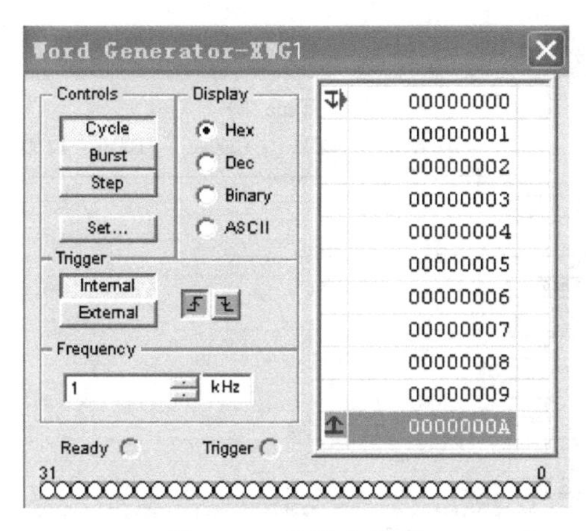

图 4-26　编辑字信号

8）打开仿真开关，双击逻辑分析仪图标“XLA1”，将出现逻辑分析仪放大面板，如图 4-27所示。在面板上“Clock”框下的“Clock/Div”栏输入“12”，再单击面板左下角的“Reverse”按钮使屏幕变白，稍等扫描片刻，然后关闭仿真开关。将逻辑分析仪面板屏幕下方的滚动条拉到最左边，如图中鼠标手指所示。

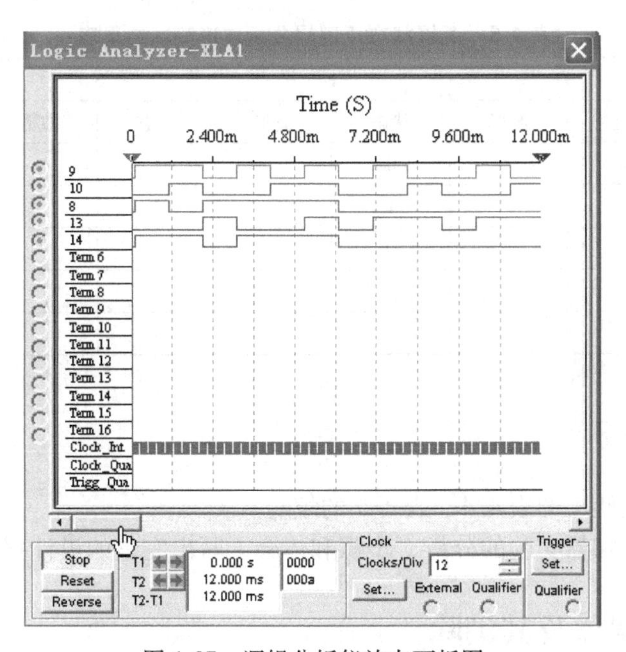

图 4-27　逻辑分析仪放大面板图

9）拉出屏幕上的读数指针可以观察到一位全加器各输入、输出端波形。例如，图 4-28 中读数指针所在位置表示输入信号 $A=0$、$B=1$、$C_{i-1}=1$；$S=0$、$C_i=1$。（注：屏幕左侧标有“9”的波形表示 A；标有“10”的波形表示 B；标有“8”的波形表示 C_{i-1}；标有“13”

的波形表示 S；标有“14”的波形表示 C_i。）

10）按表 4-5 要求，用读数指针读出 4 个观察点的状态，并将它们的逻辑状态和逻辑分析波形填入表 4-5 中。

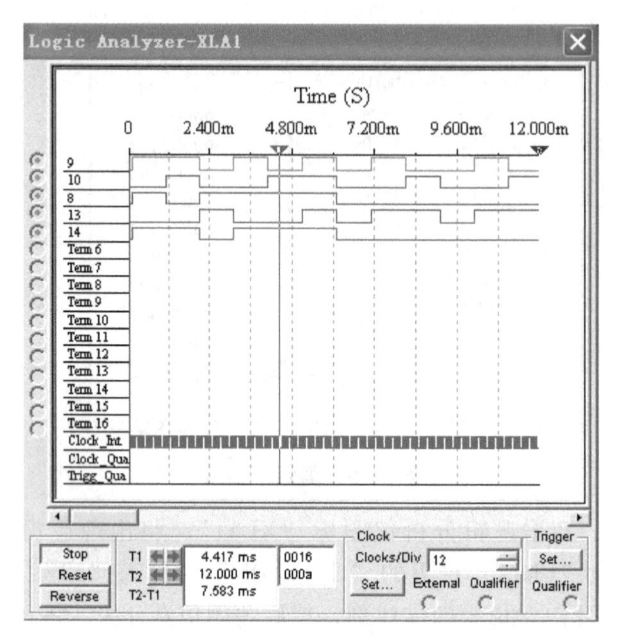

图 4-28　一位全加器各输入输出端波形图

表 4-5　逻辑状态及逻辑分析波形测试结果表

变量 \ 测点		1		2		3		4	
		状态	波形	状态	波形	状态	波形	状态	波形
输入	A	1		0		1		1	
	B	0		1		1		0	
	C_{i-1}	0		0		0		1	
输出	S								
	C_i								

4.2.3　实验报告

（1）完成仿真实验中的表 4-4、表 4-5 的填写。

（2）总结设计全加器实验的分析、步骤和体会，写出完整的设计报告。

4.3　竞争冒险现象及其消除

4.3.1　实验目的

（1）了解组合逻辑电路中的竞争冒险现象。

（2）学会分析给定组合逻辑电路中有无竞争冒险现象。

（3）掌握采用修改逻辑设计方法消除竞争冒险现象。

4.3.2　实验内容

1）单击电子仿真软件 Multisim 基本界面左侧左列真实元件工具条的“CMOS”按钮，从弹出的对话框“Family”栏选取“CMOS_5V”，在“Component”栏选取“4081BD_5V”，共调出两只与门；再在“Component”栏选取“4069BCL_5V”，调出一只反相器，将它们放置在电子平台上。

2）单击电子仿真软件 Multisim 基本界面左侧左列真实元件工具条的“TTL”按钮，从弹出的对话框“Family”栏选取“74STD”，在“Component”栏选取“7432N”，调出一只或门，将它放置在电子平台上。

3）单击电子仿真软件 Multisim 基本界面左侧右列虚拟元件工具条，从虚拟元件列表框中调出一盏红色指示灯。

4）单击电子仿真软件 Multisim 基本界面左侧左列真实元件工具条的“Sources”按钮，从弹出的对话框“Family”栏选取“POWER_SOURCES”，再在“Component”栏选取“VDD”电源和“GROUND”地线，将它们放置在电子平台上；然后在“Family”栏中选取“SIGNAL_VOLTAG...”，再在“Component”栏中选取“CLOCK_VOLTAGE”，如图 4-29 箭头所示，最后单击对话框右上角的“OK”按钮，将脉冲信号源调入电子平台。

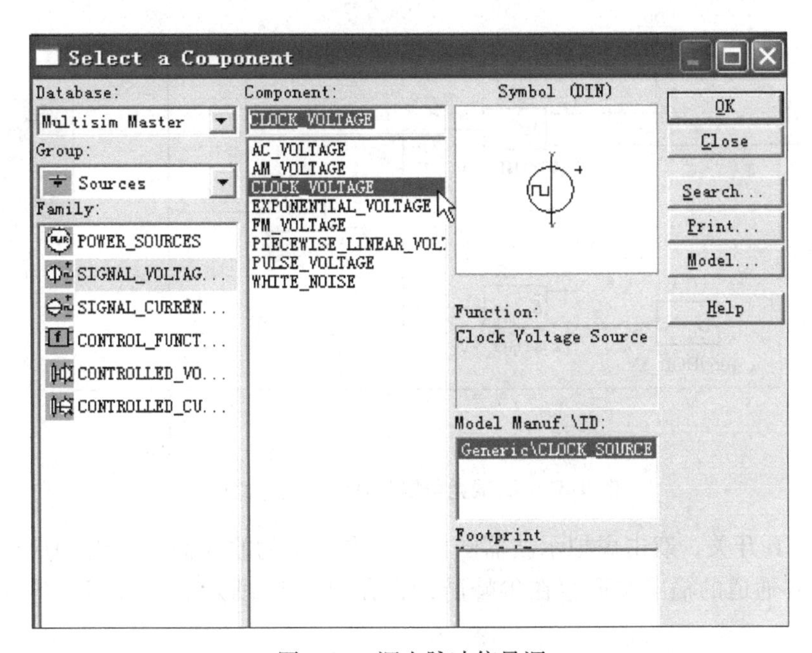

图 4-29　调出脉冲信号源

5）双击脉冲信号源图标，在弹出对话框的“Frequency”右侧输入“100”，并单击右边下拉箭头，选取“Hz”，最后单击对话框下方的“确定”按钮退出，如图 4-30 所示。

6）将所有调出元件整理并连成仿真电路。从基本界面右侧虚拟仪器工具条中调出双踪示波器，并将它的 A 通道接到电路的输入端，将 B 通道接到电路的输出端，如图 4-31 所示。

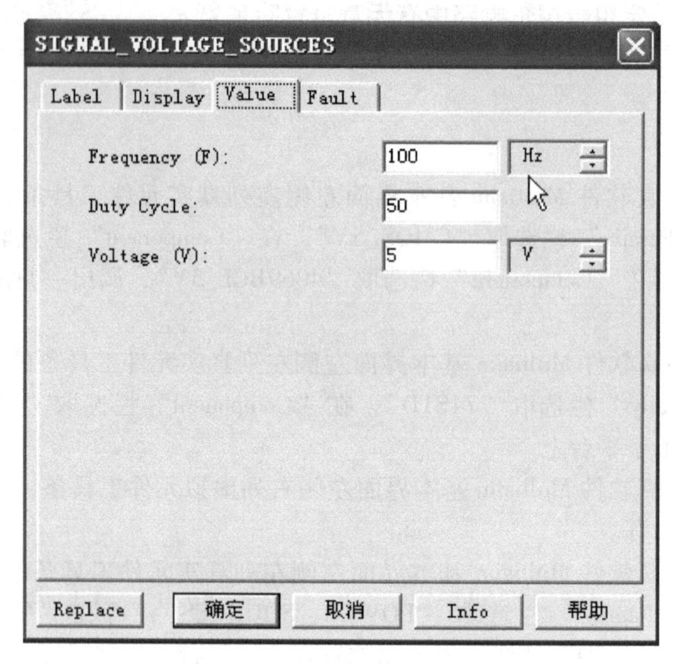

图 4-30　设置脉冲信号源频率

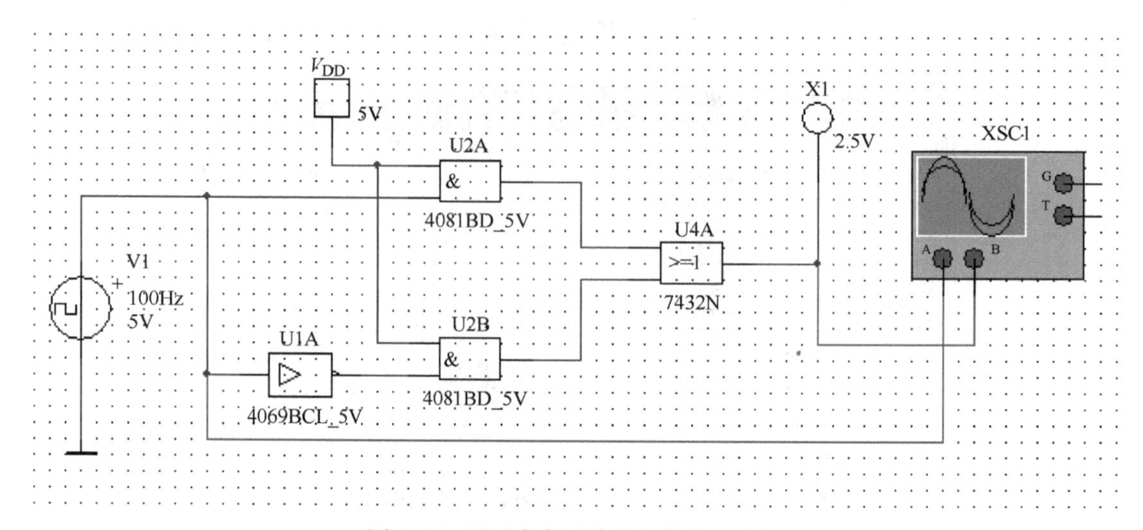

图 4-31　测试竞争冒险现象仿真电路图

7）打开仿真开关，双击虚拟示波器图标，将在弹出的放大面板上看到由于电路存在竞争冒险现象，B 通道的输出波形存在尖峰脉冲，如图 4-32 所示。放大面板各栏数据可参照图中设置。

8）采用修改设计的方法消除组合电路的竞争冒险现象，先关闭仿真开关，再从电子仿真软件 Multisim 基本界面左侧左列真实元件工具条中调出与门和或门各一只，将电路改成如图 4-33 所示。

9）重新打开仿真开关，并双击虚拟示波器图标，从放大面板的屏幕上看到输出波形已经消除了尖峰脉冲，如图 4-34 所示，请分析和解释原因。

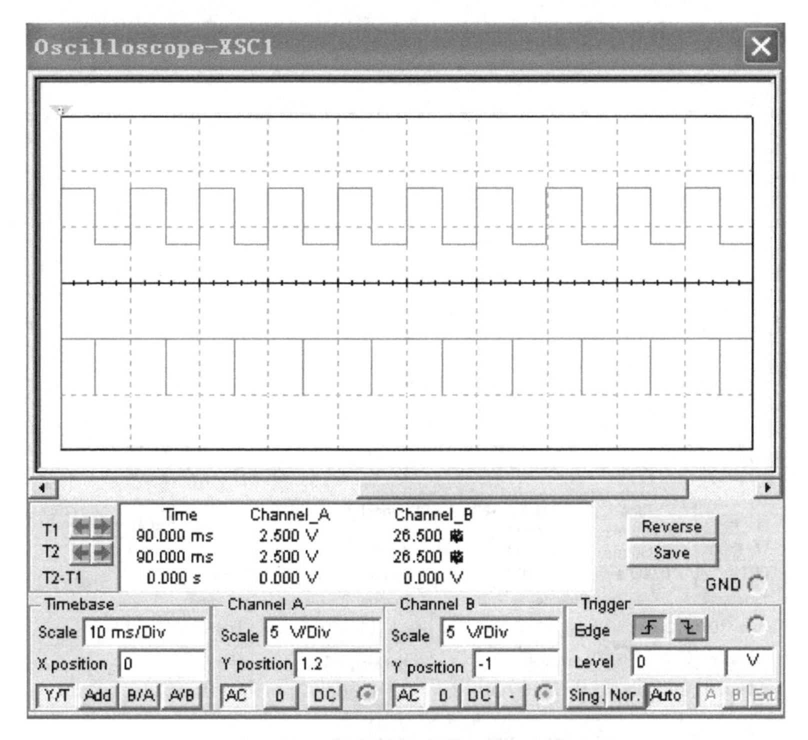

图 4-32　测试竞争冒险现象波形图

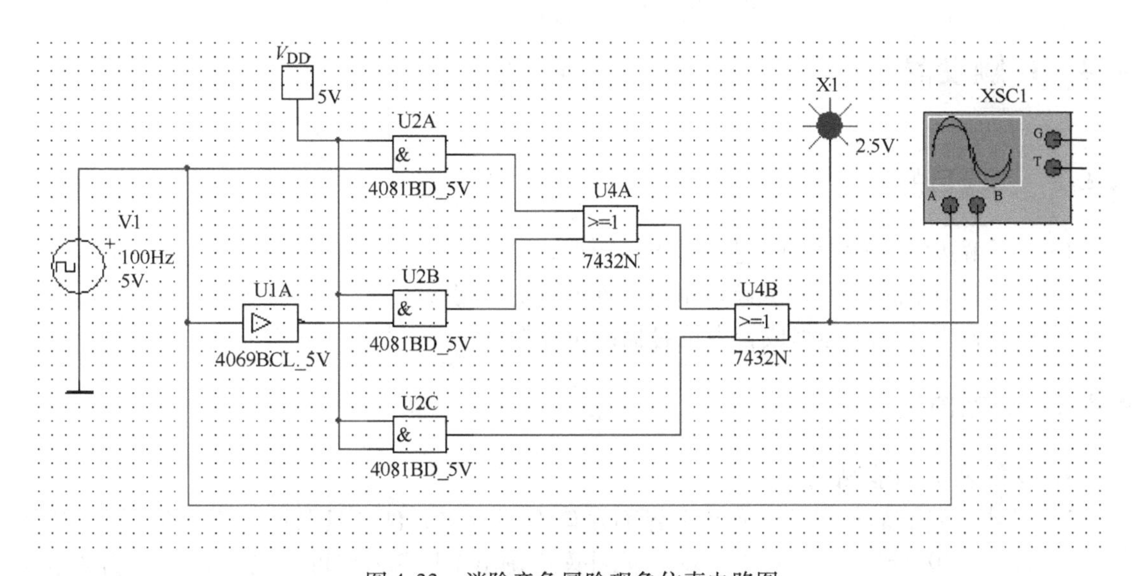

图 4-33　消除竞争冒险现象仿真电路图

4.3.3　实验报告

（1）将仿真实验内容所观察到的波形描绘下来，并对由于竞争冒险而产生的尖峰脉冲被消除进行解释。

（2）观察和比较图 4-32 与图 4-34，并能从理论上分析和解释消除尖峰脉冲的原因。

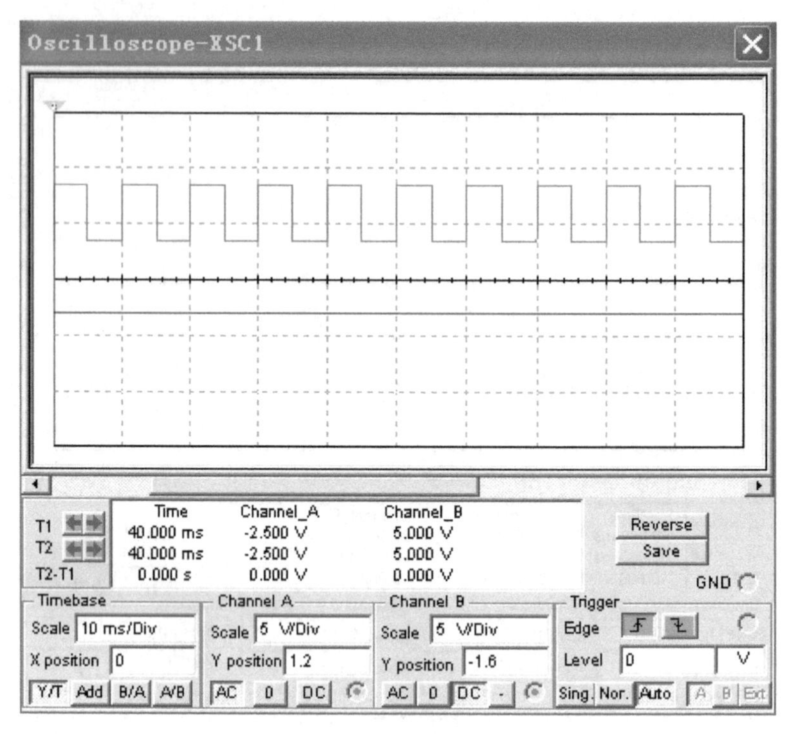

图 4-34　消除竞争冒险现象测试波形图

4.4　D 触发器

4.4.1　实验目的

（1）了解边沿 D 触发器的逻辑功能和特点。

（2）掌握 D 触发器的异步置 0 和异步置 1 端的作用。

（3）了解用 D 触发器组成智力抢答器的工作原理。

4.4.2　实验内容

1. D 触发器功能测试

1）从电子仿真软件 Multisim 基本界面左侧左列真实元件工具条的“CMOS”元件库中调出 D 触发器 4013BD_5V；从“Basic”元件库中调出 4 只单刀双掷开关 SPDT，并分别双击单刀双掷开关，将它们的“Key for Switch”栏设成 S（代表 S_D）、D（代表 D）、C（代表 CP）、R（代表 R_D）。

2）从电子仿真软件 Multisim 基本界面左侧右列虚拟元件工具条的指示器元件列表中选取红色（接 Q 端）和蓝色（接$\overline{Q}$端）指示灯各一盏，将它们放置在电子平台上。

3）从电子仿真软件 Multisim 基本界面左侧左列真实元件工具条的“Source”元件库中调出电源 V_{DD}和地线，将它们放置在电子平台上。

4）将所有元件连成仿真电路，如图 4-35 所示。

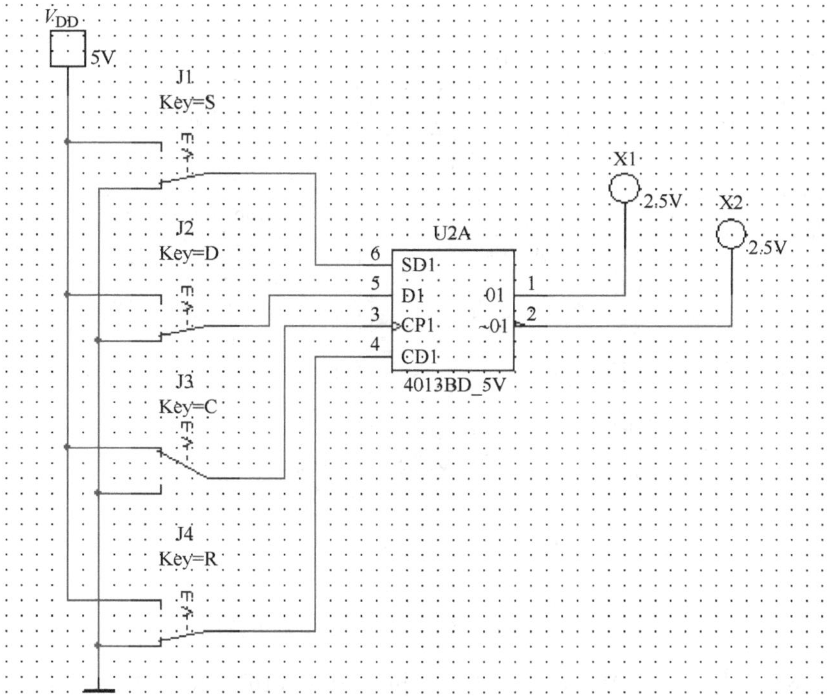

图 4-35　测试 D 触发器仿真电路图

5）打开仿真开关，按表 4-6 的要求进行仿真实验，并将结果填入表内。

表 4-6　D 触发器测试结果表

CP	R_D（CD1）	S_D（SD1）	D	Q^n	Q^{n+1}
×			×		
×			×		
↑					
↑					
↑					
↑					
×			×	×	Q^n

2. 用 4 锁存 D 型触发器组成的智力竞赛抢答器

智力竞赛抢答电路如图 4-36 所示，该电路能鉴别出 4 个数据中的第 1 个到来者，而对随之后来的其他数据信号不再传输和做出响应。至于哪一位数据最先到来，则可从 LED 指示灯看出。图 4-36 所示电路是由 4 锁存 D 型触发器 4042BD、双 4 输入端与非门 4012BD、四 2 输入或非门 4001BD 和六同相缓冲/变换器 4010BCl 等元件构成。

电路工作时，4 锁存 D 型触发器 4042BD 的极性端 EO（POL）处于高电平“1”，E1（CP）端电平由 $\overline{Q}_0 \sim \overline{Q}_3$ 由高电平和复位开关产生的信号决定。

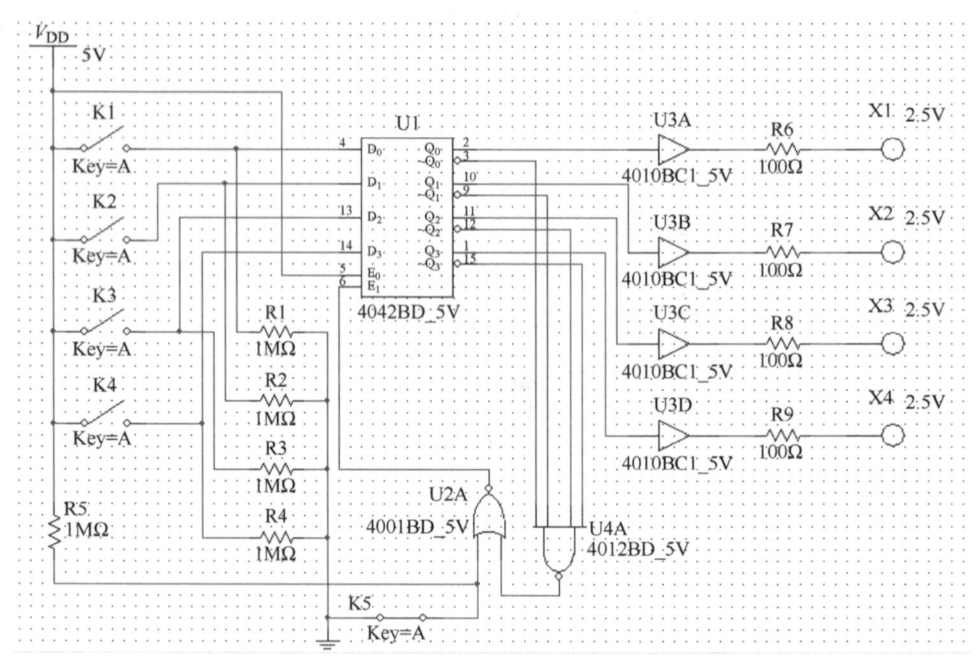

图 4-36　D 触发器组成抢答器仿真电路图

复位开关 K5 断开时，4001BD 的一端经上拉电阻接 VDD，由于 K1 ~ K4 均为断开状态，D0 ~ D3 均为低电平“0”状态，所以$\overline{Q_0}$ ~ $\overline{Q_3}$为高电平“1”状态，E1 端为低电平“0”状态，锁存了前一次工作阶段的数据。新的工作阶段开始，复位开关 K5 闭合，4001BD 的一端接地，4012BD 的输出端也为低电平“0”状态，所以 E1 端为高电平“1”状态。以后，E1 的状态完全由 4042BD 的$\overline{Q}$输出端电平决定。一旦数据开关 K1 ~ K4 有一个闭合，则 Q_0 ~ Q_3 中必有一端最先处于高电平“1”状态，相应的 LED 被点亮，指示出第一信号的位数。同时 4012BD 的输出端也为高电平“1”状态，迫使 E1 为低电平“0”状态，在 CP 脉冲下降沿的作用下，第一信号被锁存，电路对以后的信号便不再响应。

1）从电子仿真软件 Multisim 基本界面左侧左列真实元件工具条的“CMOS”元件库中调出 4 锁存 D 型触发器 4042BD、4012BD、四 2 输入或非门 4001BD 各一只；调出同相缓冲/变换器 4010BCl 四只，将它们放置在电子平台上。

2）单击电子仿真软件 Multisim 基本界面左侧左列真实元件工具条的“Basic”按钮，在弹出的对话框“Family”栏中选取“SWITCH”，再在“Component”栏中选取“SPST”，如图 4-37 所示，调出单刀单掷开关 4 只放置在电子平台上。

3）从电子仿真软件 Multisim 基本界面左侧左列真实元件工具条的“Basic”元件库中调出 100Ω 电阻 4 只、1MΩ 电阻 5 只，将它们放置在电子平台上。

4）从电子仿真软件 Multisim 基本界面左侧左列真实元件工具条的“Source”元件库中调出 V_{DD}电源和地线，将它们放置在电子平台上。

5）从电子仿真软件 Multisim 基本界面左侧右列虚元件工具条的指示器元件列表框中调出红、绿、蓝、黄指示灯各一只，将它们放置在电子平台上。

6）经调整元件位置并将它们连成如图 4-36 所示仿真电路。

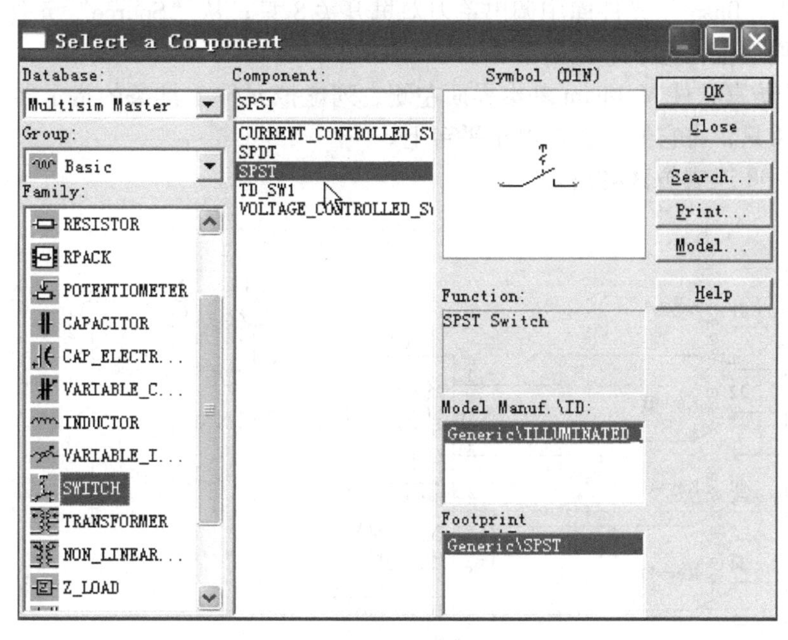

图 4-37　调出单刀单掷开关

7）先将 4 只单刀单掷开关 K1 ~ K4 都处在打开状态，然后打开仿真开关，任意按下一只单刀单掷开关，红、绿、蓝、黄指示灯中有且仅有一盏灯亮，再按下其他单刀单掷开关都不能使对应的指示灯亮，第一次按下的单刀单掷开关表示该人抢答成功。

8）关闭仿真开关，恢复 4 只单刀单掷开关 K1 ~ K4 都处在打开状态，另选其他单刀单掷开关并按下，重复上述实验。

4.4.3　实验报告

（1）填好仿真实验中 D 触发器功能测试表 4-6，并对 D 触发器功能进行讨论。

（2）分析和解释用 4 锁存 D 型触发器组成的智力竞赛抢答器的工作原理。

4.5　移位寄存器

4.5.1　实验目的

（1）熟悉移位寄存器的工作原理及调试方法。

（2）掌握用移位寄存器组成计数器的典型应用。

4.5.2　实验内容

1. 逻辑功能验证

（1）并行输入

1）从电子仿真软件 Multisim 基本界面左侧左列真实元件工具条的“TTL”元件库中调

出 74LS194；从“Basic”元件库中调出单刀双掷开关 8 只；从“Source”元件库中调出 V_{CC} 和地线，将它们放置在电子平台上。

2）从电子仿真软件 Multisim 基本界面左侧右列虚拟元件工具条的指示器元件列表中调出红色指示灯 4 只，将它们放置在电子平台上。

3）按图 4-38 连成仿真电路。

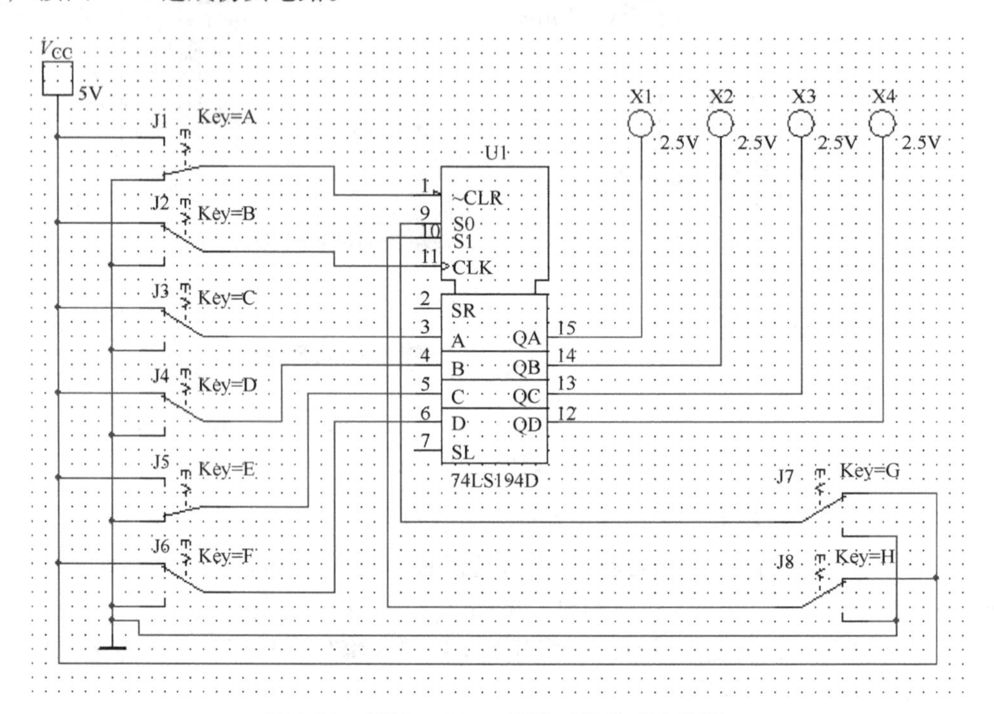

图 4-38　测试 74LS194 逻辑功能仿真电路图

4）打开仿真开关，根据 74LS194 功能表 2-39，用 J1 实现“异步清 0”功能；再根据“并行输入”功能要求，将 S_1、S_0 使能端置于“1、1”状态，A、B、C、D 数据输入端分别设为“1011”，观察 CLK 端加单脉冲 CP 时，输出端指示灯变化情况，并填写表 4-7。

（2）动态保持

根据 74LS194 功能表“保持”功能，观察单脉冲作用时输出端变化情况，并填表 4-8。

表 4-7　74LS194 移位寄存器逻辑功能测试结果表

脉冲	Q_A	Q_B	Q_C	Q_D
未加脉冲				
加单脉冲				

表 4-8　加单脉冲测试 74LS194 移位寄存器保持功能

脉冲	Q_A	Q_B	Q_C	Q_D
未加脉冲				
加单脉冲				

（3）左移功能

将 74LS194 的 Q_A 端与 S_L 端相连。在打开仿真开关的情况下，先给 Q_A ~ Q_D 送数“0011”，然后根据 74LS194 功能表“左移”功能要求（即 $S_L=0$），观察当 CP 脉冲作用时输出端指示灯变化情况，并填写表 4-9；再给 Q_A ~ Q_D 送数“1100”，然后根据 74LS194 功能表“左移”功能要求（即 $S_L=1$），观察当 CP 脉冲作用时输出端指示灯变化情况，并填写表 4-10。

表 4-9　左移功能测试结果表（0011）

脉冲 CLK	Q_A	Q_B	Q_C	Q_D
0	0	0	1	1
1				
2				
3				
4				
5				

表 4-10　左移功能测试结果表（1100）

脉冲 CLK	Q_A	Q_B	Q_C	Q_D
0	1	1	0	0
1				
2				
3				
4				
5				

（4）右移功能

将 74LS194 的 Q_D 端与 S_R 端相连。仿照左移功能步骤观察当 CP 脉冲作用时输出端指示灯变化情况，并填写表 4-11 和表 4-12。

表 4-11　右移功能测试结果表（1100）

脉冲 CLK	Q_A	Q_B	Q_C	Q_D
0	1	1	0	0
1				
2				
3				
4				
5				

表 4-12　右移功能测试结果表（0011）

脉冲 CLK	Q_A	Q_B	Q_C	Q_D
0	0	0	1	1
1				
2				
3				
4				
5				

2. 移位寄存器型计数器

1）重新在 Multisim 平台上，用四位双向移位寄存器 74LS194 构成七进制计数器，其线路如图 4-39 所示。

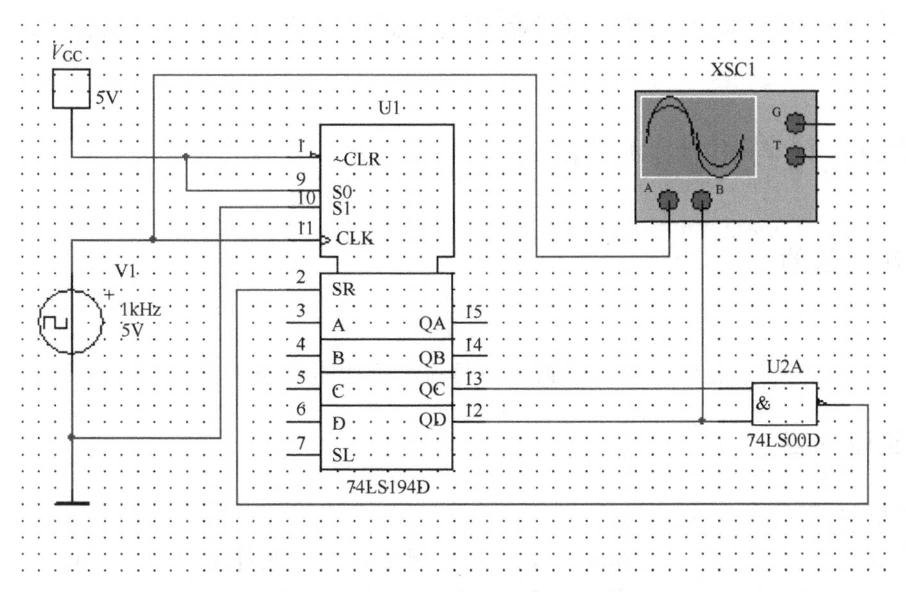

图 4-39　74LS194 移位寄存器组成七进制计数器仿真电路图

2）打开仿真开关，双击虚拟示波器 XSC1 图标，从放大面板的屏幕上观察 Q_D 和 CP 波形，将它们描绘下来，并说明七进制原理。虚拟示波器面板设置参阅图 4-40。

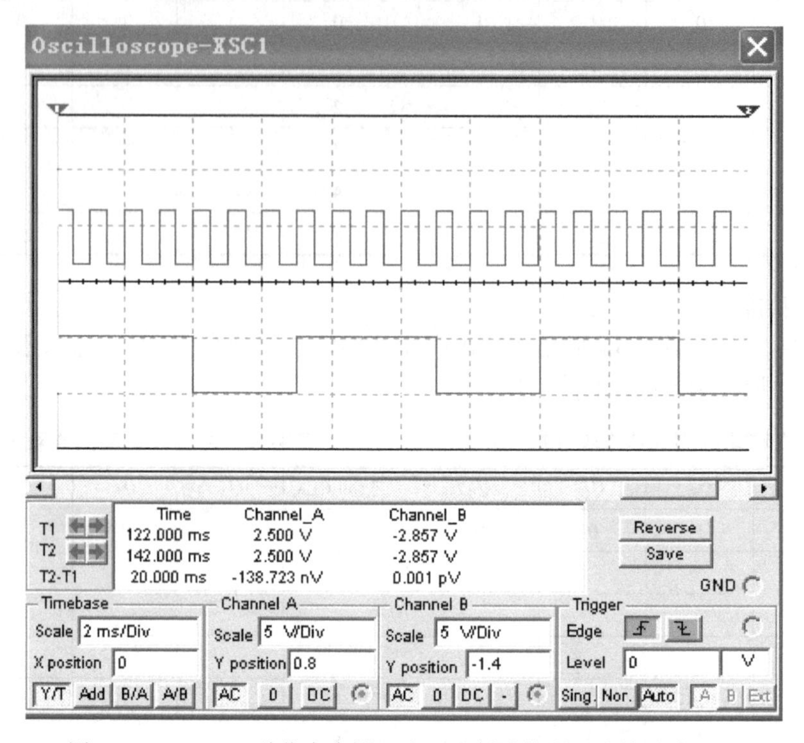

图 4-40　74LS194 移位寄存器组成七进制计数器测试结果波形图

4.5.3　实验报告

（1）整理仿真实验内容及实验数据，填好各表格。

（2）将用示波器观察到的移位寄存器型计数器波形描绘下来，并对实验结果进行分析讨论。

4.6　计数、译码和显示电路

4.6.1　实验目的

（1）掌握二进制加减计数器的工作原理。

（2）熟悉中规模集成计数器及译码驱动器的逻辑功能和使用方法。

4.6.2　实验内容

1. 计数 10 的电路

1）单击电子仿真软件 Multisim 基本界面左侧左列真实元件工具条“CMOS”按钮，从弹出的对话框“Family”栏中选择“CMOS_10V”，再在“Component”栏中选取“4093BD_

10V”和“4017BD_10V”各一只，如图 4-41 所示，将它们放置在电子平台上。

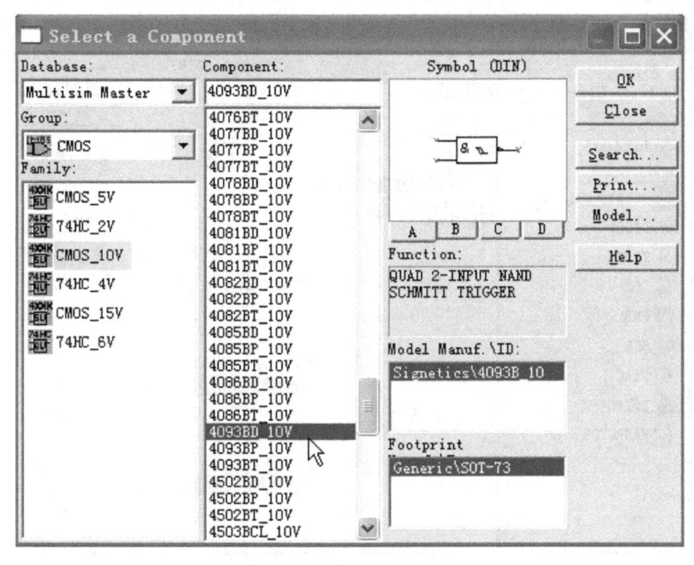

图 4-41　调出 4093BD

2）单击电子仿真软件 Multisim 基本界面左侧左列真实元件工具条“Source”按钮，从弹出的对话框“Family”栏中选择“POWER_SOURCES”，再在“Component”栏中选取“VDD”和地线，将它们调出放置在电子平台上。

3）双击“VDD”图标，将弹出如图 4-42 所示对话框，将“Voltage”栏的数值设置为“10”V，再单击下方“确定”按钮退出。

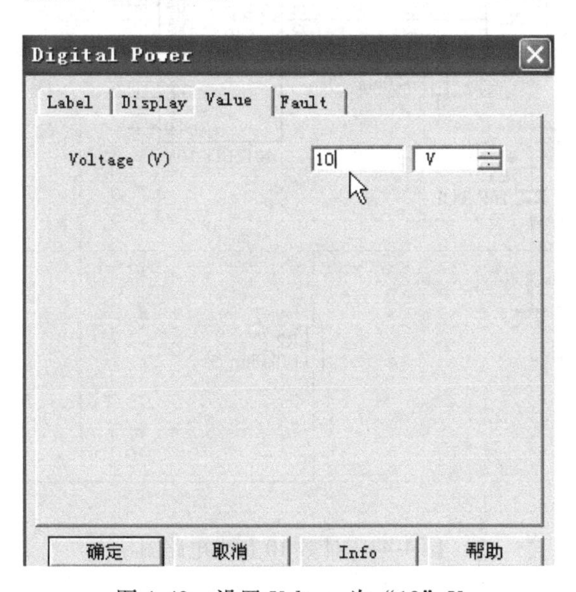

图 4-42　设置 Voltage 为“10”V

4）单击电子仿真软件 Multisim 基本界面左侧真实元件工具条“DIODE”按钮，从弹出的对话框“Family”栏中选择“LED”，再在“Component”栏中选取“LED_red”红色发光二极管共 10 只，如图 4-43 所示。将它们调出放置在电子平台上；其他元件调法不再赘述，将所有元件调齐并连成仿真电路如图 4-44 所示。

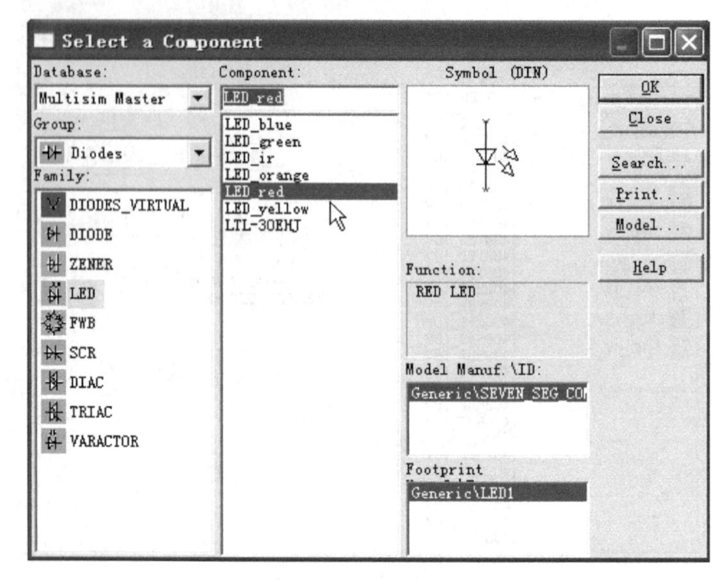

图 4-43　调出红色发光二极管

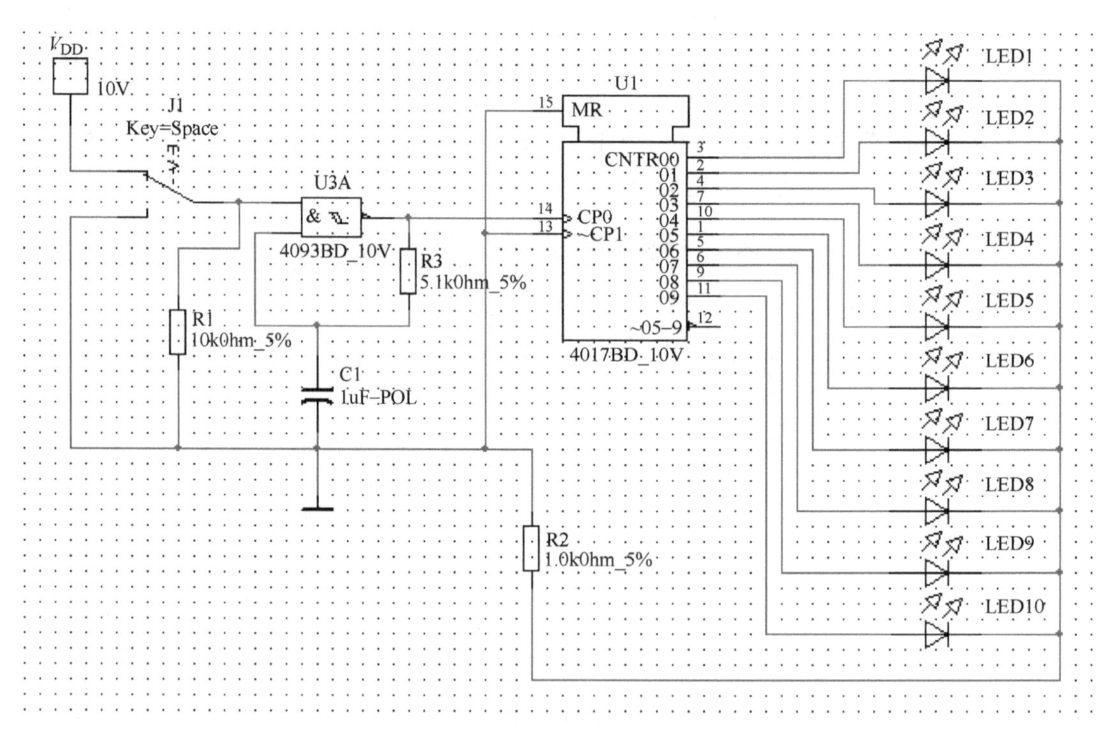

图 4-44　计数 10 仿真电路图

5）先将 J1 置低电平，再打开仿真开关，然后将 J1 置高电平，观察发光二极管发光情况，并解释电路工作原理。

2. 一位计数、译码和显示电路

1）单击电子仿真软件 Multisim 基本界面左侧左列真实元件工具条“CMOS”按钮，从弹出的对话框“Family”栏中选择“CMOS_5V”，再在“Component”栏中选取“4510BD_5V”和“4511BD_5V”各一只，如图 4-45 所示，将它们放置在电子平台上。

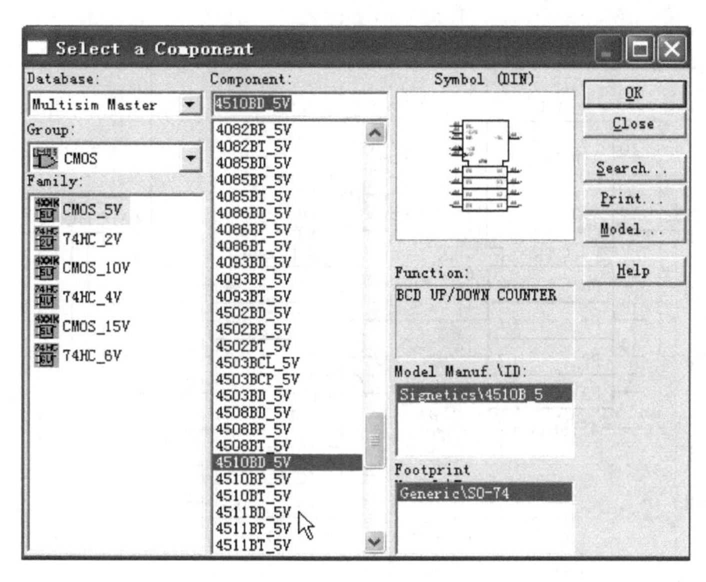

图 4-45　调出 4510BD

2）单击电子仿真软件 Multisim 基本界面左侧左列真实元件工具条“Indicator”按钮，如图 4-46 所示，从弹出的对话框“Family”栏中选择“HEX_DISPLAY”，再在“Component”栏中选取“SEVEN_SEG_COM_K”，如图 4-47 所示，再单击对话框右上角的“OK”按钮，将共阴极数码管调出放置在电子平台上。其他元件调法不再赘述。

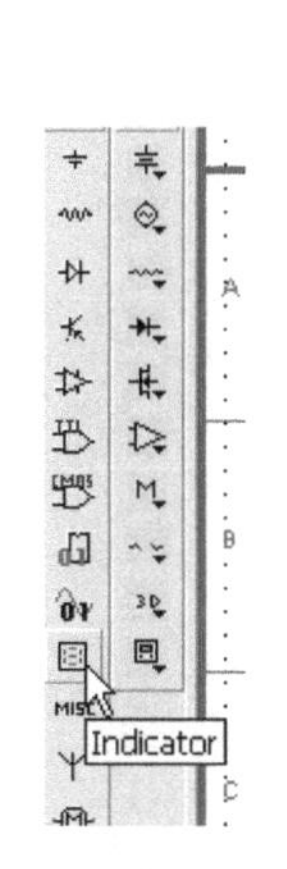

图 4-46　单击真实元件工具条“Indicator”按钮

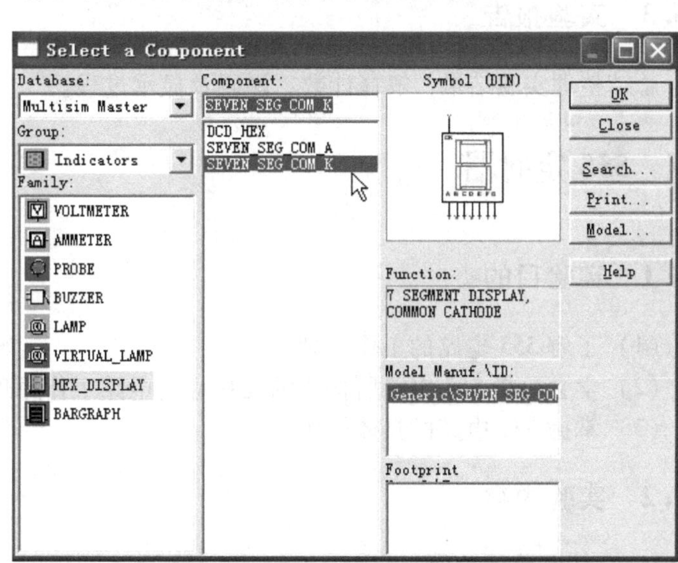

图 4-47　调出共阴极数码管

3）将所有元件调齐并连成仿真电路如图 4-48 所示。

4）打开仿真开关，将 J1 置低电平，J2 置高电平，每次将 J3 从低电平改变成高电平，

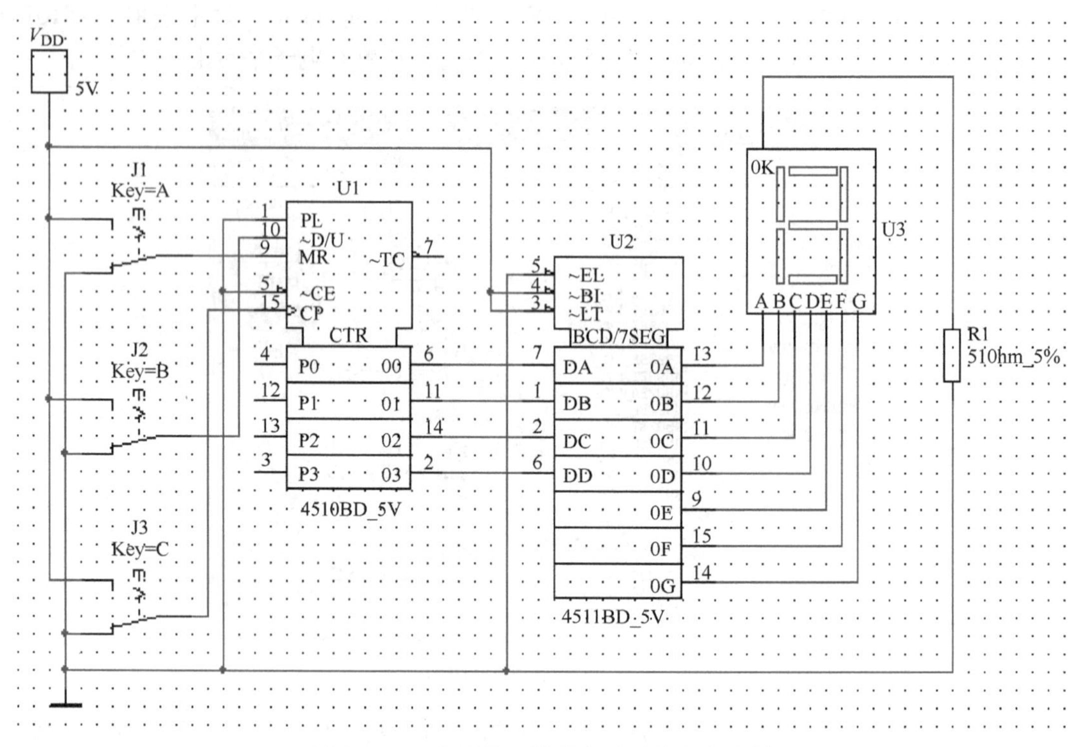

图 4-48　一位计数、译码和显示仿真电路图

观察数码管变化情况；再将 J2 置低电平，重复上述实验，并能解释之。

4.6.3 实验报告

总结整理实验结果，解释计数、译码及显示过程。

4.7 555 定时器

4.7.1 实验目的

（1）了解 555 电路的工作原理。

（2）学会分析 555 电路所构成的几种应用电路工作原理。

（3）掌握 555 电路的具体应用。

4.7.2 实验内容

1. 时基振荡发生器

1）单击电子仿真软件 Multisim 基本界面左侧左列真实元件工具条“Mixed”按钮，如图 4-49 所示，从弹出的对话框“Family”栏中选择“TIMER”，再在“Component”栏中选择“LM555CM”，如图 4-50 所示，单击对话框右上角的“OK”按钮，将 555 电路调出放置在电子平台上。

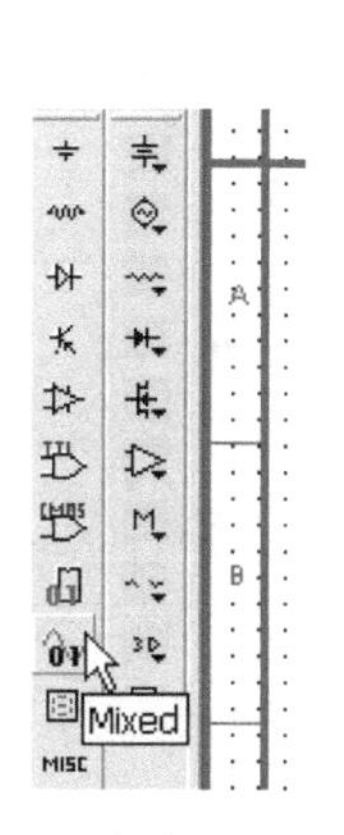

图 4-49　单击真实元件工具条“Mixed”按钮

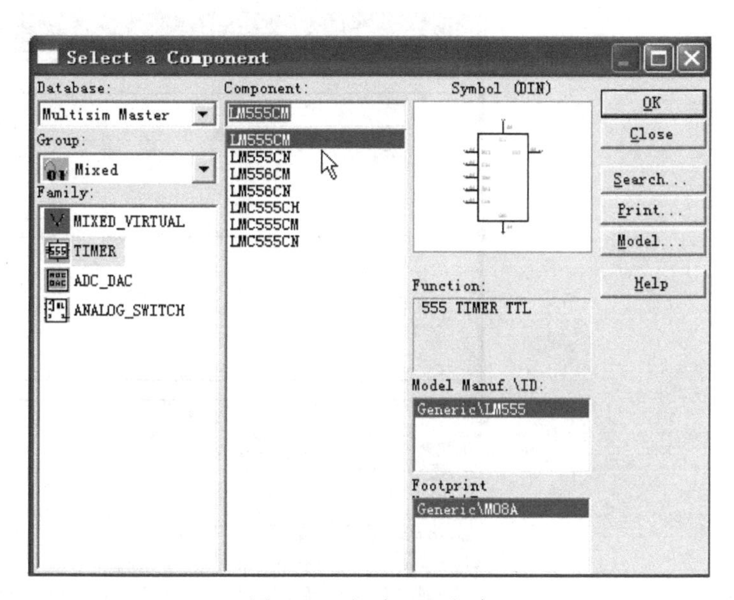

图 4-50　调出 555 电路

2）从电子仿真软件 Multisim 基本界面左侧左列真实元件工具条中调出其他元件，并从基本界面右侧调出虚拟双踪示波器，按图 4-51 在电子平台上建立仿真实验电路。

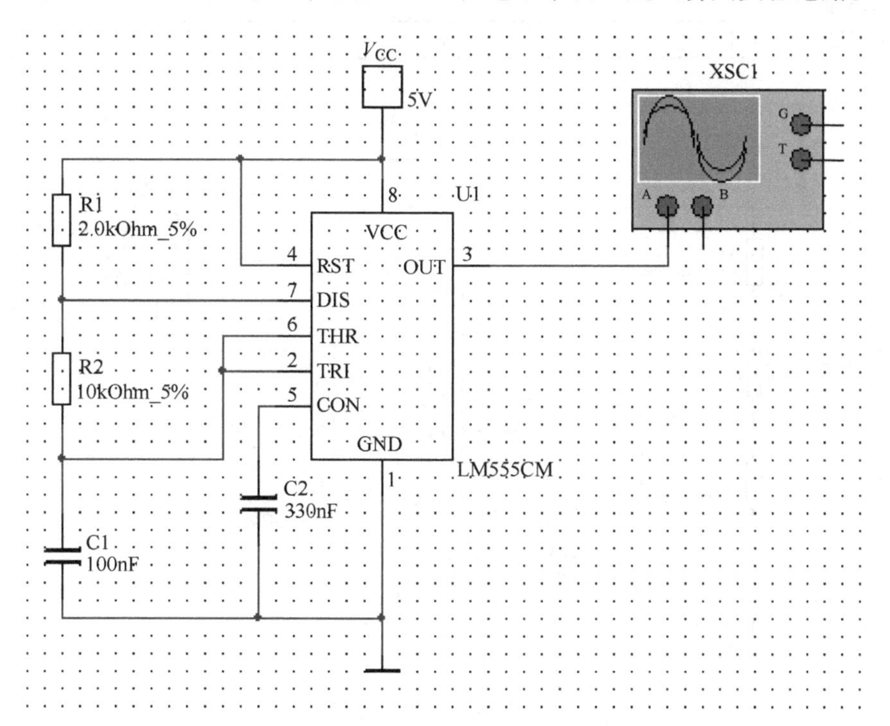

图 4-51　测试时基振荡发生器仿真电路图

3）打开仿真开关，双击示波器图标，观察屏幕上的波形，示波器面板设置参阅图 4-52。利用屏幕上的读数指针对波形进行测量，并将结果填入表 4-13 中。

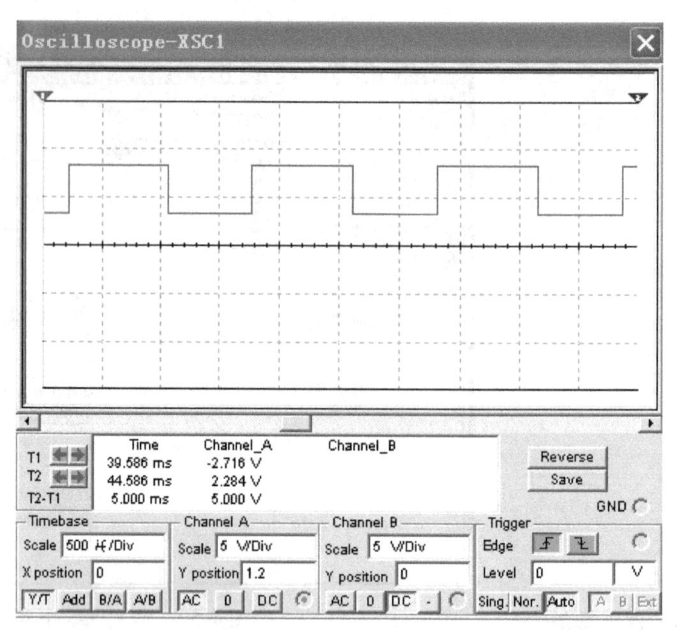

图 4-52　示波器面板设置及时基振荡发生器测试波形图

表 4-13　时基振荡发生器波形测量结果表

	周期 T	高电平宽度 T_W	占空比 q
理论计算值			
实验测量值			

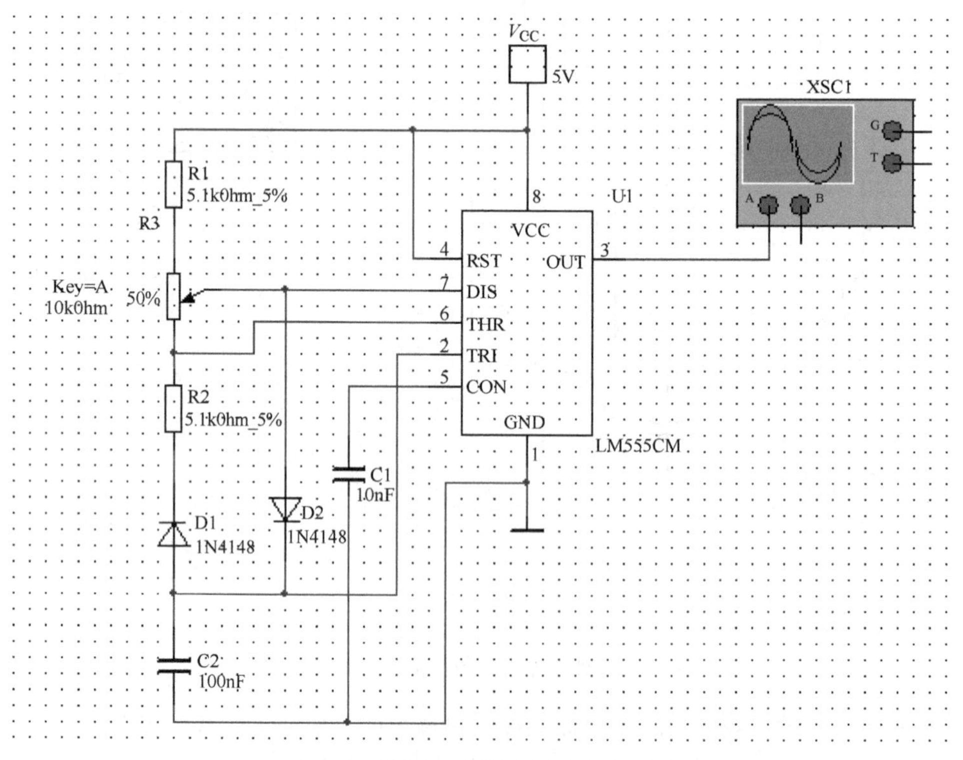

图 4-53　测试多谐振荡器仿真电路图

2. 占空比可调的多谐振荡器

1）在电子仿真软件 Multisim 电子平台上建立如图 4-53 所示仿真电路。其中电位器从电子仿真软件 Multisim 左侧左列虚拟元件工具条中调出，并双击电位器图标，将弹出的对话框的“Increment”栏的数值设置为“1”%；将“Resistance”改成“10” kOhm，单击对话框下方“确定”按钮退出，如图 4-54 所示。

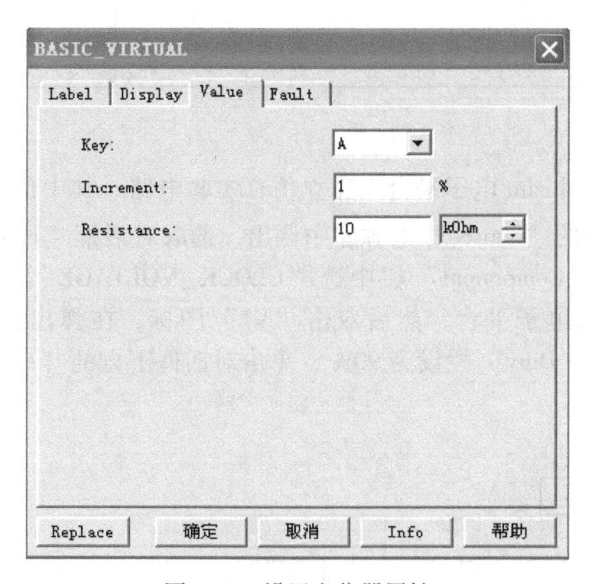

图 4-54　设置电位器属性

2）打开仿真开关，双击示波器图标将从放大面板的屏幕上看到多谐振荡器产生的矩形波如图 4-55 所示，面板设置参阅图 4-55。

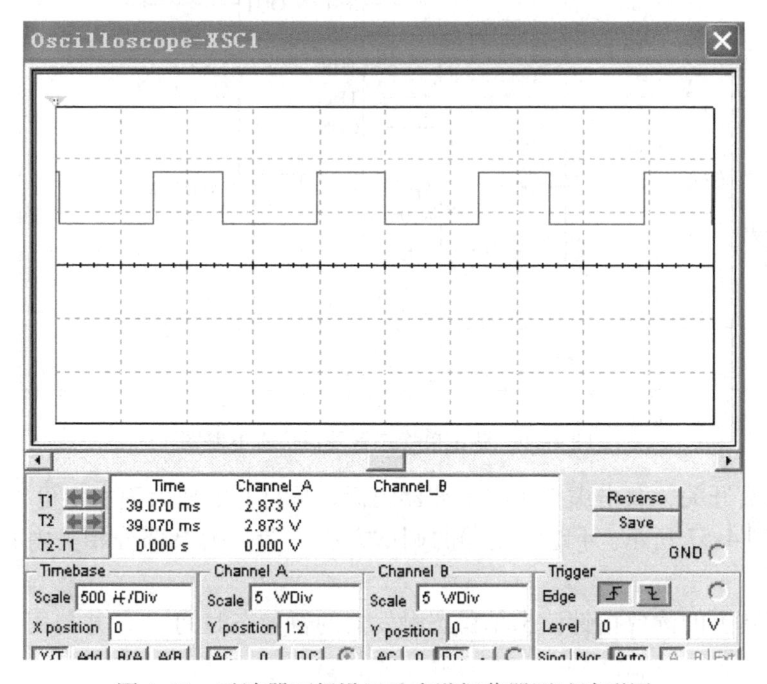

图 4-55　示波器面板设置及多谐振荡器测试波形图

3）调节电位器的百分比，可以观察到多谐振荡器产生的矩形波占空比发生变化，分别测出电位器的百分比为30%和70%时的占空比，并将波形和占空比填入表4-14中。

表4-14　多谐振荡器波形测量结果表

电位器位置（%）	波　形	占空比
30		
70		

3. 单稳态触发器

1）按图4-56在Multisim电子平台上建立仿真实验电路。其中信号源 V_1 从基本界面左侧左列真实元件工具条的“Source”电源库中调出，选取对话框“Family”栏的“SIGNAL_VOLTAG…”，然后在“Component”栏中选“CLOCK_VOLTAGE”，单击对话框右上角的“OK”按钮，将其调入电子平台，然后双击“V1”图标，在弹出的对话框中，将“Frequency”栏设为5kHz，“Duty”栏设为90%，单击对话框下方的“确定”退出；XSC1为虚拟4踪示波器。

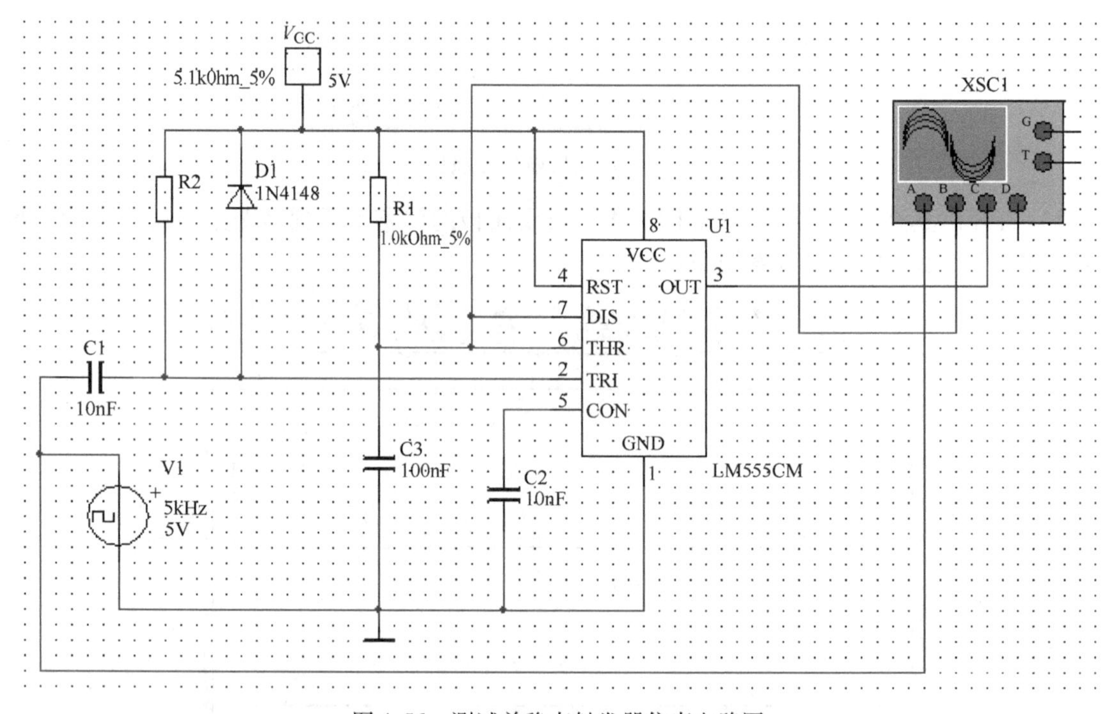

图4-56　测试单稳态触发器仿真电路图

2）打开仿真开关，双击虚拟4踪示波器图标，从打开的放大面板上可以看到 V_i、V_C 和 V_o 的波形，如图4-57所示。4踪示波器的调试方法可参阅附录部分相关内容，面板设置参阅图4-57。

3）利用屏幕上的读数指针读出单稳态触发器的暂稳态时间 t_W，并与用公式计算的理论值比较。

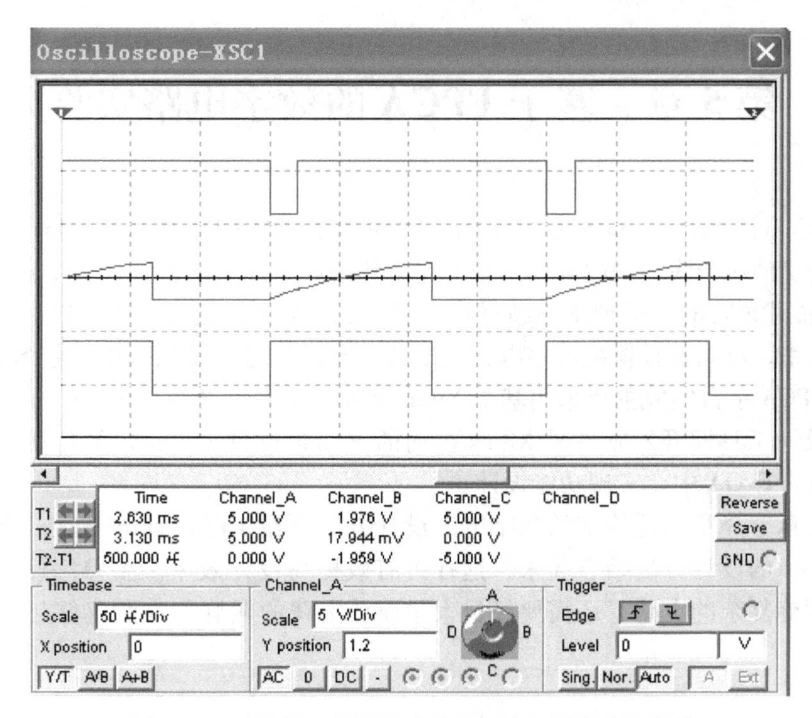

图 4-57　示波器面板设置及单稳态触发器测试波形图

4.7.3　实验报告

（1）整理仿真实验各数据，将计算结果填入表 4-13 和表 4-14 中。

（2）讨论和解释单稳态触发器工作过程。

第5章　基于FPGA的数字电路实验

FPGA（Field Programmable Gate Array，现场可编程门阵列）是Xilinx公司于20世纪80年代中期在传统的掩蔽膜编程门阵列基础上克服其缺点而发明的新一代数字器件。随着FP-GA及其硬件描述语言的使用频率不断增高，引入FPGA实验模式，让FPGA技术与数字电路实验结合起来，可以弥补传统数字电路教学及实验的不足，是当今电子技术设计的趋势。本书使用的FPGA平台实验主要采用基于Xilinx Artix-7系列芯片的EGO1开发版，使用的计算机辅助设计工具即开发软件是Xilinx公司的Vivado软件，Vivado能自动地把设计映射到Xilinx公司的FPGA中，实现功能设计。

本书前面章节介绍的是传统的数字电路设计方法，在实际设计电路时，建议把传统的设计方法与本章的设计方法结合起来，这样可有效提高设计效率。要熟练使用FPGA设计规模庞大、功能复杂的电路，还需要经过大量设计实践的锻炼，本章仅仅起到抛砖引玉的作用。

5.1　FPGA实验平台概述

5.1.1　FPGA的基本结构及特点

1. FPGA的基本结构

FPGA器件属于专用集成电路中的一种半定制电路，是可编程的逻辑列阵，能够有效地解决原有的器件门电路数较少的问题。FPGA包括3种可编程的基本结构单元：可编程逻辑模块（Configurable Logic Block，CLB）、可编程I/O模块（Input Output Block，IOB）和互联资源（Interconnect Resource，IR）。FPGA基本结构图如图5-1所示。

（1）可编程逻辑模块

CLB是实现组合逻辑电路、时序逻辑电路以及各种运算等绝大多数逻辑功能的基本单元，它以阵列形式分布于整个芯片。目前市场上FPGA的CLB多采用查找表结构，比如Xil-inx公司的Spartan和Virtex系列，Altera公司的ACEX、APEX。

查找表（Look Up Table，LUT）实质上就是一个RAM，比如目前FPGA中常见的4输入的LUT，就可以看成4位地址线的RAM。当用户用原理图或硬件描述语言描述一个逻辑电路后，软件就自动计算出所有可能的逻辑结果写入LUT，当输入信号进行逻辑运算时，相当于输入一个地址查找表找到相应的数据从而得到运算结果。在Spartan系列的一个CLB里有2个Slice，每个Slice包括2个LUT、2个触发器和2个进位控制逻辑。

（2）可编程I/O模块

IOB是内部逻辑和芯片外部封装引脚的连接接口，常位于芯片的四周。一个IOB控制一个引脚，可将引脚定义为输入、输出或双向。

（3）互联资源

IR 将 CLB、IOB 以及其他结构单元连接起来，为两层的格栅结构的金属布线，在交叉点上设有可编程开关和可编程开关矩阵，通过对这些开关或开关矩阵进行编程实现不同结构单元的连接。IR 可分为单程线、双程线和多程线三种。单程线是贯穿 CLB 之间；双程线的长度是单程线的两倍，贯穿两个 CLB 之间；多程线贯穿整个 CLB 矩阵，不经过开关和矩阵，信号延时小，用于一些关键信号和全局信号。

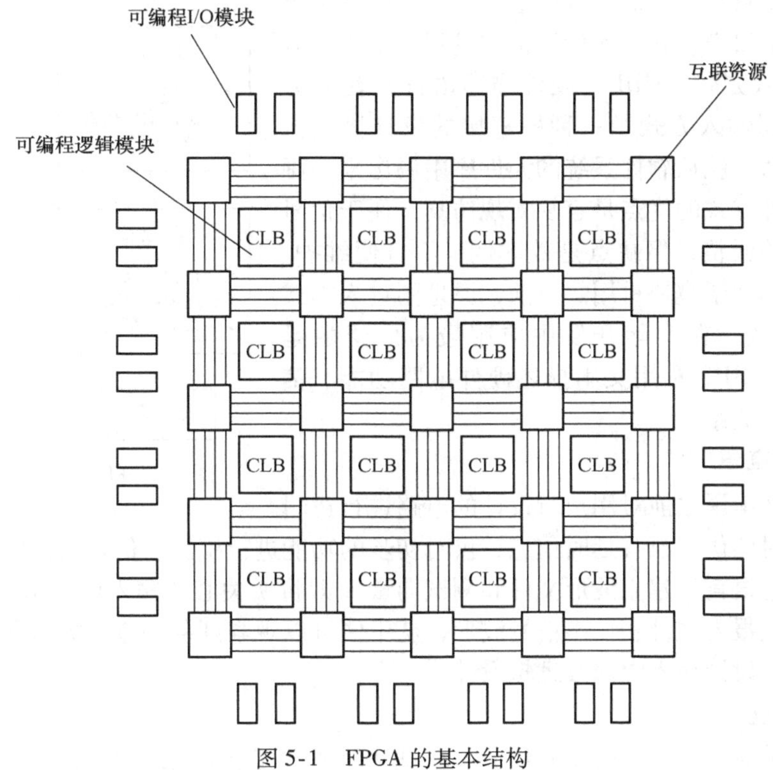

图 5-1　FPGA 的基本结构

2. FPGA 的特点

1）采用 FPGA 设计 ASIC 电路（专用集成电路），用户不需要投片生产，就能得到合用的芯片。

2）FPGA 可做其他全定制或半定制 ASIC 电路的中试样片。

3）FPGA 内部有丰富的触发器和 I/O 引脚。

4）FPGA 是 ASIC 电路中设计周期最短、开发费用最低、风险最小的器件之一。

5）FPGA 采用高速 CMOS 工艺，功耗低，可以与 CMOS、TTL 电平兼容。

可以说，FPGA 芯片是小批量系统提高系统集成度、可靠性的最佳选择之一。

5.1.2　基于 FPGA 的设计流程

FPGA 的设计过程是利用 EDA（Electronic Design Automation）开发软件和编程工具对 FPGA 芯片进行开发的过程。FPGA 的一般设计流程如图 5-2 所示，包括设计准备、设计输入、功能仿真、设计处理、时序仿真、器件编程及器件测试几个步骤。

1. 设计准备

在系统设计之前，首先要进行的是方案论证、系统设计和器件选择等准备工作。设计人员需要根据任务要求，如系统的功能和复杂度，对工作速度和器件本身的资源、成本及连线的可布性等方面进行权衡，选择合适的设计方案和合适的器件类型。一般采用自顶向下的设计方法。

2. 设计输入

设计输入是将所设计的系统或电路以开发软件要求的某种形式表示出来，并送入计算机的过程。常用的方法有原理图输入方式、HDL（硬件描述语言）输入方式两种。原理图输入方式是一种最直接的设计描述方式，要设计什么，就从软件系统的元件库中调出来，画出原理图。这种方式的优点是容易实现仿真，便于信号的观察和电路的调整，但缺点是效率低、不方便维护、可移植性差，不利于模块重用。目前，原理图输入方式已经逐渐被取代，在实际开发中应用最为广泛的是HDL输入方式。HDL利用文本描述硬件电路功能、信号连接以及时序关系。

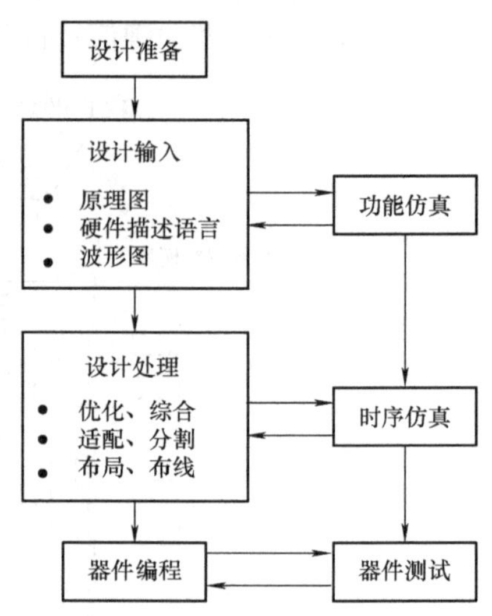

图 5-2　FPGA 的一般设计流程

3. 功能仿真

功能仿真在编译之前对用户所设计的电路进行逻辑功能验证，此时的仿真没有延时信息，仅对初步的功能进行检测。仿真前，要先利用波形编辑器和硬件描述语言等建立波形文件和测试向量（即将所关心的输入信号组合成序列），仿真结果将会生成报告文件和输出信号波形，从中便可以观察到各个节点的信号变化。如果发现错误，则返回设计输入中修改逻辑设计。

4. 设计处理

设计处理是器件设计中的核心环节。在设计处理过程中，编译软件将对设计输入文件进行逻辑化简、综合优化和适配，最后产生编程用的编程文件。

（1）语法检查和设计规则检查

设计输入完成后，首先进行语法检查，如原理图中有无漏连信号线，信号有无双重来源，文本输入文件中关键字有无输错等各种语法错误，并及时列出错误信息报告供修改，然后进行设计规则检验，检查总的设计有无超出器件资源或规定的限制，并将编译报告列出，指明违反规则情况以供纠正。

（2）逻辑优化和综合

化简所有的逻辑方程，使设计所占用的资源最少。综合的目的是将多个模块化设计文件合并为一个网表文件，并使层次设计平面化。

（3）适配和分割

确立优化以后的逻辑能否与器件中的宏单元和I/O用单元适配，然后将设计分割为多个便于识别的逻辑小块形式映射到器件相应的宏单元中。

（4）布局和布线

布局和布线工作是在上面的设计工作完成后由软件自动完成的，它以最优的方式对逻辑元件布局，并准确地实现元件间的互连。布线以后软件自动生成报告，提供有关设计中各部分资源的使用情况等信息。

5. 时序仿真

时序仿真又称后仿真或延时仿真。由于不同器件的内部延时不一样，不同的布线方案也给延时造成不同的影响，因此在设计处理以后，对系统和各模块进行时序仿真，分析其时序关系，估计设计的性能，以及检查和消除竞争冒险等是非常有必要的。实际上这也是与实际器件工作情况基本相同的仿真。

6. 器件编程及器件测试

时序仿真完成后，软件就可产生供器件编程使用的数据文件。对于 FPGA 来说，就是将产生的位流数据文件（Bitstream Generation）通过下载电缆下载到 FPGA 芯片中。

5.1.3　硬件平台——EGO1 简介

EGO1 板卡是围绕 Xilinx Artix - 7 FPGA（XC7A35T - 1CSG236C）搭建的硬件平台，集成了 FPGA 使用所需的支持电路和大量的外设和接口，可以用于基本逻辑器件的实现，也可以用于复杂数字电路系统的设计。EGO1 板卡实物如图 5-3 所示，图中标注了各个部分的功能，本节仅做简要介绍，详细内容参见附录 B。

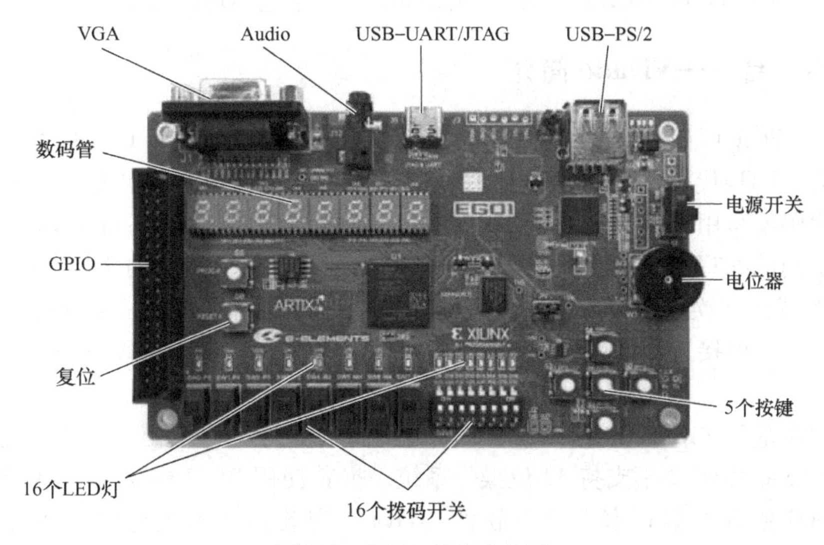

图 5-3　EGO1 板卡实物图

5.1.4　硬件描述语言（HDL）简介

借助 EDA 工具，使用一种描述语音，对数字电路和数字逻辑系统进行形式化的描述就是硬件描述语言（Hardware Description Language，HDL）。最初的硬件描述语言是一种用形式化方法来描述数字电路和数字逻辑系统的语言，数字逻辑电路设计者利用这种语言来描述自己的设计思想，然后利用 EDA（Electronic Design Automation）工具进行仿真，再自动综合到门级电路，最后用 FPGA 实现其功能。

主流的 HDL 是 Verilog HDL 和 VHDL（Very High Speed Integrated Circuit Hardware Description Language)。两者都是IEEE标准，其共同的特点有：编程与芯片工艺无关，具有很强的从算法级、门级到开关级的多层次电路系统逻辑描述功能，标准、规范便于复用和共享，可移植性好。VHDL发展得较早，语法严格，而Verilog HDL是在C语言的基础上发展起来的一种硬件描述语言，语法较自由，编程风格与VHDL相比更加简洁明了，书写规则没有那么烦琐。

Verilog HDL是由GDA（Gateway Design Automation）公司的Phi Moorby在1983年末首创的，最初只设计了一个仿真与验证工具，之后又陆续开发了相关的故障模拟与时序分析工具。1985年，Moorby推出它的第三个商用仿真器Verilog-XL，并获得巨大成功，从而使得Verilog HDL迅速得到推广应用。1989年，CADENCE公司收购了GDA公司，使得Verilog HDL成为该公司的独家专利。1990年，CADENCE公司公开发表了Verilog HDL，并成立OVI（Open Verilog International）组织以促进Verilog HDL的发展。1995年，Verilog HDL称为IEEE标准，即IEEE Standard 1364—1995。1998年，模拟和数字都适用的Verilog HDL标准公开发表。2001年，IEEE公布了Verilog2001标准，其大幅提高了系统级和可综合性能，2005年，IEEE再次更新了Verilog标准，但是05版的Verilog较少运用，目前应用最多的还是01版。

本书采用Verilog HDL为文本输入语言，在设计过程中，也有采用Verilog HDL与原理图混合的方式，即用Verilog HDL设计底层功能模块，用原理图构建顶层模块。

5.1.5 软件平台——Vivado简介

Vivado是FPGA厂商Xilinx提供的一款EDA工具。在电子设计自动化方面，其主要提供了四种功能：RTL代码编写、功能仿真、综合（Synthesis）以及实现（Implementation）。其中，RTL代码编写用于编写设计的HDL描述（利用VHDL和System Verilog两种语言）；功能仿真用于测试编写出的代码功能是否符合预期，需要编写相关的Testbench文件；综合用于将RTL级描述转换为门级网表（门级网表是指设计的门级实现，包含门级元件和元件之间的连接，从而更接近底层设计）；实现用于将门级网表转换为可以下载到FPGA开发板上的比特流。

本书例程均基于Vivado 2018.2版本，其他不同版本的Vivado使用方法与此类似。需要注意的是，Vivado 2018.2不支持32位操作系统，推荐使用Win7 64位操作系统；软件安装前应先退出360或者电脑管家等杀毒软件；Vivado安装路径不支持中文字符和一些特殊字符。

5.2 基于Verilog的流水灯设计

5.2.1 实验目的

（1）认识EGO1教学开发板的硬件，熟悉其各个硬件接口。

（2）熟悉Vivado开发环境，初步认识Verilog HDL语言，掌握创建工程、调试、仿真和下载等完成开发流程。

（3）学习例化语句，编写测试平台（Testbench）进行流水灯功能仿真。

5.2.2　实验内容与步骤

本实验以Verilog流水灯设计为例，详细介绍在Vivado环境下运行Verilog程序的流程，包括源程序的编写、编译、仿真及下载。

1. 创建新工程

首先建立一个工作目录，本例的工作目录为D：/exam。

1）双击启动Vivado 2018.2，出现如图5-4所示的Vivado启动界面，单击“Quick Start”栏中的“Create Project”（或者在菜单栏选择“File”→“New Project...”），启动工程向导，创建一个新工程。

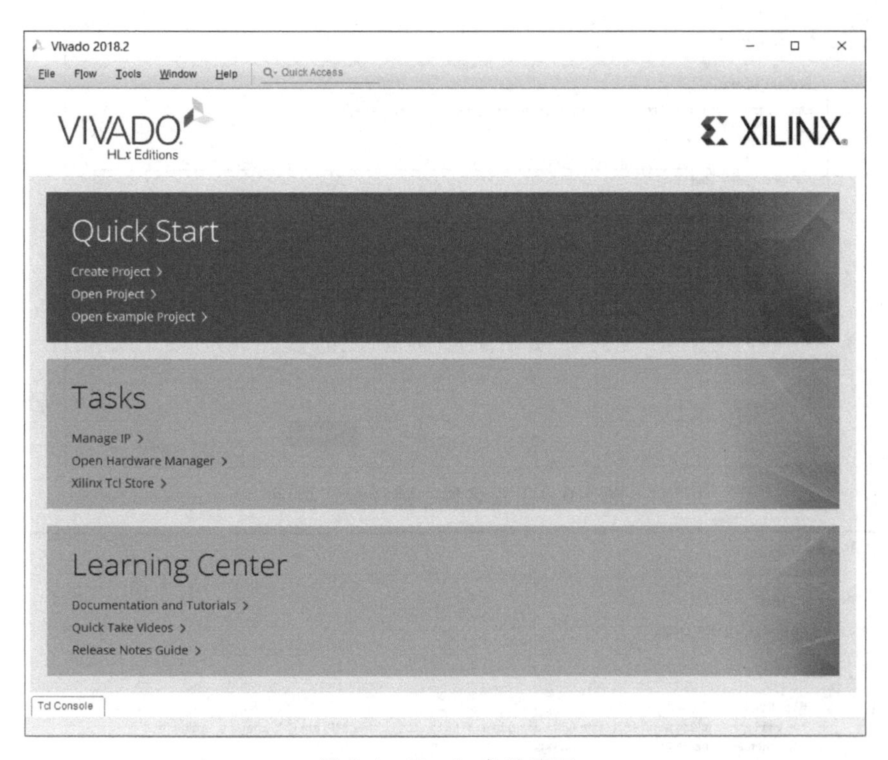

图5-4　Vivado启动界面

2）在工程向导（见图5-5）页面中单击“Next”。

3）在图5-6所示的页面中命名工程名并选择存储路径，此处项目命名为led，其存放位置为“D：/exam”，勾选“Create project subdirectory”选项，可为此工程在指定路径下建立独立的文件夹，最终整个项目存在D：/exam/led文件夹中。设置完成后，单击“Next”。

注意：工程名称和存储路径中不能出现中文和空格，建议工程名称以字母、数字、下画线来组成。

4）选择工程类型（见图5-7）页面，选择“RTL Project”类型，单击“Next”。如果在图5-7中勾选“Do not specify sources at this time”，则会跳过后面的5）和6）两个步骤，表示当前工程尚没有需要添加的源文件和约束文件。

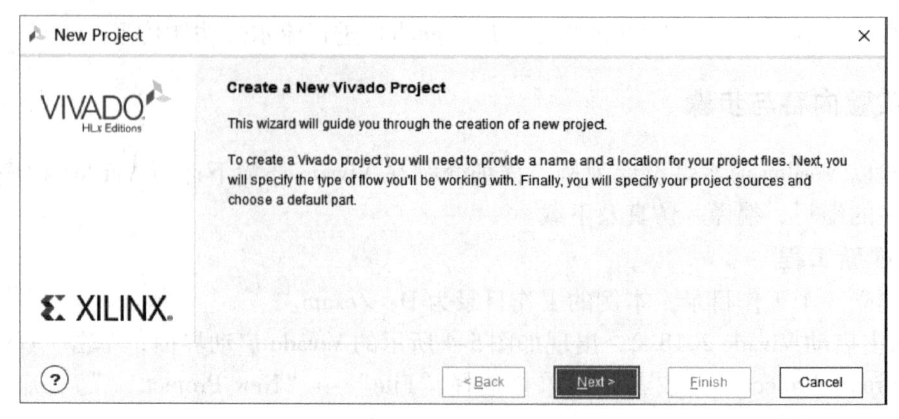

图 5-5　启动工程向导

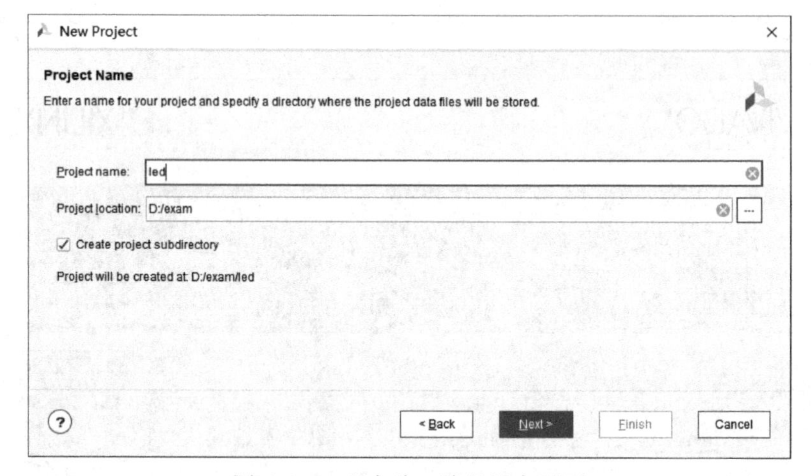

图 5-6　工程名称、路径设定页面

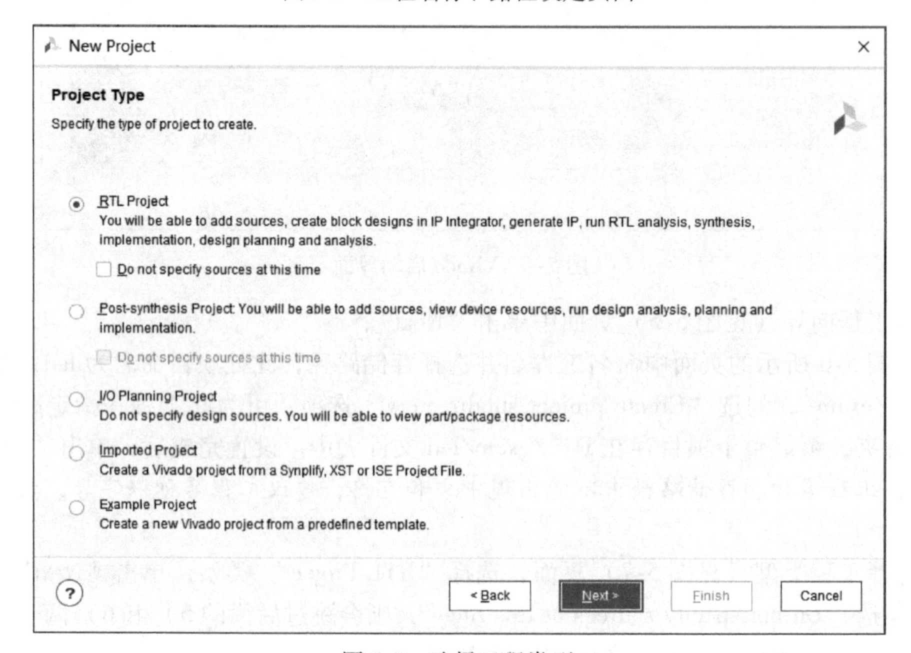

图 5-7　选择工程类型

5）在图 5-8 所示的 Add Sources 页面中添加源文件并选择设计语言，其中“Target Language”和“Simulator Language”均选择“Verilog”，单击“Next”。

6）不添加约束文件，所以 Add Constraints 页面直接单击“Next”。

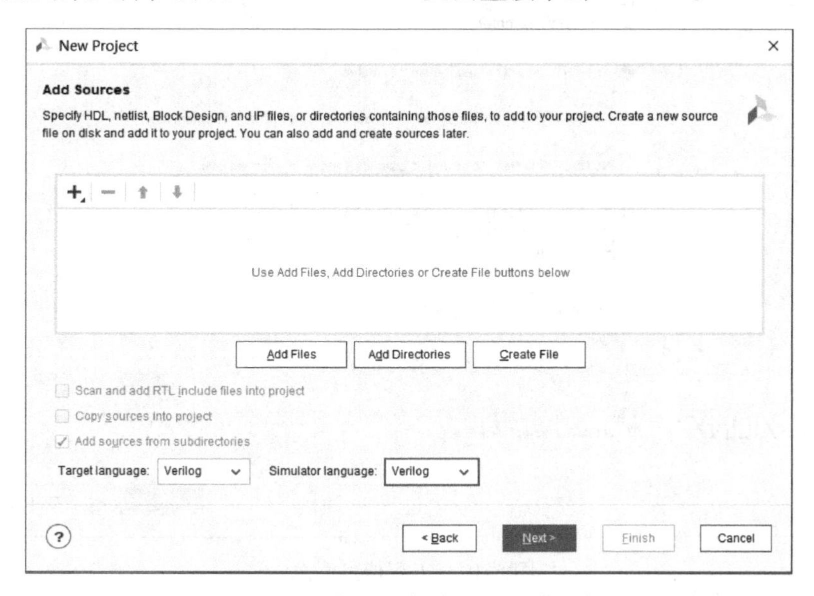

图 5-8　添加源文件并选择设计语言

7）在图 5-9 所示的器件选择页面中，根据使用的 FPGA 开发板，选择相应的 FPGA 目标器件。本例中，以 Xilinx EGO1 为目标板，故 FPGA 选择“xc7a35tcsg324－1”，即“Family”选择“Artix－7”，封装形式（Package）为“csg324”，单击“Next”。

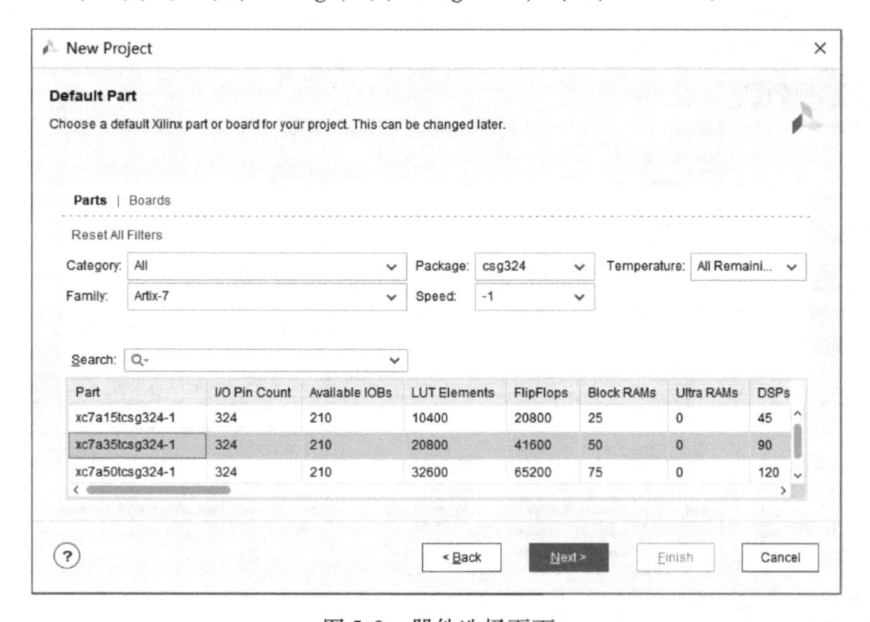

图 5-9　器件选择页面

8）最终出现图 5-10 所示的页面，对工程信息进行汇总，确认相关信息正确与否，包括工程类别、源文件、所用的 FPGA 器件等，如果没有问题则单击“Finish”按钮完成工程的创建；有问题则返回前面页面进行修改。

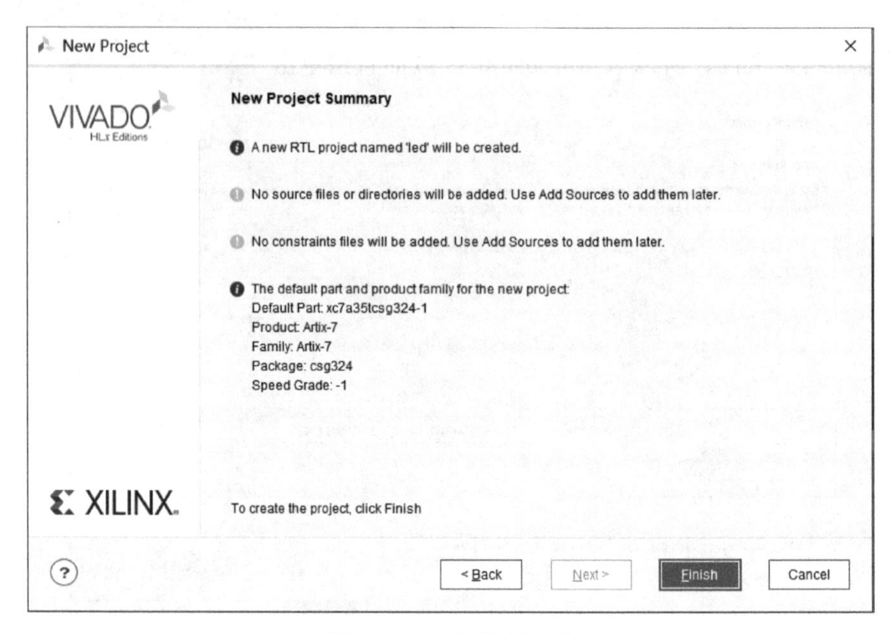

图 5-10　工程信息汇总

2. 输入源设计文件

1）如图 5-11 所示，单击“Flow Navigator”下的“PROJECT MANAGER”中的“Add Sources”，打开设计文件导入窗口。

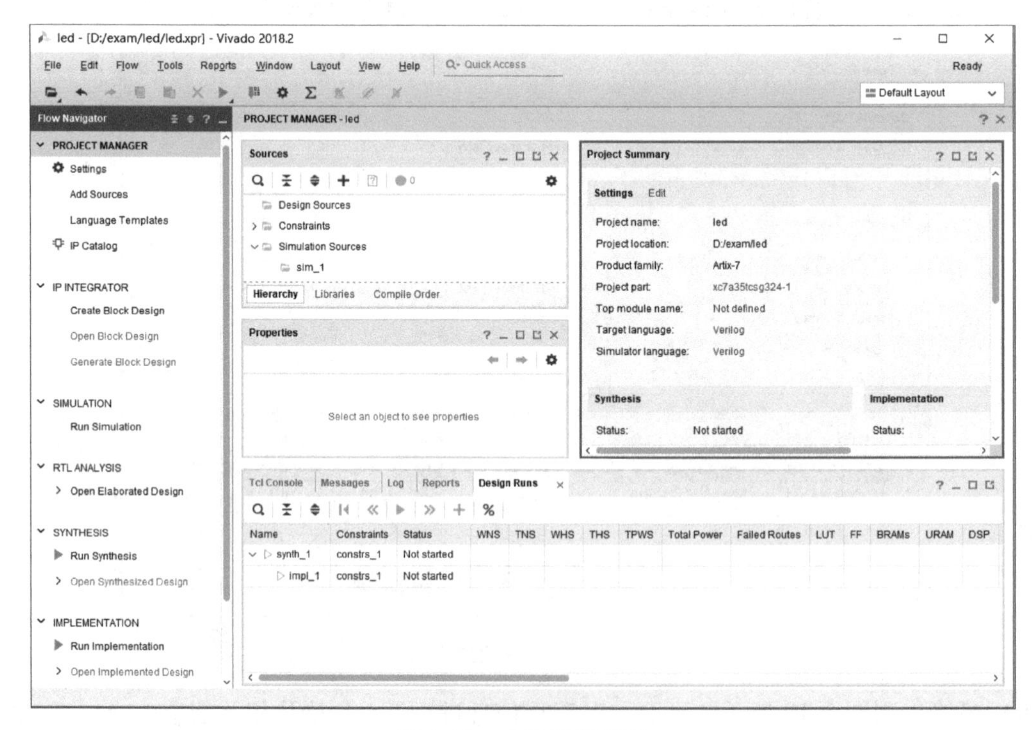

图 5-11　工程管理页面

2）在“Add Sources”窗口（见图5-12）中选择“Add or create design sources”，表示添加或新建 Verilog（或 VHDL）源文件，单击“Next”。

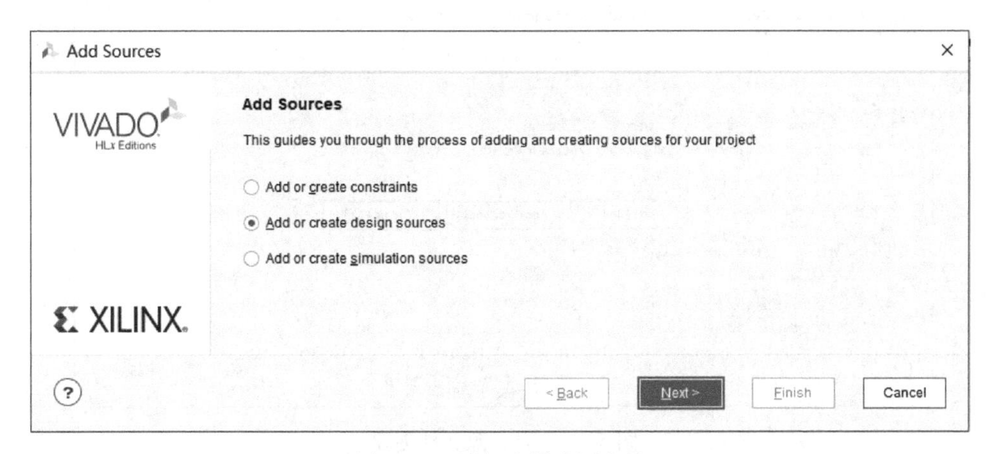

图 5-12 添加或创建源文件

3）在图5-13 中单击“Create File”，在弹出的“Create Source File”对话框中输入“File name”为“flow_led”，单击“OK”。

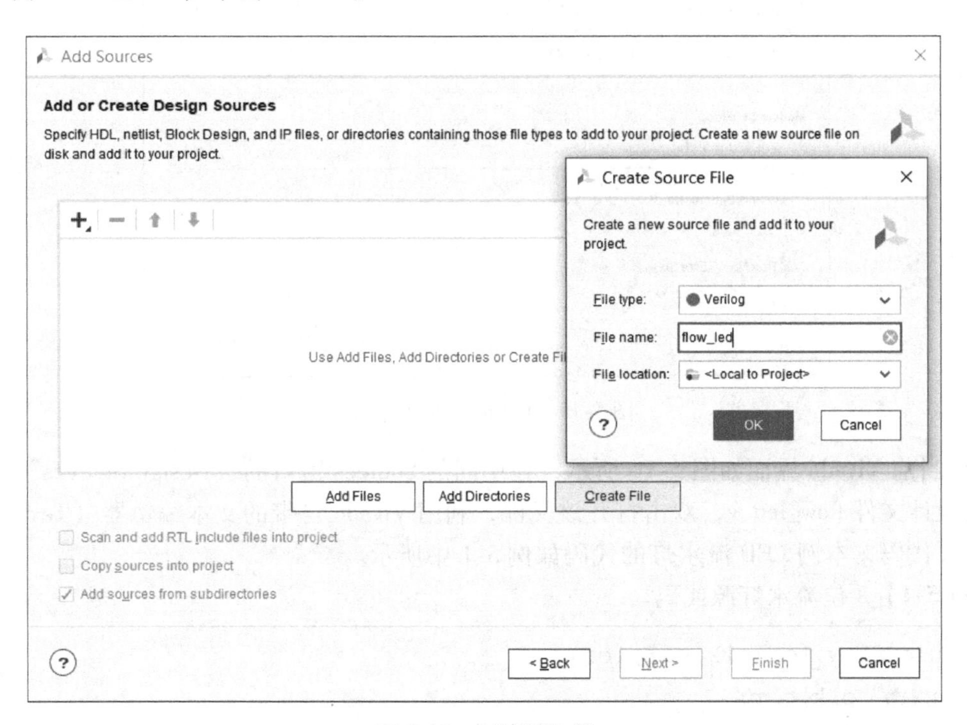

图 5-13 创建源文件

4）单击图5-14 中的“Finish”按钮，完成源文件的创建。

5）在弹出的“Define Module”页面中，填写模块名称，此处模块命名为“flow_led”，如图5-15 所示。

还可以在“I/O Port Definitions”栏中填写模块中的端口并设置端口方向，如果端口为总线型，勾选“Bus”选项，并通过 MSB 和 LSB 确定总线宽度，完成后单击“OK”。

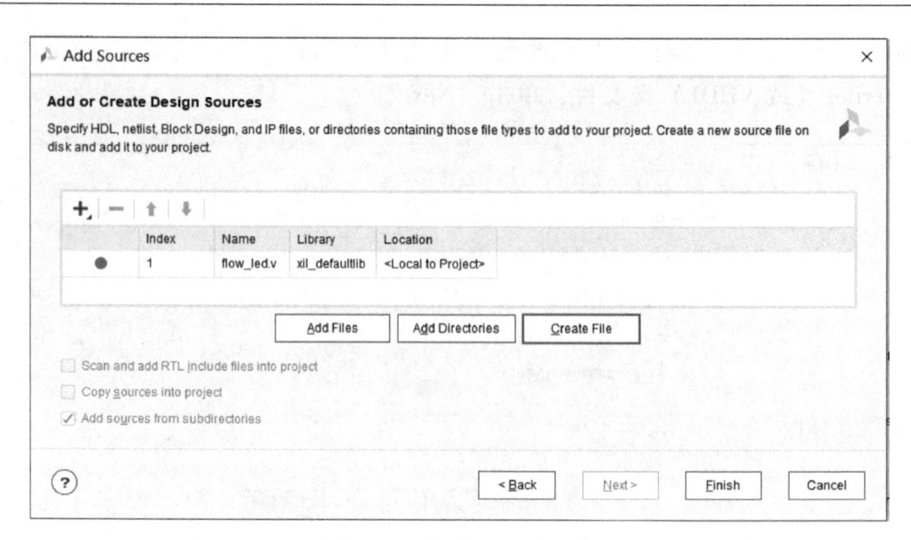

图 5-14　完成源文件创建

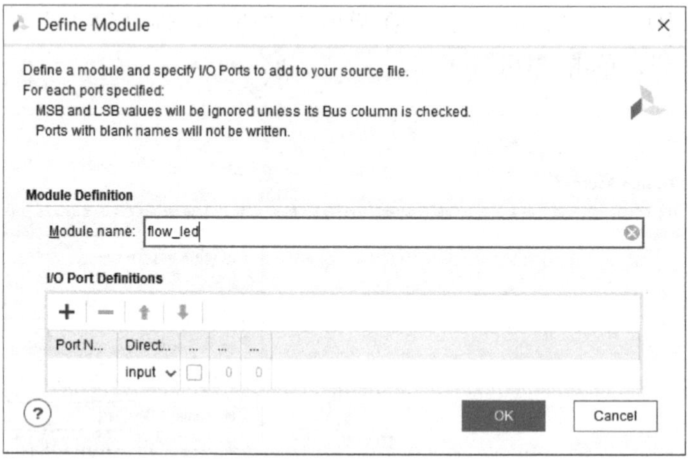

图 5-15　Define Module 页面

6）当前 Vivado 界面如图 5-16 所示，在中间的 Sources 窗口的“Design Sources”中出现新建的设计文件 flow_led. v，双击打开该文件，利用 Vivado 自带的文本编辑器（Text Editor）输入设计代码，本例 LED 流水灯的代码如例 5-1 中所示。

【例 5-1】 8 位流水灯源代码。

```
module flow_led(clk,clr,led);
  input  clk,clr;
  output reg [7:0] led;
  reg [28:0] counter;

always @ (posedge clk)
begin
if(! clr)  begin  counter < =0; led < =8'h01; end
```

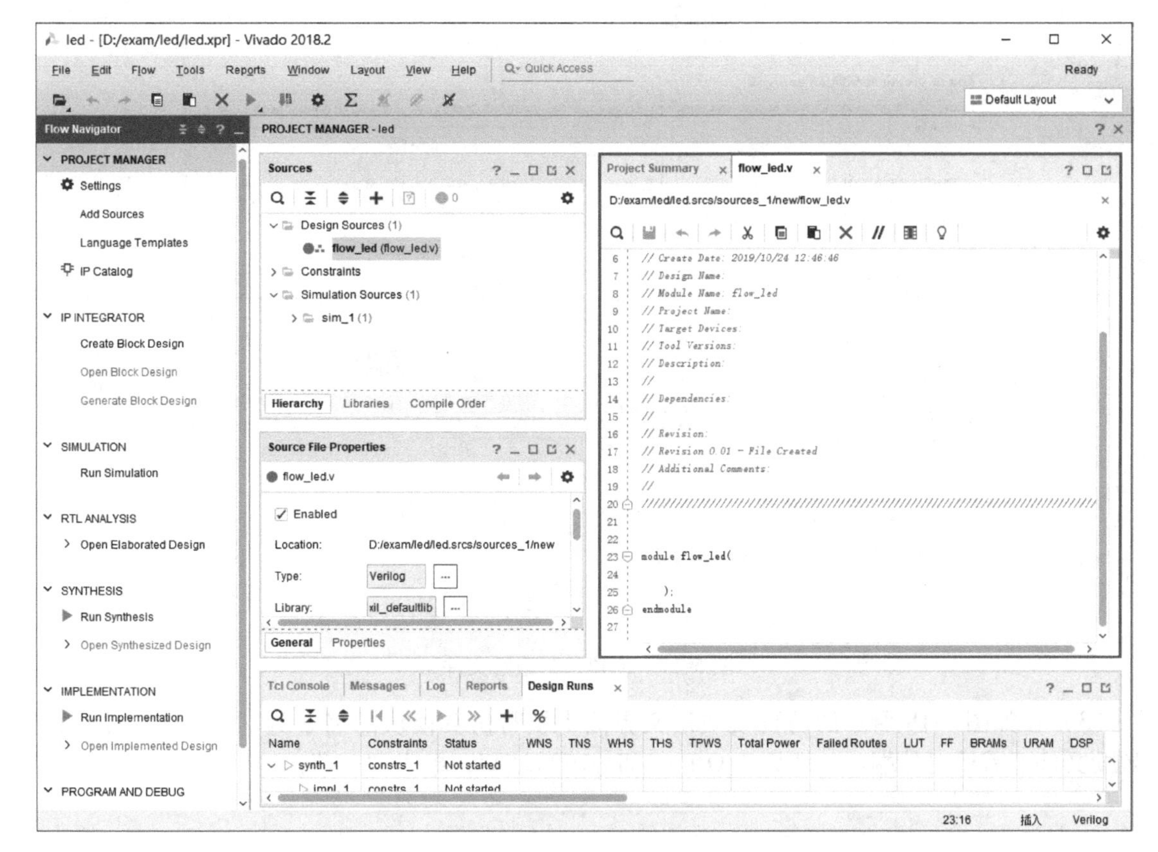

图5-16　代码编辑页面

```
    else
    if(counter <50000000)       //2Hz
        counter < =counter +1;
    else
        begin
            counter < =0;
            led < ={led[6:0],led[7]};
        end
end
endmodule
```

3. 行为仿真

至此，已完成源文件输入，此时可对源文件进行行为（功能）仿真，以测试其功能。

1）创建激励测试文件，在 Sources 中右击选择“Add Sources”，在出现的 Add Sources 界面中（参考图5-12）选择第三项“Add or create simulation sources”，单击“Next”。

2）在如图5-17所示的窗口中单击“Create File”，创建一个仿真激励文件，在弹出的“Create Source File”对话框中输入激励文件名称为“tb_led”，文件类型为Verilog，单击“OK”，确认添加完成之后单击“Finish”。

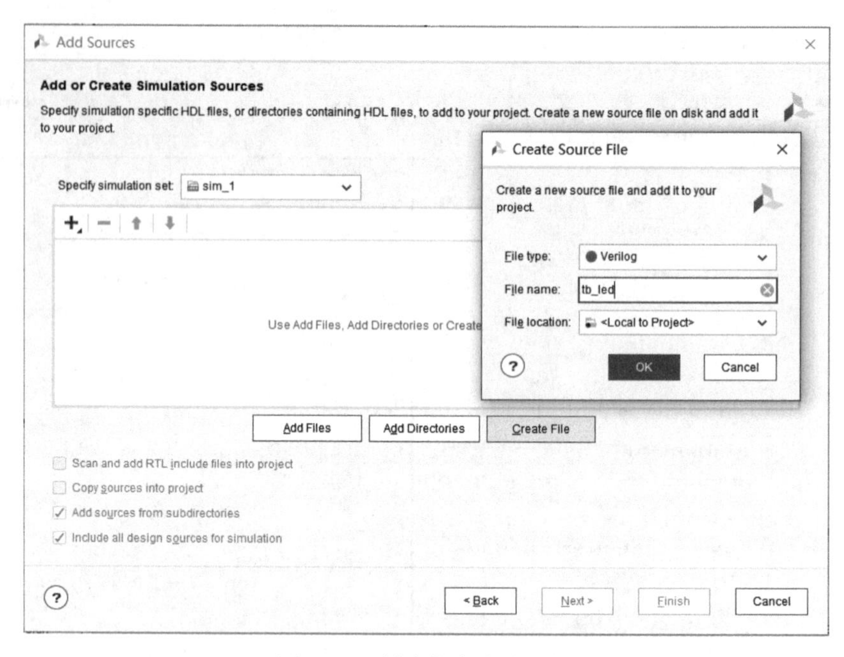

图 5-17　创建仿真激励文件

3）在如图 5-18 所示的仿真模块定义界面中填写仿真模块的名字为“tb_led”，因为是激励文件不需要对外端口，所以 I/O Port 部分不需填写，单击“OK”。

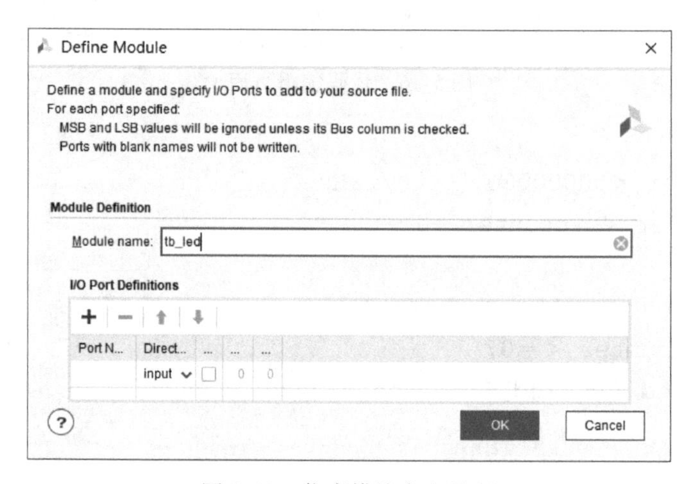

图 5-18　仿真模块定义界面

4）Vivado 界面如图 5-19 所示，在 Sources 窗格的“Simulation Sources”中出现新建的仿真文件 tb_led. v，双击打开该文件，利用 Vivado 的文本编辑器输入激励代码。本例 LED 流水灯的 Testbench 激励代码如例 5-2 所示。

【例 5-2】 LED 流水灯的 Testbench 激励脚本。

```
'timescale 1 ns/1ns
module tb_led( );
parameter DELY =20;
```

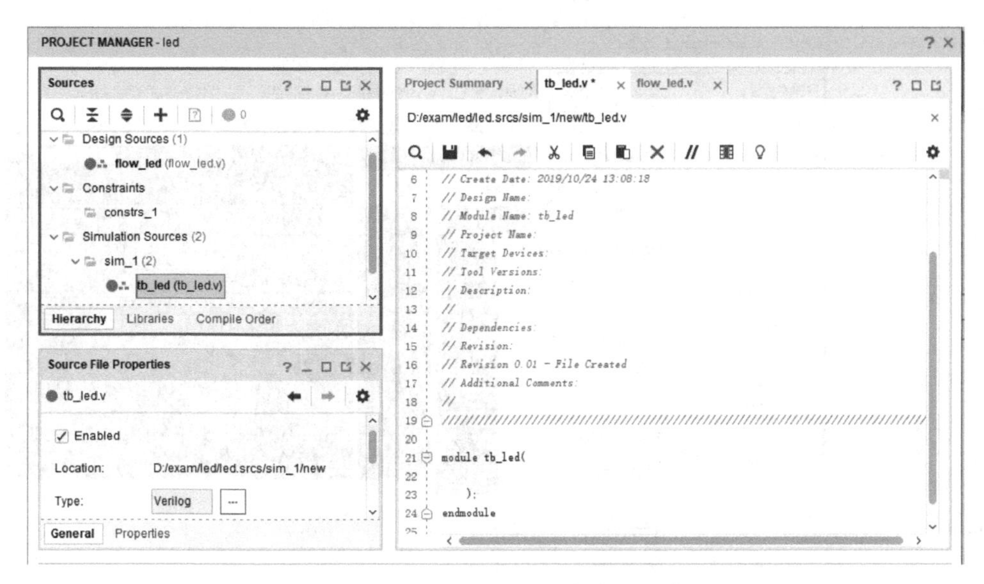

图 5-19　Vivado 工程管理界面

```
reg clk;
reg clr;
wire [7:0] led;
flow_led i1 (
        .clk(clk),
        .clr(clr),
        .led(led));
initial  begin
clk=1'b0;  clr=1'b0;
#(DELY* 2)  clr=1'b1;
end
always
begin
#(DELY/2)    clk= ~clk;
end
endmodule
```

5）在“Flow Navigator”中单击“SIMULATION”下的“Run Simulation”选项，并选择“Run Behavioral Simulation”，启动仿真界面，如图 5-20 所示。

端口信号自动出现在波形图中，此外，可通过左侧 Scope 一栏中的目录结构定位到想要查看的 module 内部寄存器，在 Objects 对应的信号名称上右击选择“Add To Wave Window”，将信号加入波形图中查看。

6）可通过仿真工具条来对仿真进行设置和操作。仿真工具条如图 5-21 所示，包括复位波形（即清空现有波形）、运行仿真、运行特定时长的仿真、仿真时长设置、仿真时长单

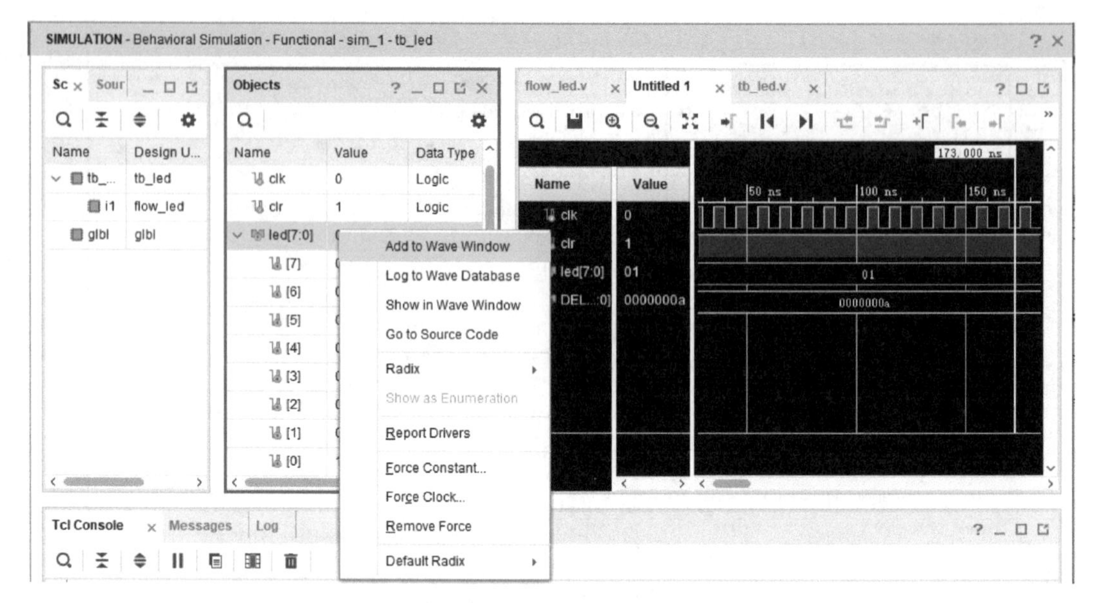

图 5-20　仿真界面

位、单步运行、暂停等操作。本例中仿真时长设置为 500ms。

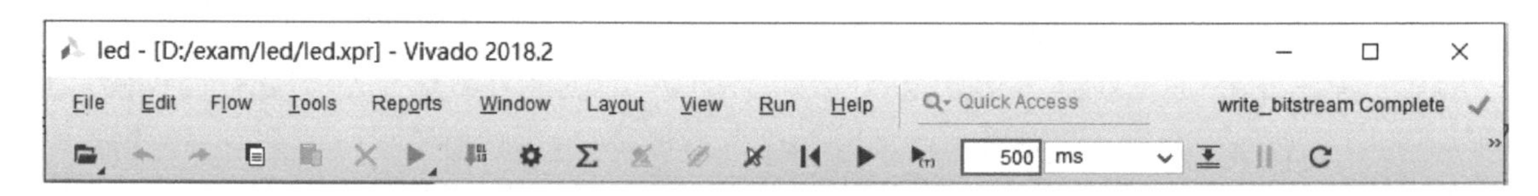

图 5-21　仿真工具条

7）最终得到的仿真波形如图 5-22 所示，检查此波形是否与预想的功能一致，以验证源设计文件的正确与否。

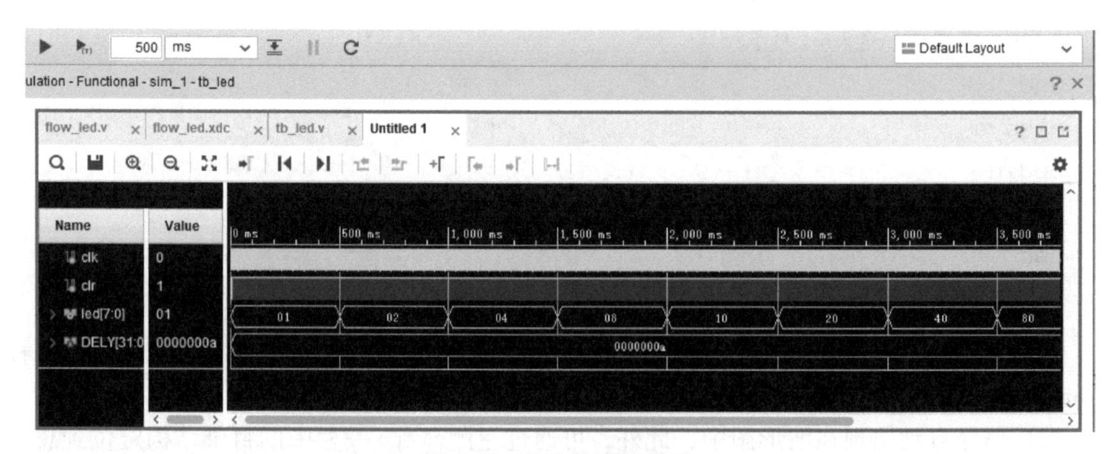

图 5-22　行为仿真波形图

4. 综合编译

1）如图 5-23 所示，单击“Flow Navigator”中“SYNTHESIS”下的“Run Synthesis”，对当前工程进行综合，弹出“Launch Runs”对话框，在“Launch runs on local host：Number of jobs”中选择最大值，以缩短编译时间，此处选择 8。

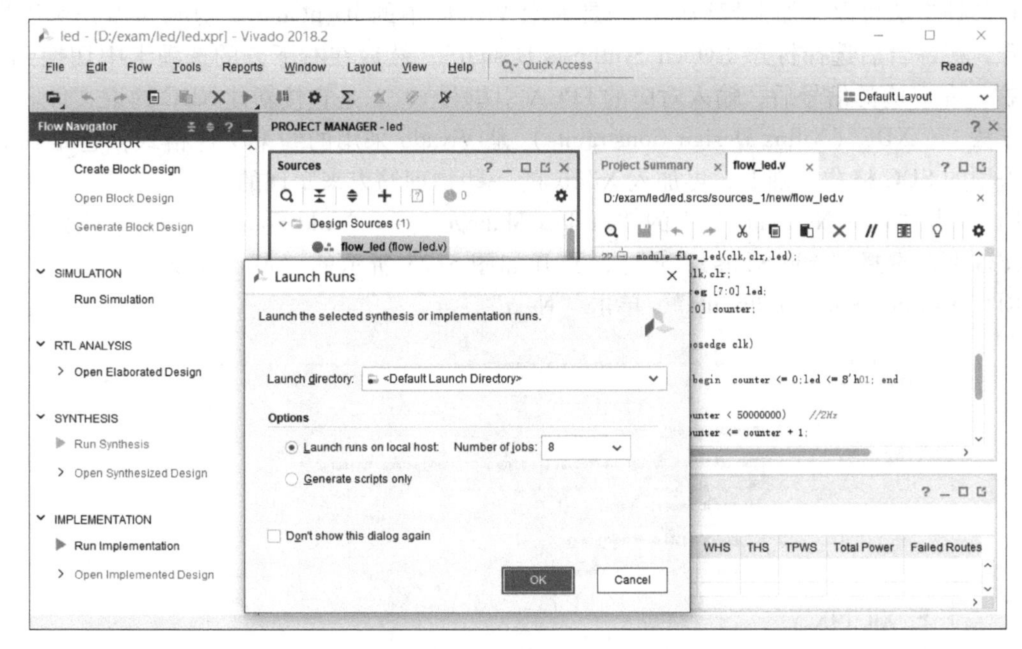

图 5-23　SYNTHESIS 综合编译

2）编译成功后双击“SYNTHESIS”中的“Schematic”可以查看综合后电路图，本例的综合电路如图 5-24 所示。

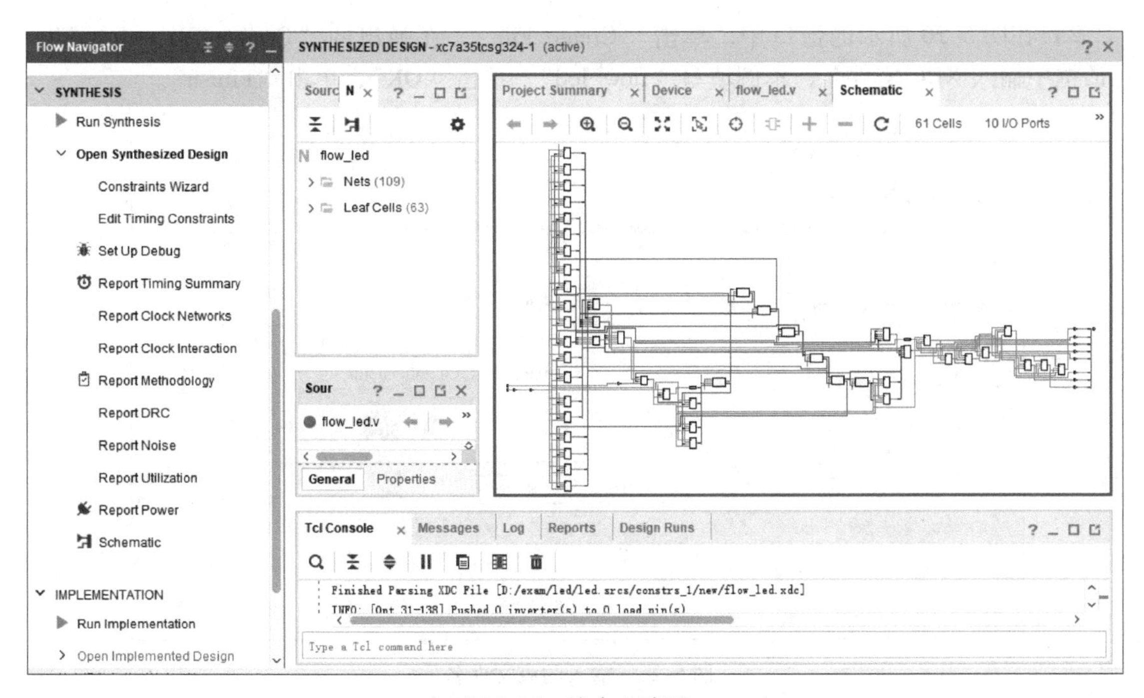

图 5-24　综合电路图

5. 添加引脚约束文件

有两种方法可以添加引脚约束：一是利用 Vivado 中的 IO planning 功能（需先对工程进行综合，在综合后选择打开“Open Synthesis Design”，然后在右下方的选项卡中切换到 I/O ports 栏，在对应的信号后，输入对应的 FPGA 引脚号）；二是直接新建 XDC 约束文件。本例采用方法二。XDC（Xilinx Design Constraints）是 Vivado 采用的约束文件格式，它是在业界广泛采用的 SDC 格式基础上，再加入 Xilinx 的一些物理约束来实现的。

1）单击“Flow Navigator”下的“Project Manager”→“Add Sources”（或右击约束子目录下文件夹，选择“Add Sourses...”），打开如图 5-25 所示的“Add Sources”窗口，选择第一项“Add or create constraints”，单击“Next”。

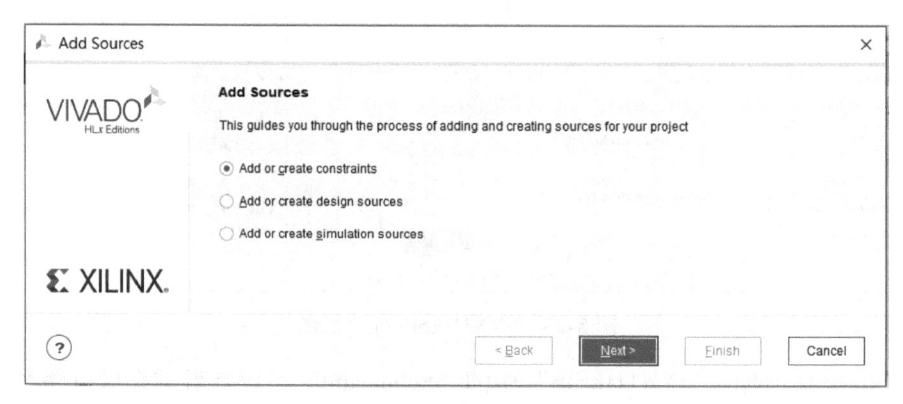

图 5-25 创建约束文件

2）在图 5-26 所示的窗口中，单击“Create File”，在弹出的“Create Constraints File”对话框中输入 XDC 文件名，本例填写“flow_led”，单击“OK”，单击“Finish”。

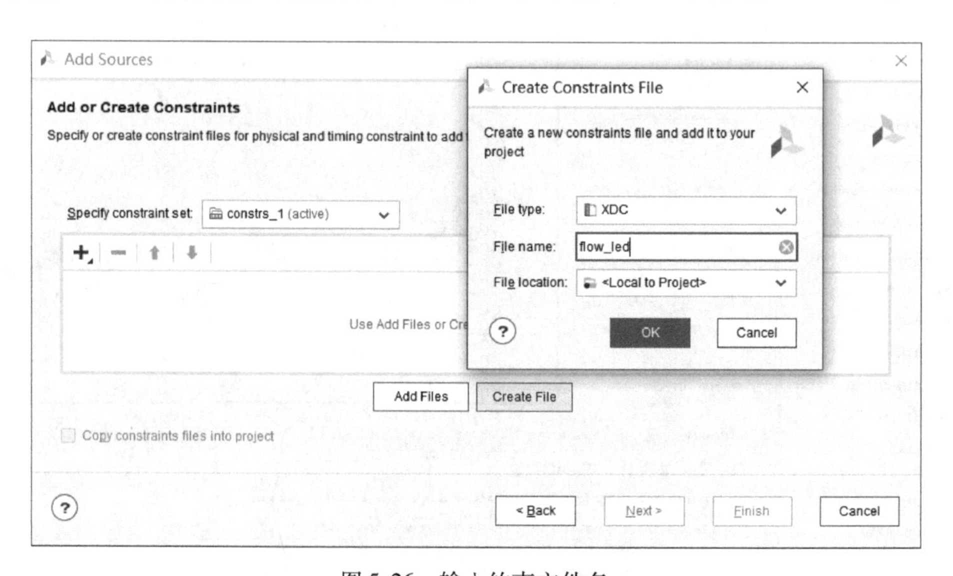

图 5-26 输入约束文件名

3）如图 5-27 所示，在“Sources”栏下双击“flow_led. xdc”文件名，打开该文件，填写引脚约束文件的内容，本例的引脚约束文件内容如例 5-3 所示。

注意：FPGA 约束引脚号和 I/O 电平标准，可参考目标板卡的用户手册或原理图。

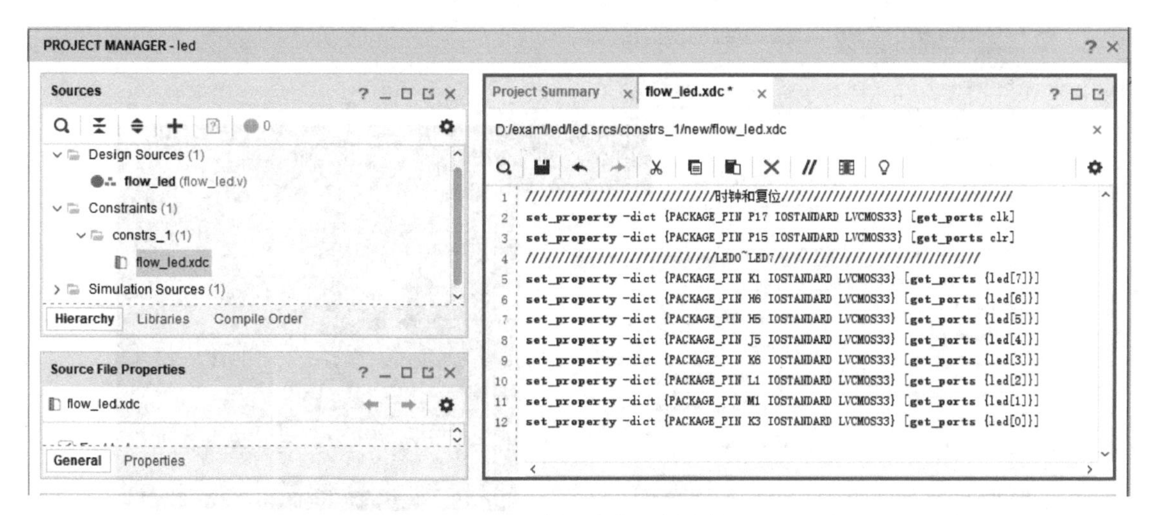

图 5-27　编辑引脚约束文件

【例 5-3】 LED 流水灯的 . XDC 引脚约束文件。

```
#//////////////////////时钟和复位////////////////////////////////
set_property-dict {PACKAGE_PIN P17 IOSTANDARD LVCMOS33}[get_ports clk]
set_property-dict {PACKAGE_PIN P15 IOSTANDARD LVCMOS33}[get_ports clr]
#/////////////////////////LED0 ~ LED7/////////////////////////////
set_property-dict {PACKAGE_PIN K1 IOSTANDARD LVCMOS33}[get_ports {led[7]}]
set_property-dict {PACKAGE_PIN H6 IOSTANDARD LVCMOS33}[get_ports {led[6]}]
set_property-dict {PACKAGE_PIN H5 IOSTANDARD LVCMOS33}[get_ports {led[5]}]
set_property-dict {PACKAGE_PIN J5 IOSTANDARD LVCMOS33}[get_ports {led[4]}]
set_property-dict {PACKAGE_PIN K6 IOSTANDARD LVCMOS33}[get_ports {led[3]}]
set_property-dict {PACKAGE_PIN L1 IOSTANDARD LVCMOS33}[get_ports {led[2]}]
set_property-dict {PACKAGE_PIN M1 IOSTANDARD LVCMOS33}[get_ports {led[1]}]
set_property-dict {PACKAGE_PIN K3 IOSTANDARD LVCMOS33}[get_ports {led[0]}]
```

6. 生成比特流文件并下载

1）如图 5-28 所示，在 “Flow Navigator” 中单击 “PROGRAM AND DEBUG” 下的 “Generate Bitstream” 选项，工程会自动完成综合、实现以及 Bit 文件生成过程，完成后，选

择“Open Hardware Manager”，进入硬件编程管理界面。

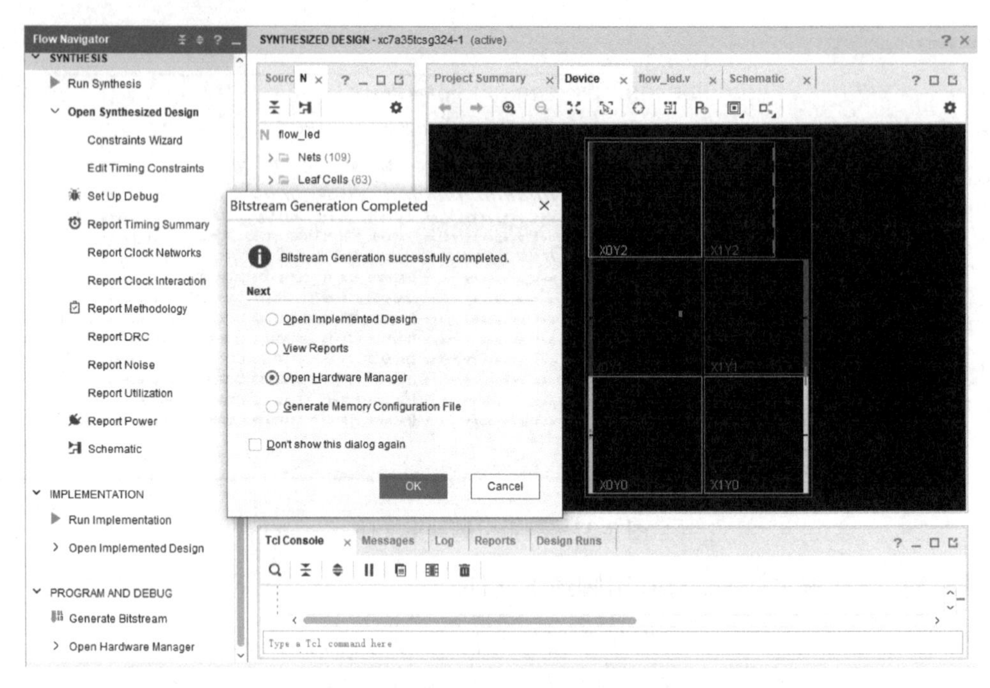

图 5-28　生成比特流文件

2）进入如图 5-29 所示的“Hardware Manager”界面，将目标板通过 USB 连接至计算机，打开电源开关，单击图 5-29 中的“Open target”，选择“Auto Connect”使软件连接到目标板。

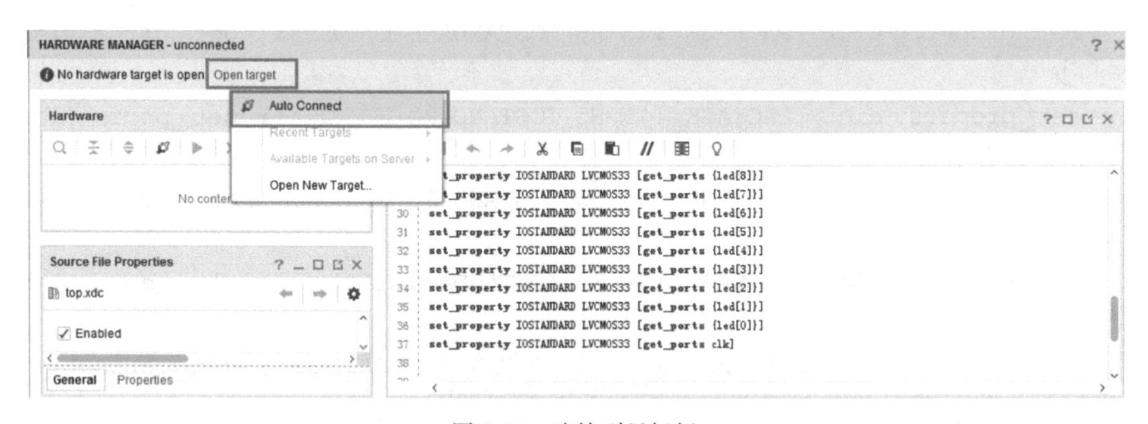

图 5-29　连接到目标板

3）软件和目标板连接成功后，软件界面如图 5-30 所示。在目标芯片上右击，选择“Program Device”，在弹出的“Program Device”对话框中，“Bitstream file”一栏已经自动加载本工程生成的比特流文件 flow_led. bit，单击“Program”按钮对 FPGA 芯片进行编程。

4）下载完成后，在 EGO1 目标板上观察实际运行效果。

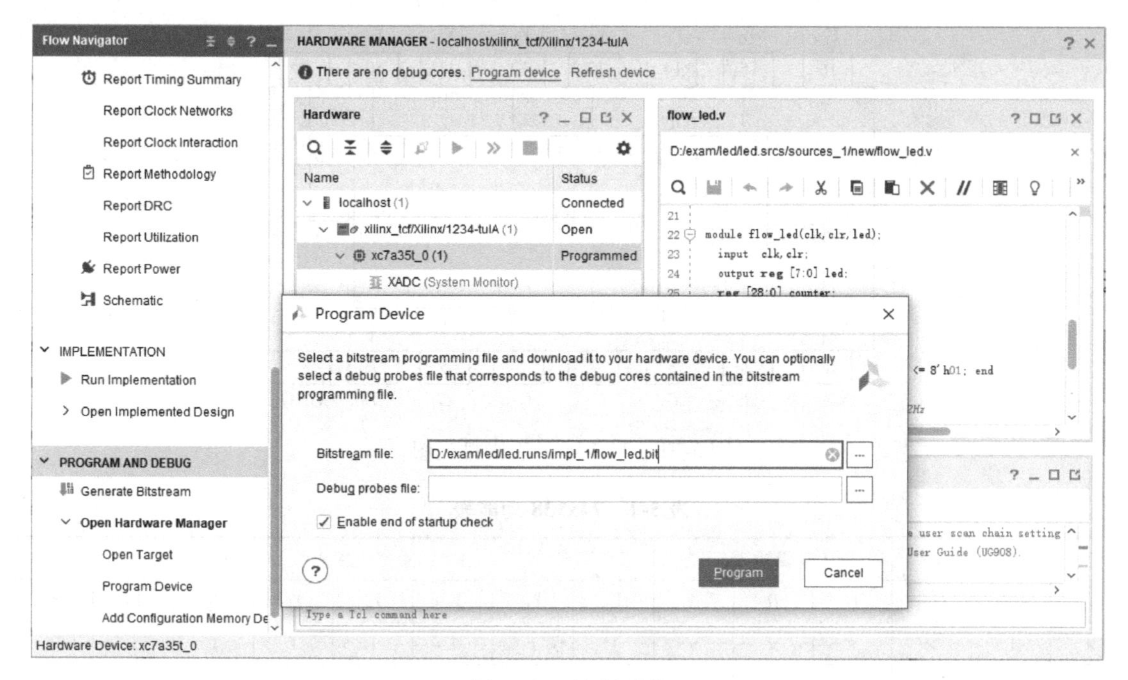

图 5-30　编程下载

7. 改变流水灯演示花形

在本实验的基础上，修改源文件，改变流水灯演示花形，并基于 EGO1 目标板完成下载验证。

5.3　基于 Verilog 的译码器设计

5.3.1　实验目的

（1）学习 3—8 译码器原理，掌握 3—8 译码器程序编写。

（2）学习 Verilog HDL 语言的行为建模方式，掌握 3—8 译码器的 Verilog 描述。

（3）掌握编写测试平台（Testbench）进行译码器功能仿真。

5.3.2　实验内容与步骤

本实验用 Verilog 编程实现 74x138 译码器的功能，对 74x138 译码器的功能进行仿真，最后下载验证 74x138 的功能。

1. 3—8 译码器

74x138 是 3 线—8 线通用变量译码器（Decoder），简称 3—8 译码器，其引脚排列如图 5-31 所示，表 5-1 是其功能表，C、B、A 是地址输入端，$Y_0 \sim Y_7$ 是译码输出端，G_1、G_{2A}、G_{2B} 为使能端，G_1 为高电平有效，G_{2A}、G_{2B} 为低电平有效，所以，当 $G_1=1$，$G_{2A}+G_{2B}=0$ 时，器件使能。

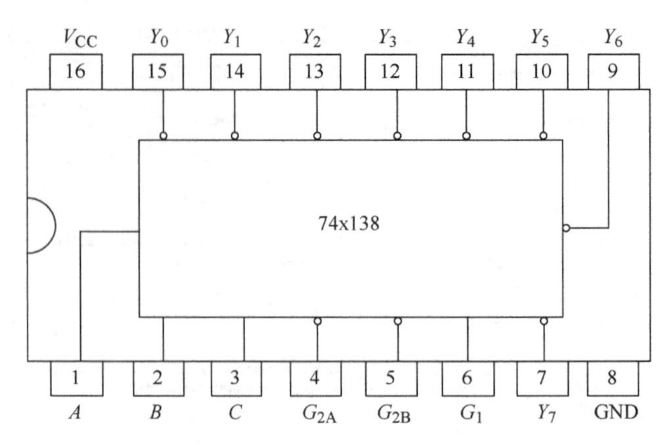

图 5-31　74x138 的引脚排列图

表 5-1　74x138 功能表

使能输入			逻辑输入			输出							
G_1	G_{2A}	G_{2B}	C	B	A	Y_0	Y_1	Y_2	Y_3	Y_4	Y_5	Y_6	Y_7
×	1	×	×	×	×	1	1	1	1	1	1	1	1
×	×	1	×	×	×	1	1	1	1	1	1	1	1
0	×	×	×	×	×	1	1	1	1	1	1	1	1
1	0	0	0	0	0	0	1	1	1	1	1	1	1
1	0	0	0	0	1	1	0	1	1	1	1	1	1
1	0	0	0	1	0	1	1	0	1	1	1	1	1
1	0	0	0	1	1	1	1	1	0	1	1	1	1
1	0	0	1	0	0	1	1	1	1	0	1	1	1
1	0	0	1	0	1	1	1	1	1	1	0	1	1
1	0	0	1	1	0	1	1	1	1	1	1	0	1
1	0	0	1	1	1	1	1	1	1	1	1	1	0

例 5-4 中用 case 语句实现了 74x138 的功能，只有当使能信号 G_1、G_{2A}、G_{2B} 为 100 时，译码器使能，其输出低电平有效。

【**例 5-4**】74x138 的 Verilog 描述。

```
module ttl74138
    (input[2:0] a,
    input g1,g2a,g2b,
    output reg[7:0] y);
always @ *
  begin if(g1 & ~g2a & ~g2b)   //g1、g2a、g2b 为 100 时,译码器使能
    begin  case(a)
    3'b000:y=8'b11111110;
    3'b001:y=8'b11111101;
```

```
        3'b010:y=8'b11111011;
        3'b011:y=8'b11110111;
        3'b100:y=8'b11101111;
        3'b101:y=8'b11011111;
        3'b110:y=8'b10111111;
        3'b111:y=8'b01111111;
        default:y=8'b11111111;
        endcase  end
        else  y=8'b11111111;
      end
    endmodule
```

2. 仿真

编写激励代码，对74x138源文件进行功能仿真，查看仿真波形。

3. 下载验证

1）新建.XDC引脚约束文件，完成引脚锁定。

2）对74x138源文件进行综合，生成比特流文件。

3）基于EGO1目标板完成下载，实际验证74x138的功能。

4. 4—16译码器

用Verilog编程实现4—16译码器的功能，对4—16译码器进行功能仿真，并下载验证其功能。

5.4 基于Verilog的编码器设计

5.4.1 实验目的

（1）学习8—3优先编码器原理，掌握8—3优先编码器程序编写。

（2）掌握8—3优先编码器的Verilog描述，学会灵活运用Verilog HDL语言进行各种描述与建模。

（3）掌握编写测试平台（Testbench）进行编码器功能仿真。

5.4.2 实验内容与步骤

本实验用Verilog编程实现74x148优先编码器的功能，对74x148优先编码器的功能进行仿真，并下载验证其功能。

1. 8—3优先编码器

优先编码器（Priority Encoder）的特点是：当多个输入信号有效时，编码器只对优先级最高的信号进行编码。74x148是一个8—3优先编码器，其功能见表5-2。编码器的输入为din[7]～din[0]，编码优先顺序从高到低为din[7]～din[0]，输出为dout[2]～dout[0]，ei是输入使能，eo是输出使能，gs是组选择输出信号，只有当编码器输出二进制编码时，gs

才为低电平。

表 5-2　74x148 优先编码器功能表

输入									输出				
ei	din[0]	din[1]	din[2]	din[3]	din[4]	din[5]	din[6]	din[7]	dout[2]	dout[1]	dout[0]	gs	eo
1	×	×	×	×	×	×	×	×	1	1	1	1	1
0	1	1	1	1	1	1	1	1	1	1	1	1	0
0	×	×	×	×	×	×	×	0	0	0	0	0	1
0	×	×	×	×	×	×	0	1	0	0	1	0	1
0	×	×	×	×	×	0	1	1	0	1	0	0	1
0	×	×	×	×	0	1	1	1	0	1	1	0	1
0	×	×	×	0	1	1	1	1	1	0	0	0	1
0	×	×	0	1	1	0	1	1	1	0	1	0	1
0	×	0	1	1	1	0	1	1	1	1	0	0	1
0	0	1	1	1	1	0	1	1	1	1	1	0	1

例 5-5 是采用多重选择 if 语句描述的 8—3 优先编码器 74x148，作为条件语句，if-else 语句的分支是有优先顺序的，利用 if-else 语句的特点，正好可实现优先编码器的设计。

【例 5-5】8—3 优先编码器 74x148 的 Verilog 描述。

```
module ttl74148(
    input ei,
    input[7:0] din,
    output reg gs,eo,
    output reg[2:0]dout);
always @ (ei,din)
  begin if(ei) begin dout < =3'b111;gs < =1'b1;eo < =1'b1;end
     else if(din = =8'b11111111)
           begin dout < =3'b111;gs < =1'b1;eo < =1'b0;end
     else if(! din[7])
           begin dout < =3'b000;gs < =1'b0;eo < =1'b1;end
     else if(! din[6])
           begin dout < =3'b001;gs < =1'b0;eo < =1'b1;end
     else if(! din[5])
           begin dout < =3'b010;gs < =1'b0;eo < =1'b1;end
     else if(! din[4])
           begin dout < =3'b011;gs < =1'b0;eo < =1'b1;end
     else if(! din[3])
           begin dout < =3'b100;gs < =1'b0;eo < =1'b1;end
     else if(! din[2])
```

```
            begin dout < =3'b101;gs < =1'b0;eo < =1'b1;end
        else if(! din[1])
            begin dout < =3'b110;gs < =1'b0;eo < =1'b1;end
        Else
            begin dout < =3'b111;gs < =1'b0;eo < =1'b1;end
    end
endmodule
```

2. 仿真

编写激励代码，对 74x148 优先编码器源文件进行功能仿真，查看仿真波形。

3. 下载验证

1）新建 . XDC 引脚约束文件，完成引脚锁定。

2）对 74x148 源文件进行综合，生成比特流文件。

3）基于 EGO1 目标板完成下载，实际验证 74x148 的功能。

4. 16 — 4 编码器

用 Verilog 编程实现 16—4 编码器的功能，对 16—4 编码器进行功能仿真，并下载验证其功能。

5.5　基于 Verilog 的表决器设计

5.5.1　实验目的

（1）理解 7 人表决器原理，掌握其 Verilog 编写方法。

（2）掌握四位动态扫描数码管显示的 Verilog 编写方法。

（3）掌握灵活运用 Verilog HDL 语言进行各种描述与建模的技巧和方法。

5.5.2　实验内容与步骤

本实验用 Verilog 编程实现数字表决器功能，表决人数为 7 人，投赞成票为 1，不赞成为 0，赞成者过半表决通过，指示灯亮，并将赞成票数在数码管上显示。

1. 7 人表决电路

用 for 语句实现的 7 人表决电路，如例 5-6 所示。

【例 5-6】 7 人表决电路。

```
module vote7(
      input[6:0] vote,
      output reg pass
         );
reg[2:0] sum;
integer i;
```

```
always@ (vote)
begin  sum=0;
  for(i=0;i<=6;i=i+1)
    if(vote[i])  sum=sum+1;
    if(sum>=4)  pass=1;  else  pass=0;
end
endmodule
```

2. 四位动态扫描数码管

本实验为7人表决电路增加票数显示功能，将赞成票数在数码管上显示。

EGO1开发板包含2组四位动态扫描数码管，该数码管采用时分复用的扫描显示方式，以减少对FPGA的I/O口的占用，其原理如图5-32所示，四位数码管并排在一起，用4个I/O口分别控制每个数码管的片选端，加上7个段选，1个小数点，只需12个I/O口就可实现4个数码管的驱动。

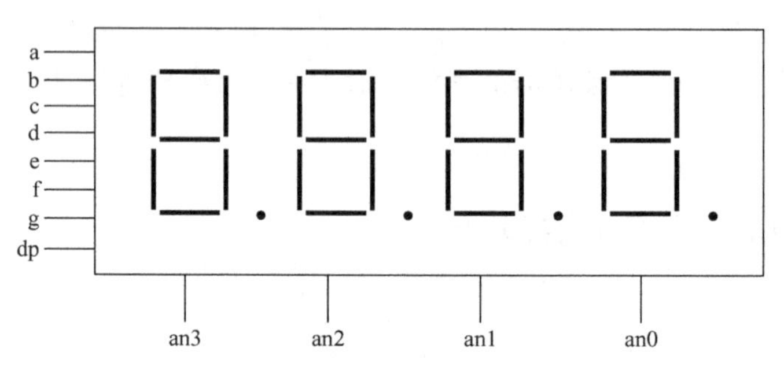

图5-32　采用扫描显示方式的数码管

增加了票数显示功能的7人表决电路，如例5-7所示。本例的数码管的显示译码只翻译了0~7，另外本例只用了一个数码管显示，故片选信号an只需赋1即可。

【例5-7】增加了票数显示功能的7人表决电路。

```
module vote7(
      input[6:0] vote,
      output reg pass,
      output an,
      output reg[6:0] a_to_g
          );
reg[2:0] sum;  integer i;
always@ (vote)
begin  sum=0;
  for(i=0;i<=6;i=i+1)
    if(vote[i])  sum=sum+1;
    if(sum>=4)  pass=1;  else  pass=0;  end
```

```
assign an =1;
always@ (* )  //票数显示与译码,数码管为共阴模式
begin
          case(sum)
             0:a_to_g =7'b1111_110;
             1:a_to_g =7'b0110_000;
             2:a_to_g =7'b1101_101;
             3:a_to_g =7'b1111_001;
             4:a_to_g =7'b0110_011;
             5:a_to_g =7'b1011_011;
             6:a_to_g =7'b1011_111;
             7:a_to_g =7'b1110_000;
            default:a_to_g =7'b1111_110;
endcase  end
endmodule
```

3. 下载

将投票端口（vote）锁至 SW0 ~ SW6 共 7 个拨动开关，pass 锁至 LED0，赞成票数（sum）在数码管 DK8 上显示，引脚约束文件如下，编译下载后，观察实际效果。

```
set_property-dict {PACKAGE_PIN R1 IOSTANDARD LVCMOS33}[get_ports {vote[0]}]
set_property-dict {PACKAGE_PIN N4 IOSTANDARD LVCMOS33}[get_ports {vote[1]}]
set_property-dict {PACKAGE_PIN M4 IOSTANDARD LVCMOS33}[get_ports {vote[2]}]
set_property-dict {PACKAGE_PIN R2 IOSTANDARD LVCMOS33}[get_ports {vote[3]}]
set_property-dict {PACKAGE_PIN P2 IOSTANDARD LVCMOS33}[get_ports {vote[4]}]
set_property-dict {PACKAGE_PIN P3 IOSTANDARD LVCMOS33}[get_ports {vote[5]}]
set_property-dict {PACKAGE_PIN P4 IOSTANDARD LVCMOS33}[get_ports {vote[6]}]
set_property-dict {PACKAGE_PIN D4 IOSTANDARD LVCMOS33}[get_ports {a_to_g[6]}]
set_property-dict {PACKAGE_PIN E3 IOSTANDARD LVCMOS33}[get_ports {a_to_g[5]}]
set_property-dict {PACKAGE_PIN D3 IOSTANDARD LVCMOS33}[get_ports {a_to_g[4]}]
```

```
set_property-dict {PACKAGE_PIN F4 IOSTANDARD LVCMOS33}[get_ports {a_to_g[3]}]
set_property-dict {PACKAGE_PIN F3 IOSTANDARD LVCMOS33}[get_ports {a_to_g[2]}]
set_property-dict {PACKAGE_PIN E2 IOSTANDARD LVCMOS33}[get_ports {a_to_g[1]}]
set_property-dict {PACKAGE_PIN D2 IOSTANDARD LVCMOS33}[get_ports {a_to_g[0]}]
set_property-dict {PACKAGE_PIN G6 IOSTANDARD LVCMOS33}[get_ports an ]
set_property-dict {PACKAGE_PIN K2 IOSTANDARD LVCMOS33}[get_ports pass ]
```

4. 仿真

在本例 7 人表决电路的基础上，修改设计实现 11 人表决器功能，编写激励代码，对表决器功能进行仿真，查看仿真波形。

5.6 基于 Verilog 的加法器设计

5.6.1 实验目的

（1）理解加法器原理，掌握 BCD 码加法器的 Verilog 编写方法。

（2）掌握灵活运用 Verilog HDL 语言进行各种描述与建模的技巧和方法。

5.6.2 实验内容与步骤

加法器基本原理参见 2.4 节，本实验用 Verilog 编程实现加法器电路。

1. 用 Verilog 设计 BCD 码加法器

例 5-8 描述了 4 位 BCD 码加法器电路，采用的是逢十进一的加法规则。

【例 5-8】 BCD 码加法器。

```
module add4_bcd
    (inputcin,
    input[3:0] ina,inb,
    output reg[3:0] sum,
    output reg cout);
reg[4:0] temp;
always @ (ina,inb,cin)                       //always 过程语句
  begin  temp < = ina + inb + cin;
    if(temp > 9){cout,sum} < = temp + 6;     //两重选择的 if 语句
    else {cout,sum} < = temp;
  end
```

```
endmodule
```

2. 综合

对例 5-8 进行编译，编译成功后双击“SYNTHESIS”中的“Schematic”可以查看综合电路图。

3. 仿真

编写激励代码，对 4 位 BCD 码加法器进行功能仿真，查看仿真波形。

4. 下载验证

1）新建 . XDC 引脚约束文件，完成引脚锁定。

2）对 4 位 BCD 码加法器源文件进行综合，生成比特流文件。

3）基于 EGO1 目标板完成下载，实际验证加法器的功能。

5. 显示

1）为例 5-8 增加显示功能，采用 2 个数码管显示加法器结果。

2）重新进行引脚锁定。

3）对源文件进行综合，生成比特流文件。

4）基于 EGO1 目标板完成下载，实际验证加法器的功能。

5.7　基于 Verilog 的计数器设计

5.7.1　实验目的

（1）理解计数器原理，掌握模 60 加法计数器的 Verilog 编写方法。

（2）掌握灵活运用 Verilog HDL 语言进行各种描述与建模的技巧和方法。

5.7.2　实验内容与步骤

本实验用 Verilog 编程实现计数器功能。

1. 模为 60 的 8421BCD 码加法计数器

例 5-9 是用多重嵌套的 if 语句实现的模为 60 的 8421 BCD 码加法计数器。

【例 5-9】 模为 60 的 8421BCD 码加法计数器。

```
module count60
        (input load,clk,reset,
        input[7:0] data,
        output reg[7:0] qout,
        output cout);
always @ (posedge clk)
  begin
    if(reset)        qout < =0;                      //同步复位
    else if(load)      qout < =data;                  //同步置数
```

```
    else  begin
        if(qout[3:0]= =9)
          beginqout[3:0]< =0;
          if(qout[7:4]= =5)  qout[7:4]< =0;
          else qout[7:4]< =qout[7:4]+1;
          end
        else qout[3:0]< =qout[3:0]+1;
          end
  end
assign cout=(qout= =8'h59)? 1:0;                //产生进位信号
endmodule
```

2. 综合

对例 5-9 进行编译，编译成功后双击“SYNTHESIS”中的“Schematic”可以查看综合电路图，本例的综合电路如图 5-33 所示，可看出该电路由加法器、数据选择器和数据寄存器等部件实现。

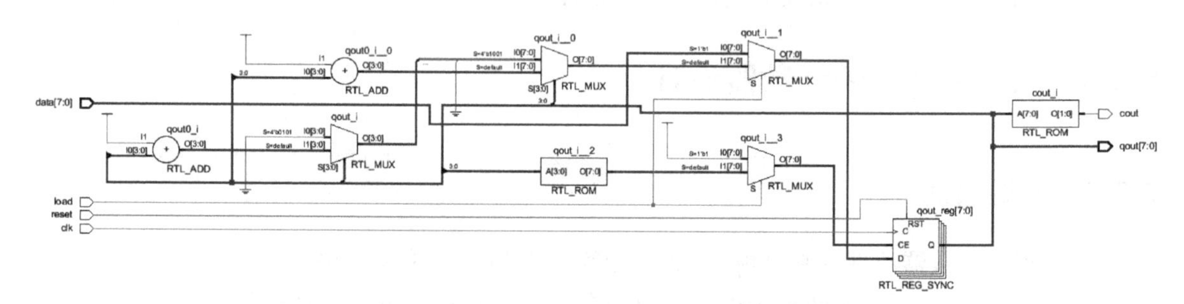

图 5-33　模为 60 的 8421BCD 码加法计数器综合电路

3. 仿真

编写激励代码，对模 60 加法计数器进行功能仿真，查看仿真波形。

4. 下载验证

1）新建 .XDC 引脚约束文件，完成引脚锁定。

2）对模 60 加法计数器源文件进行综合，生成比特流文件。

3）基于 EGO1 目标板完成下载，实际验证计数器的功能。

5. 显示

1）为例 5-9 增加显示功能，采用 2 个数码管显示计数器输出信号。

2）重新进行引脚锁定。

3）对源文件进行综合，生成比特流文件。

4）基于 EGO1 目标板完成下载，实际验证计数器的功能。

6. 数字秒表

在本实验的基础上，实现数字秒表的功能，该秒表具有复位、暂停、计时等功能，当暂停键为低电平时秒表开始计时，为高电平时暂停，变低后在原来的数值基础上继续计数。秒表采用 BCD 码计数方式，并用数码管进行显示。基于 EGO1 目标板完成数字秒表下载，实际验证其功能。

5.8　IP 核封装实验

5.8.1　实验目的

（1）熟悉 Vivado 软件的 IP 核封装流程。
（2）掌握 74LS161、74LS00 等 IP 核程序设计和封装。

5.8.2　实验内容与步骤

基于 IP 核的设计对提高设计的复用具有优越性，Vivado 本身自带了丰富的 IP 核，此外还允许设计者自己定义和封装 IP 核，故掌握 IP 核的 FPGA 设计方法具有事半功倍的效果。

本节以设计和封装功能类似 74LS161 和 74LS00 的 IP 核为例，介绍基于 Vivado 的 IP 核封装流程。

1. 创建工程

启动 Vivado 2018.2，单击“Quick Start”栏中的“Create Project”，启动工程向导，创建一个新工程，将其命名为“ip_161”，存于“D：/exam”文件夹中，如图 5-34 和图 5-35 所示。工程创建的过程可参考 5.2 节，此处不再赘述。

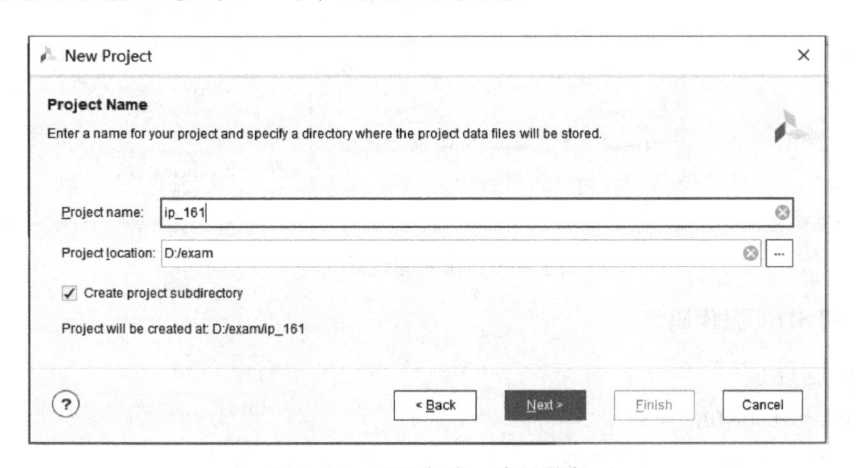

图 5-34　工程名称、路径设定

2. 输入源设计文件

单击“Flow Navigator”下的“PROJECT MANAGER”中的“Add Sources”，选择“Add or create design sources”，创建一个名为“ls161. v”的源文件，其代码如例 5-10 中所示，输入源文件后的 Vivado 界面如图 5-36 所示。

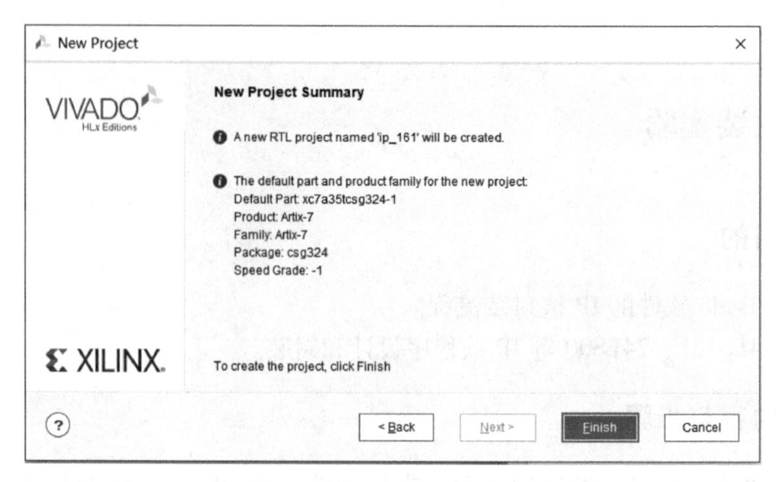

图 5-35 工程信息汇总

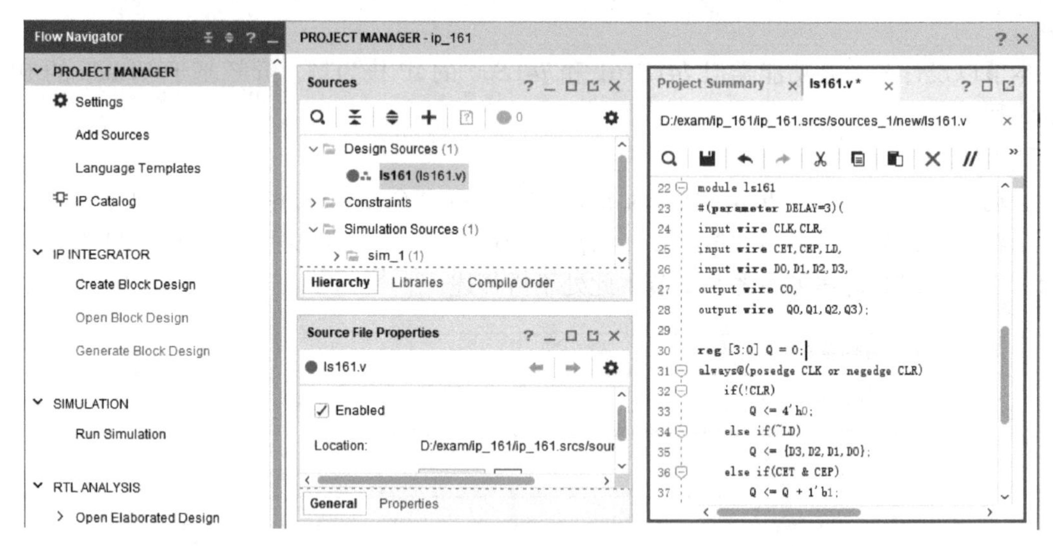

图 5-36 输入源设计文件

【例 5-10】74LS161 源代码。

```
module ls161
#(parameter DELAY = 3) (
        input wire CLK,CLR,
        input wire CET,CEP,LD,
        input wire D0,D1,D2,D3,
        output wire CO,
        output wire  Q0,Q1,Q2,Q3);

reg [3:0] Q = 0;
always@ (posedge CLK or negedge CLR)
    if(! CLR)
```

```
        Q <=4'h0;
    else if(~LD)
        Q <={D3,D2,D1,D0};
    else if(CET & CEP)
        Q <=Q +1'b1;
    else Q <=Q;

assign #DELAY Q0 =Q[0];
assign #DELAY Q1 =Q[1];
assign #DELAY Q2 =Q[2];
assign #DELAY Q3 =Q[3];
assign CO = ((Q= =4'b1111)&&(CET= =1'b1))?1 : 0;

endmodule
```

在“Flow Navigator”栏的“SYNTHESIS”下单击“Run Synthesis”，对当前工程进行综合，综合完成后在弹出的“Synthesis Completed”对话框中单击“Cancel”，表示不再继续进行后续操作。

3. 创建 IP 核（Create IP）

1）在“Flow Navigator”栏中的“PROJECT MANAGER”下单击“Settings”，弹出“Settings”对话框，如图 5-37 所示，在窗口的左侧选中 IP 下面的“Packager”，在右侧的“Packager”选项卡中定制 IP 核的库名和目录。

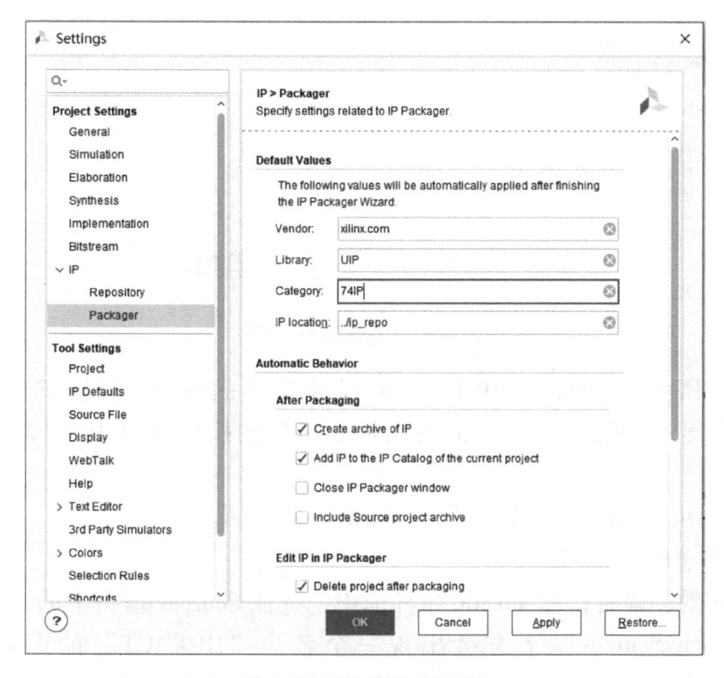

图 5-37　定制 IP 核属性

在“Library”（库名）处填写“UIP”，“Category”处填写“74IP”，勾选“After Packaging”下的“Create archive of IP”“Add IP to the IP Catalog of the current project”，其他按默认设置。设置完成后单击“Apply”，再单击“OK”。

2）在Vivado主界面中，选择菜单“Tools”→“Create and Package New IP”，如图5-38所示，启动创建和封装新IP的过程，此过程的启动页面如图5-39所示。

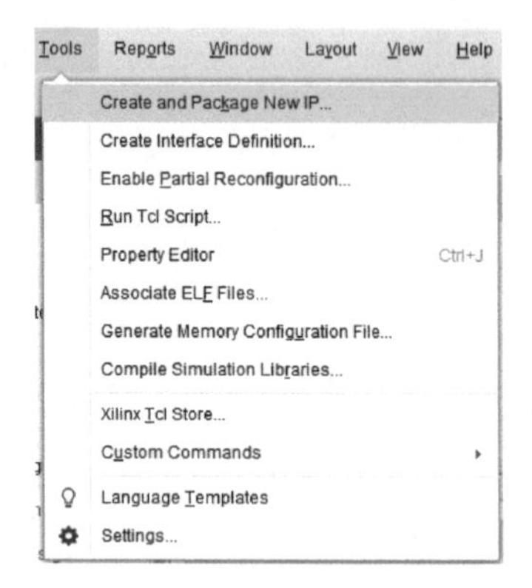

图5-38　创建和封装新的IP

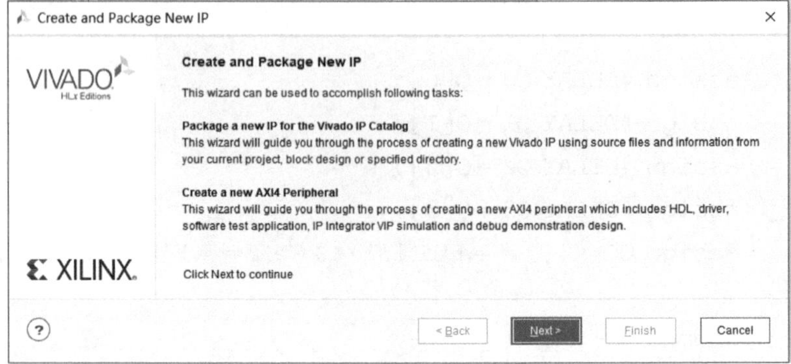

图5-39　创建和封装新IP的启动页面

3）单击“Next”，出现如图5-40所示的封装选项页面，选择“Packaging Options”下的“Package your current project”，表示将当前的工程封装为IP核，单击“Next”。

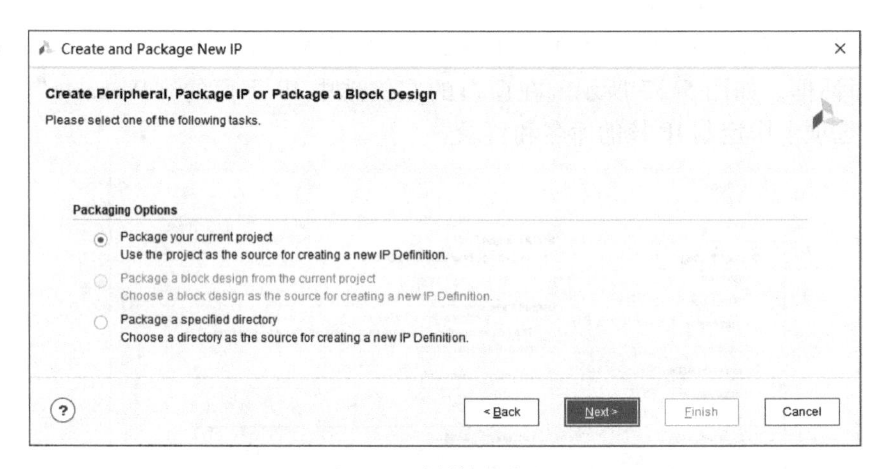

图5-40　封装选项页面

4）如图5-41所示，此页面的IP Location指示IP核的路径，以便于设计者到此路径下将IP导入别的工程中，也可通过单击右侧带省略号的按钮来给IP指定新的位置，单击“Next”。

5）单击“Finish”，完成IP核的创建，如图5-42所示。

4. 封装IP核（Package IP）

1）完成IP核的创建后，在Vivado主界面中，选择Sources窗口下的“Hierarchy”选项卡，此时在“Design Sources”下方会出现一个名为“IP-XACT”的图标，其下有一个“component. xml”的文件，其中保存了封装IP核的信息，如图5-43所示。

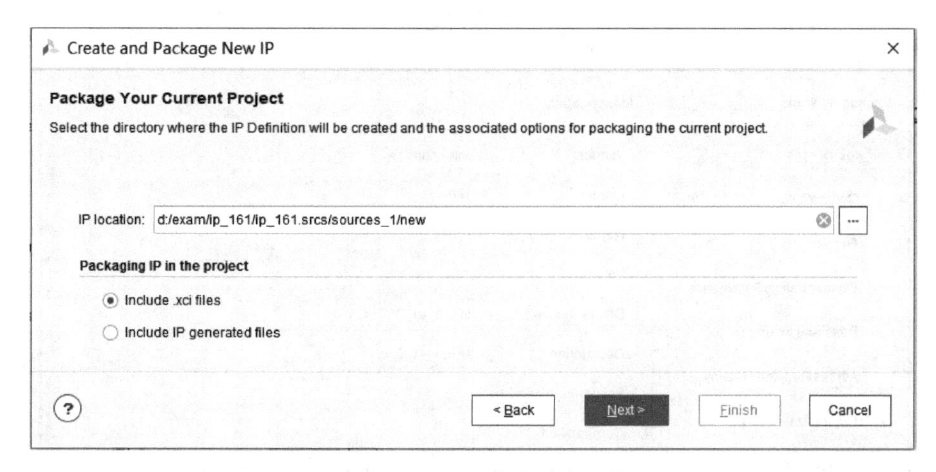

图 5-41　IP 核的路径

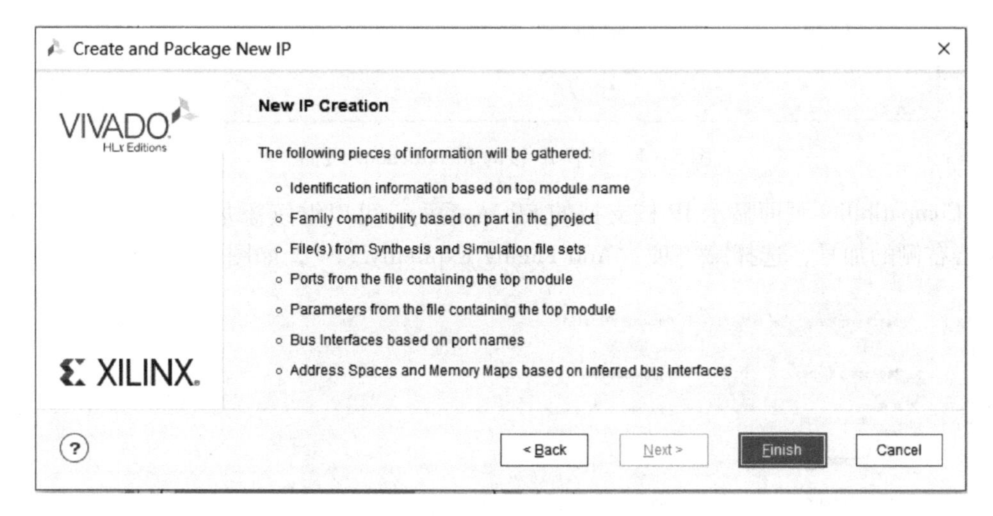

图 5-42　IP 核创建完成

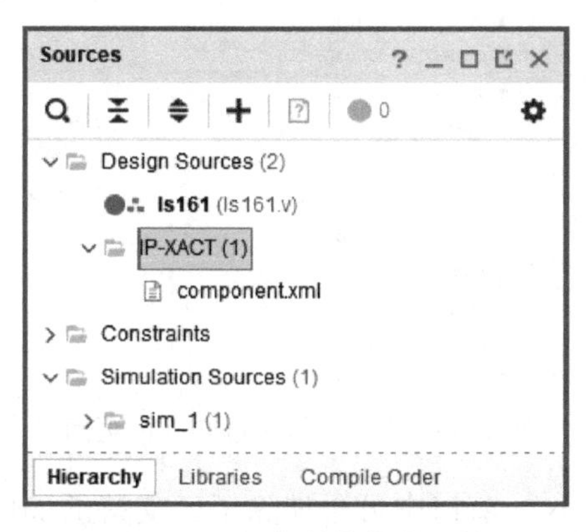

图 5-43　IP 核封装信息文件

2）在 Vivado 主界面中右侧窗格中，在“Package IP”选项卡下，单击 Identification 可查看并修改 IP 核的相关信息，如图 5-44 所示。

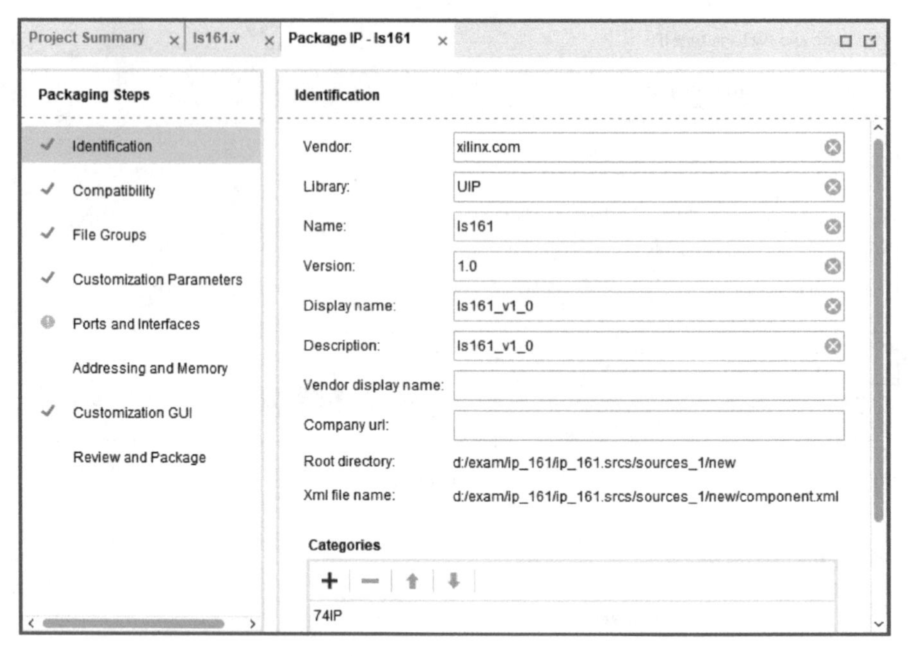

图 5-44　封装 IP 核的 Identification 页面

3）Compatibility 页面显示 IP 核支持的 FPGA 系列，可以继续添加 IP 核支持的 FPGA 器件，单击右侧的加号，选择第一项“Add Family Explicitly...”，如图 5-45 所示。

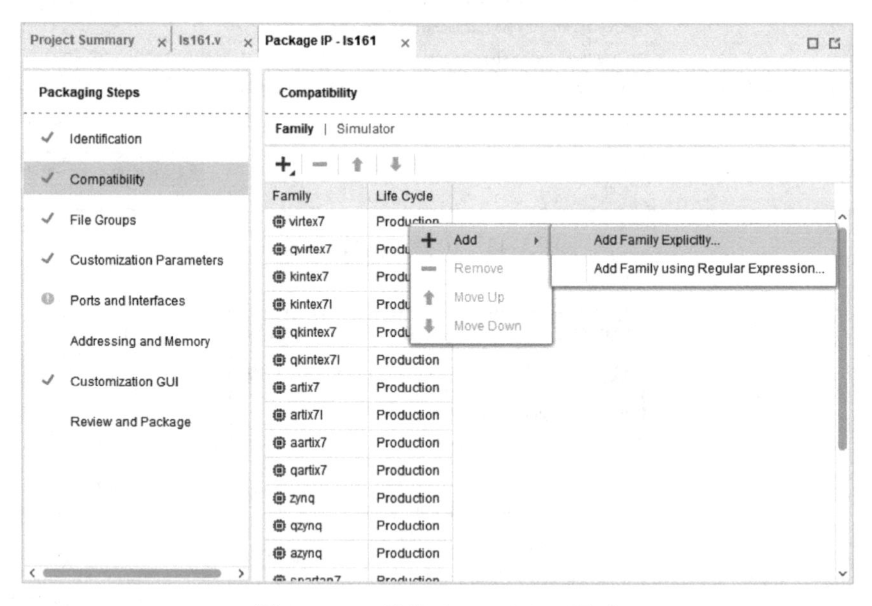

图 5-45　IP 核的 Compatibility 页面

4）在弹出的“Add Family”窗口中可添加除了已支持的 artix7（Artix－7）之外的其他器件系列，如图 5-46 所示，勾选完毕后单击“OK”。

5）单击“Customization GUI”页面，在右侧可以预览 IP 核的信号接口，同时可以在“Component Name”处修改 IP 核的名称，如图 5-47 所示。

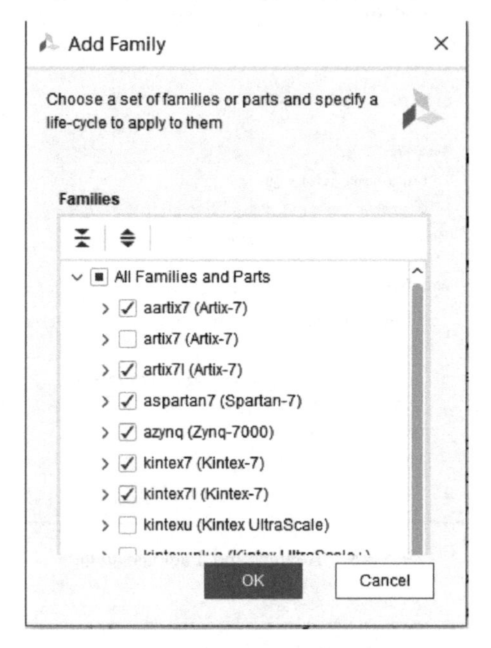

图 5-46　添加 IP 核支持的器件系列

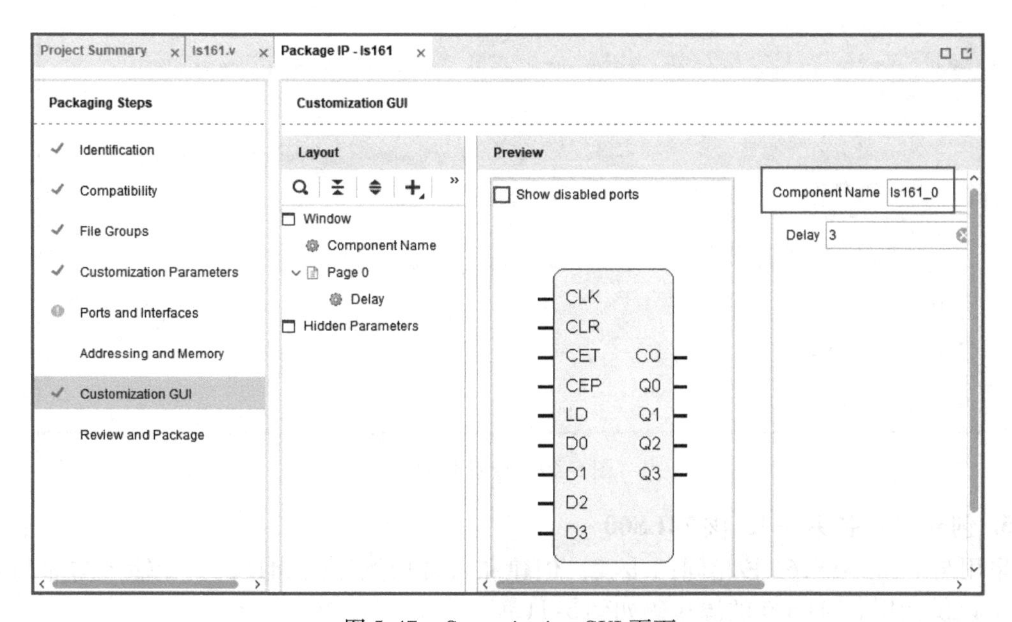

图 5-47　Customization GUI 页面

6）单击“Review and Package”页面可查看 IP 核的最终信息，其中的“Root directory”表示 IP 核的存储目录，信息确认无误后单击下方的“Package IP”按钮，完成 74LS161 核的封装，如图 5-48 所示。

7）回到 Vivado 主界面，单击“Project Manager”中的“IP Catalog”，出现“IP Catalog”窗口，在其中的“User Repository”下可找到刚创建的“ls 161_v1_0”，说明该 IP 核已创建和封装成功，可以调用了，如图 5-49 所示。

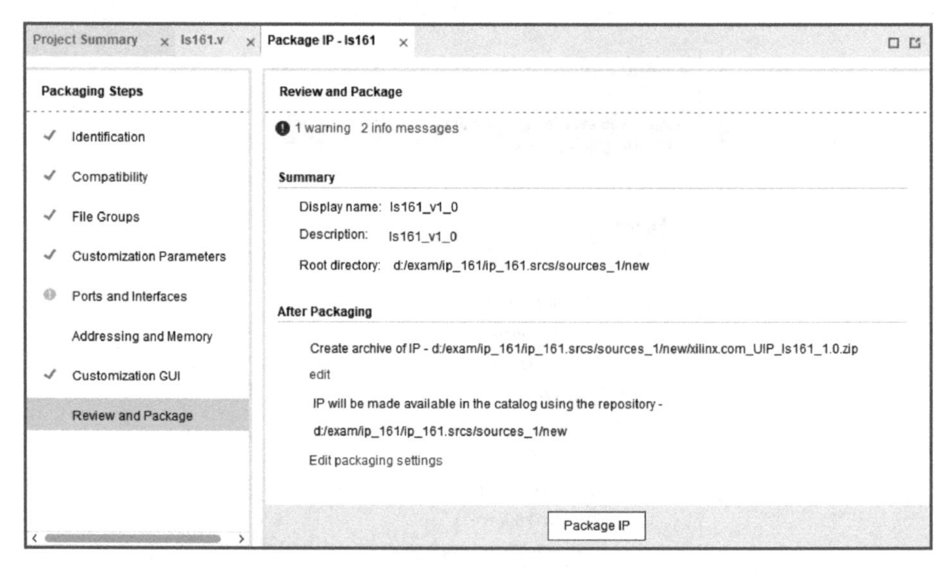

图 5-48 Review and Package 页面

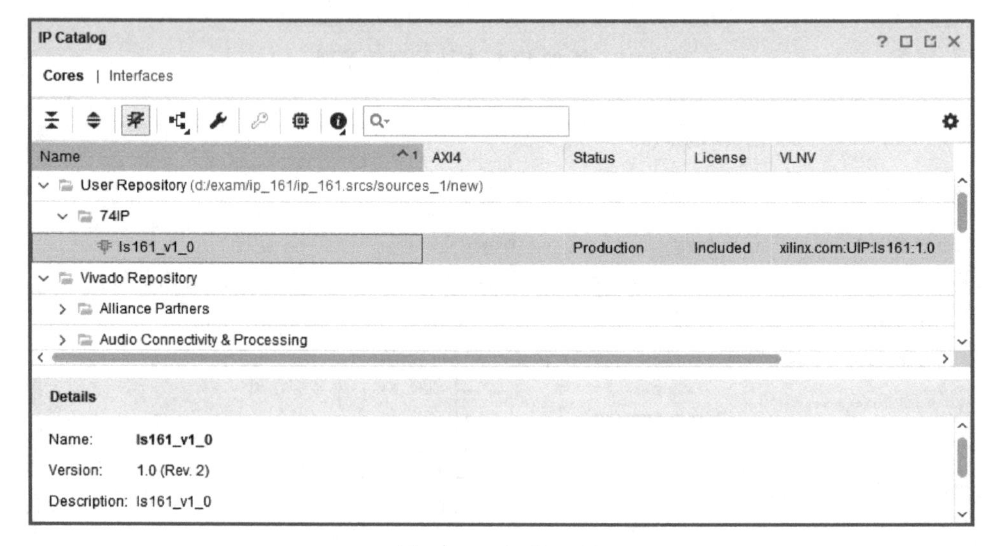

图 5-49 查看 IP 核

5. 创建和封装另一 IP 核 74LS00

采用与上面 74LS161 核相同的步骤，创建和封装功能类似 74LS00（2 输入与非门）的 IP 核，以供调用。74LS00 的源代码如例 5-11 所示。

【例 5-11】 74LS00（2 输入与非门）源代码。

```
module ls00
#(parameter DELAY = 3) (
    input a,b,
    output y
    );
```

```
nand #DELAY(y,a,b);
endmodule
```

74LS00 核创建好后，对其进行封装，其中 Identification 页面信息如图 5-50 所示。

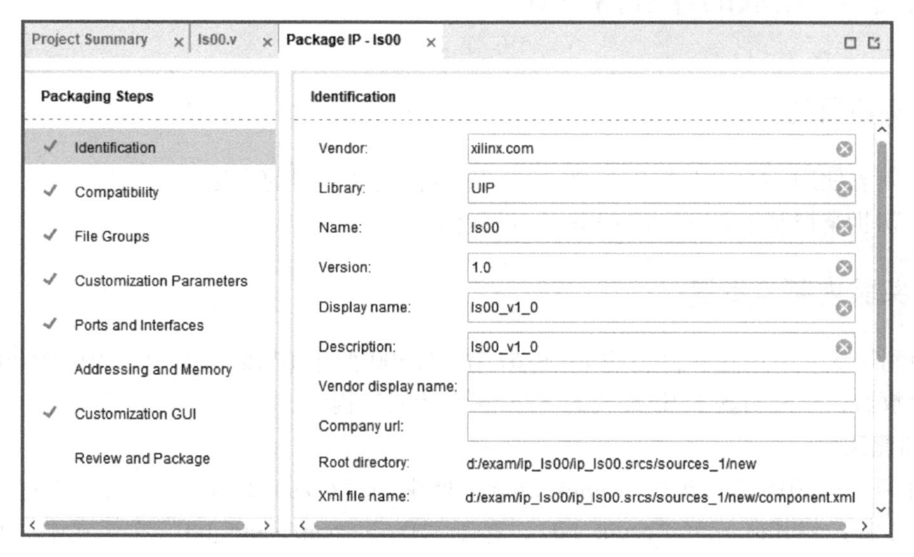

图 5-50　74LS00 核的 Identification 页面

单击“Review and Package”页面可查看 74LS00 核的最终信息，信息确认无误后单击下方的“Package IP”按钮，完成 74LS00 核的封装，如图 5-51 所示。

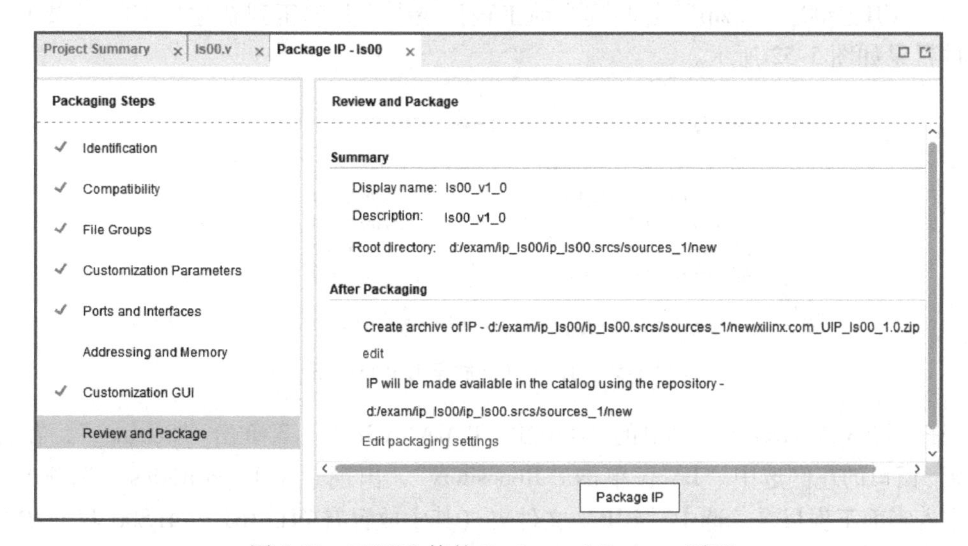

图 5-51　74LS00 核的 Review and Package 页面

6. 其他实验项目

采用与上面 74LS161 核、74LS00 核相同的步骤，创建和封装如下 IP 核，以供调用：

74LS04；

74LS20；

74LS32；

74LS74；
74LS112。

5.9 基于 IP 集成的计数器设计

5.9.1 实验目的

（1）熟悉使用 74LS161 和 74LS00 两个 IP 核构成计数器的方法。
（2）初步掌握基于 IP 集成的 Vivado 设计流程。

5.9.2 实验内容与步骤

本节利用 5.8 节创建和封装的 74LS161 和 74LS00 两个 IP 核，采用原理图设计的方式实现模 9 计数器，以说明基于 IP 集成的 Vivado 设计的流程。

1. 创建工程

启动 Vivado 2018.2，单击“Quick Start”栏中的“Create Project”，启动工程向导，创建一个新工程，将其命名为“count_bd”，存于“D：/exam/count_bd”文件夹中。此过程不再详述。

2. 添加 IP 核

1）将 5.8 节中生成的 IP 封装目录中的压缩包“xilinx.com_UIP_ls161_1.0.zip”和“xilinx.com_UIP_ls00_1.0.zip”复制到当前工程目录中，并解压到新建的 UIP 目录下，解压后的文件目录如图 5-52 所示。

图 5-52 IP 文件夹放至 UIP 目录下

2）在“Flow Navigator”栏中的“PROJECT MANAGER”下单击“Settings”，在弹出的“Settings”窗口的左侧选中“IP”，单击“Repository”，出现“IP Repositories”选项卡，单击加号，进入当前工程目录，选中“UIP”文件夹（其中放置有 74LS161、74LS00 两个 IP 封装文件），单击“Select”按钮，在弹出的窗口中单击“OK”按钮，上述过程如图 5-53 所示。

3）如图 5-54 所示，“d：/exam/count_bd/UIP”文件夹已出现在“IP Repositories”窗格中，单击“Apply”按钮，再单击“OK”按钮。

4）在“PROJECT MANAGER”下选中“IP Catalog”，在右侧“IP Catalog”选项卡中，展开“User Repository”，可以看到用户自定义 IP：“ls161_v1_0”和“ls00_v1_0”已经出现在 IP 库中，可以调用了，如图 5-55 所示。

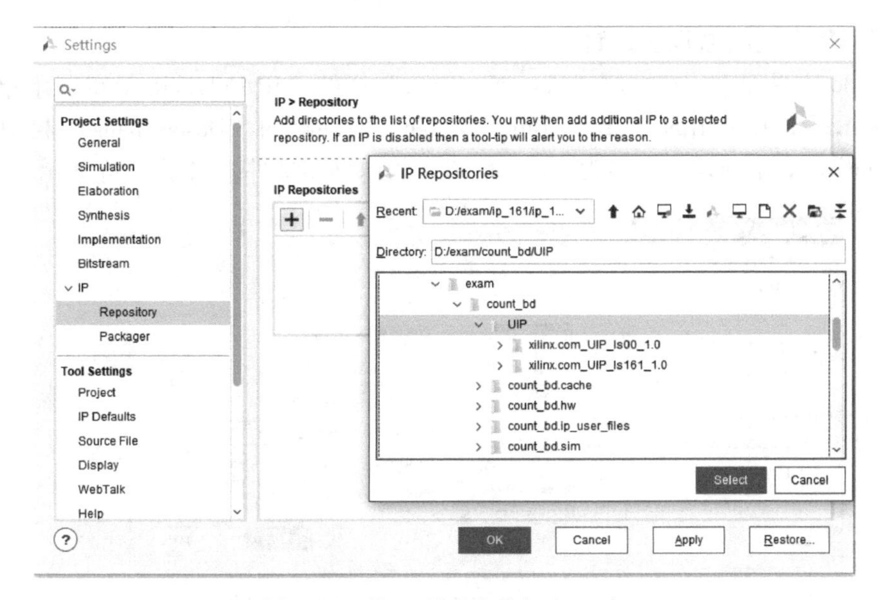

图 5-53　将 IP 封装文件加入 IP 库

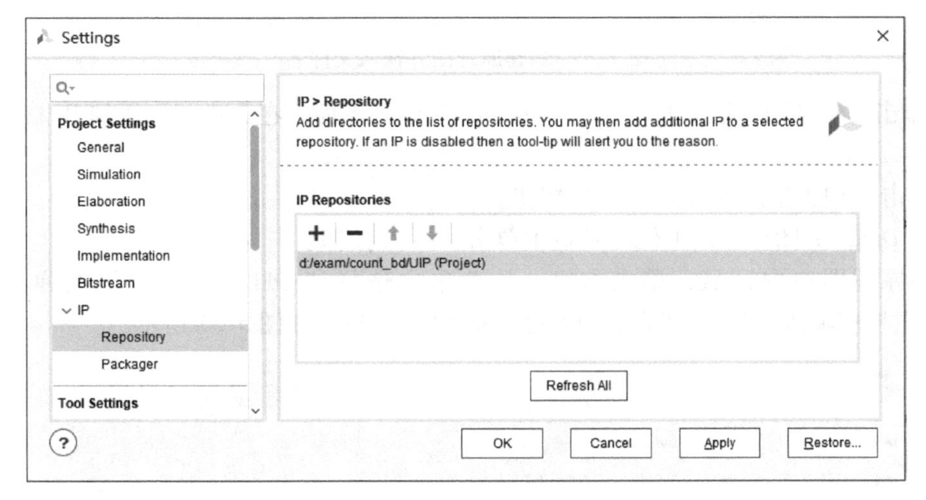

图 5-54　指定 IP 库

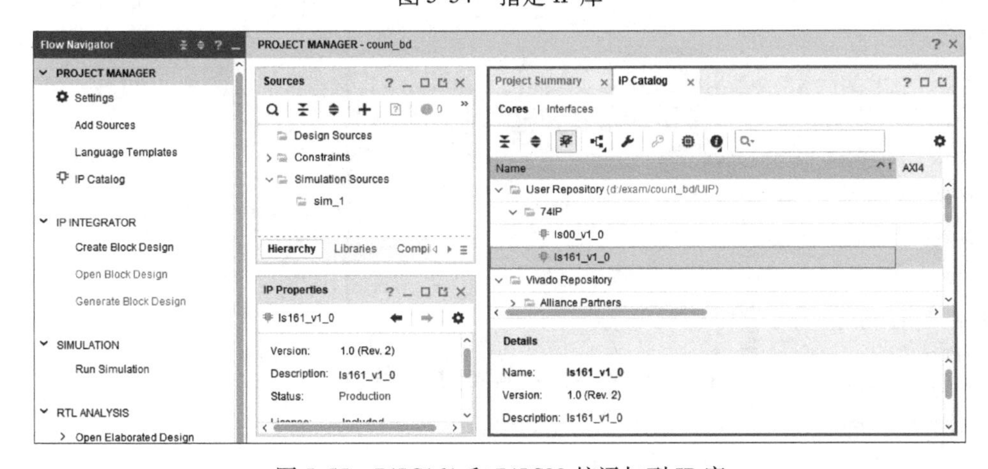

图 5-55　74LS161 和 74LS00 核添加到 IP 库

3. 基于 IP 集成的原理图设计

1）Vivado 主界面中，在左侧“Flow Navigator”栏的“IP INTEGRATOR”下单击“Create Block Design”，在弹出的“Create Block Design”对话框的“Design name”栏中输入设计名“count_bd”，表示新建一个名为“count_bd”的原理图文件，如图 5-56 所示。

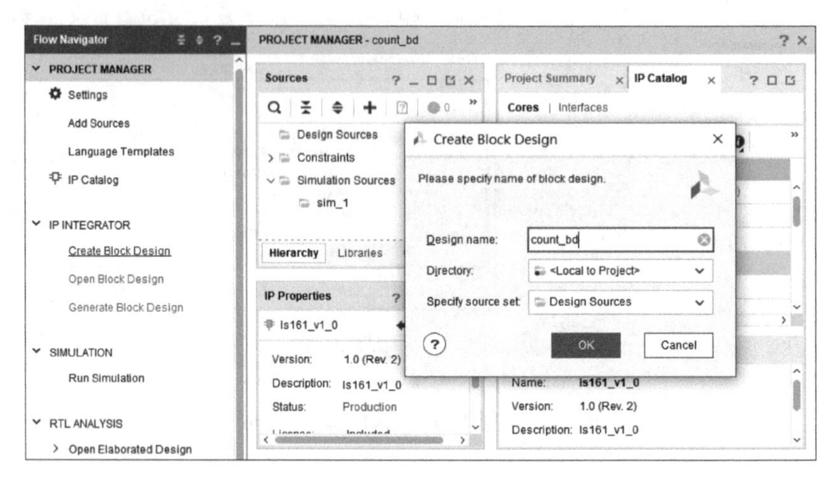

图 5-56　新建原理图并输入文件名

2）单击“OK”按钮，进入“Block Design”设计界面。在原理图中添加 IP 核，可采用如下方式：

① 单击原理图中间区域的“+”按钮。

② 在 Diagram 图形界面上侧工具栏中单击“+”按钮。

③ 在原理图空白区域，单击右键，从菜单中选择“Add IP”命令。在弹出窗口的 Search 搜索栏中输入“ls”，在列表中选择“ls161_v1_0”，如图 5-57 所示。

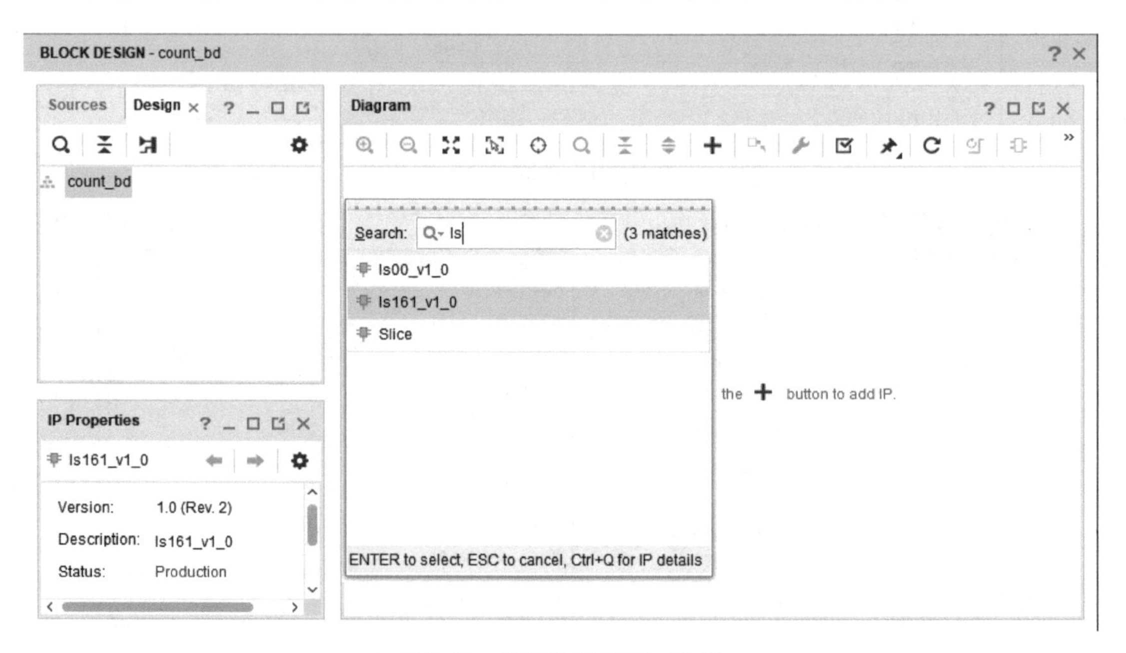

图 5-57　在原理图中添加 IP 核

3）双击“ls161_v1_0”，或者按〈Enter〉键，将其添加到原理图中。采用同样的方式将 IP 核“ls00_v1_0”也调入原理图中，选中 ls00_v1_0 模块，单击右键，选择菜单“Orientation”→“Rotate Clockwise”，连续执行 2 次，使其旋转 180°，并将其移动到原理图上合适的位置，如图 5-58 所示。

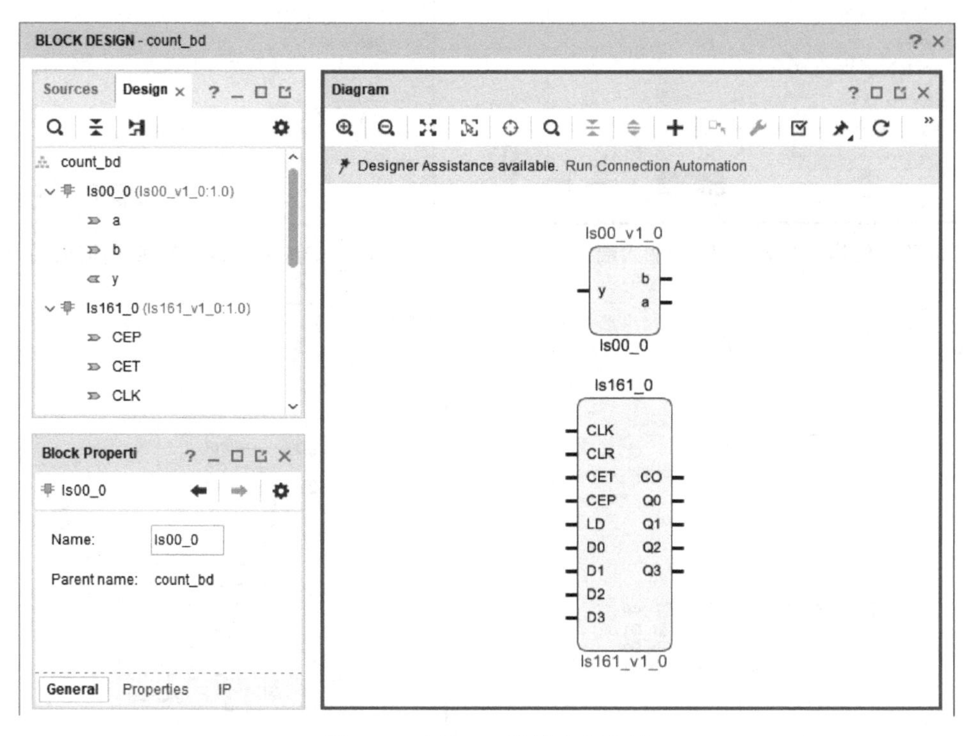

图 5-58　添加 IP 核并合理布局

4）连线：将鼠标指针移至“ls161”模块的 Q0 接口处，待其变成铅笔形状后，按下鼠标左键并拖拽到“ls00”模块的 a 接口处，释放鼠标左键后可看到两个接口信号已被连接起来。采用同样的方式进行其他连线。

5）创建端口有两种方式：

① 在原理图空白处，单击右键，从菜单中选择“Create Port...”，在弹出的“Create Port”窗口中设置端口的名称、方向和类型，如图 5-59 所示是创建了一个名为“PT”的输入端口；图 5-60 所示则是创建了一个名为“Q0”的输出端口。

② 单击选中模块的某一引脚，单击右键选择“Make External”，可自动创建与引脚同名同方向的端口。

6）连线完成后的原理图如图 5-61 所示，单击原理图工具栏中的“Regenerate Layout”，自动对模块和连线进行优化布局，执行“Regenerate Layout”后的原理图如图 5-62 所示。完成后对原理图存盘。

7）完成原理图后，生成顶层文件。

① 在“Sources”窗口的“Hierarchy”选项卡中，在“Design Sources”下的“count_bd. bd”图标上右击，从菜单中选择“Generate Output Products”，如图 5-63 所示。

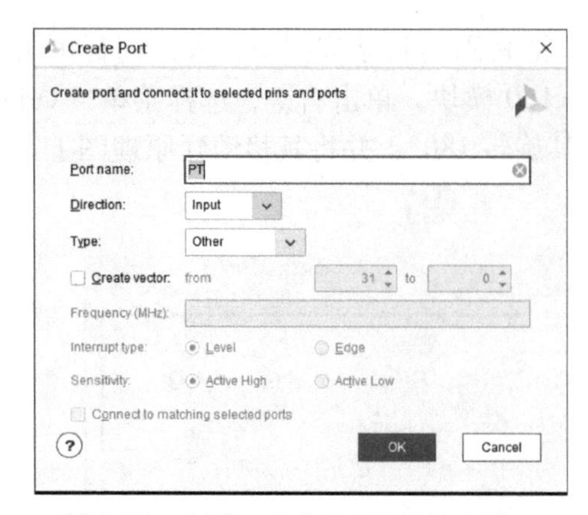

图 5-59　创建一个名为 PT 的输入端口

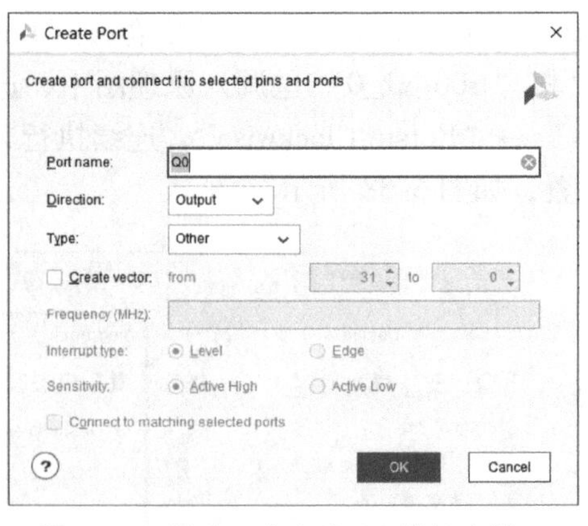

图 5-60　创建一个名为 Q0 的输出端口

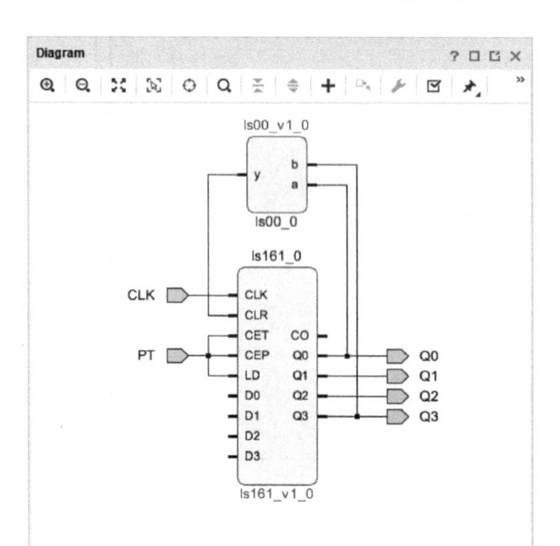

图 5-61　完成后的原理图

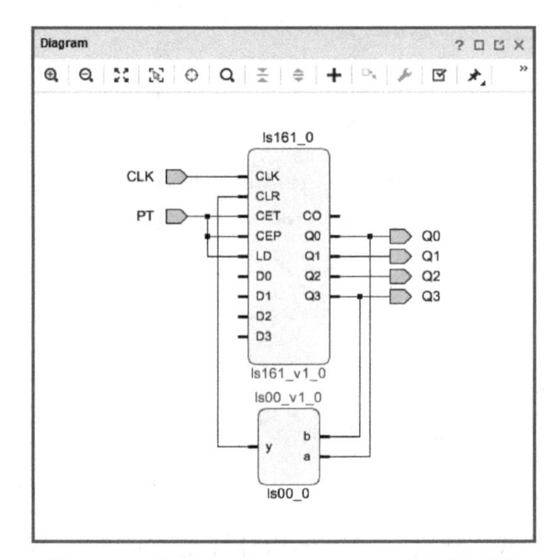

图 5-62　执行 Regenerate Layout 后的原理图

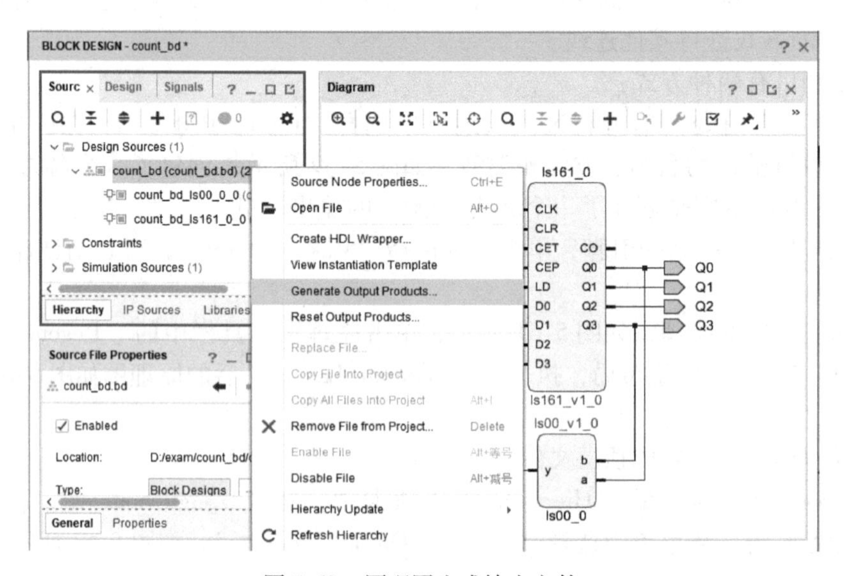

图 5-63　原理图生成输出文件

② 弹出“Generate Output Products”窗口，如图 5-64 所示。“Synthesis Options”中有如下选项。

- Global：表示全局综合。
- Out of context per IP：即 OOC 选项，此选项是 Vivado 的默认选项。

本例选择“Out of context per Block Design”，然后单击“Generate”按钮，如图 5-64 所示，完成后单击“OK”按钮。

③ 输出文件生成后，再次在“Sources”窗口的“count_bd. bd”图标上右击，从菜单中选择“Create HDL Wrapper”，如图 5-65 所示。

④ 在弹出的“Create HDL Wrapper”对话框中选择“Let Vivado manage wrapper and auto-update”，单击“OK”按钮，如图 5-66 所示。

至此，已完成原理图设计。从图 5-67 可看到原理

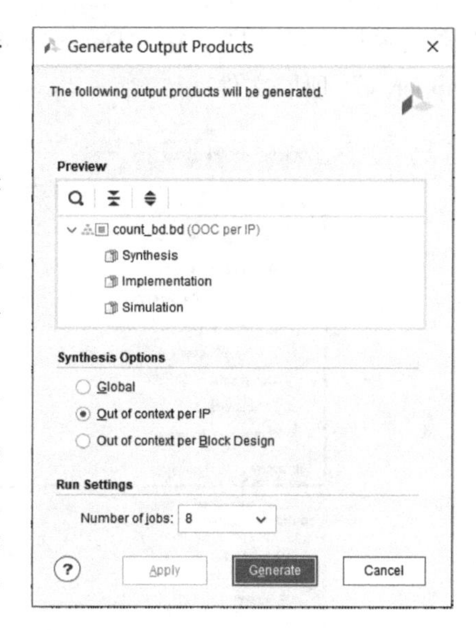

图 5-64　Generate Output Products 窗口

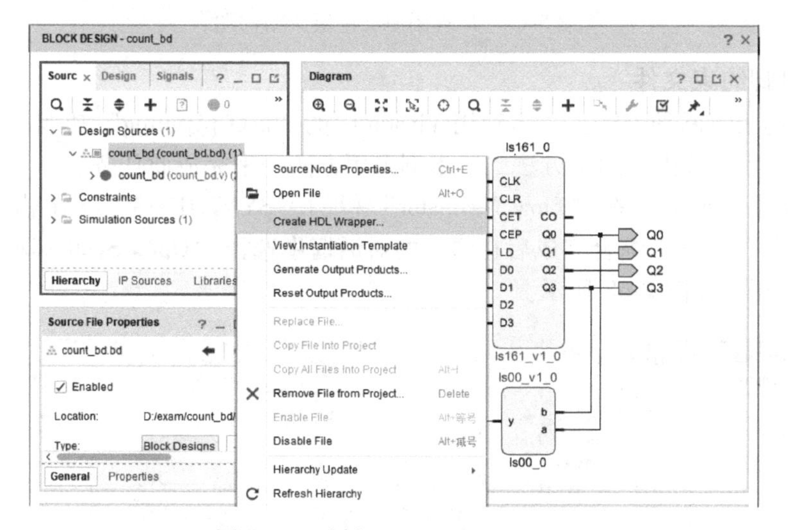

图 5-65　选择 Create HDL Wrapper

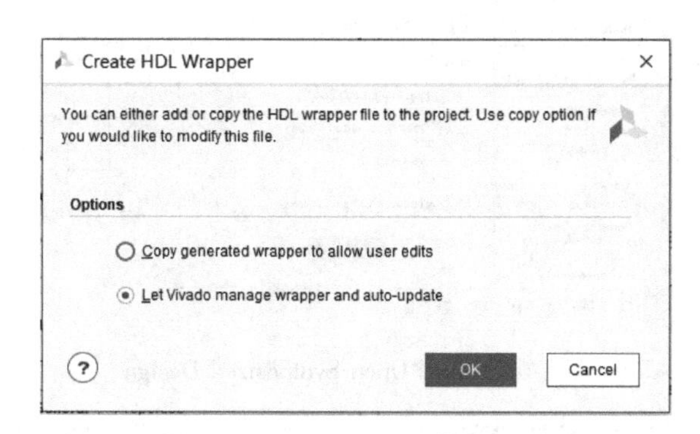

图 5-66　Create HDL Wrapper 对话框

图源文件层次结构图，在“Design Sources”的“count_bd. bd”图标之上已生成“count_bd_wrapper. v”顶层文件。

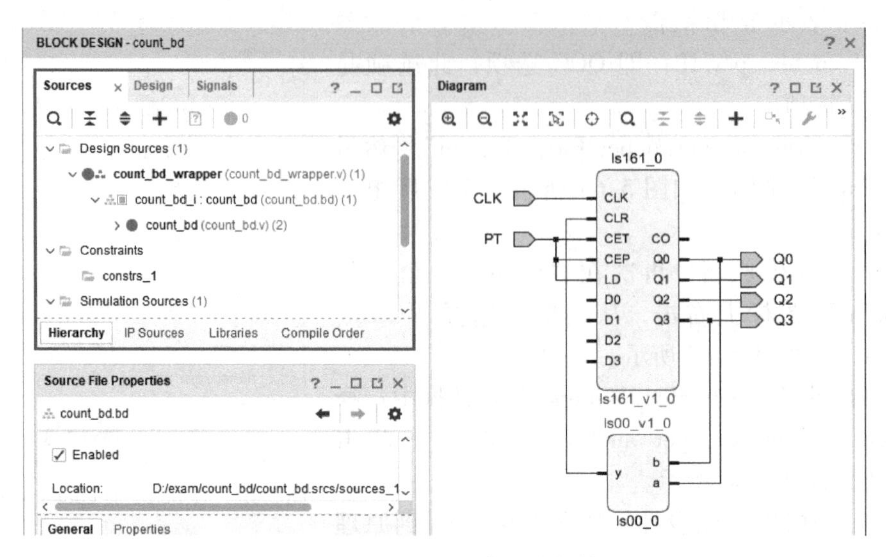

图 5-67　原理图源文件层次结构图

4. 添加引脚约束文件

添加引脚约束有两种方法：一是利用 Vivado 中的“I/O planning”功能，二是直接新建 XDC 约束文件，5.8 节中采用了方法二，本例采用方法一来完成此任务。

1）Vivado 主界面中，在“Flow Navigator”栏的“SYNTHESIS”下单击“Run Synthesis”，单击“OK”按钮，综合完成后在弹出的对话框中选择“Open Synthesized Design”，并单击“OK”按钮，如图 5-68 所示。

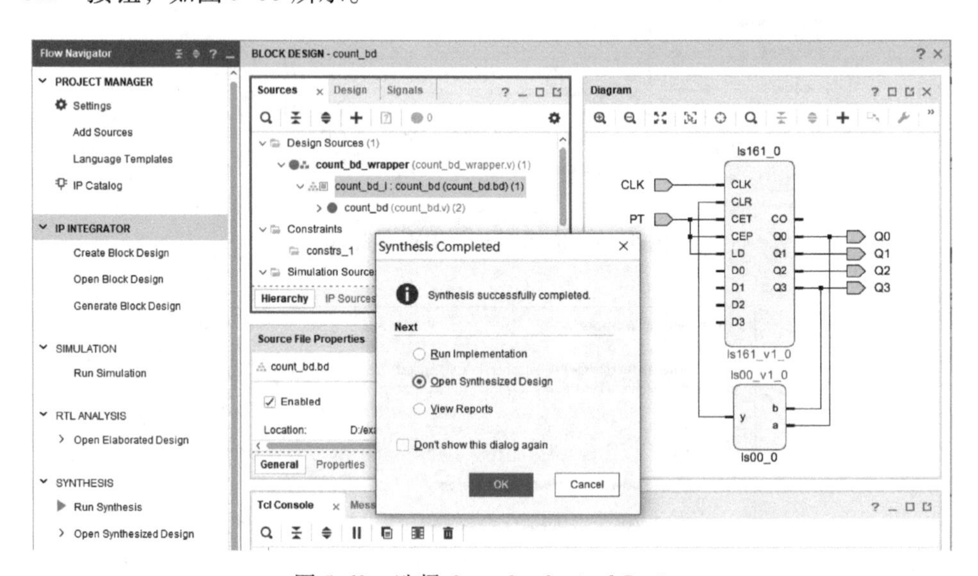

图 5-68　选择 Open Synthesized Design

2）如图 5-69 所示，选择菜单“Window”→“I/O Ports”，使“I/O Ports”选项卡出现在主窗口下方。

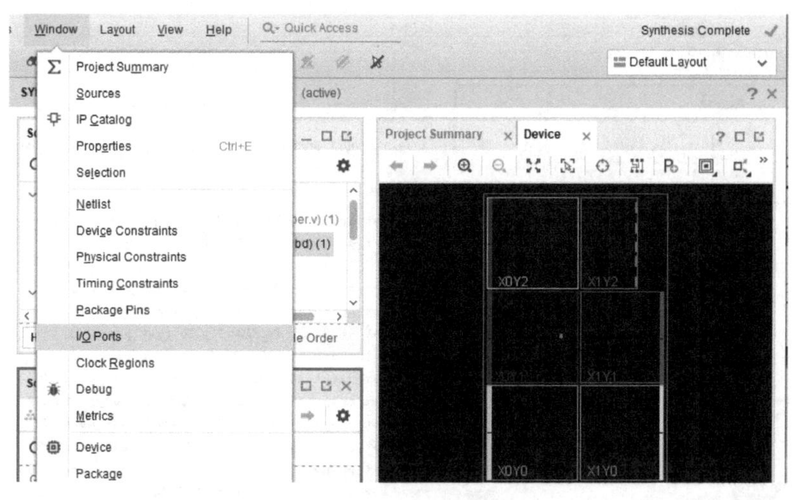

图 5-69　使能 I/O Ports 标签页

3）在“I/O Ports”选项卡中对输入/输出端口添加引脚约束，首先在“Package Pin”栏中输入各端口对应的 FPGA 芯片的引脚号（对应关系可查看目标板说明文档或原理图），本例的 Q0 ~ Q3 锁至 EGO1 开发板的 4 个 LED 灯，CLK 锁至按键 S1，PT 锁至拨码开关 SW0；然后在“I/O Std”栏中通过下拉菜单选择“LVCMOS33”，将所有信号的电平标准设置为 3.3V，如图 5-70 所示。

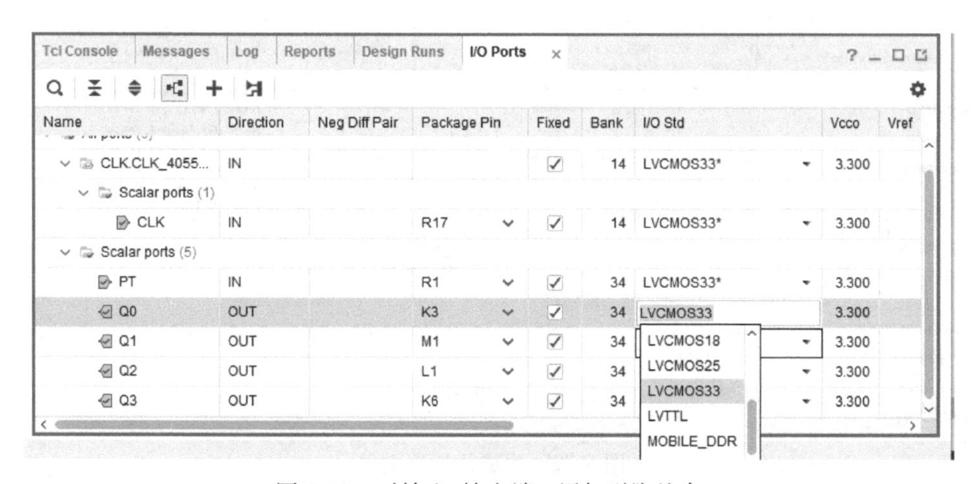

图 5-70　对输入/输出端口添加引脚约束

4）引脚约束完成后单击“保存”按钮，如图 5-71 所示，可看到 Sources 选项卡中已出现引脚约束文件“count_bd_wrapper. xdc”，双击该文件，其内容如图 5-71 所示。

5. 生成比特流文件并下载

1）Vivado 主界面中，在左侧“Flow Navigator”栏的“PROGRAM AND DEBUG”下单击“Generate Bitstream”，此时会弹出“No Implementation Results Available”的提示框，提示工程还没有经过“Run Implementation”等过程，如图 5-72 所示，单击“Yes”按钮，再单击“OK”按钮，软件会自动执行“Run Implementation”并生成比特流文件。

2）生成比特流文件后，选择“Open Hardware Manager”并单击“OK”按钮，用 Micro

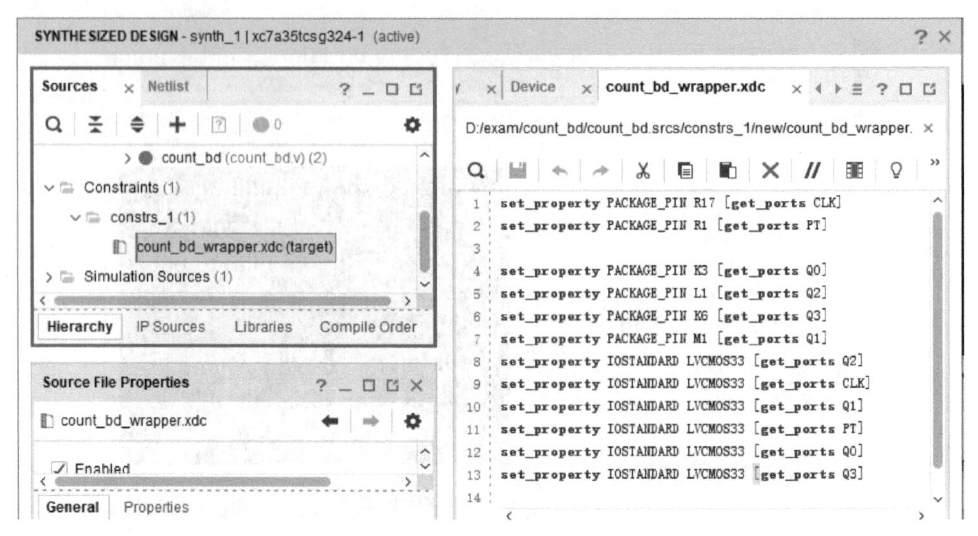

图 5-71 引脚约束文件

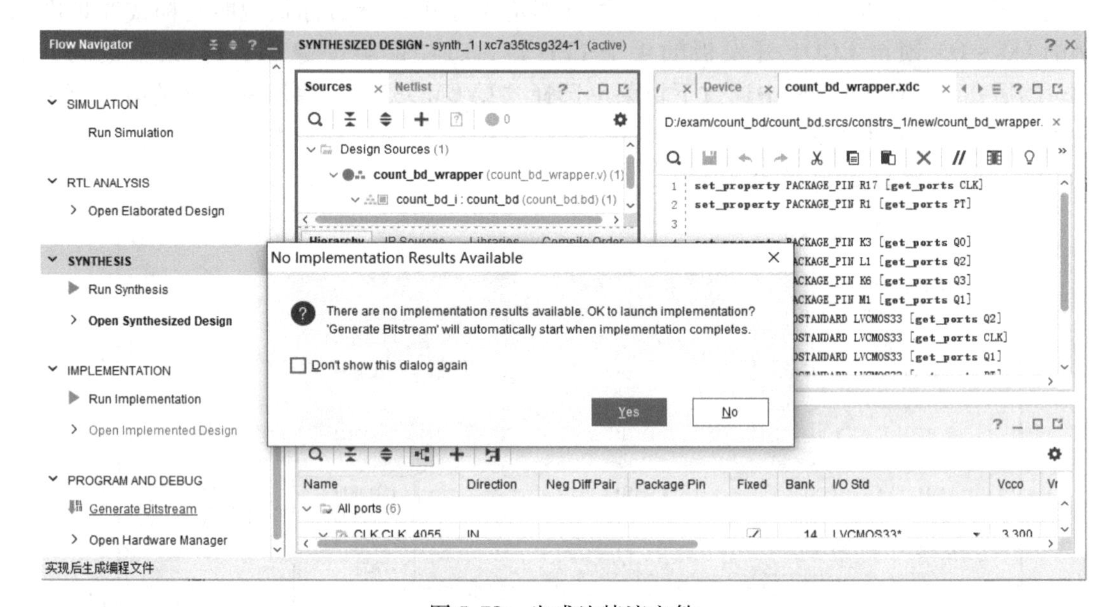

图 5-72 生成比特流文件

USB 线连接计算机与板卡，并打开电源开关。在“Hardware Manager”界面单击“Open target”，选择“Auto Connect”，连接成功后，在目标芯片上右击，选择“Program Device”，在弹出的“Program Device”对话框中单击“Program”按钮对 FPGA 芯片进行编程，上述过程如图 5-73 所示。

3）下载完成后，观察开发板实际运行效果。

6. 可选实验项目

在完成上面的实验内容后，可选择完成下面的实验内容。

1）基于 Vivado 软件，设计功能类似 74LS163 的 IP 核，并采用 IP 集成的方式设计一个模 24 计数器，进行引脚约束和下载。

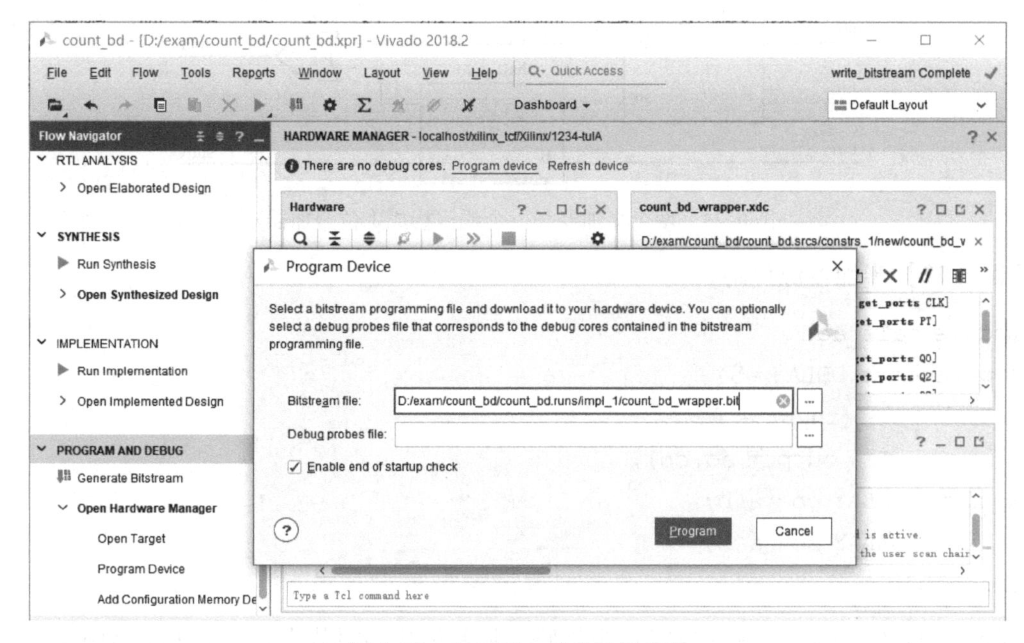

图 5-73　对 FPGA 芯片进行编程

2）用 Verilog 语言编写一个功能类似 74LS90 的程序，并用 Vivado 软件进行综合和仿真。

3）将 74LS90 的 Verilog 程序封装成一个 IP 核，并采用 IP 集成的方式设计模 12 计数器，进行引脚锁定和下载。

4）调用两个 74LS90 的 IP 核，采用 IP 集成的方式设计一个模 60 计数器，个位和十位均采用 8421BCD 码的编码方式，进行引脚锁定和下载。

5）用数字锁相环（PLL）实现分频，输入时钟频率为 100 MHz，用数字锁相环得到 6 MHz的时钟信号，用 Vivado 中自带的 IP 核（Clocking Wizard 核）实现该设计。

5.10　基于 IP 集成的加法器设计

5.10.1　实验目的

（1）初步掌握半加器和两输入或门 IP 核的创建和封装。

（2）进一步掌握基于 IP 集成的 Vivado 设计流程。

5.10.2　实验内容与步骤

本实验基于 IP 核实现加法器设计。

1. 1 位全加器

用两个半加器和一个或门可以构成 1 位全加器，其连接关系如图 5-74 所示。

例 5-12 是半加器的 Verilog 源码，将其创建和封装为 IP 核，以供调用。

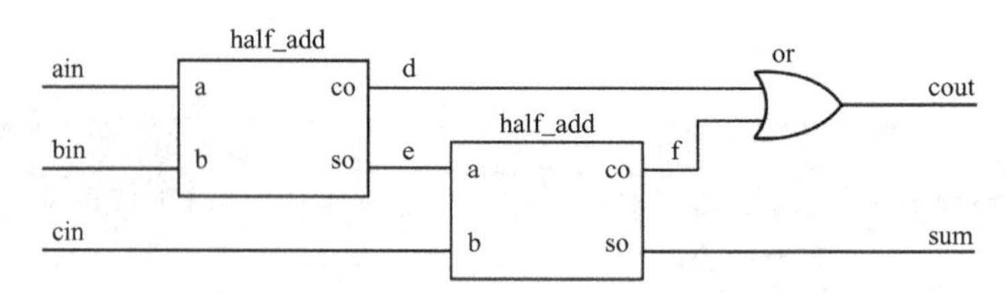

图 5-74　两个半加器和一个或门构成 1 位全加器

【**例 5-12**】半加器源代码。

```
module half_add
#(parameter DELAY =5)
            (input a,b,
             output so,co);
assign #DELAY co = a&b;
assign #DELAY so = a^b;
endmodule
```

例 5-13 是 74LS02（2 输入或门）源代码，将其创建和封装为 IP 核，以供调用。

【**例 5-13**】2 输入或门源代码。

```
module ls02
#(parameter DELAY =3)(
    input a,b,
    output y
    );
or #DELAY(y,a,b);
endmodule
```

用上面的半加器 IP 核和或门 IP 核，采用 IP 集成的方式构成 1 位全加器，其连接关系参考图 5-74。

2. 综合

对例 5-12 进行编译，编译成功后双击“Synthesis”中的“Schematic”可以查看综合电路图，半加器的综合电路如图 5-75 所示。

3. 仿真

编写激励代码，对 1 位全加器进行功能仿真，查看仿真波形。

4. 下载验证

1）新建 . XDC 引脚约束文件，完成引脚锁定。

2）对 1 位全加器进行综合，生成比特流文件。

3）基于 EGO1 目标板完成下载，实际验证 1 位全加器的功能。

5. 选做实验内容

1）用 4 个 1 位全加器采用级联的方式实现 4 位加法器电路设计。

2）对 4 位加法器电路进行综合，生成比特流文件。

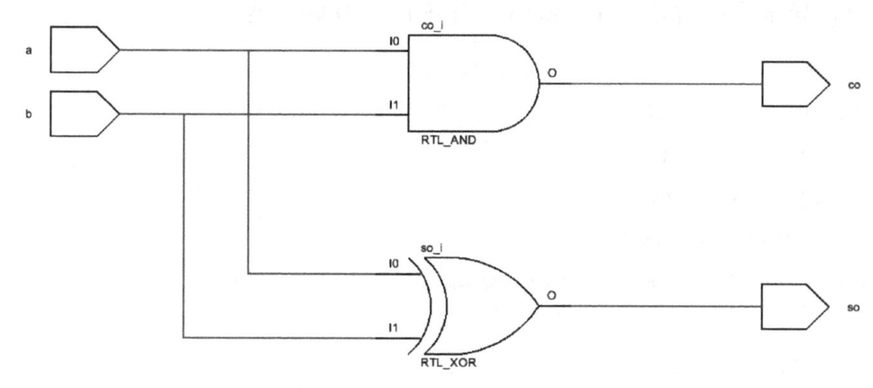

图 5-75　半加器综合电路图

3）基于 EGO1 目标板完成下载，实际验证 4 位加法器的功能。

5.11　基于 IP 集成的触发器设计

5.11.1　实验目的

（1）学习并掌握 D 触发器、JK 触发器 IP 核的创建和封装。

（2）掌握触发器构成计数器的原理，进一步掌握基于 IP 集成的 Vivado 设计流程。

5.11.2　实验内容与步骤

1. D 触发器 74LS74

74LS74 内部集成了两个上升沿触发的 D 型触发器，其引脚排列如图 5-76 所示。在时钟 CP 上升沿时刻，触发器输出端 *Q* 根据输入端 *D* 的值而改变，其余时间触发器保持状态不变。CLR 和 PR 为异步复位、异步置位端，低电平有效，可对触发器预置初始状态。

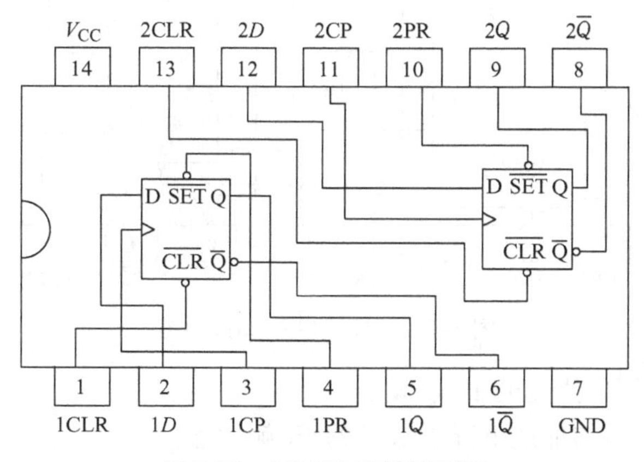

图 5-76　74LS74 引脚排列图

例 5-14 中描述了异步清零/异步置 1（低电平有效）的 D 触发器，采用 if 条件语句判断清 0 和置 1 的条件，故异步清零的优先级更高。

【例 5-14】异步清 0/异步置 1（低电平有效）的 D 触发器。

```
module dff
    #(parameter  DELAY=4)
        (input d,clk,
        input pr,clr,
        output reg q,qn);
always @ (posedge clk or negedge pr or negedge clr)
begin
  if (~clr)
     begin q<=#DELAY 1'b0;
       qn<=#DELAY 1'b1; end          //异步清 0,低电平有效
else if(~pr)
     begin q<=#DELAY 1'b1;
       qn<=#DELAY 1'b0; end          //异步置 1,低电平有效
else
     begin  q<=#DELAY d;qn<=#DELAY ~d; end
end
endmodule
```

将例 5-14 的 D 触发器源代码封装为 IP 核，以供调用，并测试其逻辑功能。

2. JK 触发器 74LS112

在所有类型的触发器中，JK 触发器功能最全，具有清 0、置 1、保持和翻转等功能。74LS112 内部集成了两个下降沿触发的 JK 触发器，其引脚排列如图 5-77 所示。

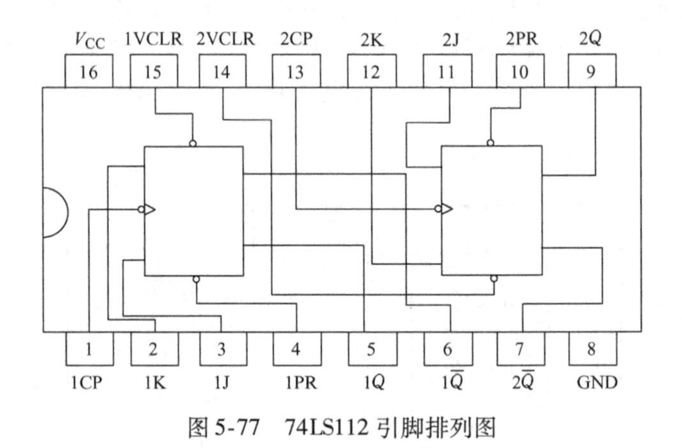

图 5-77　74LS112 引脚排列图

例 5-15 是用 case 语句描述的 JK 触发器。

【例 5-15】用 case 语句描述下降沿触发的 JK 触发器。

```
module jk_ff
    #(parameter  DELAY=4)
    (inputclk,j,k,
```

```
    output reg q);
always @ (negedge clk)
  begin
    case({j,k})
    2'b00: q< =#DELAY q;        //保持
    2'b01: q< =#DELAY 1'b0;    //置 0
    2'b10: q< =#DELAY 1'b1;    //置 1
    2'b11: q< =#DELAY ~q;      //翻转
    endcase
  end
endmodule
```

将例 5-15 的 JK 触发器封装为 IP 核，以供调用，并测试其逻辑功能。

3. 用 JK 触发器实现同步四进制加法计数器

用 JK 触发器设计实现同步四进制加法计数器，并验证其逻辑功能。

1）用 IP 集成的方式实现同步四进制加法计数器，其电路连接如图 5-78 所示。

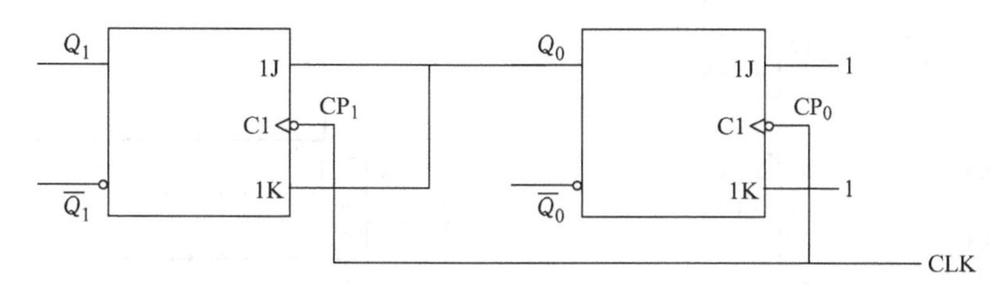

图 5-78　用 JK 触发器构成同步四进制加法计数器电路

2）编写激励代码，对同步四进制加法计数器进行功能仿真，查看仿真波形。

3）完成引脚锁定，对计数器进行综合，生成比特流文件。

4）基于 EGO1 目标板完成下载，实际验证计数器功能。

4. 用 D 触发器实现六进制异步加法计数器

用 D 触发器实现六进制异步加法计数器，并验证其逻辑功能。

1）采用 IP 集成的方式用 D 触发器实现六进制异步加法计数器。

2）编写激励代码，对六进制异步加法计数器进行功能仿真，查看仿真波形。

3）完成引脚锁定，对计数器进行综合，生成比特流文件。

4）基于 EGO1 目标板完成下载，实际验证计数器功能。

5.12　基于 IP 集成的 ADC0809 应用电路设计

5.12.1　实验目的

（1）学习并掌握状态机控制 A/D 采样电路的 Verilog 程序设计。

（2）进一步掌握基于 IP 集成的 Vivado 设计流程。

5.12.2 实验内容与步骤

1. ADC0809

ADC0809 是 8 位 A/D 转换器，片内有 8 路模拟开关，可控制 8 个模拟量中的 1 个进入转换器中，完成一次转换的时间约 100μs。含锁存控制的 8 个多路开关，输出有三态缓冲器控制，单 5 V 电源供电。

ADC0809 的外部引脚图如图 5-79 所示，其工作时序则如图 5-80 所示：START 是转换启动信号，高电平有效；ALE 是 3 位通道选择地址（ADDC、ADDB、ADDA）信号的锁存信号。当模拟量送至某一输入端（IN0 ~ IN7），由 3 位地址信号选择，而地址信号由 ALE 锁存；EOC 是转换结束状态信号，当启动转换约 100μs 后，EOC 变为高电平，表示转换结束；在 EOC 的上升沿到来后，若输出使能信号 OE 为高电平，则控制打开三态缓冲器，把转换好的 8 位数据结果输出至数据总线，至此 ADC0809 的一次转换结束。

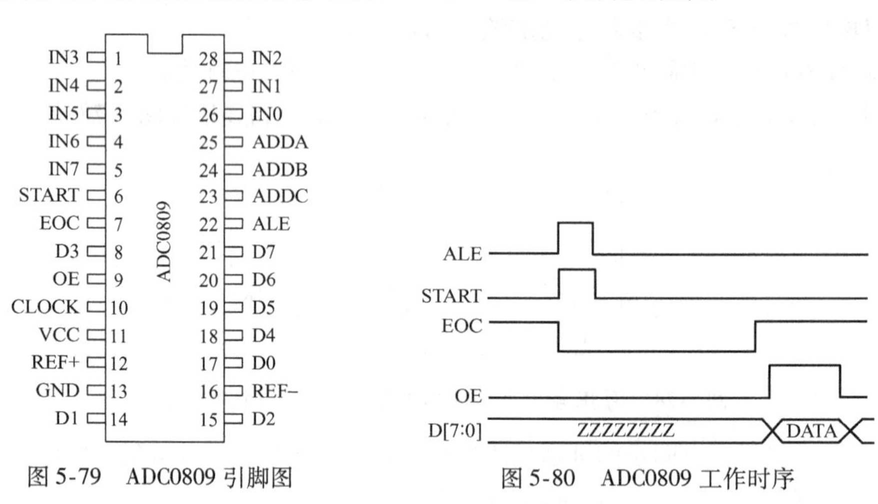

图 5-79　ADC0809 引脚图

图 5-80　ADC0809 工作时序

2. 控制 ADC0809 实现 A/D 采样

用状态机控制 A/D 采样电路的 Verilog 程序如例 5-16 所示。

【例 5-16】状态机 A/D 采样控制电路。

```
module adc0809(d,clk,clr,eoc,ale,start,oe,adda,lock0,q);
input[7:0] d;                       //8 位数据
inputclk;                           //时钟信号
input clr;                          //复位信号
inputeoc;                           //转换状态指示,低电平表示正在转换
output reg ale;                     //模拟信号通道地址锁存信号
output reg start;                   //转换开始信号
output reg oe;                      //数据输出三态控制信号
outputadda;                         //信号通道最低位控制信号
output lock0;                       //观察数据锁存时钟
output[7:0] q;                      //8 位数据输出
```

```
reg lock;                          //转换后数据输出锁存时钟信号
parameter S0 = 'd0,S1 = 'd1,S2 = 'd2,S3 = 'd3,S4 = 'd4;
reg[2:0] current_state,next_state; reg[7:0] rel;
assignadda =0;          //adda 为 0,模拟信号进入通道 in0;adda 为 1,进入通道 in1
assign q = rel; assign lock0 = lock;
always @ (posedge clk or posedge clr)
begin if(clr) current_state < = S0;
        else current_state < =next_state;
end
always @ (posedge lock)            //在 lock 的上升沿,将转换好的数据锁入
begin rel < =d; end
always @ (current_state,eoc)
begin case(current_state)
S0:begin ale < =1'b0;start < =1'b0; lock < =1'b0;oe < =1'b0;next_state
< = S1;
      end                          //0809 初始化
S1:begin ale < =1'b1;start < =1'b1; lock < =1'b0;oe < =1'b0;next_state
< = S2;
   end                             //启动采样
S2:begin ale < =1'b0;start < =1'b0; lock < =1'b0;oe < =1'b0;
      if(eoc)next_state < =S3;     //eoc =1 表明转换结束
      else next_state < =S2;       //转换未结束,等待
      end
S3:begin ale < =1'b0;start < =1'b0; lock < =1'b0;oe < =1'b1;next_state
< = S4;
      end                          //开启 oe,输出转换好的数据
S4:begin ale < =1'b0;start < =1'b0; lock < =1'b1;oe < =1'b1;next_state
< = S0;
end
  default:next_state < =S0;
  endcase;
end
endmodule
```

3. 下载与验证

1） 用 Vivado 对例 5-16 进行综合和仿真。

2） 完成引脚锁定和下载，通过滑动变阻器改变 ADC0809 的输入电压，经过 A/D 转换后，将电压值用数码管进行显示，在例 5-16 采样电路的基础上增加数码管显示模块。

3） 重新对源码进行综合、下载，实际验证 ADC0809 采样控制电路效果。

附　　录

附录 A　常用 IC 封装

74LS00 四 2 输入与非门

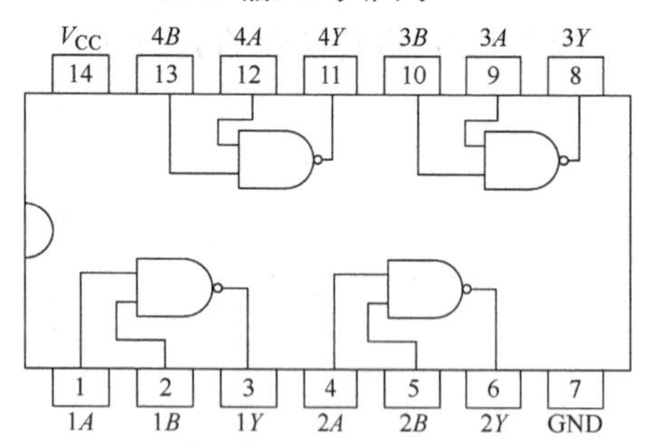

功能：$1Y=\overline{1A\cdot 1B}$

74LS01 四 2 输入 OC 与非门

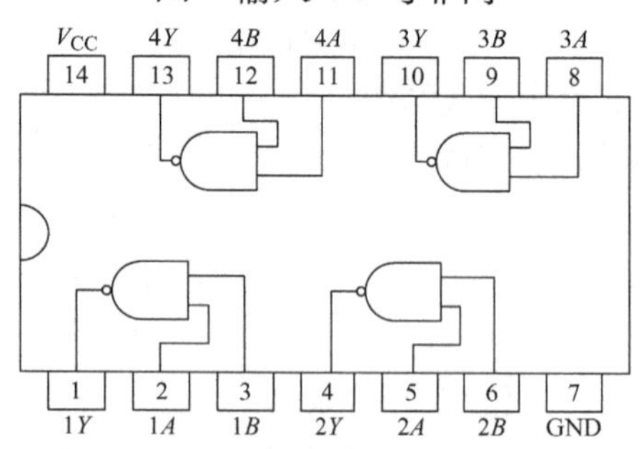

功能：$1Y=\overline{1A\cdot 1B}$

74LS04 六反相器

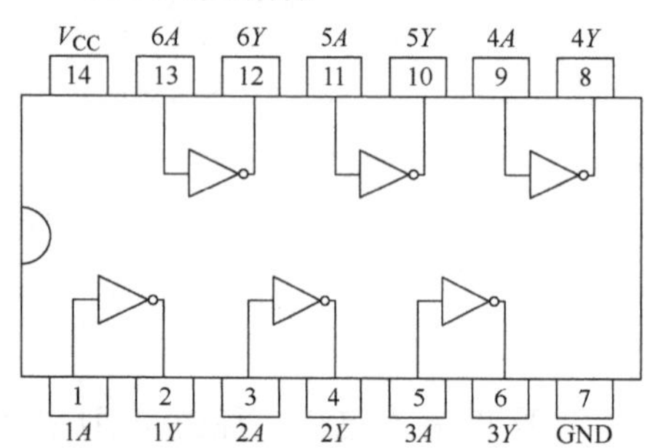

功能：$1Y=\overline{1A}$

74LS02 四 2 输入或非门

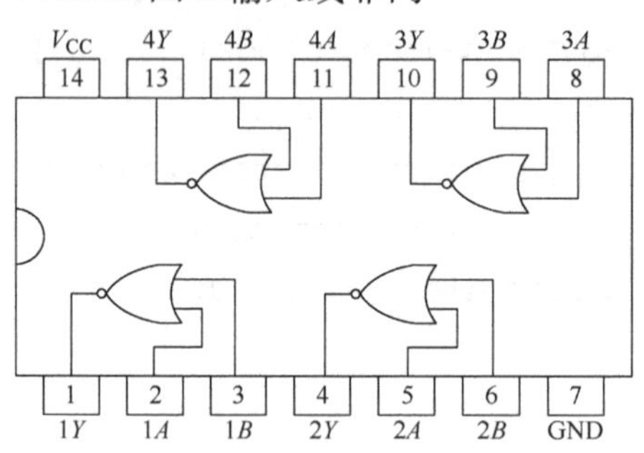

功能：$1Y=\overline{1A+1B}$

74S03 四 2 输入 OC 与非门

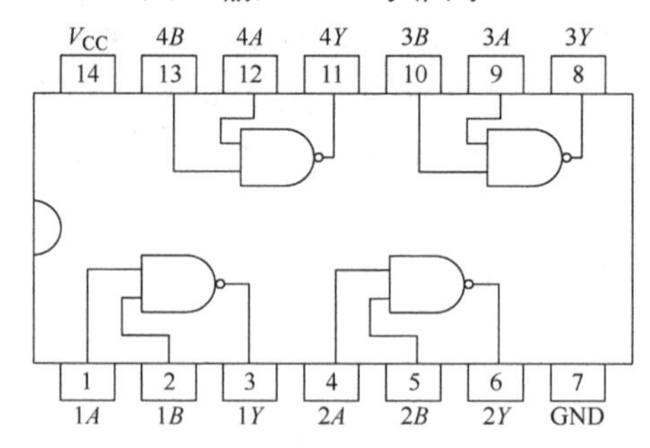

功能：$1Y=\overline{1A\cdot 1B}$

74LS05 六路 OC 反相器

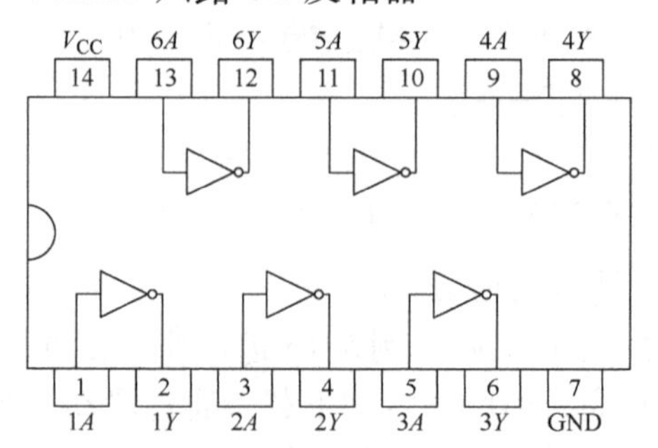

功能：$1Y=\overline{1A}$

CD4093 四 2 输入与非门施密特触发器

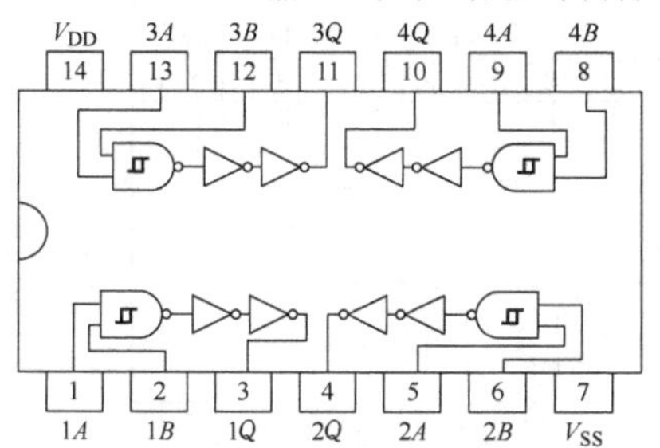

CD4017 十进制计数/分频器

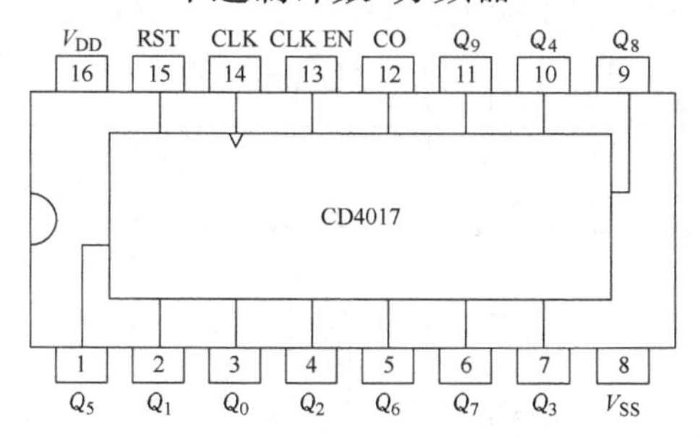

CD4042 四锁存 D 触发器

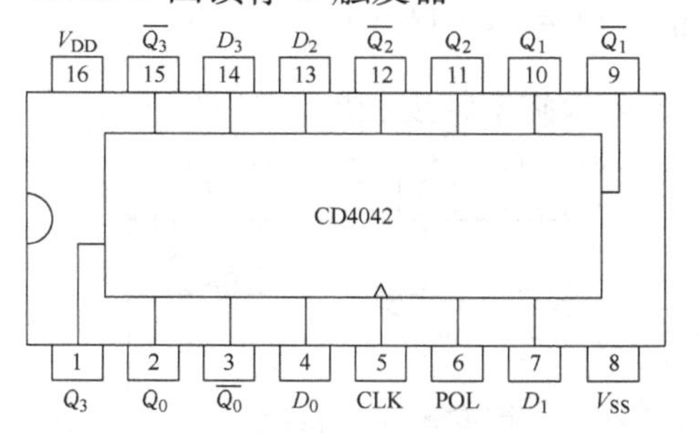

功能：CLK $=H$ 且极性 POL $=H$ 时，$Q=D$

CLK $=L$ 且极性 POL $=L$ 时，$Q=D$

极性 POL $=H$，CLK 下降沿锁存

极性 POL $=L$，CLK 上升沿锁存

CD4510 可预置 BCD 码加/减计数器

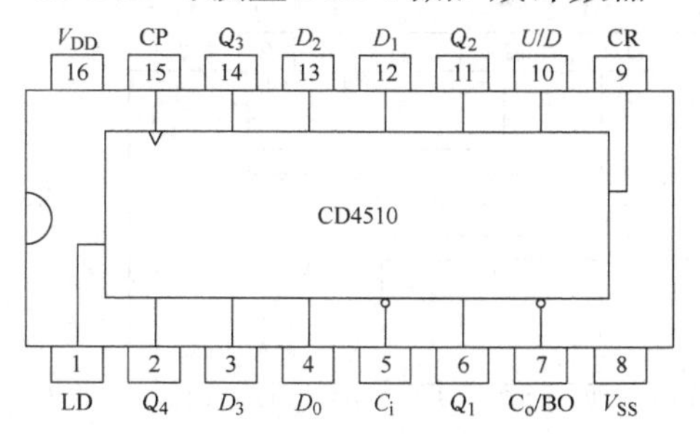

注：$U/D=H$ 为加计数，$U/D=L$ 为减计数。

CD40107 双 2 输入与非缓冲器/驱动器（三态）

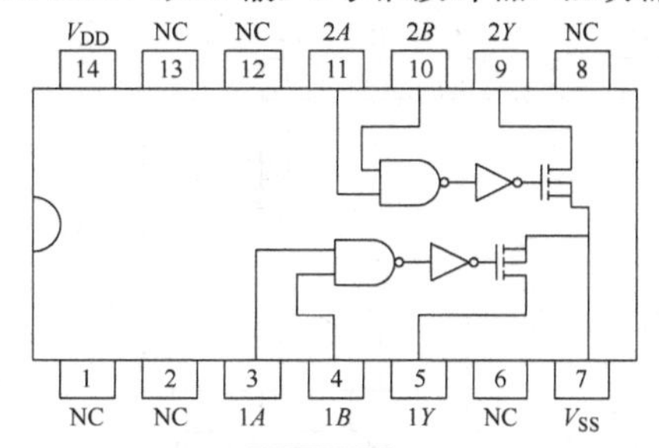

功能：$1Y=\overline{1A\cdot 1B}$

CD4043 四三态 RS 锁存触发器

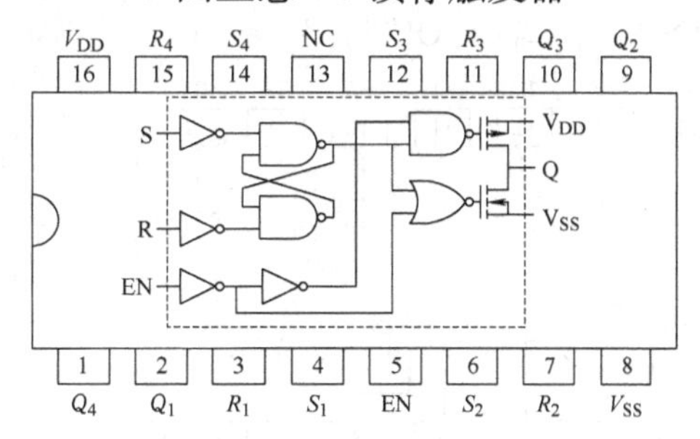

CD4060 14 位二进制串行计数器

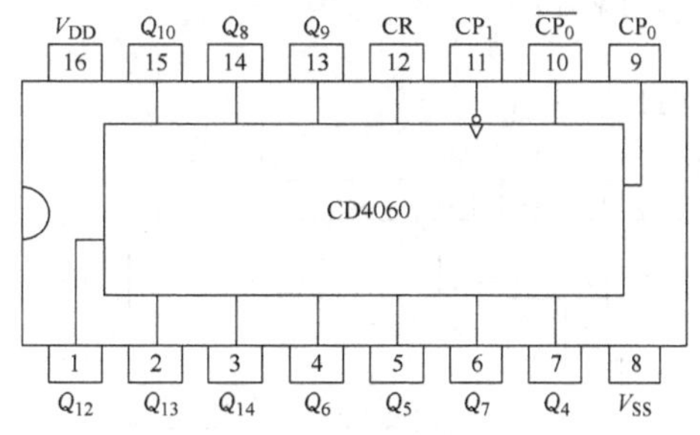

功能：CP_1 为时钟输入端

CP_0 为时钟输出端

$\overline{CP_0}$为反向时钟输出端

$Q_4\sim Q_{10}$，$Q_{12}\sim Q_{14}$为计数输出端

CD4511 BCD 锁存/七段译码器/驱动器

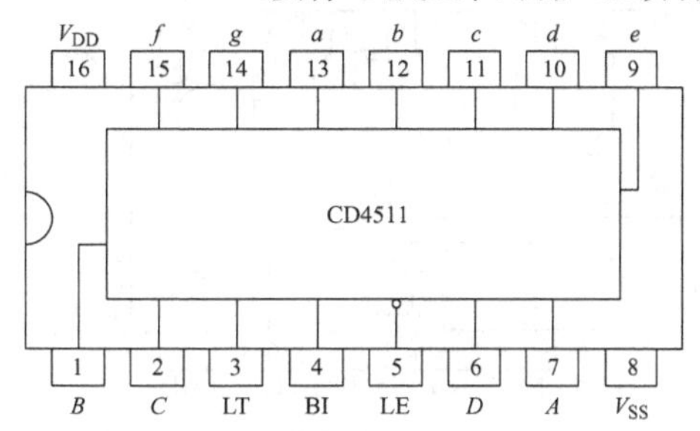

74LS06 六输出高压反相器

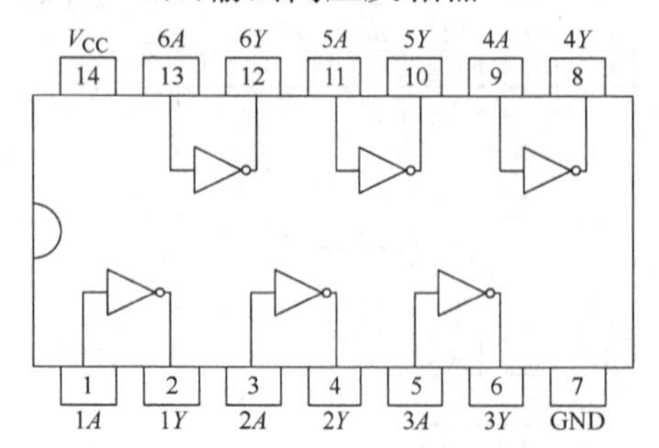

功能：$1Y=\overline{1A}$

74LS09 四 2 输入 OC 与门

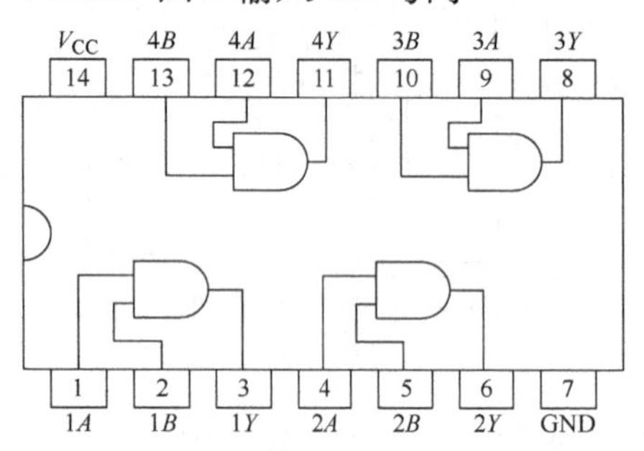

功能：$1Y=1A\cdot 1B$

74LS11 三 3 输入与门

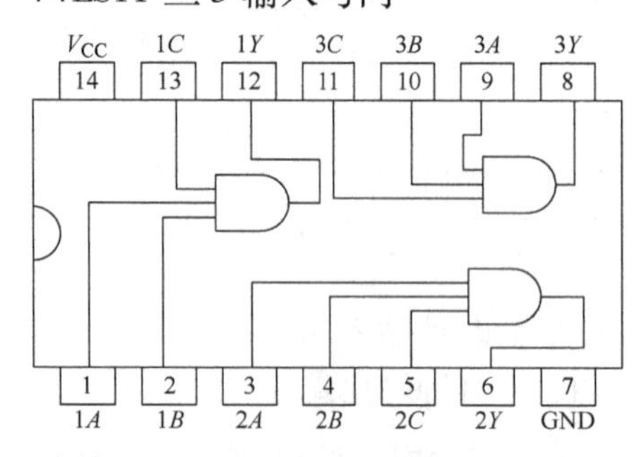

功能：$1Y=1A\cdot 1B\cdot 1C$

74LS20 二 4 输入与非门

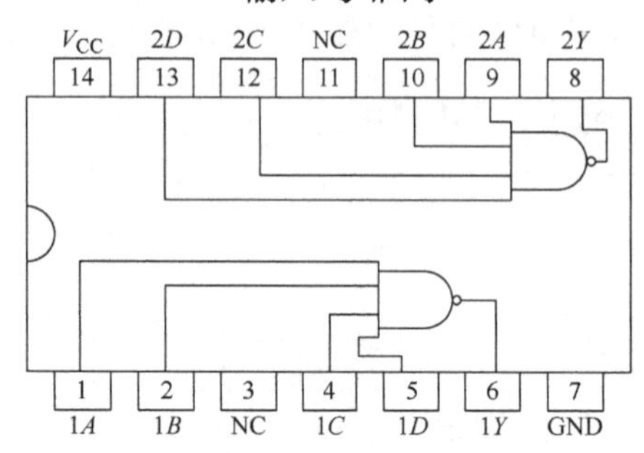

功能：$1Y=\overline{1A\cdot 1B\cdot 1C\cdot 1D}$

74LS08 四 2 输入与门

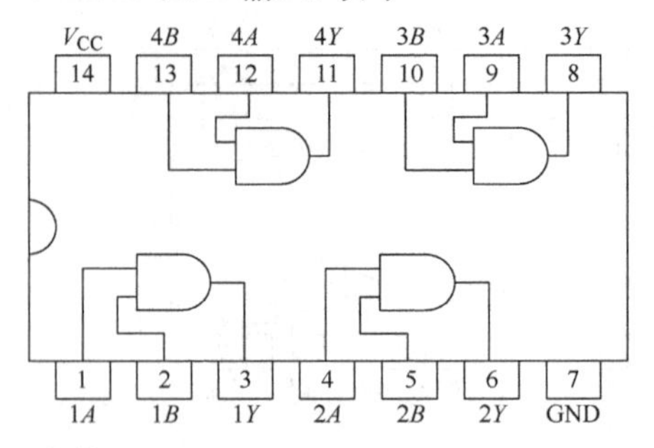

功能：$1Y=1A\cdot 1B$

74LS10 三 3 输入与非门

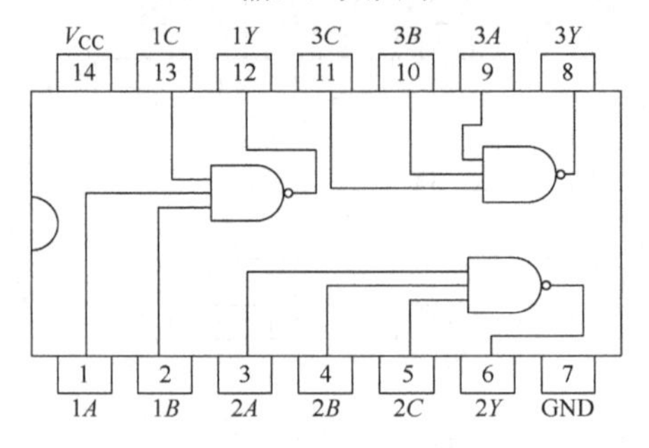

功能：$1Y=\overline{1A\cdot 1B\cdot 1C}$

74LS14 六施密特反相器

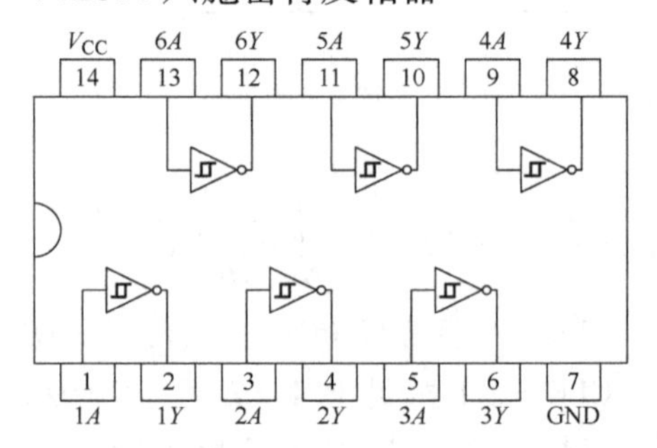

功能：$1Y=\overline{1A}$

74LS21 二 4 输入与门

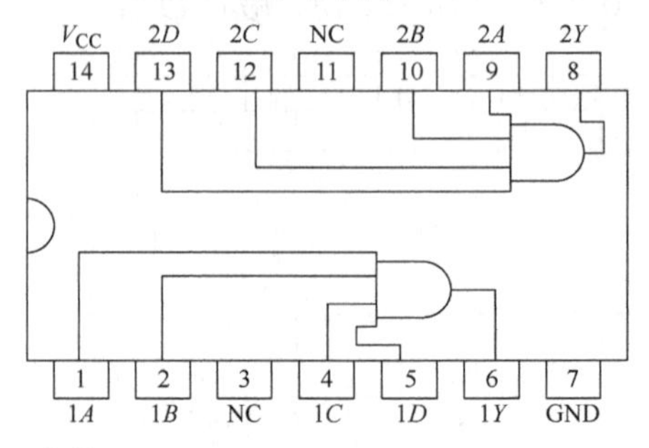

功能：$1Y=1A\cdot 1B\cdot 1C\cdot 1D$

74LS27 三 3 输入或非门

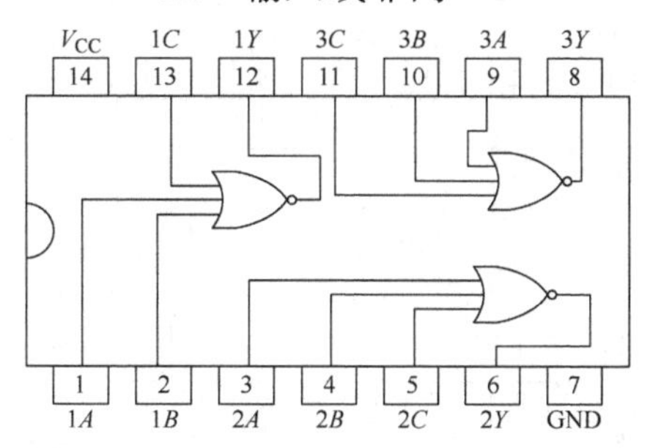

功能：$1Y=\overline{1A+1B+1C}$

74LS37 四 2 输入高压输出与非缓冲器

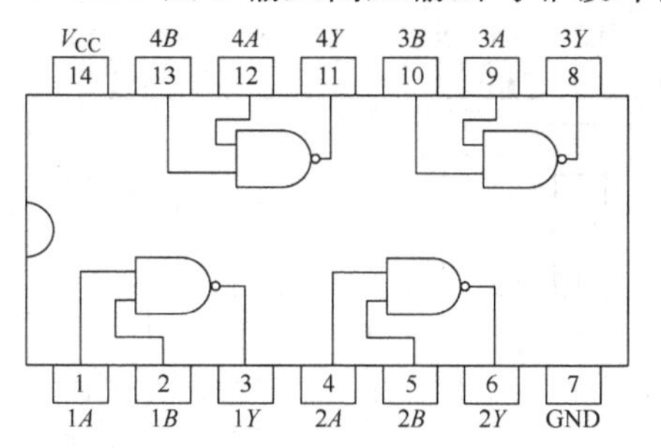

功能：$1Y=\overline{1A\cdot 1B}$

74LS51 3、2 输入与或非门

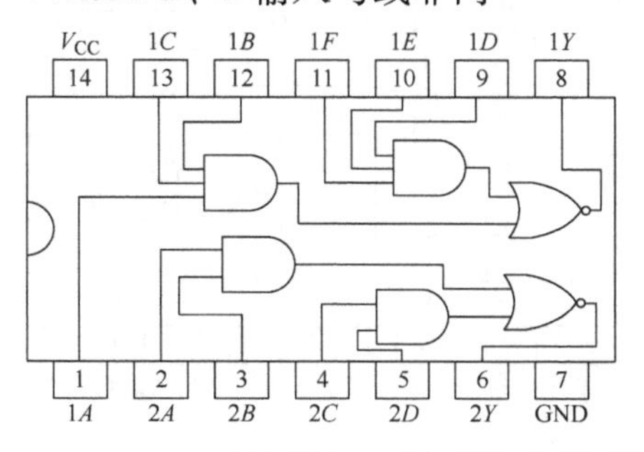

功能：$1Y=\overline{1A\cdot 1B\cdot 1C+1D\cdot 1E\cdot 1F}$

$2Y=\overline{2A\cdot 2B+2C\cdot 2D}$

74LS76 双 JK 触发器

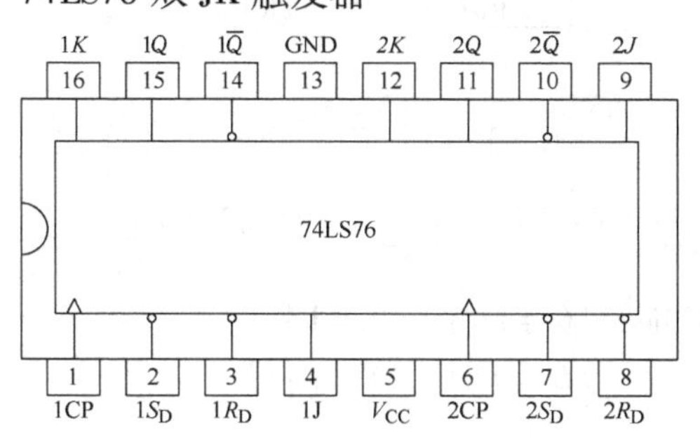

74LS32 四 2 输入或门

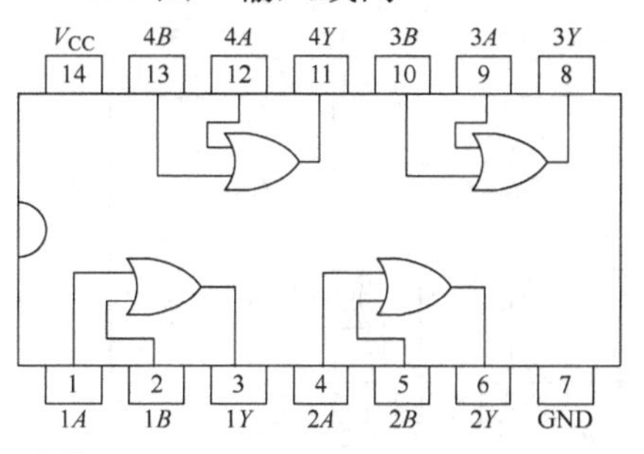

功能：$1Y=1A+1B$

74LS48 七段译码器/驱动器

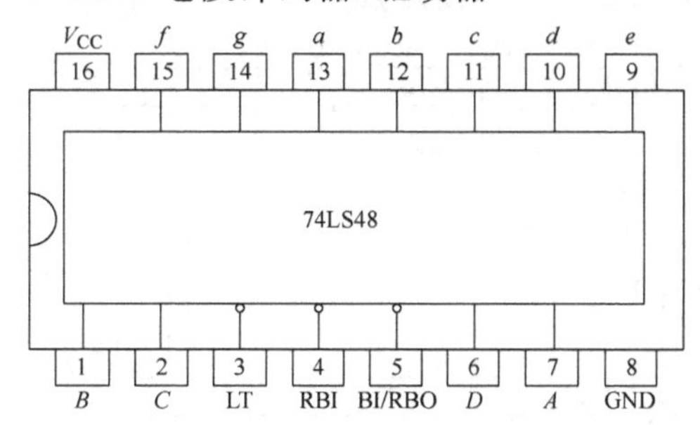

74LS74 双上升沿 D 型触发器

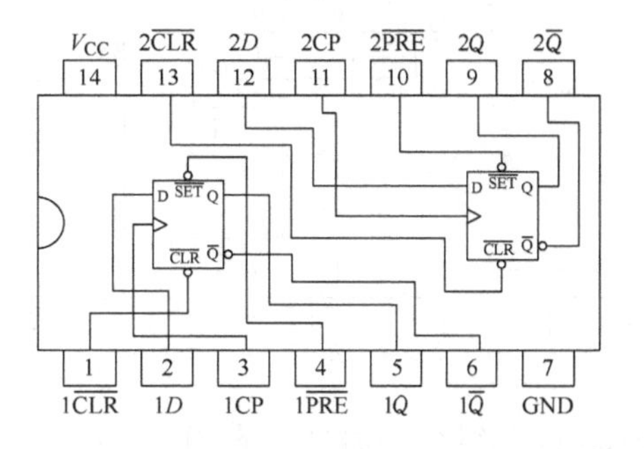

74LS85 4 位数值比较器

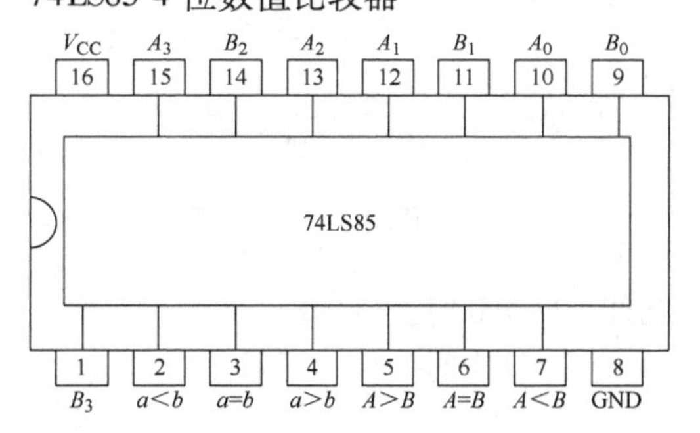

74LS86 四 2 输入异或门

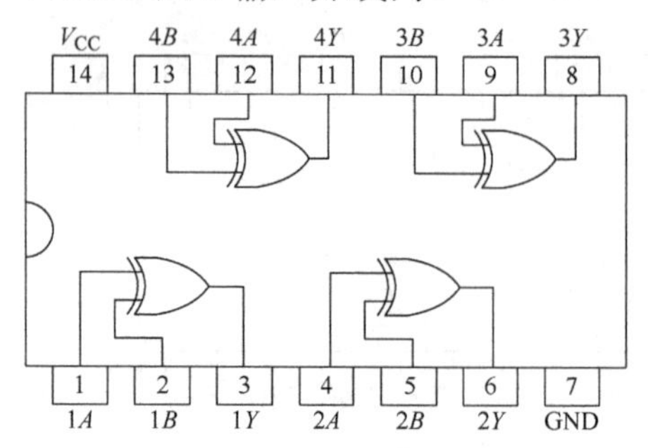

功能：$1Y = 1A \oplus 1B$

74LS92 十二分频计数器

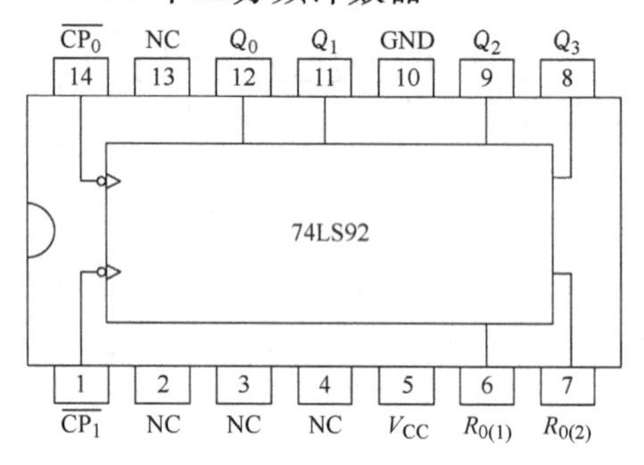

74LS121 施密特触发器输入的单稳态触发器

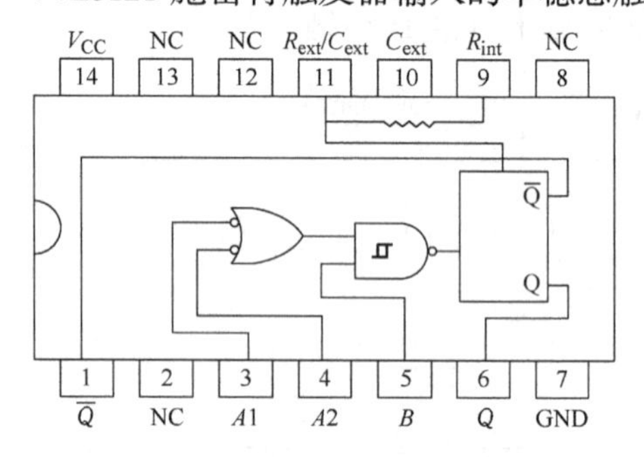

74LS125 四总线缓冲器（三态门）

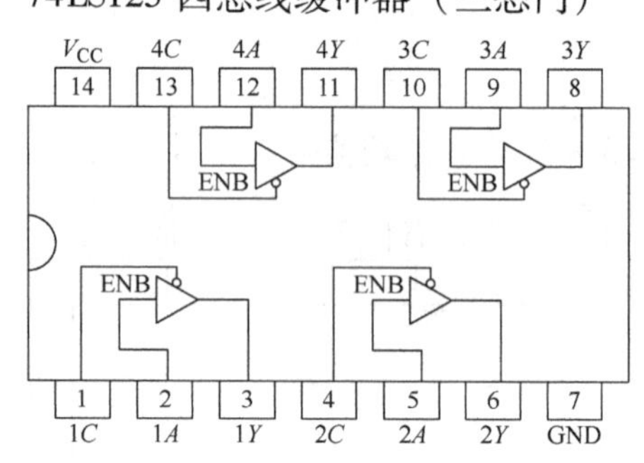

功能：$1C = 0$ 时，$1Y = 1A$

$1C = 1$ 时，$1Y =$ 高阻

74LS90 十进制计数器

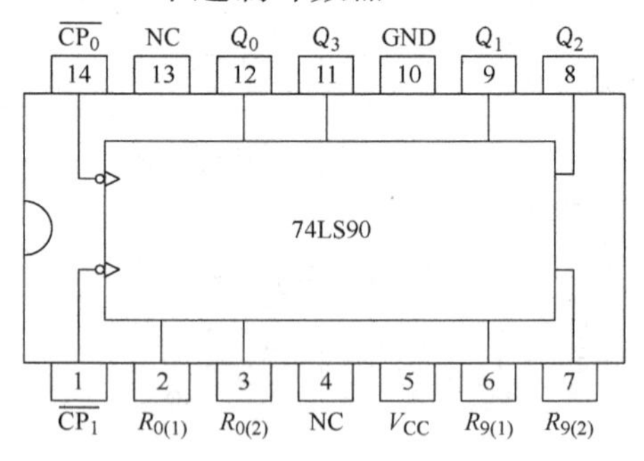

74LS112 双下降沿 JK 触发器

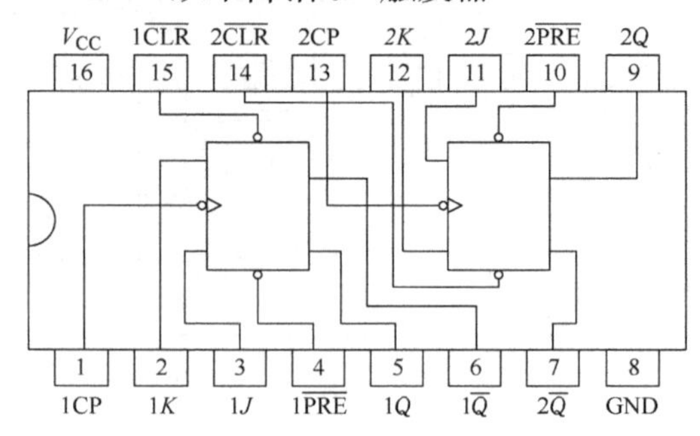

74LS123 双可重触发单稳态触发器

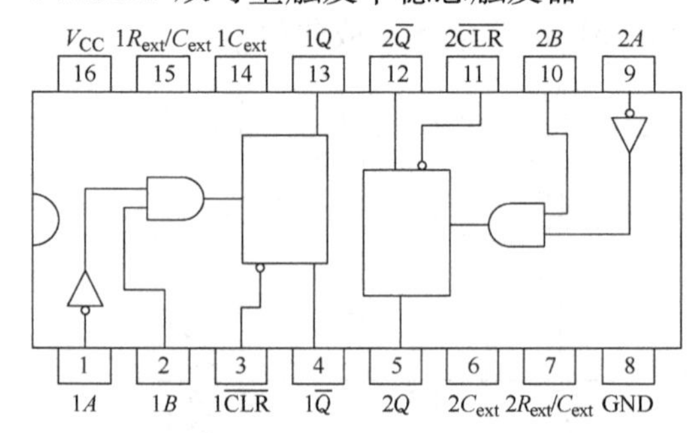

74LS126 四总线缓冲器（三态门）

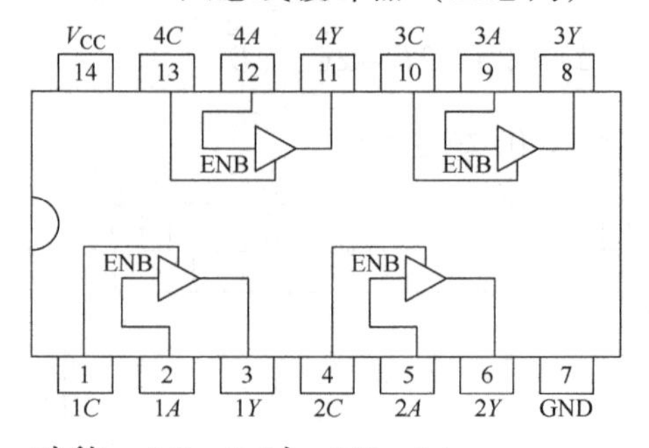

功能：$1C = 1$ 时，$1Y = 1A$

$1C = 0$ 时，$1Y =$ 高阻

74LS138 3 线—8 线译码器

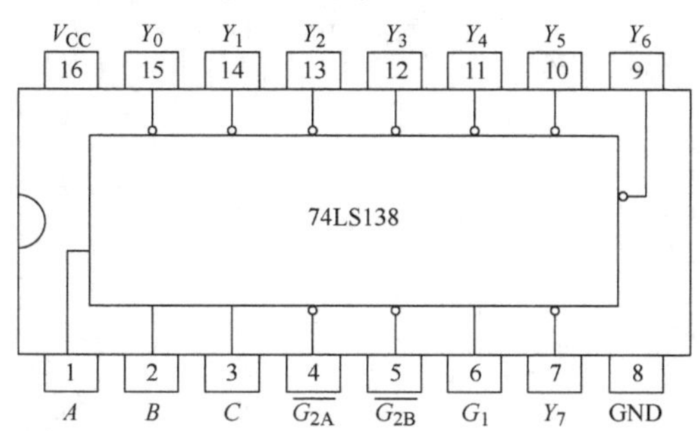

74LS139 双 2 线—4 线译码器

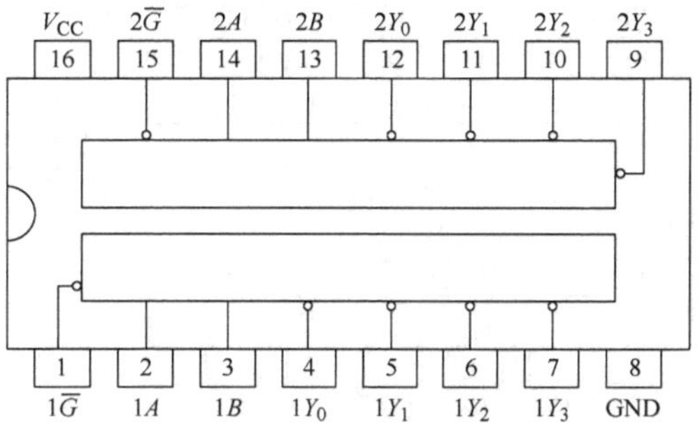

74LS148 8 线—3 线优先编码器

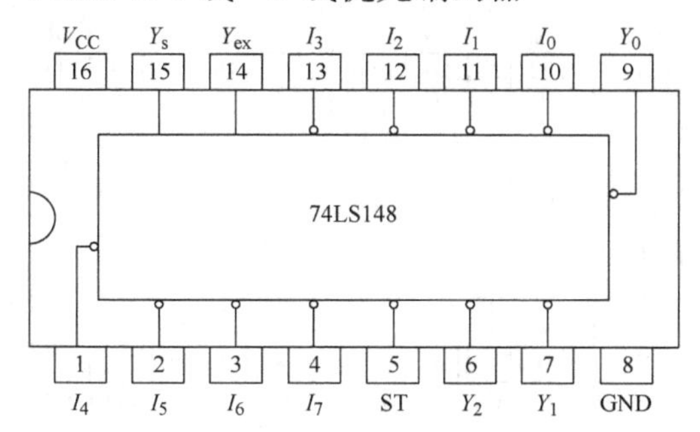

74LS150 十六选一数据选择器

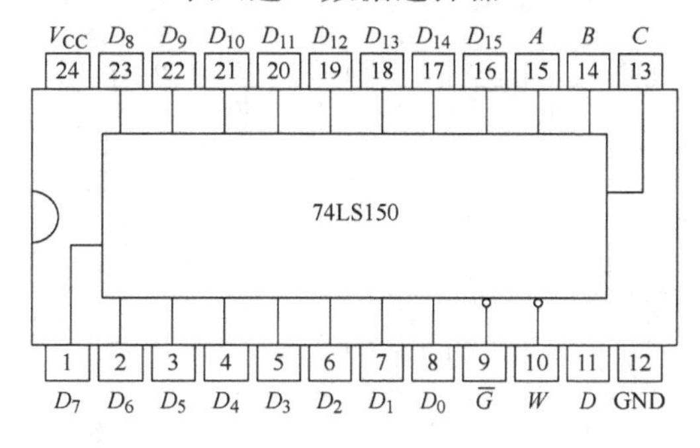

74LS151 八选一数据选择器

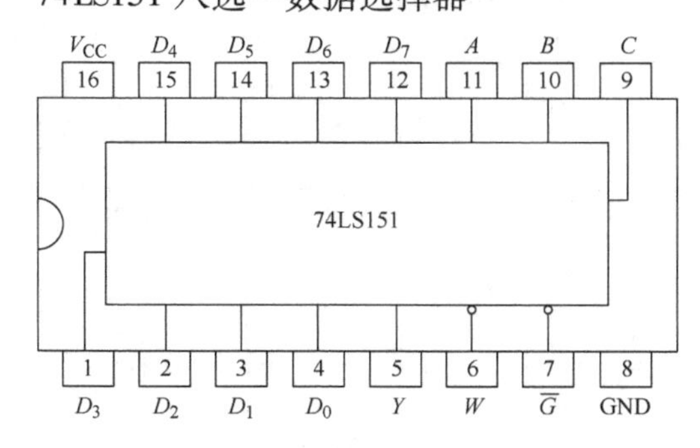

74LS153 双四选一数据选择器

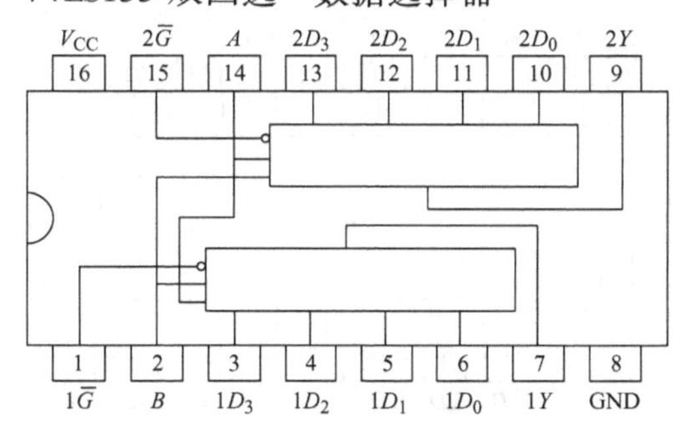

74LS161 四位二进制同步计数器

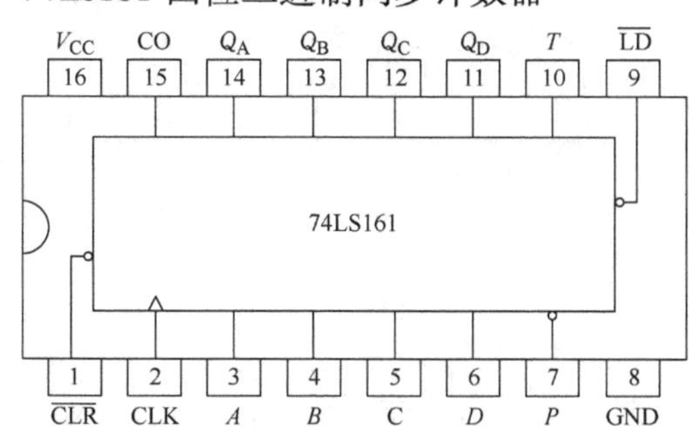

74LS163 四位二进制同步计数器

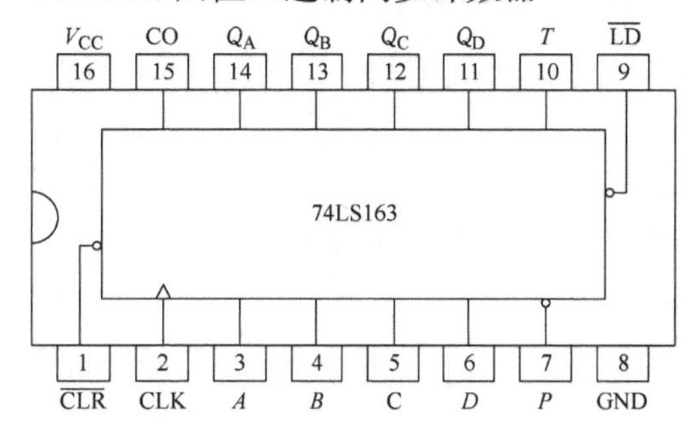

74LS190 十进制同步加/减计数器

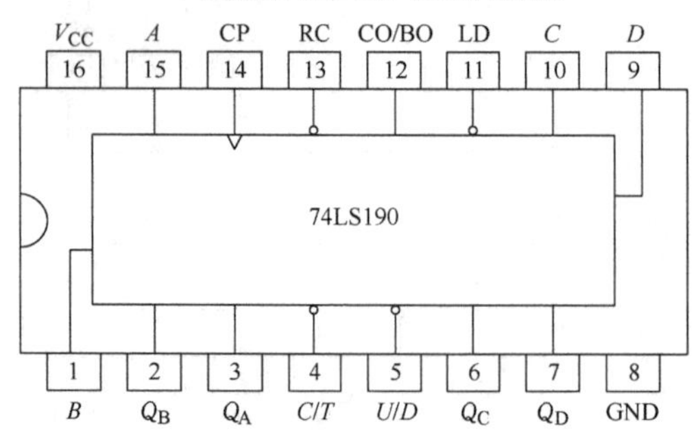

74LS192 十进制同步加/减计数器

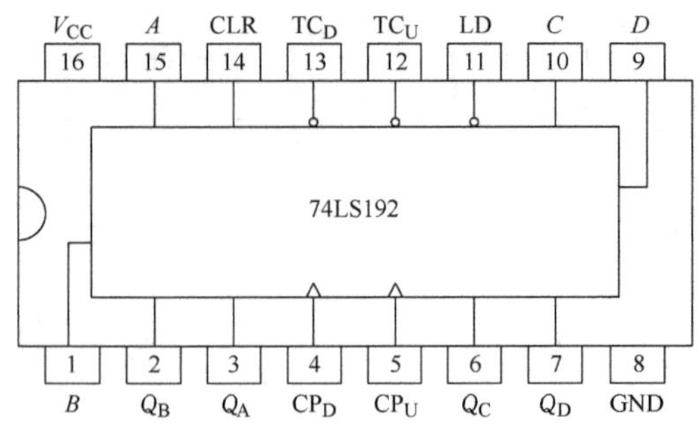

74LS194 四位双向通用移位寄存器

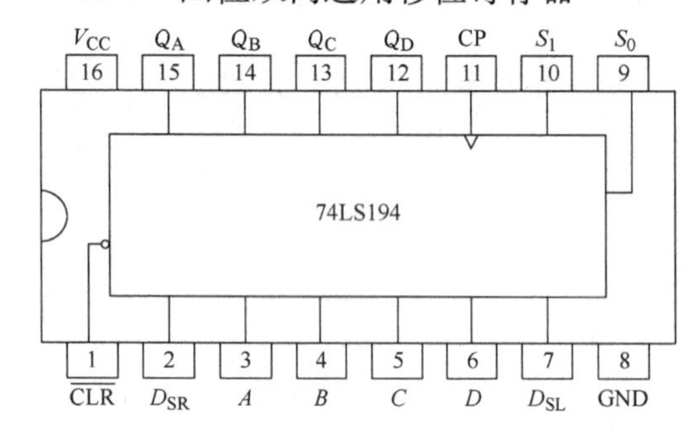

74LS198 八位并行双向移位寄存器

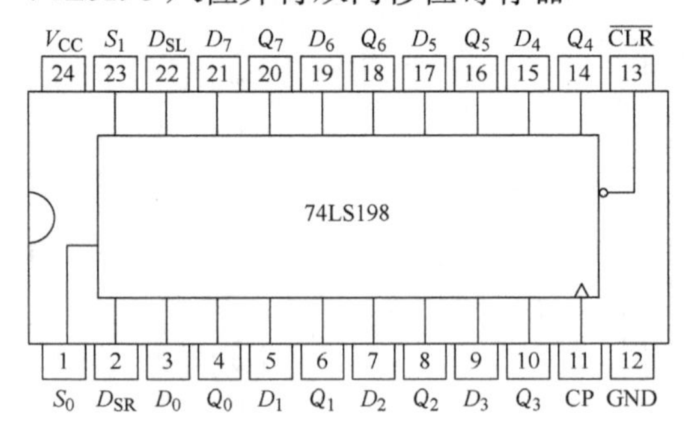

74LS273 八 D 锁存器

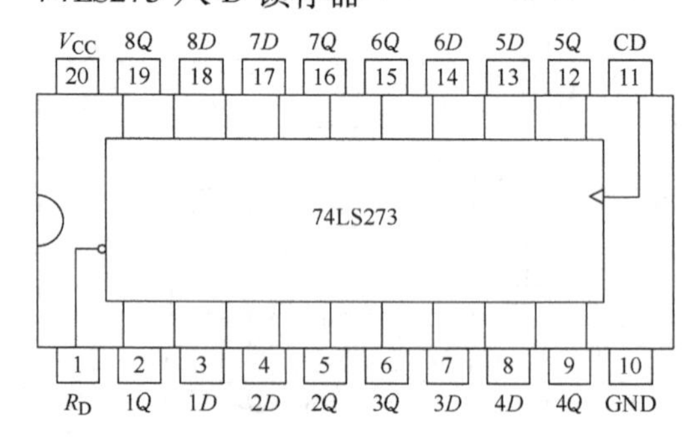

74LS279 四 RS 锁存器

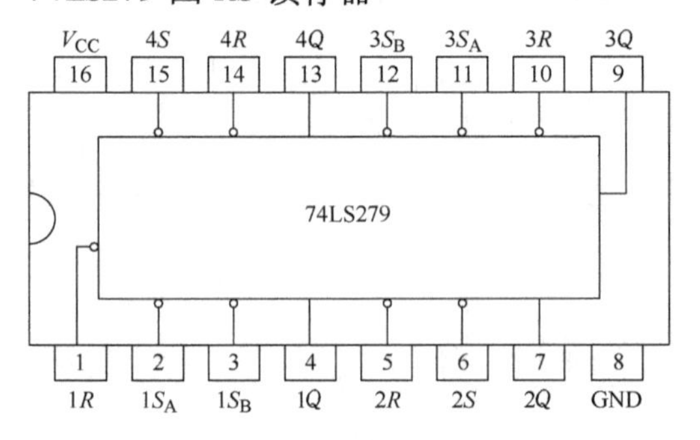

74LS283 快速进位 4 位二进制全加器

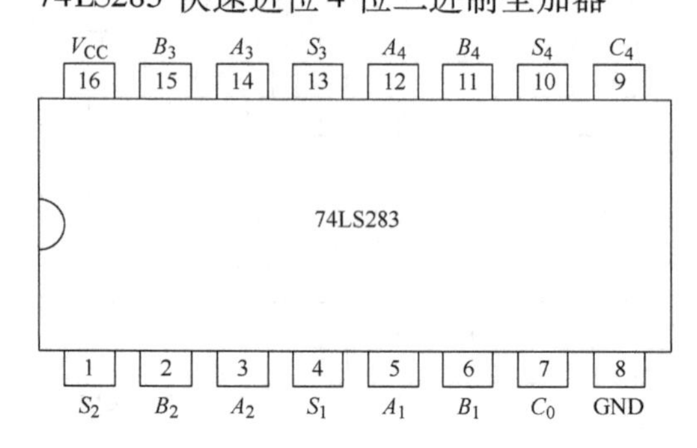

74LS390 LSTTL 型双 4 位十进制计数器

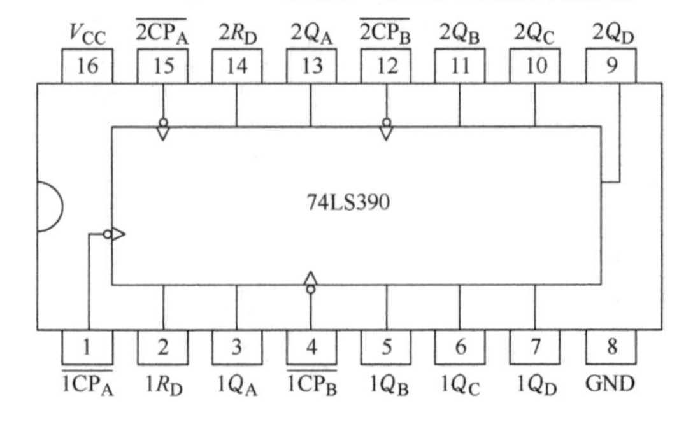

CD4011 四 2 输入与非门

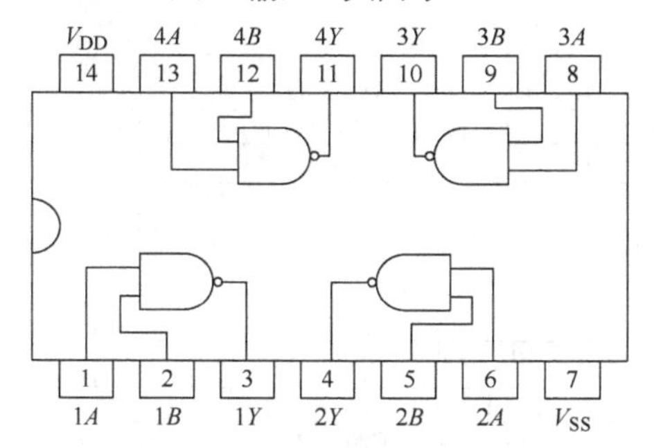

功能：$1Y=\overline{1A \cdot 1B}$

CD4010 六缓冲/转换器

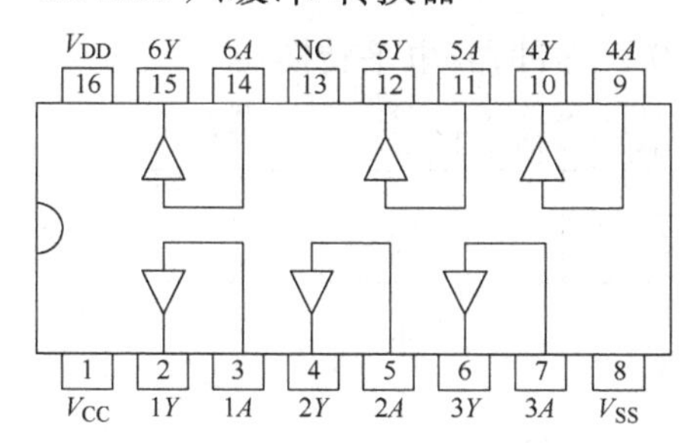

功能：$1Y=1A$

CD4013 双 D 触发器

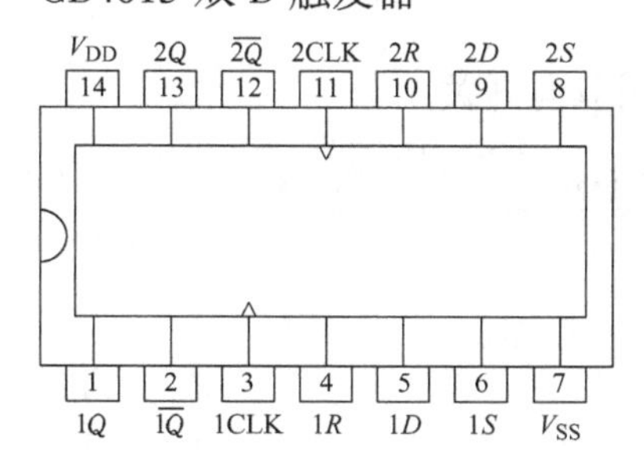

CD4081 四 2 输入与门

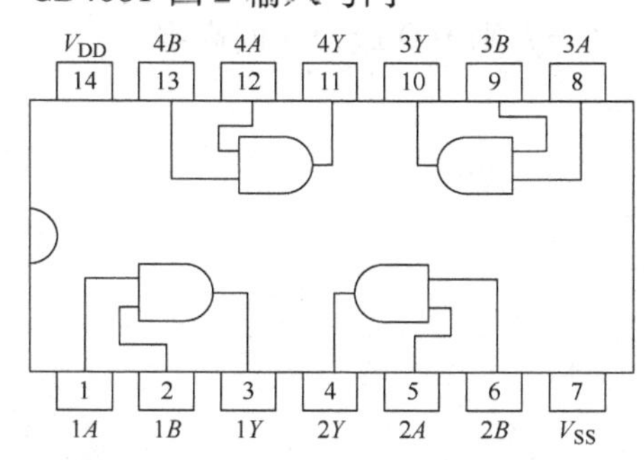

功能：$1Y=1A \cdot 1B$

CD4001 四 2 输入或非门

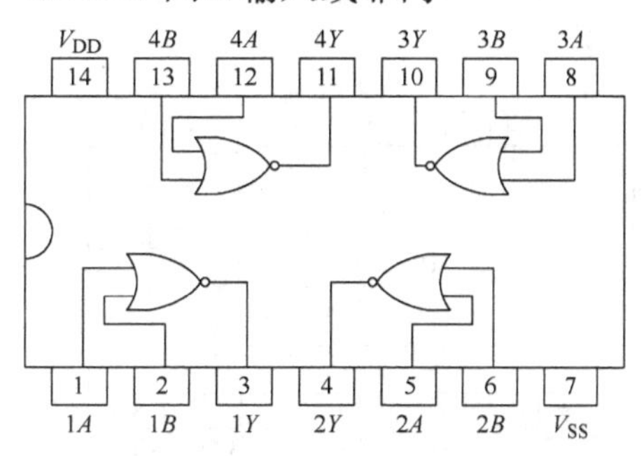

功能：$1Y=\overline{1A+1B}$

CD4012 双 4 输入与非门

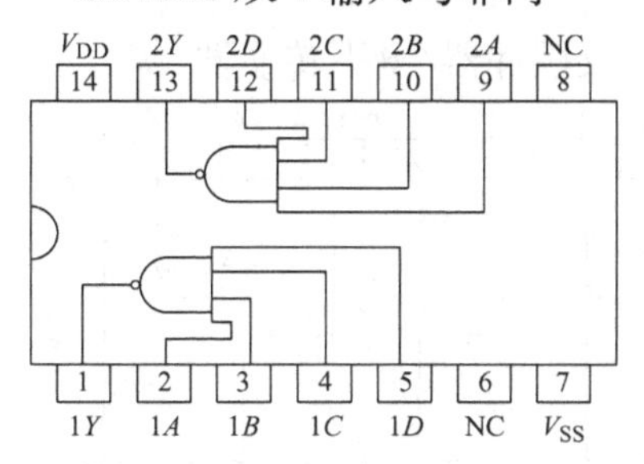

功能：$1Y=\overline{1A \cdot 1B \cdot 1C \cdot 1D}$

CD4069 六反相器

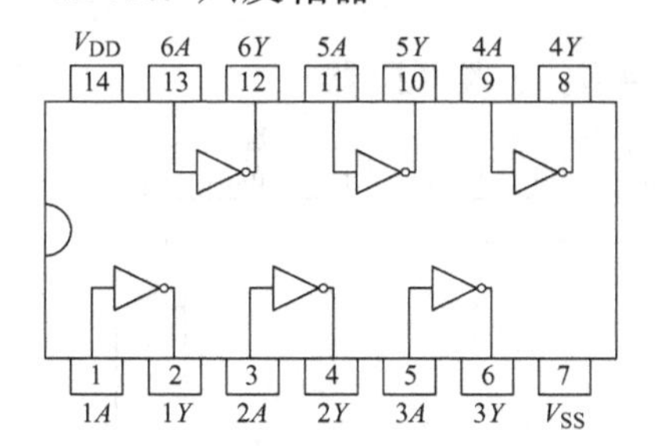

功能：$1Y=\overline{1A}$

CD4071 四 2 输入或门

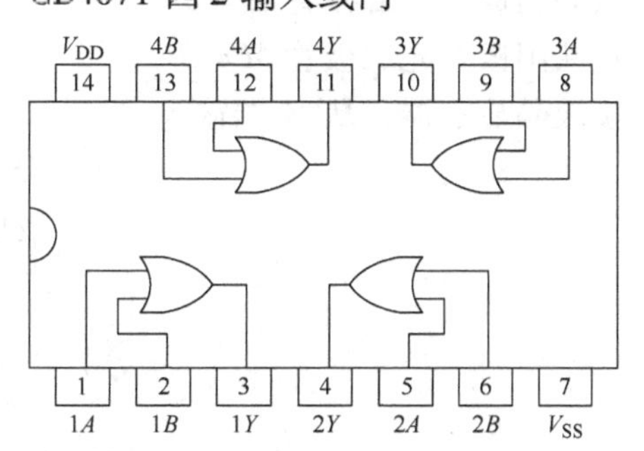

功能：$1Y=1A+1B$

CD40110 十进制可逆计数器/锁存器/译码器/驱动器

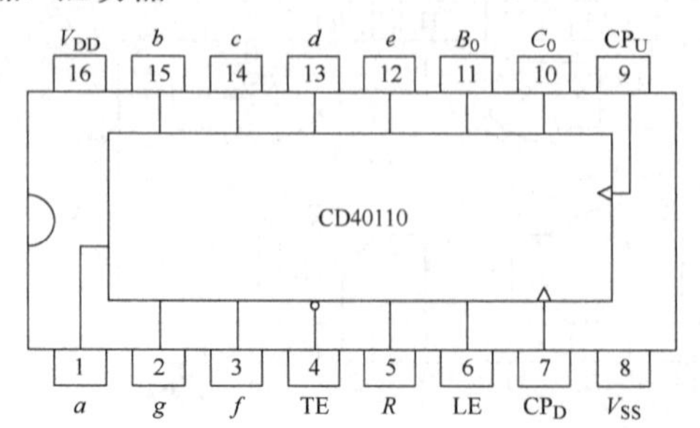

功能：LE = H 时锁存，显示不随计数变化

LE = L 时不锁存，显示随计数变化

CD40192 十进制同步加/减计数器

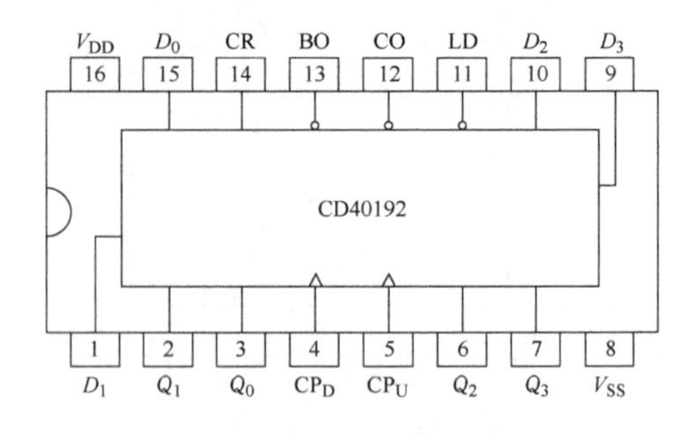

CD4049 六反缓冲器/电平转换器

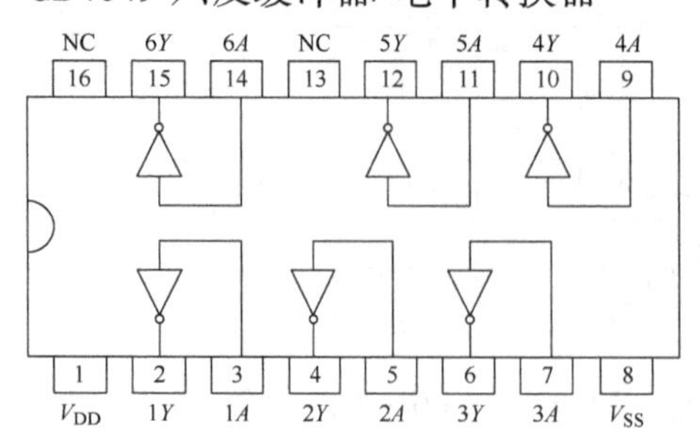

功能：$1Y=\overline{1A}$

CD4050 六缓冲器/电平转换器

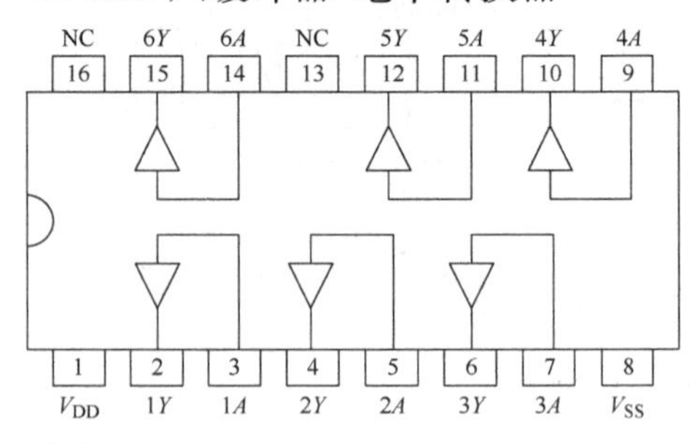

功能：$1Y=1A$

CD14543 4 线-七段译码器

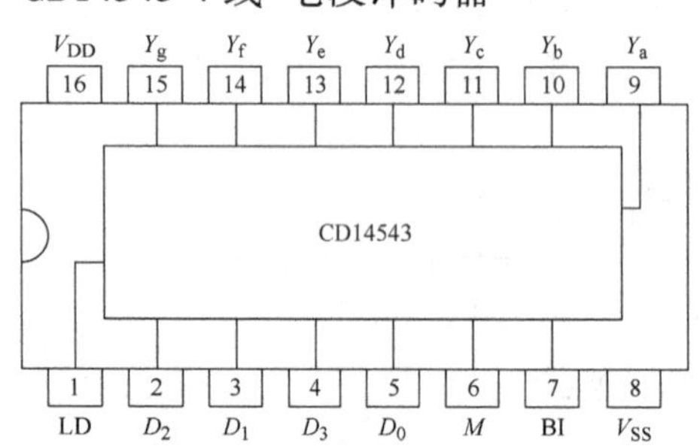

注：接共阴极发光二极管 $M=L$

接共阳极发光二极管 $M=H$

接液晶显示器，从 M 端输入

CD4066 四双向开关

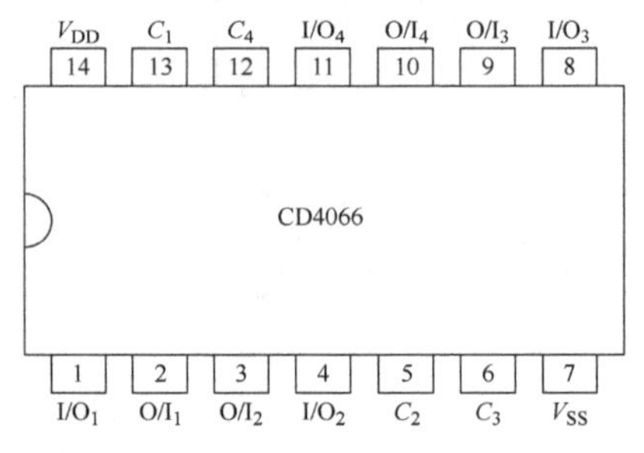

功能：$C=H$ 则 I/O↔O/I

$C=L$ 则 I/O 或 O/I 间高阻

555 定时器

附录 B　EGO1 开发板用户手册

1. 概述

EGO1 是基于 Xilinx Artix－7 FPGA 研发的便携式数模混合基础教学平台。EGO1 配备的 FPGA（XC7A35T－1CSG324C）具有大容量、高性能等特点，能实现较复杂的数字逻辑设计；在 FPGA 内可以构建 MicroBlaze 处理器系统，可进行 SoC 设计。该平台拥有丰富的外设，以及灵活的通用扩展接口。平台板卡实物如图 B-1 所示。

图 B-1　平台板卡实物图

平台外设概览见表 B-1。

表 B-1　平台外设概览

编号	描述	编号	描述
1	VGA 接口	9	1 个 8 位 DIP 开关
2	音频接口	10	5 个按键
3	USB 转 UART 接口	11	1 个模拟电压输入
4	USB 转 JTAG 接口	12	1 个 DAC 输出接口
5	USB 转 PS2 接口	13	SRAM 存储器
6	2 个 4 位数码管	14	SPI FLASH 存储器
7	16 个 LED 灯	15	蓝牙模块
8	8 个拔码开关	16	通用扩展接口

2. FPGA

EGO1 采用 Xilinx Artix－7 系列 XC7A35T－1CSG324C FPGA，其资源如图 B-2 所示。

3. 板卡供电

EGO1 提供两种供电方式：Micro-USB 和外接直流电源。EGO1 提供了两个 Micro-USB 接

	Part Number	XC7A12T	XC7A15T	XC7A25T	XC7A35T
Logic Resources	Logic Cells	12,800	16,640	23,360	33,280
	Slices	2,000	2,600	3,650	5,200
	CLB Flip-Flops	16,000	20,800	29,200	41,600
Memory Resources	Maximum Distributed RAM (Kb)	171	200	313	400
	Block RAM/FIFO w/ ECC (36 Kb each)	20	25	45	50
	Total Block RAM (Kb)	720	900	1,620	1,800
Clock Resources	CMTs (1 MMCM + 1 PLL)	3	5	3	5
I/O Resources	Maximum Single-Ended I/O	150	250	150	250
	Maximum Differential I/O Pairs	72	120	72	120
Embedded Hard IP Resources	DSP Slices	40	45	80	90
	PCIe® Gen2(1)	1	1	1	1
	Analog Mixed Signal (AMS) / XADC	1	1	1	1
	Configuration AES / HMAC Blocks	1	1	1	1
	GTP Transceivers (6.6 Gb/s Max Rate)(2)	2	4	4	4
Speed Grades	Commercial	-1, -2	-1, -2	-1, -2	-1, -2
	Extended	-2L, -3	-2L, -3	-2L, -3	-2L, -3
	Industrial	-1, -2, -1L	-1, -2, -1L	-1, -2, -1L	-1, -2, -1L

图 B-2　资源库

口，功能分别为 USB-UART 和 USB-JTAG，两个接口都可以用于为板卡供电。板卡上提供电压转换电路将 USB 输入的 5V 电压转换为板卡上各类芯片需要的工作电压。上电成功后红色 LED 灯（D18）点亮。

4. 系统时钟

EGO1 搭载一个 100MHz 的时钟芯片，输出的时钟信号直接与 FPGA 全局时钟输入引脚（P17）相连。若设计中还需要其他频率的时钟，可以采用 FPGA 内部的 MMCM 生成，见表 B-2。

表 B-2　系统时钟

名称	原理图标号	FPGA I/O PIN
时钟引脚	SYS_CLK	P17

5. FPGA 配置

EGO1 在开始工作前必须先配置 FPGA，板上提供以下方式配置 FPGA：

- USB 转 JTAG 接口 J22；
- 6-pin JTAG 连接器接口 J3；
- SPI Flash 上电自启动。

FPGA 的配置文件为后缀名 . bit 的文件，用户可以通过上述三种方法将该 bit 文件烧写到 FPGA 中，该文件可以通过 Vivado 工具生成，BIT 文件的具体功能由用户的原始设计文件决定。

在使用 SPI Flash 配置 FPGA 时，需要提前将配置文件写入 Flash 中。Xilinx 开发工具 Vivado 提供了写入 Flash 的功能。板上 SPI Flash 型号为 N25Q32，支持 3. 3V 电压配置。FPGA 配置成功后 D24 将点亮，如图 B-3 所示。

6. 通用 I/O 接口

通用 I/O 接口外设包括 2 个专用按键、5 个通用按键、8 个拨码开关、1 个 8 位 DIP 开关、16 个 LED 灯和 8 个七段数码管。

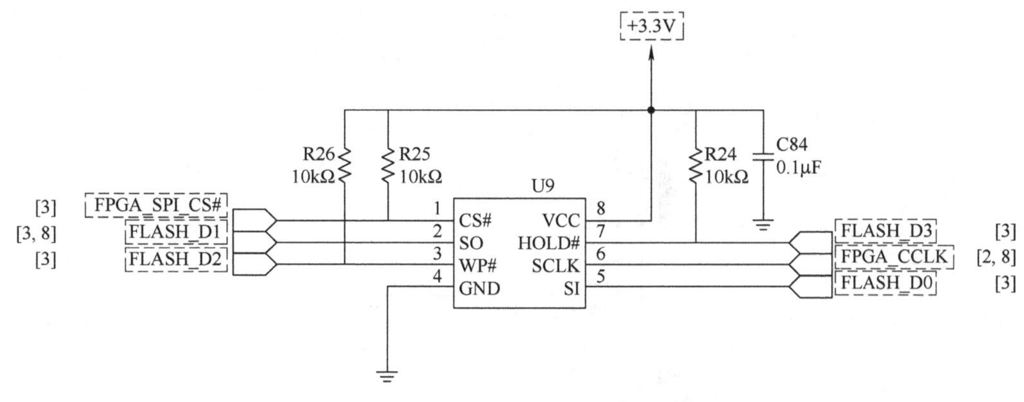

图 B-3　FPGA 配置

（1）按键

两个专用按键分别用于逻辑复位 RST（S6）和擦除 FPGA 配置 PROG（S5），当设计中不需要外部触发复位时，RST 按键可以用作其他逻辑触发功能，如图 B-4 和表 B-3 所示。

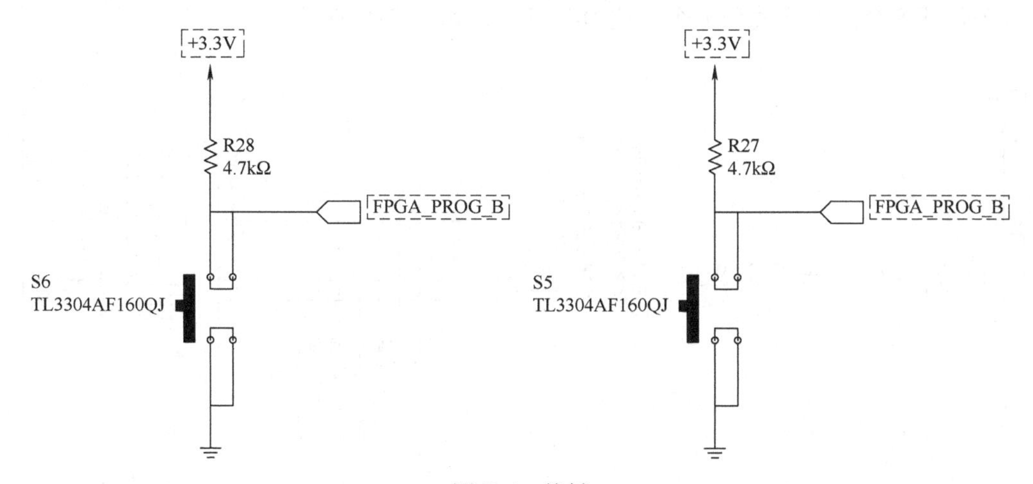

图 B-4　按键

表 B-3　按键

名称	原理图标号	FPGA I/O PIN
复位引脚	FPGA_RESET	P15

5 个通用按键，默认为低电平，按键按下时输出高电平，如图 B-5 所示。

引脚约束见表 B-4。

表 B-4　按键引脚约束

名称	原理图标号	FPGA I/O PIN
S0	PB0	R11
S1	PB1	R17
S2	PB2	R15
S3	PB3	V1
S4	PB4	U4

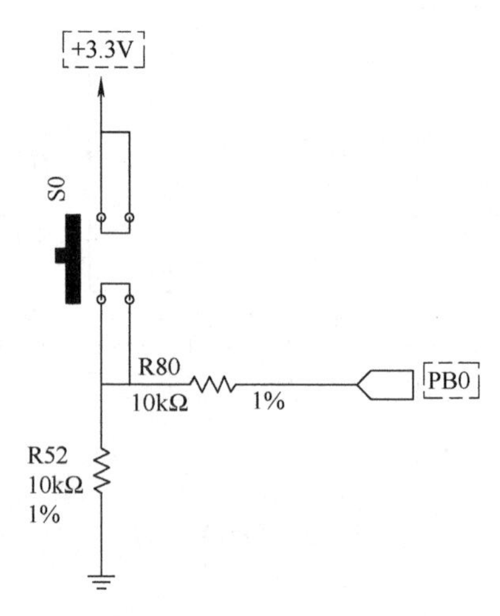

图 B-5　通用按键

（2）开关

开关包括 8 个拨码开关和 1 个 8 位 DIP 开关，如图 B-6 所示。

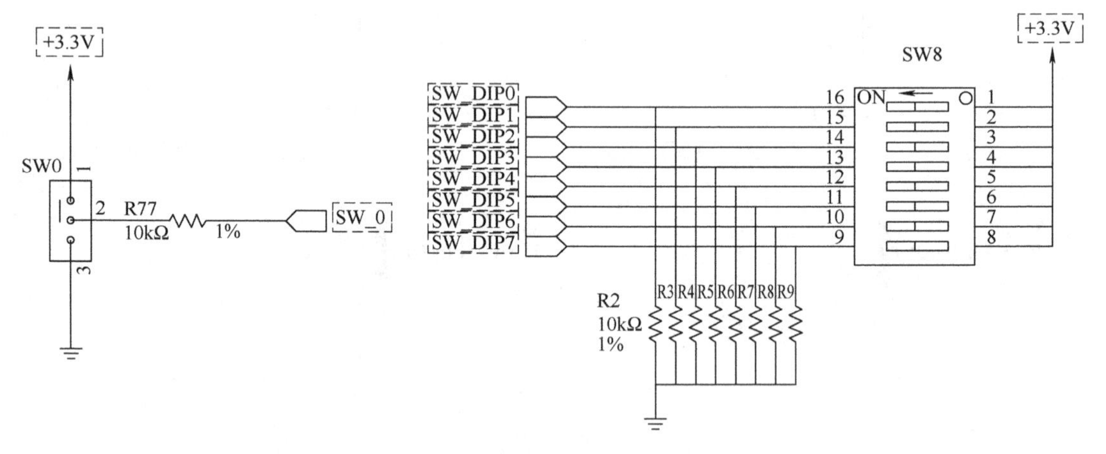

图 B-6　开关

引脚约束见表 B-5。

表 B-5　开关引脚约束

名称	原理图标号	FPGA I/O PIN
SW0	SW_0	P5
SW1	SW_1	P4
SW2	SW_2	P3
SW3	SW_3	P2
SW4	SW_4	R2
SW5	SW_5	M4
SW6	SW_6	N4
SW7	SW_7	R1

（续）

名称	原理图标号	FPGA I/O PIN
SW8	SW_DIP0	U3
	SW_ DIP1	U2
	SW_ DIP2	V2
	SW_ DIP3	V5
	SW_ DIP4	V4
	SW_ DIP5	R3
	SW_ DIP6	T3
	SW_ DIP7	T5

（3）LED 灯

LED 灯在 FPGA 输出高电平时被点亮，如图 B-7 所示。

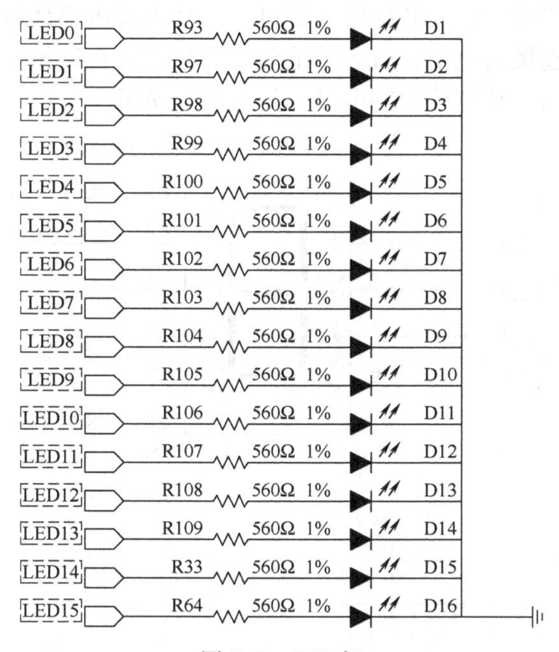

图 B-7　LED 灯

引脚约束见表 B-6。

表 B-6　LED 灯引脚约束

名称	原理图标号	FPGA I/O PIN	颜色
D0	LED0	F6	Green
D1	LED1	G4	Green
D2	LED2	G3	Green
D3	LED3	J4	Green
D4	LED4	H4	Green
D5	LED5	J3	Green

（续）

名称	原理图标号	FPGA I/O PIN	颜色
D6	LED6	J2	Green
D7	LED7	K2	Green
D8	LED8	K1	Green
D9	LED9	H6	Green
D10	LED10	H5	Green
D11	LED11	J5	Green
D12	LED12	K6	Green
D13	LED13	L1	Green
D14	LED14	M1	Green
D15	LED15	K3	Green

（4）七段数码管

数码管为共阴极数码管，即公共极输入低电平。共阴极由晶体管驱动，FPGA 需要提供正向信号。同时段选端连接高电平，数码管上的对应位置才可以被点亮。因此，FPGA 输出有效的片选信号和段选信号都应该是高电平，如图 B-8 所示。

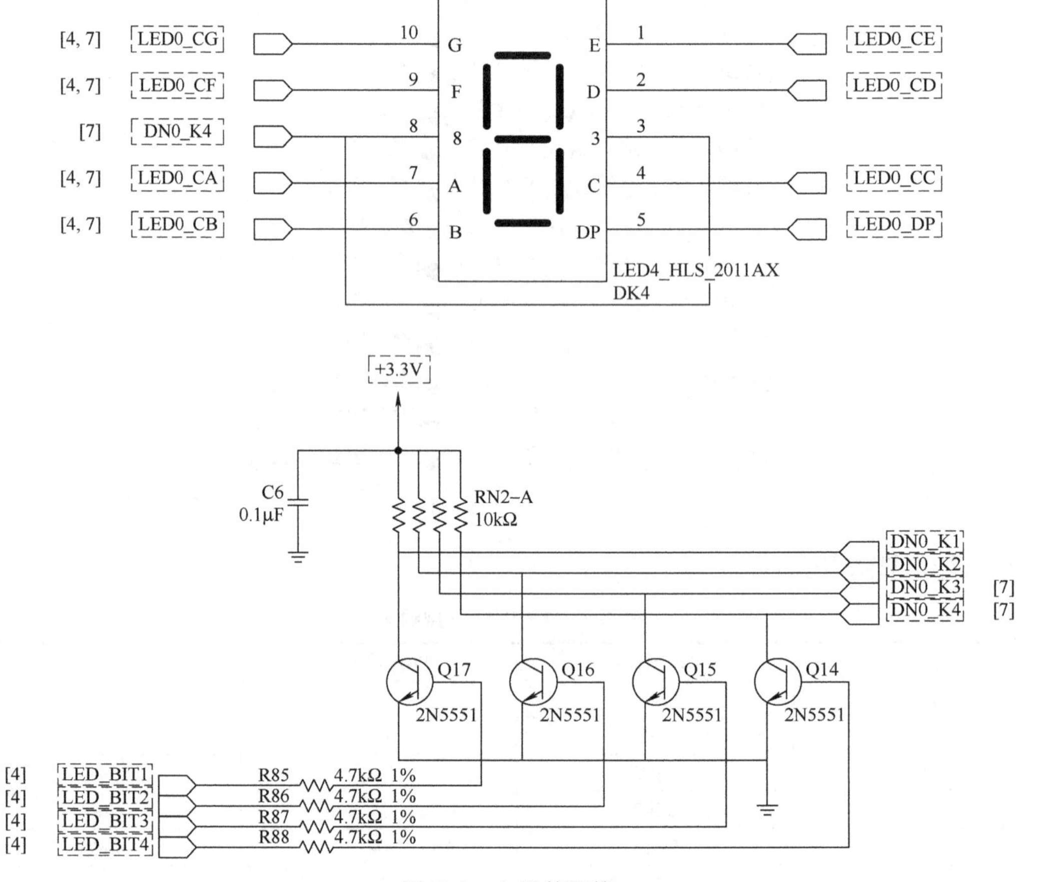

图 B-8　七段数码管

引脚约束见表 B-7。

表 B-7　七段数码管的引脚约束

名称	原理图标号	FPGA I/O PIN
A0	LED0_CA	B4
B0	LED0_CB	A4
C0	LED0_CC	A3
D0	LED0_CD	B1
E0	LED0_CE	A1
F0	LED0_CF	B3
G0	LED0_CG	B2
DP0	LED0_DP	D5
A1	LED1_CA	D4
B1	LED1_CB	E3
C1	LED1_CC	D3
D1	LED1_CD	F4
E1	LED1_CE	F3
F1	LED1_CF	E2
G1	LED1_CG	D2
DP1	LED1_DP	H2
DN0_K1	LED_BIT1	G2
DN0_K2	LED_BIT2	C2
DN0_K3	LED_BIT3	C1
DN0_K4	LED_BIT4	H1
DN1_K1	LED_BIT5	G1
DN1_K2	LED_BIT6	F1
DN1_K3	LED_BIT7	E1
DN1_K4	LED_BIT8	G6

7. VGA 接口

EGO1 上的 VGA 接口（J1）通过 14 位信号线与 FPGA 连接，红、绿、蓝三个颜色信号各占 4 位，另外还包括行同步和场同步信号，如图 B-9 所示。

引脚约束见表 B-8。

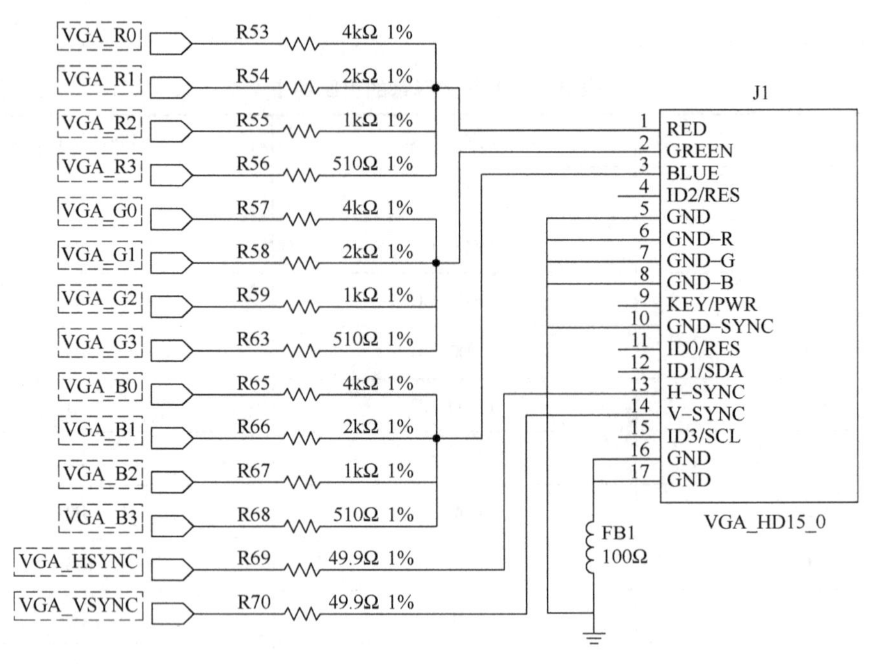

图 B-9 VGA 接口

表 B-8 VGA 接口的引脚约束

名称	原理图标号	FPGA I/O PIN
RED	VGA_R0	F5
	VGA_R1	C6
	VGA_R2	C5
	VGA_R3	B7
GREEN	VGA_G0	B6
	VGA_G1	A6
	VGA_G2	A5
	VGA_G3	D8
BLUE	VGA_B0	C7
	VGA_B1	E6
	VGA_B2	E5
	VGA_B3	E7
H-SYNC	VGA_HSYNC	D7
V-SYNC	VGA_VSYNC	C4

8. 音频接口

EGO1 上的单声道音频输出接口（J12）由图 B-10 所示的低通滤波器电路驱动。滤波器的输入信号（AUDIO_PWM）是由 FPGA 产生的脉冲宽度调制信号（PWM）或脉冲密度调制信号（PDM）。低通滤波器将输入的数字信号转化为模拟电压信号输出到音频插孔上，如图 B-10 所示。

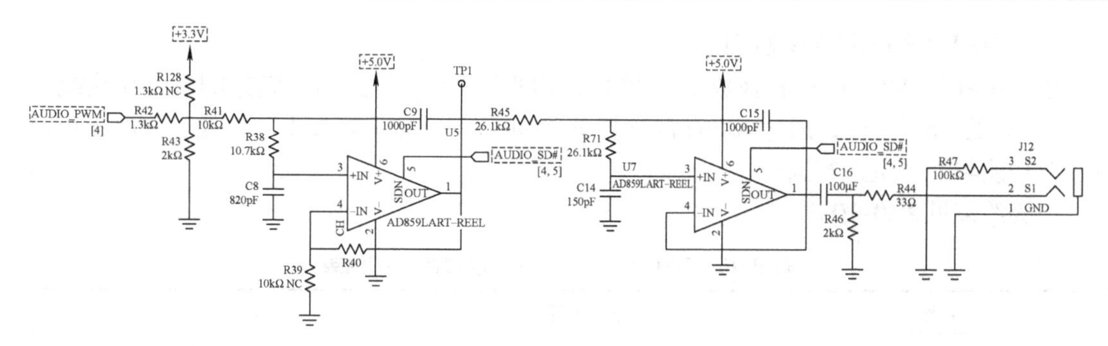

图 B-10　音频接口

脉冲宽度调制信号是一连串频率固定的脉冲信号，每个脉冲的宽度都可能不同。这种数字信号在通过一个简单的低通滤波器后，被转化为模拟电压信号，电压的大小与一定区间内的平均脉冲宽度成正比。这个区间由低通滤波器的 3dB 截止频率和脉冲频率共同决定。例如，如果脉冲为高电平的时间占有效脉冲周期的 10%，则滤波电路产生的模拟电压值就是 V_{DD} 电压的 1/10。图 B-11 是一个简单的 PWM 信号波形。

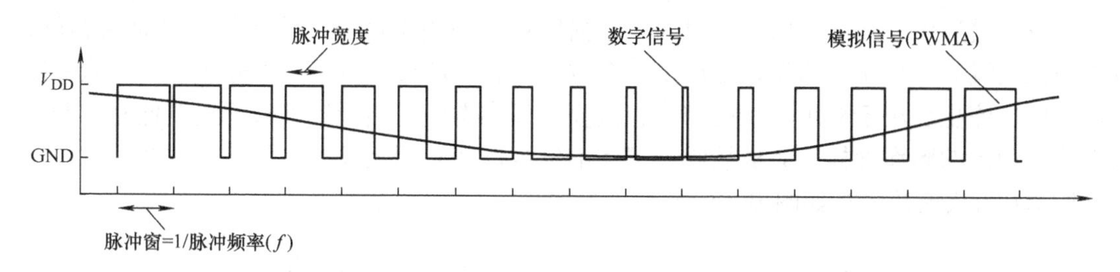

图 B-11　简单的 PWM 信号波形

低通滤波器 3dB 频率要比 PWM 信号频率低一个数量级，这样 PWM 频率上的信号能量才能从输入信号中过滤出来。例如，要得到一个最高频率为 5kHz 的音频信号，那么 PWM 信号的频率至少为 50kHz 或者更高。通常，考虑到模拟信号的保真度，PWM 信号的频率越高越好。图 B-12 是 PWM 信号整合之后输出模拟电压的过程示意图，可以看到滤波器输出信号幅度与 V_{DD} 的比值等于 PWM 信号的占空比。

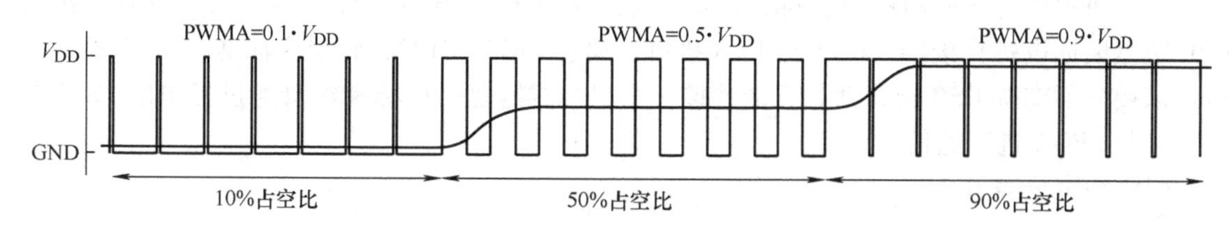

图 B-12　PWM 信号整合之后输出模拟电压的过程示意图

引脚约束见表 B-9。

表 B-9　脉冲宽度调制的引脚约束

名称	原理图标号	FPGA I/O PIN
AUDIO PWM	AUDIO_PWM	T1
AUDIO SD	AUDIO_SD#	M6

9. USB-UART/JTAG 接口

该模块将 UART/JTAG 转换成 USB 接口，用户可以非常方便地直接采用 USB 线缆连接板卡与 PC 的 USB 接口，通过 Xilinx 的配置软件如 Vivado 完成对板卡的配置。同时也可以通过串口功能与上位机进行通信。

引脚约束见表 B-10。

表 B-10　USB-UART/JTAG 接口的引脚约束

名称	原理图标号	FPGA I/O PIN
UART RX	UART_RX	T4（FPGA 串口发送端）
UART TX	UART_TX	N5（FPGA 串口接收端）

UATR 的全称是通用异步收发器，是实现设备之间低速数据通信的标准协议。“异步”指不需要额外的时钟线进行数据的同步传输，双方约定在同一个频率下收发数据，此接口只需要两条信号线（RXD、TXD）就可以完成数据的相互通信，接收和发送可以同时进行，也就是全双工。

收发的过程中，在发送器空闲时间，数据线处于逻辑 1 状态，当提示有数据要传输时，首先使数据线的逻辑状态为低，之后是 8 个数据位、一位校验位、一位停止位，校验一般是奇偶校验，停止位用于标示一帧的结束；接收过程亦类似，当检测到数据线变低时，开始对数据线以约定的频率抽样，完成接收过程。本例数据帧采用无校验位，停止位为一位。

UART 的数据帧格式如图 B-13 所示。

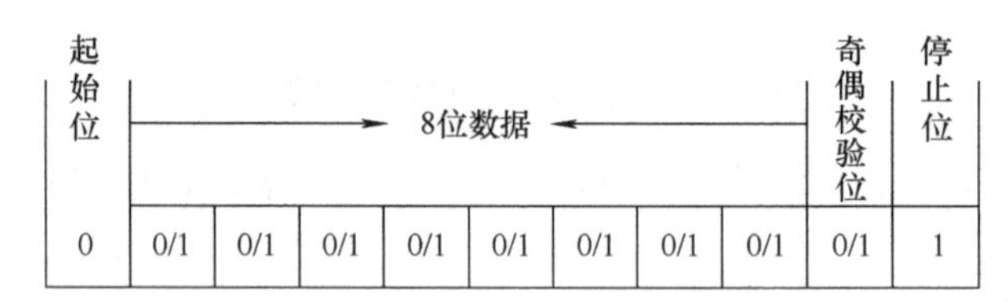

图 B-13　UART 的数据帧格式

10. USB 转 PS2 接口

为方便用户直接使用键盘鼠标，EGO1 直接支持 USB 键盘鼠标设备。用户可将标准的 USB 键盘鼠标设备直接接入板上 J4 USB 接口，通过 PIC24FJ128，转换为标准的 PS/2 协议接口。该接口不支持 USB 集线器，只能连接一个鼠标或键盘。鼠标和键盘通过标准的 PS/2 接口信号与 FPGA 进行通信。

引脚约束见表 B-11。

表 B-11 USB 转 PS/2 接口的引脚约束

PIC24FJ128 标号	原理图标号	FPGA I/O PIN
15	PS2_CLK	K5
12	PS2_DATA	L4

11. SRAM 接口

板卡搭载的 IS61WV12816BLL SRAM 芯片，总容量为 8Mbit。该 SRAM 为异步式 SRAM，

最高存取时间可达 8ns，操控简单，易于读写，如图 B-14 所示。

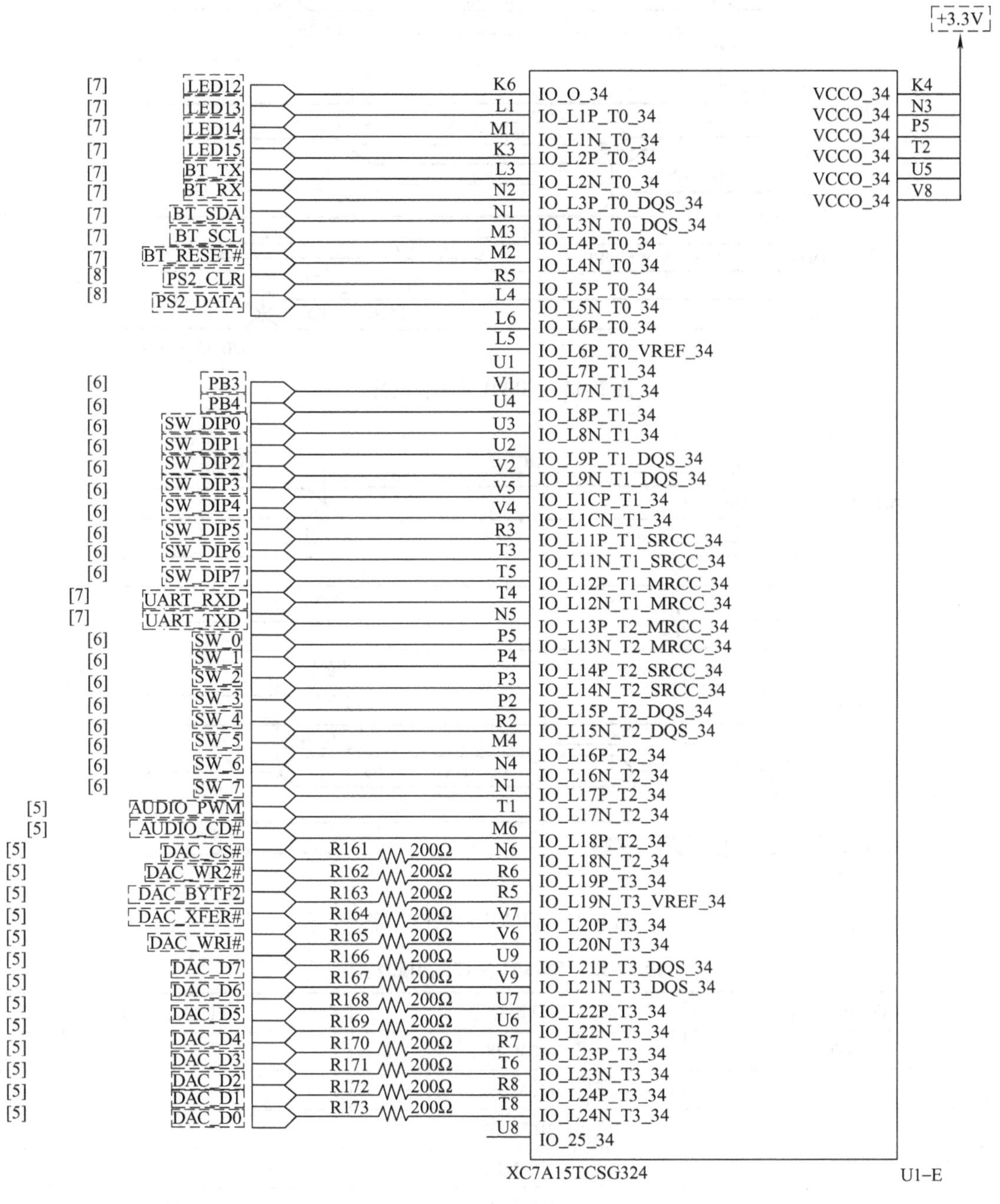

图 B-14　SRAM 接口

SRAM 写操作时序如图 B-15 所示（详细请参考 SRAM 用户手册）。

SRAM 读操作时序如图 B-16 所示（详细请参考 SRAM 用户手册）。

引脚约束见表 B-12。

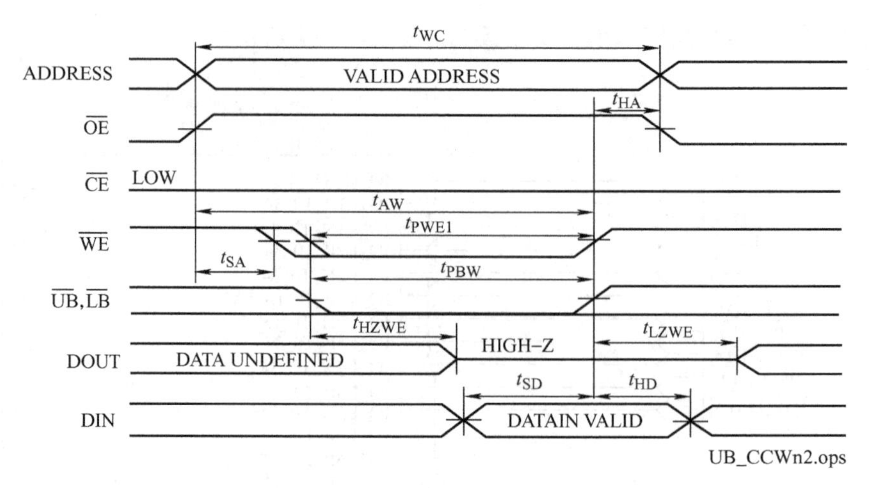

图 B-15　SRAM 写操作时序

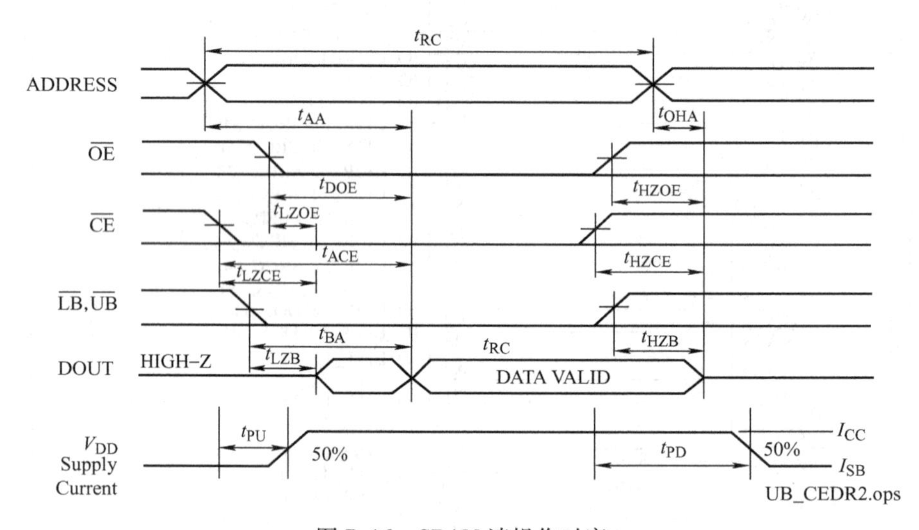

图 B-16　SRAM 读操作时序

表 B-12　SRAM 接口的引脚约束

SRAM 引脚标号	原理图标号	FPGA I/O PIN
I/O0	MEM_D0	U17
I/O1	MEM_D1	U18
I/O2	MEM_D2	U16
I/O3	MEM_D3	V17
I/O4	MEM_D4	T11
I/O5	MEM_D5	U11
I/O6	MEM_D6	U12
I/O7	MEM_D7	V12
I/O8	MEM_D8	V10
I/O9	MEM_D9	V11

（续）

SRAM 引脚标号	原理图标号	FPGA I/O PIN
I/O10	MEM_D10	U14
I/O11	MEM_D11	V14
I/O12	MEM_D12	T13
I/O13	MEM_D13	U13
I/O14	MEM_D14	T9
I/O15	MEM_D15	T10
A00	MEM_A00	T15
A01	MEM_A01	T14
A02	MEM_A02	N16
A03	MEM_A03	N15
A04	MEM_A04	M17
A05	MEM_A05	M16
A06	MEM_A06	P18
A07	MEM_A07	N17
A08	MEM_A08	P14
A09	MEM_A09	N14
A10	MEM_A10	T18
A11	MEM_A11	R18
A12	MEM_A12	M13
A13	MEM_A13	R13
A14	MEM_A14	R12
A15	MEM_A15	M18
A16	MEM_A16	L18
A17	MEM_A17	L16
A18	MEM_A18	L15
OE	SRAM_OE#	T16
CE	SRAM_CE#	V15
WE	SRAM_WE#	V16
UB	SRAM_UB	R16
LB	SRAM_LB	R10

12. 模拟电压输入

Xilinx 7 系列的 FPGA 芯片内部集成了两个 12bit 位宽、采样率为 1MSPS 的 ADC，拥有多达 17 个外部模拟信号输入通道，为用户的设计提供了通用的、高精度的模拟输入接口。图 B-17 是 XADC 模块的框图。

XADC 模块有一专用的支持差分输入的模拟通道输入引脚（VP/VN），另外还最多有 16

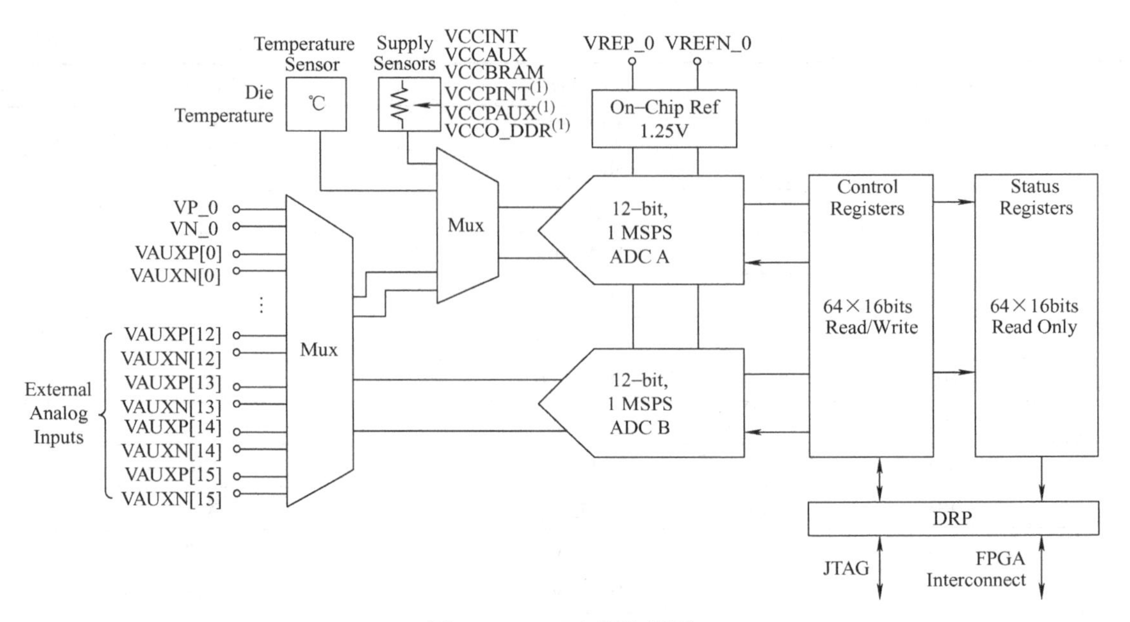

图 B-17　XADC 模块框图

个辅助的模拟通道输入引脚（ADxP 和 ADxN，x 为 0～15）。

XADC 模块也包括一定数量的片上传感器用来测量片上的供电电压和芯片温度，这些测量转换数据存储在一个叫状态寄存器（Status Registers）的专用寄存器内，可由 FPGA 内部叫动态配置端口（Dynamic Reconfiguration Port，DRP）的 16 位同步读写端口访问。ADC 转换数据也可以由 JTAG TAP 访问，这种情况下并不需要去直接例化 XADC 模块，因为这是一个已经存在于 FPGA JTAG 结构的专用接口。此时因为没有在设计中直接例化 XADC 模块，XADC 模块就工作在一种预先定义好的模式，叫作默认模式，默认模式下 XADC 模块专用于监视芯片上的供电电压和芯片温度。

XADC 模块的操作模式是由用户通过 DRP 或 JTAG 接口写控制寄存器来选择的，控制寄存器的初始值有可能在设计中例化 XADC 模块时的块属性（Block Attributes）指定。模式选择是由控制寄存器 41H 的 SEQ3～SEQ0 比特决定，具体见表 B-13。

表 B-13　模式选择原则

SEQ3	SEQ2	SEQ1	SEQ0	Function
0	0	0	0	Default Mode
0	0	0	1	Single pass sequence
0	0	1	0	Continuous sequence mode
0	0	1	1	Single Channel mode（Sequencer Off）
0	1	×	×	Simultaneous Sampling Model
1	0	×	×	Independent ADC Mode
1	1	×	×	Default Model

XADC 模块的使用方法，一是直接用 FPGA JTAG 专用接口访问，这时 XADC 模块工作在默认模式；二是在设计中例化 XADC 模块，这是可以通过 FPGA 逻辑或 ZYNQ 器件的 PS

到 ADC 模块的专用接口访问。(详细请参考 XADC 用户手册 ug480_7Series_XADC. pdf。)

EGO1 通过电位器（W1）向 FPGA 提供模拟电压输入，输入的模拟电压随着电位器的旋转在 0 ~ 1V 之间变化。输入的模拟信号与 FPGA 的 C12 引脚相连，最终通过通道 1 输入内部 ADC，如图 B-18 所示。

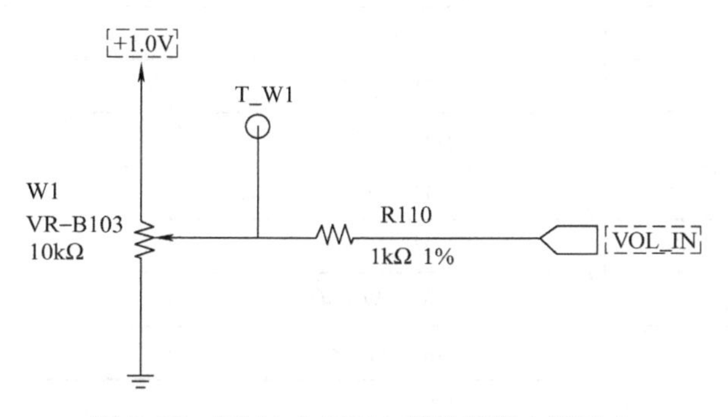

图 B-18　EGO1 向 FPGA 提供模拟电压输入

13. DAC 输出接口

EGO1 上集成了 8 位的模/数转换芯片（DAC0832），DAC 输出的模拟信号连接到接口 J2 上，如图 B-19 所示。

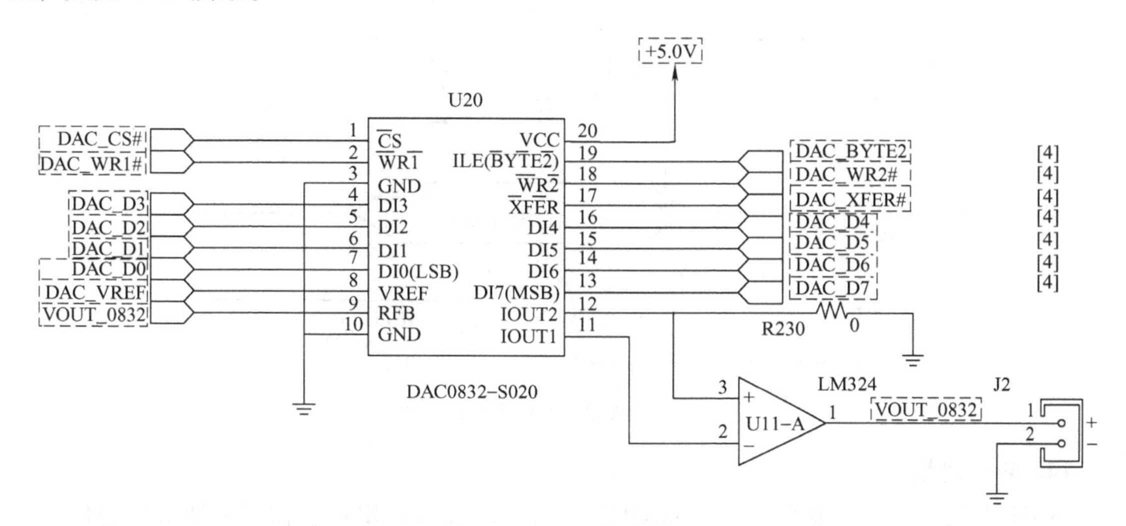

图 B-19　DAC 输出接口

图 B-20 是 DAC0832 的操作时序图（详细请参考 DAC0832 用户手册）。

引脚约束见表 B-14。

表 B-14　DAC0832 输出接口的引脚约束

DAC0832 引脚标号	原理图标号	FPGA I/O PIN
DI0	DAC_D0	T8
DI1	DAC_D1	R8
DI2	DAC_D2	T6
DI3	DAC_D3	R7

（续）

DAC0832 引脚标号	原理图标号	FPGA I/O PIN
DI4	DAC_D4	U6
DI5	DAC_D5	U7
DI6	DAC_D6	V9
DI7	DAC_D7	U9
ILE（BYTE2）	DAC_BYTE2	R5
CS	DAC_ CS#	N6
WR1	DAC_ WR1#	V6
WR2	DAC_ WR2#	R6
XFER	DAC_XFER#	V7

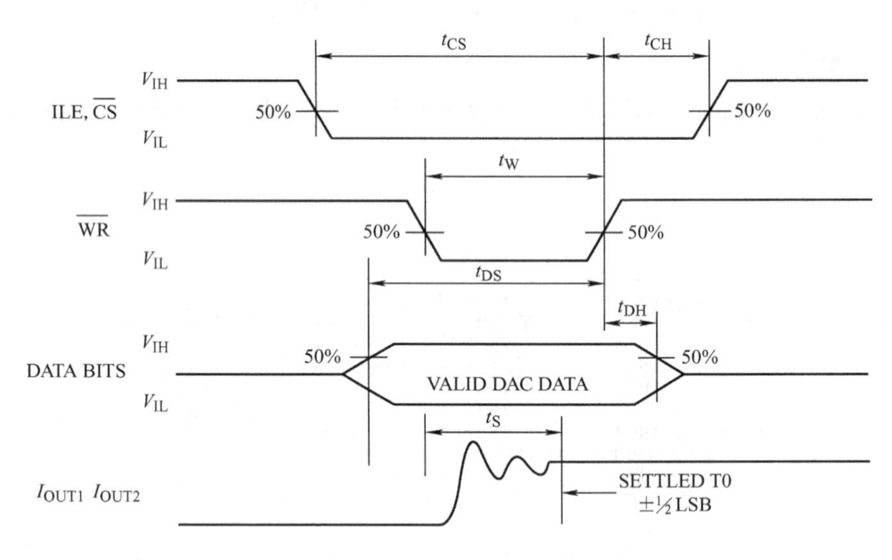

图 B-20　DAC0832 的操作时序图

14. 蓝牙模块

EGO1 上集成了蓝牙模块（BLE－CC41－A），FPGA 通过串口和蓝牙模块进行通信。波特率支持 1200bit/s、2400bit/s、4800bit/s、9600bit/s、14400bit/s、19200bit/s、38400bit/s、57600bit/s、115200bit/s 和 230400bit/s。串口默认波特率为 9600bit/s。该模块支持 AT 命令操作方法，如图 B-21 所示。

引脚约束见表 B-15。

表 B-15　蓝牙模块的引脚约束

BLE－CC41－A 标号	原理图标号	FPGA I/O PIN
UART_RX	BT_RX	N2（FPGA 串口发送端）
UART_TX	BT_TX	L3（FPGA 串口接收端）

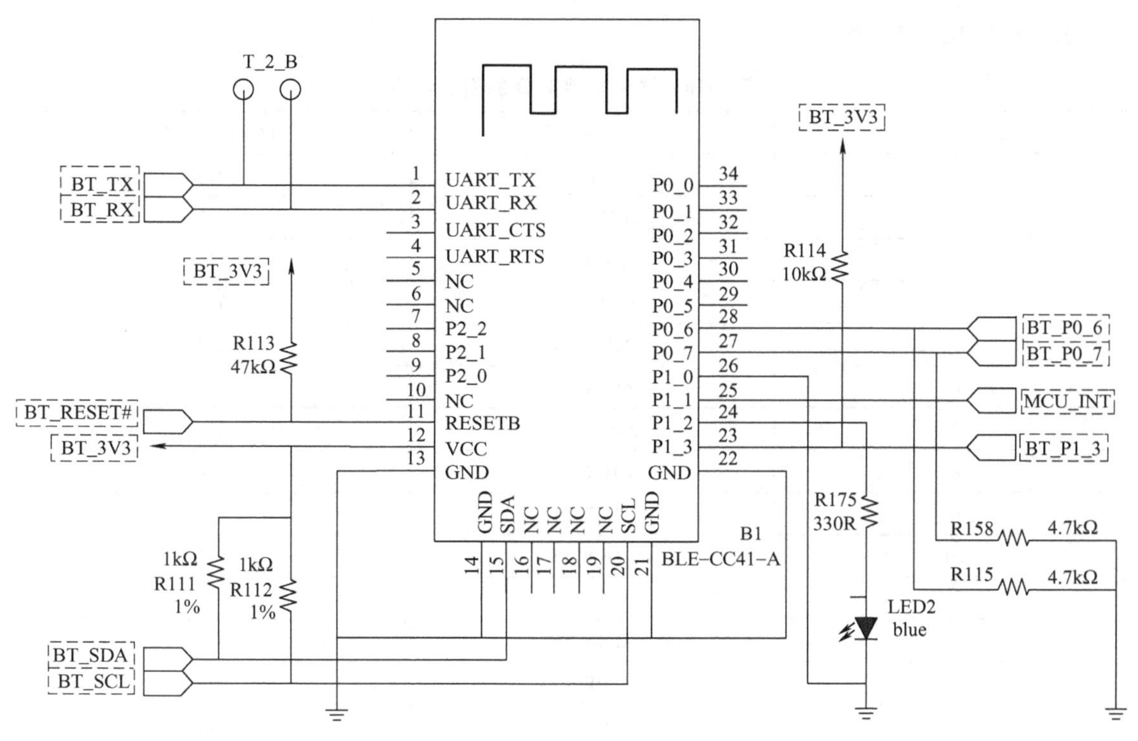

图 B-21 蓝牙模块

15. 通用扩展 I/O

EG01 上为用户提供了灵活的通用接口（J5）来做 I/O 扩展，共提供 32 个双向 I/O，每个 I/O 支持过电流、过电压保护，如图 B-22 所示。

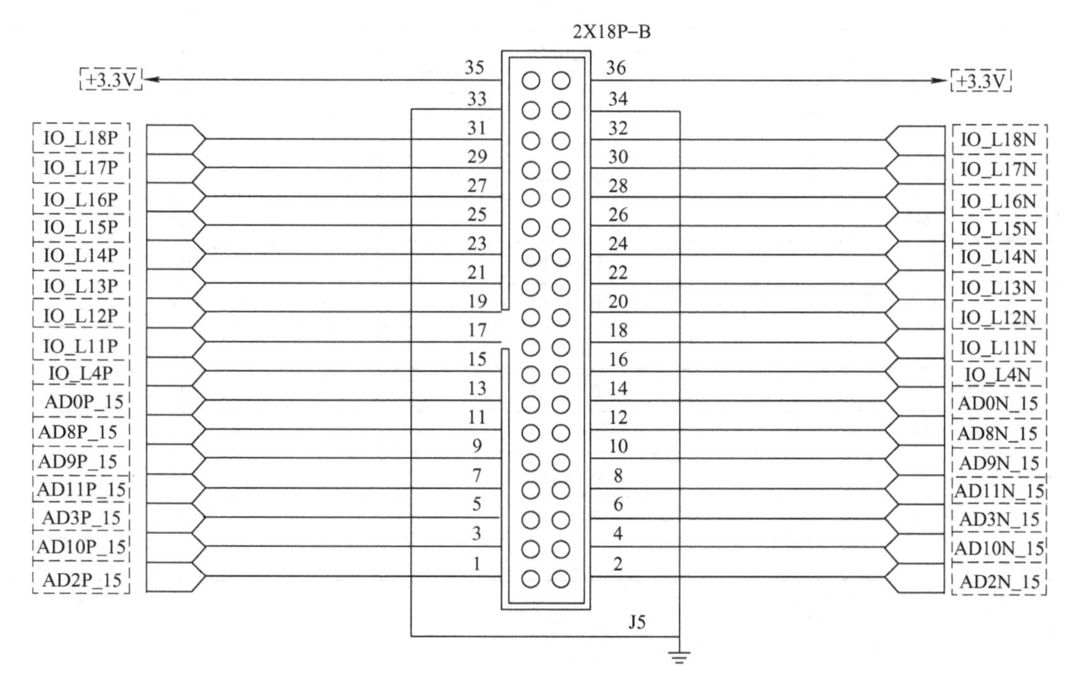

图 B-22 通用扩展 I/O

引脚约束见表 B-16。

表 B-16　通用扩展 I/O 的引脚约束

2×18 标号	原理图标号	FPGA I/O PIN
1	AD2P_15	B16
2	AD2N_15	B17
3	AD10P_15	A15
4	AD10N_15	A16
5	AD3P_15	A13
6	AD3N_15	A14
7	AD11P_15	B18
8	AD11N_15	A18
9	AD9P_15	F13
10	AD9N_15	F14
11	AD8P_15	B13
12	AD8N_15	B14
13	AD0P_15	D14
14	AD0N_15	C14
15	IO_L4P	B11
16	IO_L4N	A11
17	IO_L11P	E15
18	IO_L11N	E16
19	IO_L12P	D15
20	IO_L12N	C15
21	IO_L13P	H16
22	IO_L13N	G16
23	IO_L14P	F15
24	IO_L14N	F16
25	IO_L15P	H14
26	IO_L15N	G14
27	IO_L16P	E17
28	IO_L16N	D17
29	IO_L17P	K13
30	IO_L17N	J13
31	IO_L18P	H17
32	IO_L18N	G17

附录 C　常用逻辑符号对照表

名称	国标符号	曾用符号	国外常用符号
与门	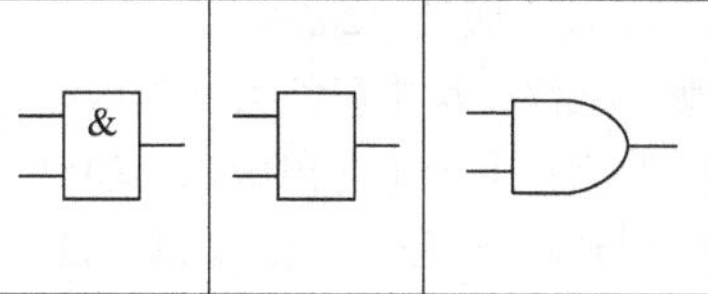 &		
或门	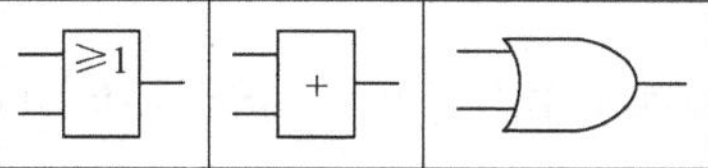 ≥1	+	
非门	1		
与非门	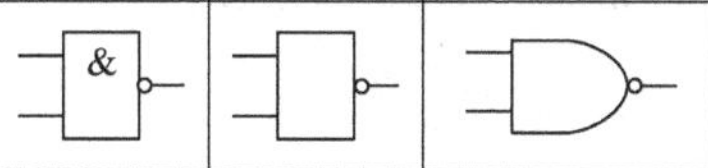 &		
或非门	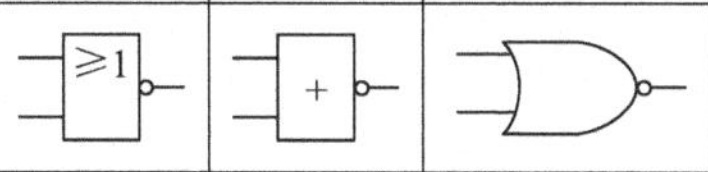 ≥1	+	
异或门	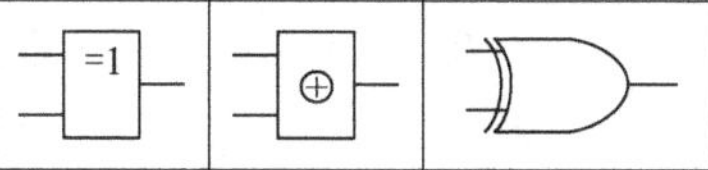 =1	⊕	
同或门	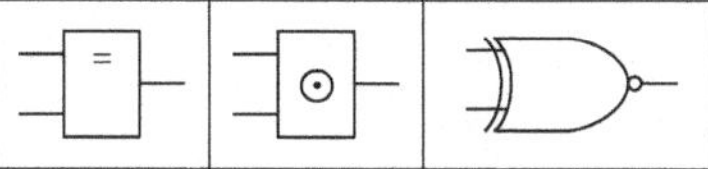 =	⊙	
集电极开路与非门	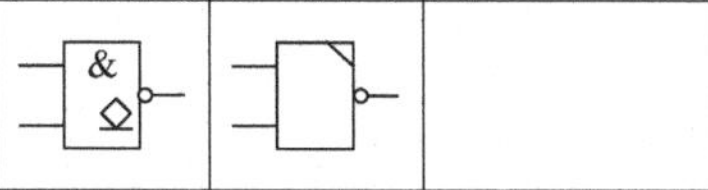 & ◇		
三态门	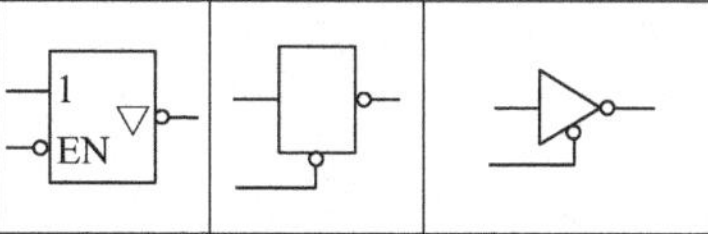 1 ▽ EN		
施密特与门	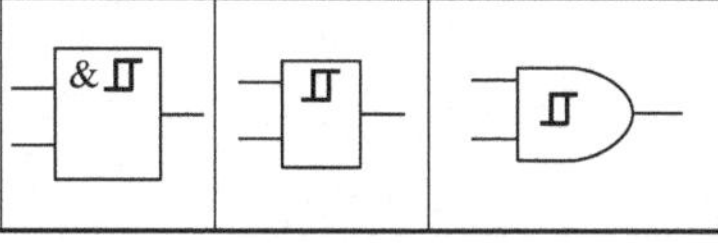 &		

名称	国标符号	曾用符号	国外常用符号
基本 RS 触发器	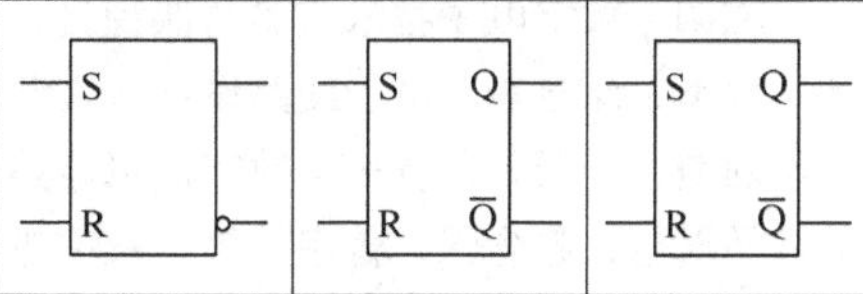 S R	S Q R $\overline{Q}$	S Q R $\overline{Q}$
同步 RS 触发器	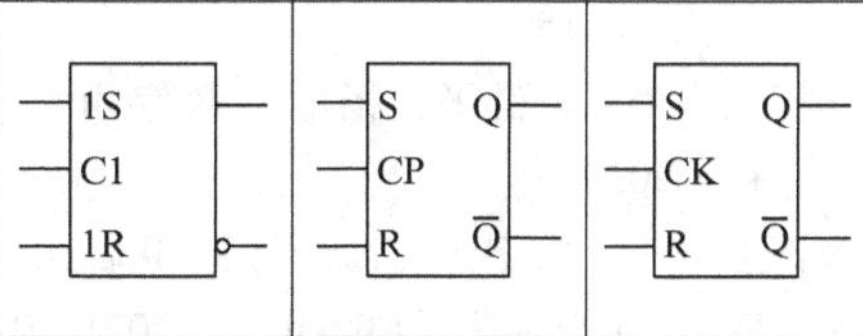 1S C1 1R	S Q CP R $\overline{Q}$	S Q CK R $\overline{Q}$
正边沿 D 触发器	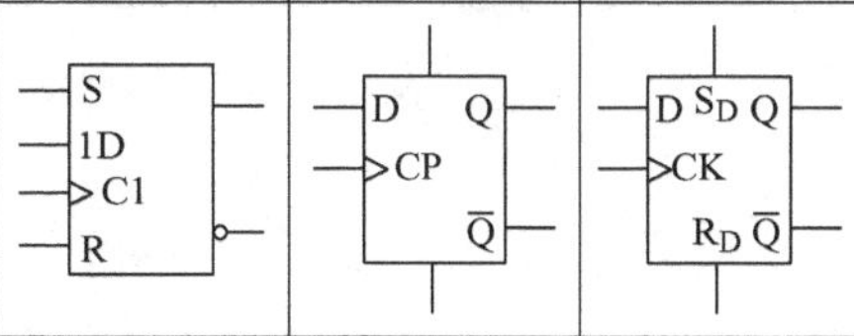 S 1D C1 R	D Q CP $\overline{Q}$	D S_D Q CK R_D $\overline{Q}$
负边沿 JK 触发器	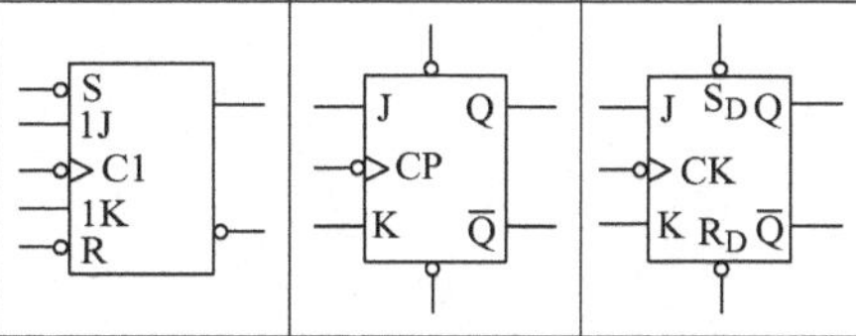 S 1J C1 1K R	J Q CP K $\overline{Q}$	J S_D Q CK K R_D $\overline{Q}$
全加器	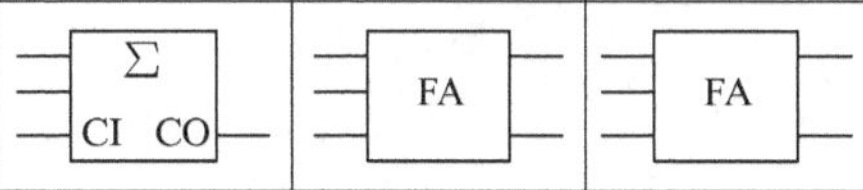 Σ CI CO	FA	FA
半加器	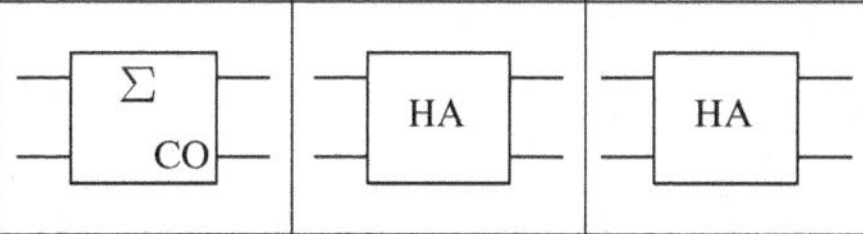 Σ CO	HA	HA
传输门	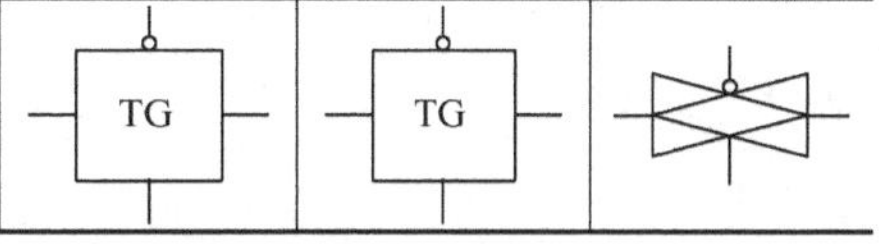 TG	TG	

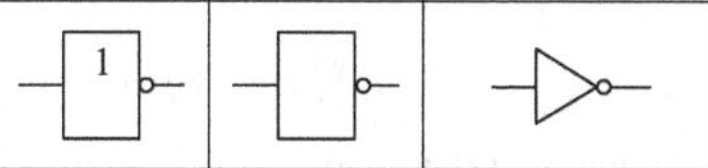

参考文献

［1］吴元亮．数字电子技术［M］．北京：机械工业出版社，2020.

［2］于维顺．电路与电子技术实践教程［M］．南京：东南大学出版社，2013.

［3］陈柳．数字电子技术实验与课程设计［M］．北京：电子工业出版社，2020.

［4］罗杰，谢自美．电子线路设计、实验、测试［M］．4 版．武汉：华中科技大学出版社，2008.

［5］刘霞，李云，魏青梅．数字逻辑电路实验［M］．2 版．北京：电子工业出版社，2014.

［6］马汉达，赵念强，曾宇，等．数字逻辑电路设计学习指导与实验教程［M］．2 版．北京：清华大学出版社，2015.

［7］王术群，肖健平，杨丽．数字电路实验教程：基于 FPGA 平台［M］．武汉：华中科技大学出版社，2020.

［8］王金明．数字系统设计与 Verilog HDL［M］．5 版．北京：电子工业出版社，2014.

［9］EGO1 用户手册［EB/OL］．［2021－03－15］．http：//e-elements. readthedocs. io/zh/ego1_v2. 1/.